21世纪高等学校计算机
专业实用规划教材

C# 程序设计

（第二版）

◎ 王贤明　谷琼　胡智文　编著

U0341414

清华大学出版社
北京

内 容 简 介

本书以通俗易懂的语言、生动有趣的示例来讲解 C#多个方面的知识，内容安排兼顾广度、深度，紧跟 C#发展动向，知识新颖，内容丰富。开发工具使用 Visual Studio 2015，内容囊括数据类型、运算符、程序控制、面向对象、数组、字符串、Windows Form 程序设计、文件、集合、泛型、GDI＋、多线程、序列化、SQL、ADO.NET、实用类库等。

全书讲解过程中配备了大量示例，示例简短精炼，融知识性趣味性于一体。为了给读者释疑解惑，也为了给部分学有余力的读者提供深入学习的窗口，在每章都安排了问与答环节，讲解了一些容易混淆的问题或者扩展一些课堂内的知识。练习方面，也是分层递进，注重梯度，按课堂练习→课堂思考→课后思考与练习→实战任务，逐层深入，难度逐步提升，符合一般的学习规律。另外，在实战任务或者思考与练习中设计了不少具有实用价值的编程练习，使读者在学习的过程中不会感到编程枯燥无趣，体会到用 C#编程其乐无穷。

本书适合大中专院校、培训机构的学生及 .NET 爱好者使用，可用作 C#面向对象程序设计、.NET Framework 程序设计、WinForm 应用开发、.NET 下的数据库应用开发等课程的教材。

图书在版编目(CIP)数据

C#程序设计/王贤明，谷琼，胡智文编著.—2 版.—北京：清华大学出版社，2017(2020.11重印)
(21 世纪高等学校计算机专业实用规划教材)
ISBN 978-7-302-45407-6

Ⅰ. ①C… Ⅱ. ①王… ②谷… ③胡… Ⅲ. ①C 语言－程序设计－高等学校－教材 Ⅳ. ①TP312

中国版本图书馆 CIP 数据核字(2016)第 260159 号

责任编辑：贾 斌 张爱华
封面设计：刘 键
责任校对：焦丽丽
责任印制：杨 艳

出版发行：清华大学出版社
   网 址：http://www.tup.com.cn，http://www.wqbook.com
   地 址：北京清华大学学研大厦 A 座   邮 编：100084
   社 总 机：010-62770175   邮 购：010-83470235
   投稿与读者服务：010-62776969，c-service@tup.tsinghua.edu.cn
   质量反馈：010-62772015，zhiliang@tup.tsinghua.edu.cn
   课件下载：http://www.tup.com.cn，010-83470236
印 装 者：北京鑫海金澳胶印有限公司
经 销：全国新华书店
开 本：185mm×260mm   印 张：28.25   字 数：685 千字
版 次：2012 年 8 月第 1 版 2017 年 1 月第 2 版 印 次：2020 年 11 月第 5 次印刷
印 数：5201～6200
定 价：49.80 元

产品编号：072334-01

出 版 说 明

随着我国改革开放的进一步深化,高等教育也得到了快速发展,各地高校紧密结合地方经济建设发展需要,科学运用市场调节机制,加大了使用信息科学等现代科学技术提升、改造传统学科专业的投入力度,通过教育改革合理调整和配置了教育资源,优化了传统学科专业,积极为地方经济建设输送人才,为我国经济社会的快速、健康和可持续发展以及高等教育自身的改革发展做出了巨大贡献。但是,高等教育质量还需要进一步提高以适应经济社会发展的需要,不少高校的专业设置和结构不尽合理,教师队伍整体素质亟待提高,人才培养模式、教学内容和方法需要进一步转变,学生的实践能力和创新精神亟待加强。

教育部一直十分重视高等教育质量工作。2007 年 1 月,教育部下发了《关于实施高等学校本科教学质量与教学改革工程的意见》,计划实施“高等学校本科教学质量与教学改革工程(简称‘质量工程’)”,通过专业结构调整、课程教材建设、实践教学改革、教学团队建设等多项内容,进一步深化高等学校教学改革,提高人才培养的能力和水平,更好地满足经济社会发展对高素质人才的需要。在贯彻和落实教育部“质量工程”的过程中,各地高校发挥师资力量强、办学经验丰富、教学资源充裕等优势,对其特色专业及特色课程(群)加以规划、整理和总结,更新教学内容、改革课程体系,建设了一大批内容新、体系新、方法新、手段新的特色课程。在此基础上,经教育部相关教学指导委员会专家的指导和建议,清华大学出版社在多个领域精选各高校的特色课程,分别规划出版系列教材,以配合“质量工程”的实施,满足各高校教学质量和教学改革的需要。

本系列教材立足于计算机专业课程领域,以专业基础课为主、专业课为辅,横向满足高校多层次教学的需要。在规划过程中体现了如下一些基本原则和特点。

(1)反映计算机学科的最新发展,总结近年来计算机专业教学的最新成果。内容先进,充分吸收国外先进成果和理念。

(2)反映教学需要,促进教学发展。教材要适应多样化的教学需要,正确把教学内容和课程体系的改革方向,融合先进的教学思想、方法和手段,体现科学性、先进性和系统性,强调对学生实践能力的培养,为学生知识、能力、素质协调发展创造条件。

(3)实施精品战略,突出重点,保证质量。规划教材把重点放在公共基础课和专业基础课的教材建设上;特别注意选择并安排一部分原来基础比较好的优秀教材或讲义修订再版,逐步形成精品教材;提倡并鼓励编写体现教学质量和教学改革成果的教材。

(4)主张一纲多本,合理配套。专业基础课和专业课教材配套,同一门课程有针对不同层次、面向不同应用的多本具有各自内容特点的教材。处理好教材统一性与多样化,基本教材与辅助教材、教学参考书,文字教材与软件教材的关系,实现教材系列资源配套。

(5)依靠专家,择优选用。在制定教材规划时要依靠各课程专家在调查研究本课程教材建设现状的基础上提出规划选题。在落实主编人选时，要引入竞争机制，通过申报、评审确定主题。书稿完成后要认真实行审稿程序，确保出书质量。

　　繁荣教材出版事业，提高教材质量的关键是教师。建立一支高水平教材编写梯队才能保证教材的编写质量和建设力度，希望有志于教材建设的教师能够加入到我们的编写队伍中来。

21世纪高等学校计算机专业实用规划教材

联系人：魏江江 *weijj@tup. tsinghua. edu. cn*

前　言

C♯作为.NET Framework下的首选语言,是一种简洁优雅、多用途、面向对象的现代化语言,它兼具C语言的语法特征、Visual Basic的快速开发特征、Java的虚拟机运行特征,可谓集百家之长。

目前开设.NET相关课程的高校越来越多,相关的课程主要涉及如下几个方面:C♯面向对象程序设计、.NET Framework程序设计、WinForm应用开发、ASP.NET Web应用开发、WPF程序设计、Silverlight开发、Windows Phone开发、.NET下的数据库应用开发等。

虽然目前市面上关于C♯的教材很多,不过在我们近几年的教学过程中,却发现这些教材或多或少存在一些缺陷和不足之处,总结如下:

(1)内容陈旧。有些教材在内容安排上过于陈旧,仍然只讲C♯2.0的知识。

(2)讲解方法不合理。有的教材在讲解C♯的基础知识时,大量使用庞大的示例,动辄好几页的代码;而有的教材则喜欢使用数据结构的知识来讲解C♯的基础知识。我们认为,目前有一部分学生(包括很多IT从业人员),数据结构方面的知识并没完全理解,在这种情况下,使用数据结构的例子来讲解C♯新的基础知识,对学生无疑是雪上加霜。这样容易导致学生学习重点转移,甚至有可能打击学生的学习兴趣。

(3)讲解抽象或者死板。不少教材讲解太抽象,讲解多而实例少,学生学习效果不佳。有的教材甚至从MSDN上复制不少内容,虽然MSDN的内容权威,但是MSDN上的很多叙述拗口、让人费解。

(4)概念性错误。少数教材在基本概念性知识方面存在错误,如DateTime、TimeSpan是典型的结构,好几套教材都称之为类,这样基本性的错误容易误导学生对这两种数据类型的理解。

(5)示例多、讲解少。有些教材或者书籍,具有大量的示例,但却缺少基础的讲解,仅仅只是大量示例的罗列而已,缺少对本质内容的讲解,学生也因此理解不到位,最终只会些花招而内功不足。这些书籍可以作为教材的有益补充,用作课后练习之用。

鉴于以上一些原因,我们编著了本书。本书以通俗易懂的语言、生动有趣的示例来讲解C♯多方面的知识,内容安排兼顾广度、深度,紧跟C♯发展动向,知识新颖,内容丰富。本书代码开发工具使用Visual Studio 2015,内容既囊括了数据类型、运算符、程序控制、数组、字符串等传统内容,还涵盖了面向对象、Windows Form程序设计、文件、集合、泛型、GDI+、多线程、序列化、SQL、ADO.NET、实用类库等。

本书具有如下特点:

(1)语言通俗易懂。在写作本书的过程中,在内容的讲解上力求通俗易懂,但这样做的风险很大。因为通俗易懂往往和精确是一对矛盾。虽然从MSDN复制内容过来既轻松又权威,不用担心出错,不过如果这样,也就没必要写这本书了。我们的目的,就是在尽量保证准确的前提下,把知识讲解得易懂。

(2) 示例简短精炼。我们认为,学习新知识时,不是缺少长篇累牍的代码,而是缺少针对性强的精炼小示例。全书配套大量精选示例,帮助读者理解所学知识。

(3) 示例融知识性和趣味性于一体。本书中很多的示例、思考与练习、实战任务等都来自于我们长期的教学积累,不少示例生动、有趣而又具有实用价值,学生在学习的过程中不会感到编程枯燥无趣,当经过认真思考并动手实践得到正确结果后,会充满成就感而觉得用C#编程其乐无穷。

(4) 内容新颖全面。除了上述所讲的内容外,细节知识方面涉及到隐式类型变量、匿名方法、Lambda 表达式、可空类型、字符编码、扩展方法、Tuple、图像算法及应用、压缩解压等诸多新颖或实用的知识,还融入了不少编程经验体会。

(5) 重点、难点突出。本书内容全面充实,重点、难点突出,如对面向对象花了大篇幅进行全面细致的讲解,这是整个课程体系的基础核心所在。

(6) 思考练习层层递进,注重梯度。练习方面,也是分层递进,注重梯度,按课堂练习→课堂思考→课后思考与练习→实战任务,逐层深入,难度逐步提升,符合一般的学习规律,逐步加强学习效果。

(7) 问答环节设计。在每章都安排了问与答环节,讲解了一些容易混淆的问题或者扩展一些课堂内的知识,为学有余力的读者开了一扇扇去学习更多知识的窗口。

最后提及一下教材的使用。对于课时较少的院校,可以上学期安排第 1~7 章的授课内容,而下学期安排第 8~15 章的内容。对于多课时的院校,则可以根据自身情况选择需要的章节学习。

本书可以用作下述课程的教材:

➢ C#面向对象程序设计。

➢ .NET Framework 程序设计。

➢ WinForm 应用开发。

➢ .NET 下的数据库应用开发。

另外也可以作为如下课程的入门教材:

➢ ADO.NET 入门。

➢ SQL 入门。

➢ 多线程入门。

➢ GDI+入门。

限于时间精力和水平,书中难免存在诸多值得推敲的地方,甚至会有内容的疏漏和错误。各位专家、老师和读者在使用过程中,如果发现任何问题,欢迎不吝赐教。联系邮箱:xmwung@sina.com,gujone@163.com。

感谢诸多领导、老师的指导与鼓励支持,也感谢在教材使用过程中为本书提出建议的所有学生和老师。

编　者

2016 年 7 月

目　　录

VII

第1章　概　　述

1.1　.NET

.NET 是什么？自从微软公司于 2000 年宣布实施.NET 战略，人们对.NET 的理解也在不断发生变化，从最初的迷惑到目前的多方面了解。微软官方文档表明，.NET 是 XML Web Service 平台，XML Web Service 允许应用程序通过 Internet 进行通信和数据共享，而不管所采用的是哪种操作系统、设备或编程语言。.NET 提供创建 XML Web Service 并将这些服务集成在一起。一般认为，.NET 是微软的战略方针，更是微软雄心勃勃的理想，自发布之初，即号称"为未来十年做好了准备"，体现的是下一代软件开发的新趋势。

对开发人员而言，狭义的.NET 包含两方面的内容：.NET Framework 和 Visual Studio .NET 开发工具。.NET Framework 和 Visual Studio .NET 自发布以来都以极快的速度更新发展，目前最新正式发布的版本分别为 Visual Studio 2015 和.NET Framework 4.6.1。其中.NET Framework 囊括了 CLR（Common Language Runtime，公共语言运行时）、FCL（Framework Class Library，框架类库）等方面；Visual Studio.NET 是一个多功能的集成开发环境，可以用于控制台程序、WinForm 程序、ASP.NET、Windows Phone、Android、iOS 等各种类型项目的开发。

.NET Framework 具有如下典型特性。

（1）CLR。这是.NET Framewrok 的核心，也是其后续诸多优势或特性的基石所在。它负责.NET 程序的托管运行管理，完成诸如内存管理、异常处理、安全检测等诸多核心任务。

（2）FCL。这是.NET Framework 的另一核心。它异常庞大，平时只提及它的一个子集——BCL（Base Class Library，基础类库），如果没有这些内置类库的支持，即使开发再简单的一个程序，也是极其辛苦的事情！

（3）语言无关性（Language Independence）。它之所以具备语言无关特性，这不得不归功于 CTS（Common Type System，通用类型系统）和.NET 下的"汇编语言"——IL（Intermediate Language，中间语言）。IL 是一种 CPU 无关代码，在运行时编译为本机二进制代码运行，这也是.NET 程序具备跨平台运行潜力的原因。这里不得不提 CLI（Common Language Infrastructure），正是有了这样一种架构，才让众多程序员多年期盼的语言无关特性得以实现，由图 1-1 可以看出，只要是.NET Framework 支持的语言，无论是什么语言，经过相应语言的编译器编译之后都得到同一种语言代码，即中间语言代码（类似汇编指令的语言)。在 IDE 下编译出来的 exe、dll 等文件即是 IL 代码,当运行时,IL 代码将会被编译为本机二进制代码,进而执行。

(4) 优良的互操作性(Interoperability)。提供了与其他语言或技术进行便捷交互操作的能力,如提供了早期 COM 组件交互的能力,减少升级或维护的开发成本,可以快速升级到 .NET 平台。

(5) 快捷开发特性。由于有了上面的诸多特性,使得在 .NET 下的开发速度非常快。

(6) 安全。

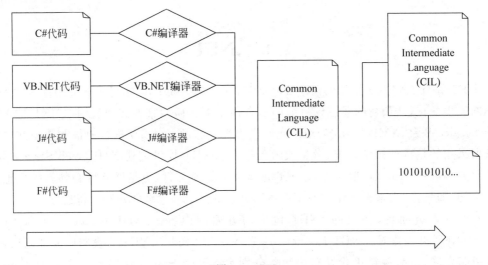

图 1-1　CLI

1.2　C♯

C♯(发音 C sharp)是微软为 .NET Framework 量身打造的一种现代化编程语言,该项目团队领导是曾开发 Pascal 语言编译器并在 Borland 公司负责 Pascal 和 Delphi 的天才式人物 Anders Hejlsberg[①]。C♯是一种简洁优雅、多用途、面向对象的现代化语言,它兼具 C 语言的语法特征、VB 的快速开发特征、Java 的虚拟机运行特征,可谓集百家之长。大名鼎鼎的 Java 5 及后续版本都借鉴了 C♯的不少特征。D 语言也从 C♯学了不少。

C♯语言规范早就提供给 ECMA 标准组织,该规范文档中有其全面权威的介绍,最新版本是第 4 版(C♯ Language Specification[②])。

1.3　VS 开发环境

本书采用 Visual Studio 2015(以下简称 VS2015 或 VS),其启动界面如图 1-2 所示。

---

① 其相关介绍参见网址 http://en.wikipedia.org/wiki/Anders_Hejlsberg。
② 其相关内容参见 http://www.ecma-international.org/publications/files/ECMA-ST/Ecma-334.pdf。

图 1-2　Visual Studio 2015 启动界面

1.4　编 程 初 试

使用 VS 开发时，无论开发何种类型程序，一般都会通过如下途径来实施：通过 File→New→Project 菜单命令来完成，如图 1-3 所示。

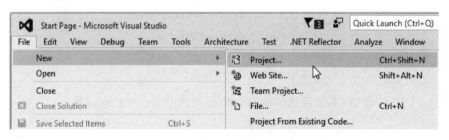

图 1-3　新建项目或者网站

倘若新建项目，则会打开如图 1-4 所示的对话框，在该对话框中可以选择需要创建的项目类型，如 Console Application、Windows Forms Application、Web、Android、iOS 等。设置好项目名称（Name）、保存位置（Location）及解决方案名称（Solution name），然后单击 OK 按钮即可。

1.4.1　控 制 台 程 序

按照图 1-4 所示新建一个控制台项目，名称为 FirstConsole，项目创建完毕，将自动进入到该项目中 Program.cs 文件的编辑状态，在 Main()函数［也称 Main()方法］中输入如下

4

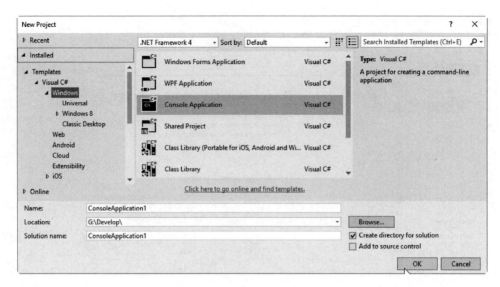

图 1-4　New Project 对话框

代码。

```
Console.WriteLine( "哈哈!");
```

此时将得到如图 1-5 所示的结果。

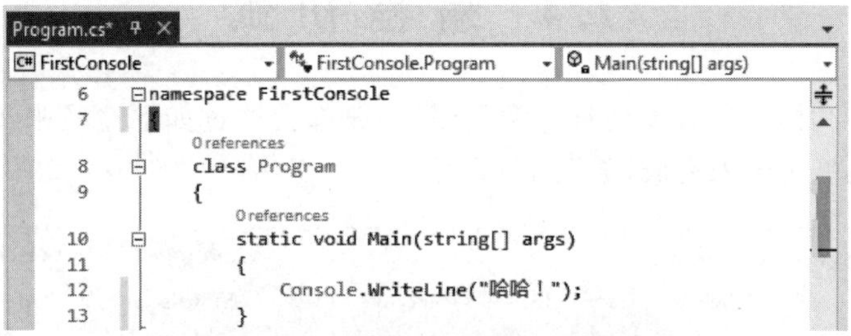

图 1-5　第一个控制台项目

按 Ctrl＋F5 组合键(不带调试的运行)，将得到如图 1-6 所示的结果。

图 1-6　运行结果

至此，第一个控制台程序就编写完了。

　若按 F5 键运行，上面的程序将会一闪而过，看不到运行结果。可以在程序最后面添加一句 Console.ReadLine()即可。此时代码如下：

```
static void Main(string[ ] args)
{
```

```
        Console.WriteLine("哈哈!");
        Console.ReadLine();
    }
```

在上述示例中,演示了最基本的控制台输出函数 Console.WriteLine(),此外控制台的输出还有 Console.Write()。其实,Console.WriteLine(sCnt)与 Console.Write(sCnt+"\n")等价。例如,如下 3 行代码的输出相同。

```
Console.WriteLine("Hello World!");
Console.Write("Hello World!\n");                    // \n 为换行
Console.Write("Hello World!" + Environment.NewLine); //Environment.NewLine 为换行
```

若程序没有交互功能,一般也没有太大的实用价值,因而相应的也有用于输入功能的函数。基本的控制台输入函数有 3 个,分别为：Console.Read()、Console.ReadKey()、Console.ReadLine()。其中 Console.ReadLine()最为常用,它用于获取用户的键盘输入,且该输入以 Enter 键结束,即遇到 Enter 键则认为输入结束,在 Enter 键前的所有内容都会被它获取。

下面以一个简单示例演示控制台程序的输入和输出。

```
//本程序实现的功能：程序询问用户姓名,待用户输入自己姓名按 Enter 键后,程序显示：姓名,
你好!
Console.WriteLine("请输入您的大名：");
string sName = Console.ReadLine();       //获取用户输入
Console.WriteLine(sName + ",你好");
```

程序的执行结果如图 1-7 所示。

图 1-7   基本的输入与输出

1.4.2 WinForm 程序

以类似图 1-4 所示的方式新建 Windows Forms Application,命名为 FirstWinform,项目建立后将会看到如图 1-8 所示的结果。

将图 1-8 中的 Button 用左键按住,拖到 Form1 上,然后双击拖过来的 button1,输入如下代码。

```
MessageBox.Show("哈哈!哈哈!");
```

按 F5 键运行将得到如图 1-9 所示的结果,单击其中的 button1 将得到如图 1-10 所示的结果。

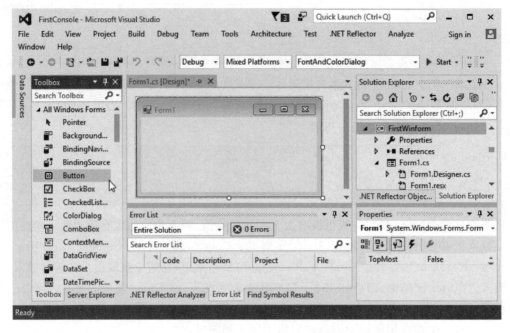

图 1-8　第一个 WinForm 程序

图 1-9　运行结果 1　　　　　　　　　　图 1-10　运行结果 2

1.5　问　与　答

1.5.1　学习 .NET 相关技术,将来能干什么

✌ .NET 是微软一个了不起的构想,基本可以说,学好 .NET 技术,可以让你无所不能。对相关学生或者编程爱好者而言,学习 .NET 相关技术的用途可以参考图 1-11。其中,椭圆即代表一些典型的岗位,圆角矩形则代表相关的知识块。

1.5.2　何谓注释,C♯中的注释有几种

✌ 所谓注释,是指为了方便代码维护而采用的一种类似做笔记备注的手段。这些注释内容用于给程序编写和维护人员看,而程序编译器则对其视而不见,即这些注释如果觉得有必要,可以随意写什么或者随意写多少并不会对程序的运行产生影响。在 C♯中,主要有以下 3 种注释方式。

1. 单行注释(//)

该注释方式用于注释文字不超过一行的情况下,即短小的注释。如下面的例子:

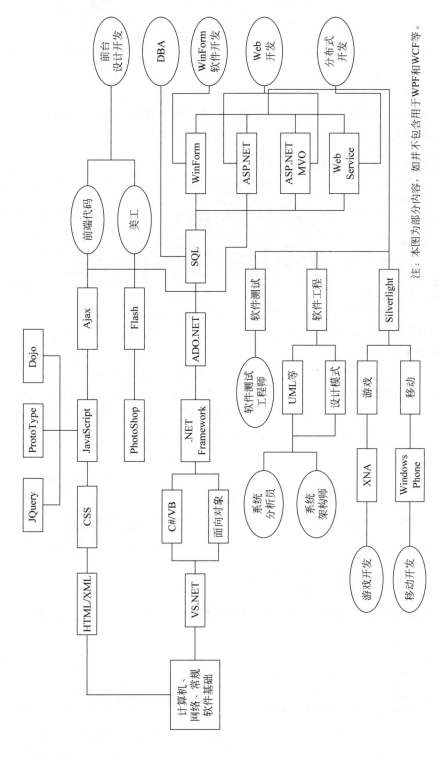

图 1-11　学习 .NET 能干什么

注：本图为部分内容，如并不包含用于 WPF 和 WCF 等。

```
int i = 100;                    //加数 1
int j = 200;                    //加数 2
int k = i + j;                  //求和
```

考虑到篇幅问题,本书基本只采用这种注释方式。接下来要介绍的两种注释方式则往往用于注释文本较多的场合。

2. 多行注释(/* */)

当注释内容很多时,则可以采用多行注释。只需要将注释文字放到/*和*/之间即可,且*与/之间不能有空格。示例如下:

```
/* 本程序实现求和的功能,原理如下:
首先取得用户的第一个输入,判断该输入是否是数值;
其次取得用户的第二个输入并判断输入是否合法;
在用户两次输入都合法的情况下,最终将用户的两次输入的数值求和,并将求和结果输出
*/
int i = 100;                    //加数 1
int j = 200;                    //加数 2
int k = i + j;                  //求和
Console.WriteLine(k);
```

💣 多行注释不能嵌套使用。

3. XML 注释(///)

这是一个很有用的注释方式。XML 注释主要用于方法、属性等的注释,这样当其他用户调用具有这种注释的方法时,会看到相应的提示。另外,该注释还可以方便地生成开发文档。此种注释并不需要人工输入所有内容,因为部分内容是自动生成的。下面举例说明如何使用该种注释。读者暂时只需要了解其大概即可,暂不必深究。

步骤 1:定义方法

```
public List < string > GetAllLinks(string sURL)
{
    return new List < string >();
}
```

此时在 VS 中的效果如图 1-12 所示。

步骤 2:给方法添加 XML 注释

将鼠标光标定位到上述代码的最上方,然后连续输入 3 个/,此时即生成如图 1-13 所示的效果。

```
public List<string> GetAllLinks(string sURL)
{
    return new List<string>();
}
```

图 1-12 XML 注释——定义方法

```
/// <summary>
///
/// </summary>
/// <param name="sURL"></param>
/// <returns></returns>
public List<string> GetAllLinks(string sURL)
{
    return new List<string>();
}
```

图 1-13 XML 注释——生成注释模板

步骤 3：输入适当的内容

例如，输入下面的文字。

```
/// < summary >
/// 获取指定网址的所有超链接
/// </summary>
/// < param name = "sURL">待分析提取超链接的网址</param>
/// < returns >返回所有网址列表</returns >
public List < string > GetAllLinks(string sURL)
{
    return new List < string >();
}
```

步骤 4：方法调用

当调用上述定义的 GetAllLinks() 方法时，可以
看到如图 1-14 所示的效果。

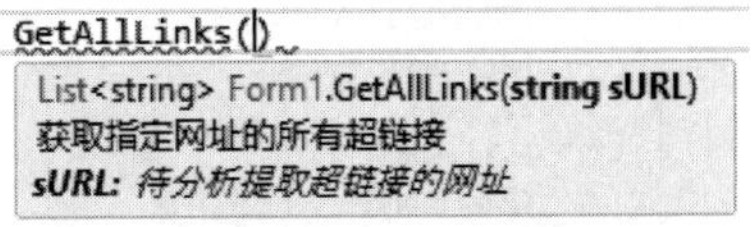

1.5.3 使用 VS.NET 时有什么技巧

✌ 作为后续课程学习的必要工具，使用 VS.NET
时，有很多小窍门，掌握它们将会在写程序时更得心应手。下面简单介绍其中的一些小技巧。

1. 行号

在写代码的过程中，即使非常有经验的程序编写人员，仍然不可避免会出错。VS 提供
了一个十分好的功能，在程序编写的过程中能够即时提供错误或者警告信息，在编译运行时
如遇错误也会提供错误信息。在这些错误信息中，一般会提示出错的文件及行号，然而如果
依赖人工去数这个行号，那将是件十分痛苦的事情。其实 VS 已经提供了行号的功能，开启
该功能的方法如下。

选择 Tools→Options→Text Editor，然后找到相应的语言，如 C♯，即可按如图 1-15 所
示的方式勾选 Line numbers 开启行号显示功能。

图 1-14　XML 注释——方法调用

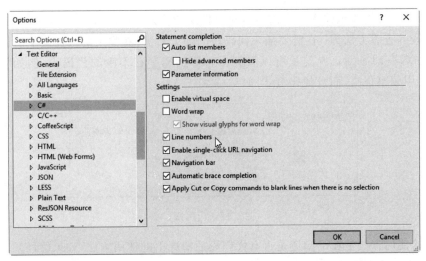

图 1-15　开启行号显示功能

2. 代码块括号配对

在程序代码比较复杂时,那些括号究竟谁配谁,有时会看得头晕眼花,虽然 VS 已经提供了识别配对括号的功能,然而其默认颜色与白色没多大差别,形同虚设。如果能改为较显眼的颜色,则能很轻松地找到配对括号。设置方法如下。

选择 Tools→Options→Environment→Fonts and Colors,然后按照如图 1-16 所示进行设置即可。

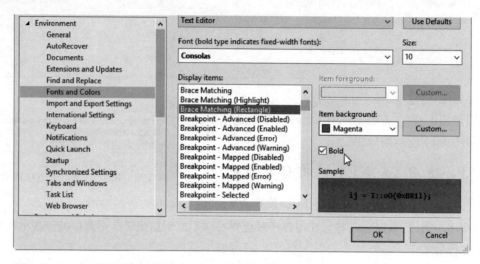

图 1-16 开启括号配对高亮功能

设置后的效果如图 1-17 所示。

3. 预置代码段

代码段是一类能够提高范式代码编写速度的代码。如有些代码使用方式比较固定,而其内容字符又比较多时,为了避免每次大量的代码输入,可以将它们设置为代码段,这样可以通过简单地输入一些内容完成大批量的输入。

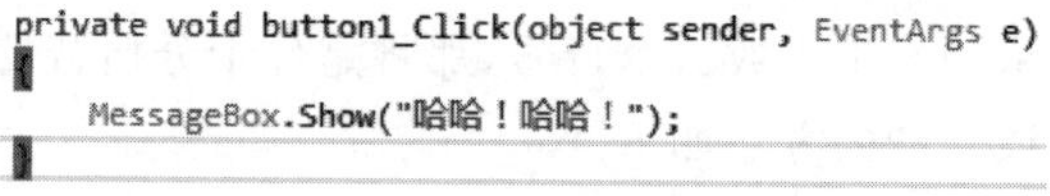

```
private void button1_Click(object sender, EventArgs e)
{
    MessageBox.Show("哈哈!哈哈!");
}
```

图 1-17 设置括号配对高亮后的效果

代码段的查看方法为:在需要插入代码段的地方右击,在弹出的快捷菜单中选择 Insert Snippet,如图 1-18 所示。从这里可以看到 C#下已经存在不少的代码段,例如常用的 for 语句,其使用频率很高,而且代码范式固定。

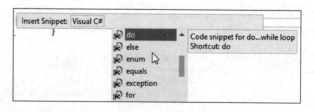

图 1-18 代码段

上面的使用方法是在不知道是否有代码段的情况下的使用方法,如果已经知道存在 for 代码段,则不必那么烦琐,只需在代码编写区中输入 for,然后连续按两次 Tab 键即可完成代码段的输入。另外，像 region 也是常用的代码段，只需要输入 region，然后连续按两次 Tab 键即可。

另外，还可以自行制作代码段，具体制作办法可参阅其他书籍。

4. 最近文档或最近项目

如果某段时间开发某个项目，为了避免每次打开项目时不停地切换磁盘和目录，可以开启更多的 VS 记忆项，这样下次需要打开最近文件或者项目时，只需要在 VS 的记忆项中找到相应的项目或者文件单击即可，省去了选择的麻烦。

选择 Tools→Options→Environment→General，然后按照如图 1-19 所示进行设置即可。

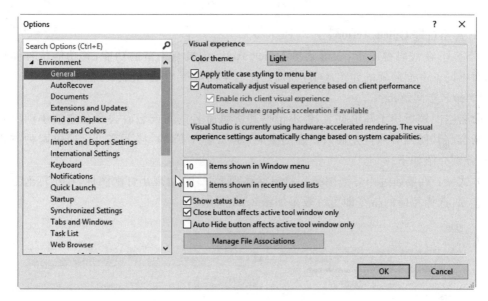

图 1-19　设置最近文档和最近项目的数目

5. 变量重命名

在写程序的过程中，有时会重命名某个变量，假如该变量刚刚定义还未使用过，直接修改即可。但是若该变量已经被大量使用，则比较麻烦。你可能觉得批量替换一下即可，倘若变量名足够特殊，批量替换问题不大，但是若变量命名很普通，例如为 i，则比较麻烦，肯定不可能批量替换，因为 i 不仅可能是个变量，而且也有可能是某些其他内容的构成部分，例如 if、while 等，一旦将 i 替换，if 等将被改得面目全非（例如将 i 替换为 m，则 if 将变为 mf），而且将产生一大堆的错误。

那该如何办呢？好的办法就是使用 VS2015 提供的重命名功能。方法是将光标定位到变量上面，然后右击，在弹出的快捷菜单中选择 Rename，如图 1-20 所示。

图 1-20　变量重命名

之后将呈现如图 1-21 所示效果。此时即可给变量重命名，改名完毕单击 Apply。

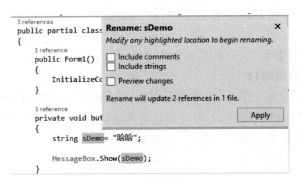

图 1-21　变量重命名设置

6. 善用右键 Quick Actions

VS2015 在代码视图下,右键菜单 Quick Actions 具有丰富的功能,其功能依具体场景不同而不同。下面简要的介绍 3 项,分别是命名空间解析、方法生成、方法抽取。

1) 命名空间解析

命名空间解析用于知道类名,但不记得其所属命名空间或想省去命名空间手动引入过程的场合。其使用必须首先输入正确的类名(例如输入 File),接下来可以通过两种方式来使用,分别介绍如下。

方式一:直接通过小灯泡图标。将鼠标移到 File 上,出现小灯泡图标,在小灯泡上单击弹出选项,选择相应的指令即可。效果如图 1-22 所示。

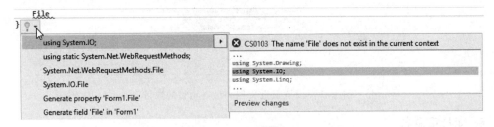

图 1-22　通过小灯泡图标解析命名空间

方式二:右击 File,在弹出的快捷菜单中选择 Quick Actions 即可出现相应选项,如图 1-23 所示。

图 1-23　通过 Quick Actions 解析命名空间

2) 方法生成

方法生成就是根据方法名及参数生成完整的方法定义。方法生成同样可通过与上述相同的两种方式实现,这里仅介绍一种。输入如下代码:

```
OutputInfo(sDemo);          //该方法是不存在的,下面将生成该方法定义
```

单击该方法旁的小灯泡图标,然后单击 Generate method 'Form1. OutputInfo ',如

图 1-24 所示。生成的方法效果如图 1-25 所示。

图 1-24　输入不存在的方法调用并生成方法

3）方法提取

方法提取（Extract Method），即将现有的代码中所选择的部分提取为一个新方法。例如在项目开发过程中，发现将某些代码独立为一个方法更为合适，此时就可以利用该功能。例如，要将图 1-26 所示的两行代码提取为方法，首先选中代码并右击，在弹出的快捷菜单中选择 Quick Actions，效果如图 1-27 所示，单击 Extract Method，得到最终结果如图 1-28 所示。

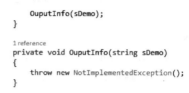

图 1-25　自动生成方法定义

图 1-26　选择待操作的代码，并右击

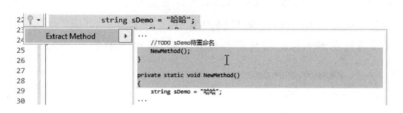

图 1-27　方法提取

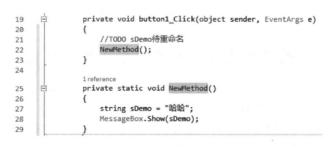

图 1-28　方法提取完毕的结果

7. 任务备忘录

在写一个比较大的程序时，往往很难一次全部如愿写到位（例如，要么根本没有实现，要么初步实现了但是目前性能不佳），此时当然可以选择用笔记本记录下来这些待完成或者待优化的任务，但这样做的前提是要比较勤快，当完成一个任务后及时更新笔记，否则后面容易混乱。其实 VS 中已经提供了一个解决方案,仅需输入两个单词即可完成,即//TODO,如图 1-29 所示。

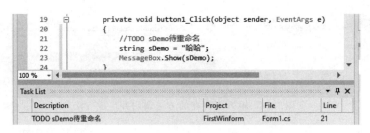

图 1-29　任务备忘录

💣 如果看不到 Task List 窗格,可以在菜单 View 下找到并将其显示出来。

8. 代码折叠

有时一个 cs 文件中的代码比较多,当打开该文件时不方便快速定位,也不方便快速了解该文件所包含的功能,书写代码时不可避免地需要上下拖动滚动条。为了方便书写代码,不至于滚动条不时上下滚动,或者能快速了解该文件概略情况,也为了后期维护的方便,可以使用♯region 和♯endregion 来实现代码折叠功能,从而实现类似目录或者大纲视图的效果。其使用方式一般如下:

```
♯region 你的说明文字
    //方法或者代码块等
♯endregion
```

添加♯region 和♯endregion 后的代码如图 1-30 所示。

这样就可以通过左侧的标记将其折叠或者展开,效果如图 1-31 所示。

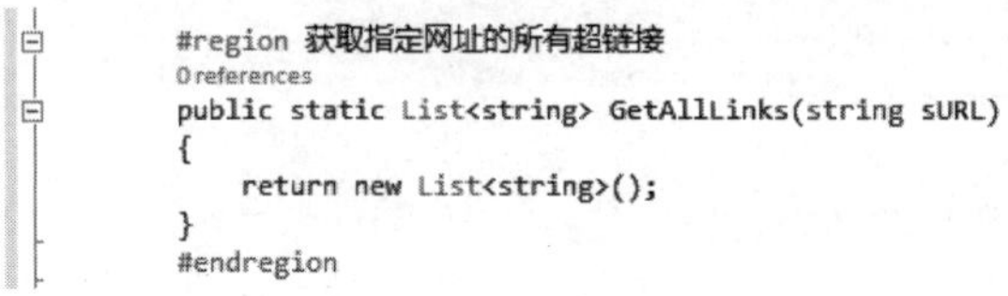

```
38        #region 获取指定网址的所有超链接
          0 references
39        public static List<string> GetAllLinks(string sURL)
40        {
41            return new List<string>();
42        }
43        #endregion
```

```
38    ⊞    获取指定网址的所有超链接
```

图 1-30　使用♯region 和♯endregion 折叠代码 　　　图 1-31　折叠后的效果

1.5.4　VS 太大,是否有更小巧的 C♯学习开发环境

虽然 VS 功能强悍,然而安装包过于庞大,而且若要购买的话,价格不菲。当然 VS 也有不少免费版本(或者限时试用),例如 Visual Studio Community 2015 即是免费的,然而其3.5GB 左右的安装包大小使得不少网络不佳或机器配置较差的学习者望而却步。

事实上,对于初学者而言,也不必非得使用 VS,可以使用一些免费开源的.NET 集成开发工具,较为知名的有 MonoDevelop 和 SharpDevelop(以下简称 SD)等。其中 SD 是一款历史悠久的优秀.NET 集成开发工具,支持 C♯或 VB.NET 等语言;更为重要的是,该软件是免费开源的,体积小巧,完全适合初学者的学习之用,其官网下载地址为:http://www.icsharpcode.net/OpenSource/SD/Download/,若该链接无法访问,也可以通过 https://sourceforge.net/projects/sharpdevelop/(版本更新及时,推荐)或 http://sharpdevelop.

codeplex. com/来下载,或者通过搜索引擎寻找可信网站进行下载。

其使用和 VS 极为类似,感兴趣的读者可自行查阅学习,图 1-32 是其截图。

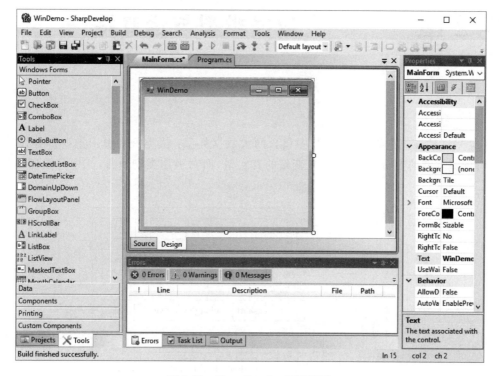

图 1-32　SharpDevelop 开发环境

1.6　思考与练习

(1) 如何理解 .NET?

(2) 如何理解 CLR 的作用?

(3) 如何理解 BCL 的作用?

(4) .NET Framework 与 C♯的关系如何理解?

(5) 如何理解 IL 的好处?

1.7　实 战 任 务

编写程序输出如图 1-33 所示的金字塔。

图 1-33　金字塔

第2章 数据类型与运算符

C♯是一种强类型编程语言,其中包含两大数据类型:值类型和引用类型,如图 2-1 所示。对于值类型的变量,其中存放着变量的真实值,而对引用类型而言,其中存放的是值的引用。

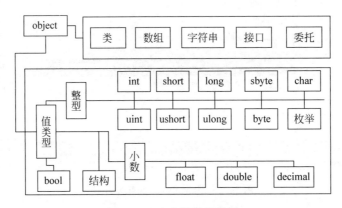

图 2-1 C♯中的数据类型

引用类型主要包括类、数组、字符串、接口等,而值类型又可以分为布尔(bool)、小数、整型、结构等类型。其中,小数可以分为 float、double、decimal 等,整型可以分为 int、long、byte (字节)、char(字符)、枚举类型等。

2.1 常量与变量

2.1.1 常量

常量是指在程序执行过程中其值不变的量。如果某个值在程序中多次出现,且其值是个固定值,则可以考虑将该值定义为常量。另外,枚举也是一类丰富的常量。在 C♯中,常量通过 const 或者 readonly 关键字和数据类型来声明,声明方式为:

```
const 数据类型  常量名 = 值;
//示例
const double pi = 3.1415;
const string database = "data.mdb";
const int earthRadius = 6378;
```

在 .NET Framework 中，内置了大量的枚举常量。如决定窗体启动时位置的 FormStartPosition，使用 MessageBox 类打开对话框时使用的 MessageBoxButtons、MessageBoxIcon 都是常见的枚举类型，其中包含不少的枚举值。此外，在不少的类和结构中也存在大量的可以视为常量的静态属性，如表达颜色的 Color 结构，其中的诸多颜色也都可视为常量，如 Color. Red、Color. Green、Color. Blue；再如画刷类 Brushes 中同样具有大量可以视为常量的静态属性，如 Brushes. Pink、Brushes. SkyBlue。

💣 const 和 readonly 虽然都可以用来声明常量，然而两者并不一样，存在着较大的差异，有兴趣的读者请看 4.20.2 节的示例。

2.1.2　变量

变量是指在程序执行过程中其值可以变化的量。任何变量都应具备两个要点：变量名和数据类型。其中，变量名可以方便访问变量中所存储的数据，而数据类型决定了变量的存储方式。为了变量的正常使用，需要为变量分配存储空间，变量名其实就是为其所分配内存空间的别名，通过变量名来访问相应存储空间中所存储的数据。变量的使用应该先声明再使用，建议在声明的同时赋初值。其声明方式为：

```
数据类型 变量名;
```

💣 自 C♯3.0 之后，增加了一种新的变量命名方式，即可以使用 var 来定义隐式类型变量，该类型仍然属于强类型，只是其真实类型是由编译器根据变量的初始赋值情况推断而来的。如 var i＝88.88;则编译器会根据 i 的赋值情况推断 i 的类型为 double。

2.1.3　变量的命名

变量的命名应该遵循如下注意事项。
➢ 变量名只能由字母、数字和下画线组成。
➢ 变量名不能以数字开头。
➢ 变量名不能与 C♯中的关键字、上下文关键字、函数名称相同。
➢ 变量区分大小写，这意味着 china 和 China 是不同的两个变量。
➢ 变量命名可以支持中文，但不推荐使用。
➢ 局部变量定义时可以不赋初值，但一定要保证使用它之前给它赋初值（即变量先赋值再使用）。
➢ Unicode 代码点可以作为变量标志符，并且使用代码点的作用与使用相应的字符效果一样，但不推荐此做法。例如：

```
string cbaStar;
string cb\u0061Star;          // \u0061 即 a 的代码点
```

上面的两个变量等价。
💣 所谓上下文关键字，就是指在特定的场合才有效的关键字，例如，set、get、value、where、partial、from、join、orderby、yield 等。
💣 当需要进行跨语言编程时，还需要考虑其他语言的关键字。例如，若使用 C♯ 为

VB.NET 开发组件时,则应该避免使用 VB.NET 的关键字,例如 Me、Single 等。

✍ 课堂练习

请观察如下的变量命名是否合法。

```
(1) @wayaya
(2) see you
(3) _macheng
(4) 变量
(5) 2020year
(6) _
(7) hubei&kunming.com
```

2.1.4 变量的命名法

另外,变量的命名根据大小写的书写习惯,一般可以分为两种常用的命名形式,分别为 Pascal 命名法和 Camel 命名法。在一个变量名由若干个单词组成的情况下,两种命名法的处理方式如下。

➢ Pascal 命名法:所有单词的首字母大写,如变量 DoIt。
➢ Camel 命名法:第一个单词首字母小写,其他单词首字母大写,如变量 doIt。

一般地,对于能够从外部访问的成员,例如公共方法(函数)、属性、类、事件、公共字段等的命名,应该采取 Pascal 命名法,此外,命名空间、类名、结构、接口、枚举类型、枚举项名称等也应该采用 Pascal 命名法;而对于局部变量、私有字段、私有方法、方法参数则应采取 Camel 命名法。例如:

```
//方法名 AddStudent 遵从 Pascal 命名法,而参数及私有字段则采用 Camel 命名法
public void AddStudent(string stuName, int stuAge)
{
    string userName;      // 倘若采用 Pascal 命名法则应写为 UserName
    int age;              // 倘若采用 Pascal 命名法则应写为 Age
}
```

💣※ 除了上述两种命名法,此外还有一种知名的命名法,即匈牙利命名法。其特点是在变量的名称前面添加数据类型的缩写前缀。例如:

```
string sUserName;       //s 前缀代表为字符串
int iAge;               //i 前缀代表为 int 型
Button btnAdd;
```

匈牙利命名法在 WinForm 开发的控件命名中仍大量使用,本书也较多地使用本命名法。

2.2 简单数据类型

2.2.1 bool 类型

bool 类型是最简单的一种数据类型,仅占一个字节,用于仅具有两种状态的情形下,如

开与关、是与否、高与低、男与女、开始与停止之类。

在 C # 中,bool 类型的变量仅有两个值：true 和 false。可以通过 ! 运算符来实现 true 和 false 两种状态的转换。例如：

```
bool a = false;
bool b = !a;                          //则 b == true
if(b == true)
     //表明 b 为 true
else
     //表明 b 为 false
```

另外,在 C # 中不再支持 0 及非 0 数值与 bool 值之间的转换,无论是隐式还是显式。但是 bool 类提供了静态方法 Parse 和 TryParse,可以实现"true"、"false"字符串向 bool 值的转换。但 Parse 和 TryParse 在处理除"true"、"false"之外的字符串时有所区别,Parse 会引发异常,而 TryParse 则人性化得多。例如：

```
bool a, c;
a = bool.Parse("true");               //OK 返回 true
a = bool.Parse("1");                  //异常 1 无法转换为 true 或者 false
//如下可以成功,所以返回值为 true(a == true),转换的值为 false,存储在 c 中(c == false)
a = bool.TryParse("false", out c);
a = bool.TryParse("0", out c);        //不能转换成功,返回 false(a == false)
string s = bool.FalseString;          //返回字符串 s == "Fasle"
s = bool.TrueString;                  // s == "True"
```

2.2.2 整型类型

C # 中的整型数值类型很丰富,除了常见的 int 和 long,还有如表 2-1 中所示的其他类型。

表 2-1　整型数据类型

类　　型	字　　节	范　　围
sbyte	1	−128～127
byte	1	0～255
short	2	−32 768～32 767
ushort	2	0～65 535
int	4	−2 147 483 648～2 147 483 647
uint	4	0～4 294 967 295
long	8	−9 223 372 036 854 775 808～9 223 372 036 854 775 807
ulong	8	0～18 446 744 073 709 551 615

从表 2-1 中可见,4 种整型类型都有各自的有符号和无符号两个版本。而无符号版本的上限值大约都是相应数据类型的有符号版本上限值的两倍。这是因为这两类数据类型在处理最高位时有所差别：无符号版本将最高位视为数值位,而有符号版本将最高位视为符

号位。当最高位为 0 时,表明为正数,否则为负数。

由于整型数值类型很丰富,故应该对各种类型的取值范围有所了解,在不同的应用场景选择合适的类型,以避免在计算过程中发生溢出错误。当然也不能为了省事,凡是在需要使用整型数值的场合,都将其数据类型定义为 ulong,这也是不合理的。例如:

```
/ * 示例 1: 求 1~250 所有整数之和。
分析: 很明显,250 小于 byte 类型的上限 255,故可以将变量定义为 byte 类型,但是其和值将远远
大于 250,故和值不能定义为 byte 类型。故一种可行的方式如下。* /
short s = 0;
for (byte i = 1; i <= 250; i++)
    s += i;              //即 s = s + i;
Console.WriteLine(s);
```

✎ 课堂练习:设当前中国人口为 1 400 000 000,并假设人口按照指数规律增长,求 3 年后中国人口将为多少(注意数据类型的选择)?

💣 char 类型实质上也是一种整型数值,不过其使用不能完全等同于整型数值,详见下文。

2.2.3 char 类型

C# 内置支持 Unicode,Unicode 是一种国际公认和通用的标准字符编码标准,使用该字符编码的好处是可轻松地编写全球通用的程序,代价则是可能会浪费两倍的存储空间(例如对于英语、法语、德语等仅需 8 位存储的语言)。无论中文字符、英文字符或者数字都归属于 char 类型,char 类型占两个字节,故最多可以容纳 65 536 个符号,而其取值范围为 0~65 535。char 类型的赋值需要以成对单引号标记。

```
char mySurName = '王';
char number = '6';
char firstLetterOfName = 'W';
```

给字符变量赋值时,不但需要使用单引号,而且单引号内的字符数有且仅有一个。

```
char number = '88';      //错误,单引号内的字符数必须等于 1
char cNull = '';         //错误,单引号内的字符数必须等于 1
```

💣 若某个字符使用双引号则表明是字符串,即使其长度为 1 也无法赋给字符型变量。

```
char ch = "王";          //错误,右侧为字符串,无法赋给左侧的字符变量
```

虽然 char 类型本质上为整数,然而所有的整型数值(即 int,long,short,byte,sbyte 类型)却不能直接赋给 char 类型变量。

```
char ch = 8;             //错误
char c = (short)8;       //错误
char c = (byte)8;        //错误
int i = 'a';             //OK
```

但是 char 类型不仅可以直接赋给 int 和 long 型变量（不能赋给 short，byte，sbyte 类型），而且还可以像数值一样参与运算，并将结果赋给 int 或 long 型变量。

```
long k = 'b';                    //OK
int i = 10 + 'a';                //OK
uint ui = 'b';                   //OK
ulong ul = 'b';                  //OK
ushort us = 'b';                 //OK
```

char 类型在实际应用中常和 string 类型一起使用，特别是在需要逐字符判断校验字符串中是否含有不合法字符的场合。关于 string 类型的详细介绍可参见第 6 章。本节仅做简单介绍。

string 类型即字符串，表明的是一个字符序列，即若干个字符串连在一起即构成字符串，所以字符与字符串之间有着千丝万缕的联系。由于字符串由字符构成，因此可以通过字符串的名称（若字符串变量为 s，则 s 即为其名称）和位置来取得字符串中的各个字符，但是需要注意的是其位置是从 0 开始的。例如：

```
string s = "China 中国";
Console.WriteLine(s[0]);         //第 0 个位置是 C
Console.WriteLine(s[2]);         //第 2 个位置是 i
Console.WriteLine(s[5]);         //第 5 个位置是中
```

下面简要介绍 char 类型的几种常用方法。

char 具备的静态方法 IsNumber 或者 IsDigit，可以用来判断一个字符是否为数字字符，而 IsLetter 则可以用来判断一个字符是否为字母，若希望继续判断一个字符是大写字母还是小写字母，则可以借助 IsUpper 和 IsLower 来实现。例如：

```
Console.WriteLine(char.IsDigit('a').ToString());
Console.WriteLine(char.IsDigit('0').ToString());
Console.WriteLine(char.IsLetter('a').ToString());
Console.WriteLine(char.IsLetter('A').ToString());
Console.WriteLine(char.IsUpper('A').ToString());
Console.WriteLine(char.IsUpper('a').ToString());
Console.WriteLine(char.IsLower('a').ToString());
```

程序的执行结果如图 2-2 所示。

图 2-2　char 部分实用函数示例

2.2.4　小数类型

C# 中除了有上述整型数值外，还有 3 类小数类型，分别是 float、double 和 decimal，如表 2-2 所示。其中，float 和 double 都为浮点类型，分别称为单精度浮点型和双精度浮点型；而 decimal 称为十进制类型，一般仅用于金融等精度要求高的场合。其中，double 数据是用得最多的，而且也是小数数据类型的默认类型，类库中的很多数学函数也都使用这种数据类型。若精度要求不高，也可以选择使用 float。

表 2-2　小数数据类型

类　型	字　节	精　度	后缀标记	范　围
float	4	7	f/F	$1.5 \times 10^{-45} \sim 3.4 \times 10^{38}$
double	8	15	d/D	$5.0 \times 10^{-324} \sim 1.7 \times 10^{308}$
decimal	16	29	m/M	$1.0 \times 10^{-28} \sim 7.9 \times 10^{28}$

由于 double 是小数数值类型的默认类型,若使用了一个小数,而没有在该数值后面添加后缀标记,则有可能出现让初学者感觉莫名其妙的问题。例如:

```
float f1 = 1.0;        //错误,由于无后缀标记,1.0 被视为 double,无法直接赋给 float 型变量
float f2 = 1.0f;       //OK
decimal d1 = 2.0;      //错误
decimal d2 = 2.0m;     //OK
```

💣※我们知道,当两个整数相除时,除数不能为 0,根据这一点可以推断 decimal 类型也不能除以 0,这是没有问题的。然而若把此结论推广到 float 和 double,则不成立。

此外,使用小数时还需要注意精度问题,一般情况下不会导致太大的问题,但是若误差累积到一定程度的时候,可能会出现某些问题。一个典型的可能导致错误的地方就是==。例如:

```
double d = 0;
for (int i = 0; i < 70; i++)
{
    d += 0.1;
    Console.Write(d + "\t");
}
```

按照想象,该程序每次输出的值应该每次递增 0.1,但实际输出如图 2-3 所示。

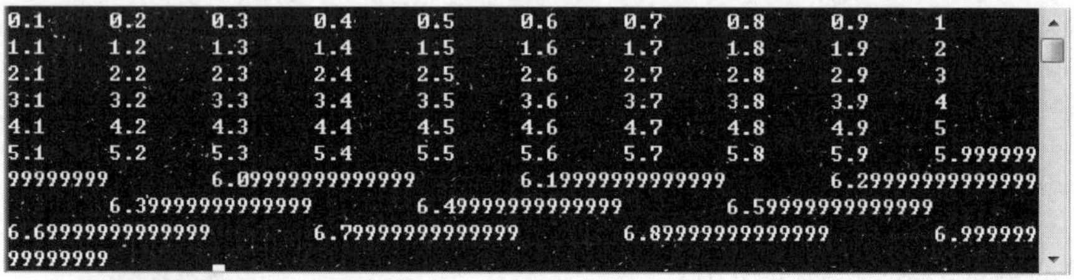

图 2-3　小数的误差累积

可想而知,倘若将==号应用到小数上将面临风险。解决方法也很简单,例如可以将

```
if(d == 6.2)
```

改写为如下表达式:

```
if((d - 6.2) < 0.001)
```

2.3 枚 举 类 型

我们经常遇到这么一类问题：所要表达的概念仅具有十分有限的若干固定值，如一年只有 12 个月或者四季，一周中仅有 7 天，一个系统仅具有少数的几个状态（如准备就绪、加载、运行、暂停、停止等），一个人一生仅具有几个成长期（婴儿期、少年、青年、中年、老年等），天气只有少数的几种关键词描述（晴、阴、雨、雪、霜、雾等），方向有 4 个（东、南、西、北），十二生肖等。

对于这类情况，固然可以定义一个 int 变量，然后以 1 代替某种状态，2 代表另一种状态……例如，对一年的春夏秋冬四季而言，1 代表春天，2 代表夏天，3 代表秋天，4 代表冬天。然而按照这种方式写出来的代码很不直观，这种代码的可维护性差，不便于阅读和交流沟通，更严重的可能导致出现错误。

在 C♯ 中，可以使用枚举类型来处理这种情况。枚举使用 enum 定义，其定义方式为：

```
enum 枚举类型名称{枚举元素 1[ = 数值 1], 枚举元素 2[ = 数值 2], …}
```

上述 [ ] 表明这部分不是必需的，即可以不要。后文仍有多次使用它代表该含义。

例如，以定义一年四季为例。其可能的定义方式如下：

```
enum Season
{
    Spring = 0,
    Summer = 1,
    Autumn = 2,
    Winter = 3,      //最后一项的逗号可要可不要，一般习惯不要
}
```

按照如上定义，它与如下定义方式等价。

```
enum Season{ Spring,Summer,Autumn,Winter}
```

定义了枚举后，则可以使用所定义的枚举类型定义新的变量类型。例如：

```
enum Season{ Spring,Summer,Autumn,Winter}
Season season = Season.Summer;
Console.WriteLine(season);           //输出 Summer
season = 0;
Console.WriteLine(season);           //输出 Spring
// season = 1; 错误
// Console.WriteLine(season);
```

程序的执行结果如图 2-4 所示。

💣※数值 0 有一个特性：它可以赋给任何的枚举变量，而其他数值则不具有此特性。

💣※枚举类型元素的默认值类型为 int。并且，默认情况下，各个

图 2-4 枚举示例

数据类型与运算符

枚举元素的值按照定义顺序递增 1。

💣 为枚举类型元素赋值时，所能赋值的类型只能为 byte、short、int、long 等整型数值。

除了上述所介绍的常规枚举，还有一类枚举，称为标记枚举。实现标记枚举需要注意如下两个事项：

（1）在枚举顶部添加[Flags]标记。

（2）各个枚举项的值应符合 2 的幂指数规律。

例如：

```
[Flags]
enum IOAccess
{
    Read = 1,
    Write = 2,
    //... 4  8 16 枚举项省去
    ReadWrite = Read | Write,
    //...其他枚举项
}
```

2.4 结 构 类 型

使用前面的简单数据类型基本足够处理各种各样的问题，但是在某些场合，所需要操作的若干项数据之间存在着一定的相关性，这些数据可能都隶属于某个主体，则此时若能定义一种复杂数据类型来处理，可能更为合理。例如，在处理与学生相关的信息时，可能会涉及如下几项数据：学号、姓名、性别、年龄、籍贯等。虽然定义若干简单数据类型（或简单数据类型的数组）也可以解决，然而实际编码过程中会带来诸多不便。

在 C# 中，常用的复杂类型有类和结构，此处仅简单地介绍结构类型，更为详细的介绍可参见 4.18 节内容。

结构类型采用 struct 关键字来定义。其一般定义方式如下：

```
struct 结构名
{
    修饰符   变量类型 变量1;
    修饰符   变量类型 变量2;
    …
}
```

对于上面提到的学生信息，定义方式如下：

```
struct StuInfo
{
    public string stuNo;
    public string stuName;
    public string stuSex;
    public int stuAge;
    public string stuProvince;
}
```

则使用时可以类似下面这样使用：

```
StuInfo stuInfo;
stuInfo.stuNo = "20121010";
stuInfo.stuName = "张三丰";
stuInfo.stuAge = 100;
stuInfo.stuSex = "男";
stuInfo.stuProvince = "湖北";
Console.WriteLine(stuInfo.stuName + "的年龄是: " + stuInfo.stuAge + "来自于" + stuInfo.
stuProvince);
```

程序的执行结果如图 2-5 所示。

张三丰 的年龄是：100 来自于湖北

图 2-5　struct 示例

2.5　隐式类型变量

　　var 关键字是从 C# 3.0 开始增加的。不同于常规数据类型，它是"万能类型"的定义方式，可以用来声明任何类型的变量，但并不意味着声明之后其类型仍不确定。实际情况是，使用 var 声明变量的情况下，强制要求在声明的同时给变量赋初值，这样当使用 var 声明变量后，表面没有给变量赋予某个具体的类型，然而编译器将会根据变量的赋值情况，推断其真实类型；一旦其真实类型被推断，则此后该隐式类型变量不能再作为其他类型使用，故隐式类型变量表面类似 JavaScript 中的弱类型声明方式，实则不然，它仍然属于强类型。例如：

```
var i = 1;              //i 会被编译器推断为 int 型
var i = 1.2M;           //i 会被编译器推断为 decimal 型
var s = "China";        //s 会被编译器推断为 string 类型
var varName;            //此种先声明接着赋值的方式对隐式类型变量行不通
varName = "yingping";
```

再看个复杂些的例子：

```
static void Main(string[] args)
{
    var sName = "李大龙";           //会被推断为 string
    var dWeight = 66.6;            //会被推断为 double
    var iHeight = 177;            //会被推断为 int
    Console.WriteLine(sName + "的 h/w = " + iHeight / dWeight);  //输出: 身高/体重、比值
    dWeight = 66;                 //可行,整型值可以赋给 double 型变量
    iHeight = 177.7;              //不行,double 型值无法直接赋给 int 变量
}
```

最后介绍使用隐式类型变量时需要注意的一些问题。

➢ var 可以用来定义任何数据类型，但在声明的同时需要赋初始值。

➢ var 声明的变量的初始值不能为 null。

数据类型与运算符

➢ var 声明的变量的初始值若为一个表达式,该表达式中不能包含自身,如 var i＝i＋1。

➢ 隐式类型变量仍然为强类型,其具体类型由编译器根据初始化赋值情况来推断确定。

➢ 一旦某个隐式类型变量被编译器推断为某个类型,则不可再当其他类型使用。

➢ var 一次只能声明一个,不能一次声明多个,如 var i＝1,j＝2;不合法。

➢ var 能不用则不用,多用于 LINQ 等场合。

➢ var 表面上和 object 很相像,但却完全不一样。其效率和强类型定义方式一样,无 object 类型使用时的装箱、拆箱操作。

💣※var 虽然使用方便,但应该遵从"能不用则不用"的原则,一般用于 LINQ 中。

2.6　运　算　符

运算符是一个符号标记,用以标明数值或者表达式的运算规则。运算符所操作的数值称为操作数。运算符和操作数的合理组合即构成表达式。

根据操作数的个数,运算符可以分为一元运算符、二元运算符和三元运算符。例如取负(－)、取反(～)、自增(＋＋)和自减(－－)都是典型的一元运算符;而四则运算符(＋、－、＊、/)则是典型的二元运算符;三元运算符仅有一个,那就是?:,可以用来改写简单的 if 结构语句。

根据运算的类型,运算符又可以分为算术运算符、赋值运算符、关系运算符、逻辑运算符、条件运算符等。

2.6.1　算术运算符

算术运算符是最常见的一类运算符。算术运算符如表 2-3 所示。

表 2-3　算术运算符

运　算　符	说　明	示　例
＋	加	int s＝2012＋2015; int i＝0,j＝1;int k＝i＋j;
－	减	int s＝2012－2015; int i＝0,j＝1;int k＝i－j;
＊	乘	int s＝2012＊2015; int i＝0,j＝1;int k＝i＊j;
/	除	int s＝2012/15; int i＝2020,j＝10;int k＝i/j;
％	取模	int s＝2012％15; int i＝2020,j＝10;int k＝i％j;
＋＋	自增1	int i＝2012; int j＝i＋＋,k＝＋＋i;
－－	自减1	int i＝2015; int j＝i－－,k＝－－i;

由于四则运算比较简单,不再赘述,下面仅就部分特殊情况做些说明。自增与自减运算在 2.6.6 节详细介绍。

整型数据的除法运算与人们平时的习惯不完全一样,两个整数相除时,其结果仍然是整数。

```
int i = 5, j = 2;
Console.WriteLine("i/j 除法的结果:{0}",i/j);        //结果为 2
Console.WriteLine("i/j 余数的结果:{0}",i%j);        //结果为 1
```

但是只要参与运算的操作数中有一个是浮点型,则其作除法的结果也是浮点型。可以对比如下代码:

```
double i = 5, j = 2;
Console.WriteLine("i/j 除法的结果:{0}",i/j);        //结果为 2.5
Console.WriteLine("i/j 余数的结果:{0}",i%j);        //结果为 1
```

另外,此处还需要特别强调取模运算符%。%运算符是用于计算两个操作数相除的余数,其结果为一个非负整数,即使对于非整数除法而言也是如此。

```
double dResult, dRemainder;
dResult = 100.0 / 7.0;
dRemainder = 100.0 % 7.0;        //dResult = 2
Console.WriteLine("100.0 / 7.0: " + dResult + " " + dRemainder);
```

数值的算术运算有一些特例,详见 2.8 节问与答部分。

另外,数值运算不可避免的一个话题就是溢出,即运算结果超过了变量类型的上限。所以在涉及数值计算的问题时,应该选用合适的数据类型。该问题读者可参阅 checked 和 unchecked 相关资料。

✎ 课堂练习:请将 123456789 秒转换为××年××月××天××时××分××秒的表达。

2.6.2 赋值运算符

赋值运算符用于将右操作数赋给左操作数,除了左操作数获得了这个值,整个表达式的结果也是这个右操作数。根据这个特点,编码过程中若为了省事,可以采取串联赋值方式一次给多个变量赋相同的值。

```
int i,j,k;
i = j = k = 2012;        //则 i,j,k 的值均为 2012
```

除了上述最基本的赋值运算符,=与算术运算符和位运算符等还可以组成复合运算符,如表 2-4 所示。

数据类型与运算符

表 2-4　赋值运算符

运　算　符	说　　明	运　算　符	说　　明
=	赋值	<<=	左移赋值
+=	加法赋值	>>=	右移赋值
-=	减法赋值	&=	AND 位操作赋值
*=	乘法赋值	|=	OR 位操作赋值
/=	除法赋值	^=	XOR 位操作赋值
%=	取模赋值		

复合赋值运算符的一般表示如下(op 代表操作符,如＋、－等):

```
X op = Y;
```

该表达式等价于:

```
X = X op Y;
```

示例如下:

```
int i = 2012, j = 2013;
i += 10;
Console.WriteLine(i);
i *= j + 50;          //即等价于 i = i * (j + 50)
Console.WriteLine(i);
```

程序的执行结果如图 2-6 所示。

2.6.3　关系运算符与逻辑运算符

图 2-6　复合赋值运算符示例

关系运算符和逻辑运算符的运算结果都是布尔值,即要么为 true,要么为 false。关系运算符用于比较两个操作数的大小关系,值是比较的结果,如图 2-5 所示。

表 2-5　关系运算符

运　算　符	说　　明	运　算　符	说　　明
==	等于	<	小于
!=	不等于	<=	小于或等于
>	大于	>=	大于或等于

注意其中表达相等意义的＝＝与表达赋值的＝,不要把两者混淆起来。例如:

```
int i = 2015, j = 2012, k = 2015;
Console.WriteLine(i == j ? "i与j相等" : "i与j不相等");
Console.WriteLine(i == k ? "i与k相等" : "i与k不相等");
Console.WriteLine(i > j ? "i大于j" : "i小于或等于j");
```

程序的执行结果如图 2-7 所示。

逻辑运算符则用于对一个或两个布尔类型的操作数进行运算,得到的结果仍然是布尔值,如表 2-6 所示。逻辑运算符与位运算符有很多类似的地方,可以对比学习,体会其类似之处。

图 2-7　关系运算符示例

表 2-6　逻辑运算符

运　算　符	说　　明	运　算　符	说　　明
!	非,即取反	‖	短路或
&&	短路与	|	或
&	与	^	异或

逻辑非(!)运算是一元运算符,用于将 true 值变为 false,或者 false 变为 true,它只需要一个布尔型的操作数或者布尔型的表达式。其他都为二元运算符。

逻辑非的运算规则为:

```
!true = false;
!false = true;
```

其他各个运算符的运算规则如表 2-7～表 2-9 所示。

表 2-7　短路与(&&)和与(&)的运算规则

&& 或 &	true	false
true	true	false
false	false	false

即两个操作数中有一个为 false,则结果为 false。

表 2-8　短路或(‖)和或(\|)的运算规则

‖ 或 |	true	false
true	true	true
false	true	false

即两个操作数中有一个为 true,则结果为 true。

表 2-9　异或(^)的运算规则

^	true	false
true	false	true
false	true	false

即两个操作数不同时,则结果为 true,否则为 false。

这里需要特别强调的是,短路与(&&)及与(&)、短路或(‖)及或(\|)的差别。

对于与和或,它会将运算符两侧的表达式进行计算。而短路与、短路或则视情况而定:若左侧表达式就能确定整个表达式的值时,则右侧表达式不会再计算,否则左右两侧也都会执行。

数据类型与运算符

为了演示短路运算与相应的普通运算之间的差异,看下面的代码示例。

```csharp
class Program
{
    static bool f1()
    {
        Console.WriteLine("f1 执行");
        return false;
    }
    static bool f2()
    {
        Console.WriteLine("f2 执行");
        return true;
    }
    static void Main(string[] args)
    {
        Console.WriteLine("逻辑运算结果: {0}", f1() &f2());
        Console.WriteLine("短路运算结果: {0}", f1() &&f2());
    }
}
```

程序的执行结果如图 2-8 所示。

从执行结果可以清晰地看到,在短路运算情况下,短路运算符后面的部分并未执行。这是因为 f1() && f2()这个与运算中,只要 f1() 的结果为 false,无论 f2() 的结果如何,都不会影响整个表达式的值,所以短路运算更为快捷。

图 2-8   短路运算与普通运算

总结:

(1) 若参与运算的前面某些部分就能够决定整个表达式的值,当采用短路运算时,后续的表达式不会再继续下去;而当采用非短路运算时,后续的表达式仍会继续执行。

(2) 若前面的部分不能决定整个表达式的值,整个表达式的值一定需要运算完所有部分才能够决定,在此情况下,短路与非短路运算表现完全相同。

💣 短路与(&&)及普通与(&)的表达式的最终结果相同,短路或(‖)及普通或(|)的结果也相同。

2.6.4   位运算符

位运算符可以大概分为按位运算(&、|、~、^)和移位运算(>>、<<)两类。其中按位取反运算符(~)为一元运算符,其他均为二元运算符。位运算符操作的对象是整数或者字符型数据,其结果是整型。位运算的本质是逻辑运算,其意义是,依次取被运算对象的每个位,进行逻辑运算,每个位的逻辑运算结果是结果值的每个位。位运算符如表 2-10 所示。

表 2-10   位运算符

运　算　符	说　　明	运　算　符	说　　明
&	AND(与)	|	OR(或)
~	取反	^	XOR(异或)
>>	右移位	<<	左移位

位运算的运算规则如表 2-11～表 2-14 所示。其中首行和首列表示操作数，其他表明运算结果。

表 2-11　按位与运算规则

&	1	0
1	1	0
0	0	0

位逻辑与运算将两个运算对象按位进行与运算。与运算的规则：$1\&1=1,1\&0=0$。例如：10010001（二进制）$\&$ 11110000＝10010000（二进制）。

表 2-12　按位或运算规则

|	1	0
1	1	1
0	1	0

位逻辑或运算将两个运算对象按位进行或运算。或运算的规则是：$1|1=1,1|0=1,0|0=0$。例如：10010001（二进制）$|$ 11110000（二进制）等于 11110001（二进制）。

表 2-13　按位取反运算规则

	1	0
～	0	1

位逻辑非运算是单目运算符，只需一个运算对象。位逻辑非运算按位对运算对象的值进行非运算，即：如果某一位等于 0，就将其转换为 1；如果某一位等于 1，就将其转换为 0。例如，对二进制的 10010001 进行位逻辑非运算，结果等于 01101110，用十进制表示就是：~ 145 等于 110；对二进制的 01010101 进行位逻辑非运算，结果等于 10101010。用十进制表示就是 ~ 85 等于 170。

表 2-14　按位异或运算规则

^	1	0
1	0	1
0	1	0

位逻辑异或运算将两个运算对象按位进行异或运算。异或运算的规则是，$1\wedge1=0,1\wedge0=1,0\wedge0=0$。即：相同得 0，相异得 1。例如：10010001（二进制）$\wedge$ 11110000（二进制）＝01100001（二进制）。

位左移运算将整个数按位左移若干位，左移后空出的部分补 0。例如：8 位的 byte 型变量 byte a＝0x65（即二进制的 01100101），将其左移 3 位：a≪3 的结果是 0x28（即二进制的 00101000）。

位右移运算将整个数按位右移若干位，右移后空出的部分填 0。例如：8 位的 byte 型变量 byte a＝0x65（即二进制的 01100101）将其右移 3 位：a≫3 的结果是 0x0C（二进制

00001100）。

2.6.5　条件运算符

条件运算符只有一个,即"?:",这也是唯一的一个三元运算符。以条件运算符构成的表达式称为条件表达式。其一般表达如下:

```
R = C?T:F;
```

其中,R 用于存储整个条件表达式的值;C 为一个条件,其值要么为 true,要么为 false;而 T 和 F 既可以为简单的操作数,也可以为一个复杂的表达式。

上述表达式的执行顺序为:首先计算 C,若其值为 true,则接着计算 T,计算结果将成为整个条件表达式的值,并赋给 R;若其值为 false,则接着计算 F,并将计算结果赋给 R。T 和 F 只会计算其中一个,R 的值要么取 T,要么取 F。

根据上述叙述,条件表达式完成的事情就是二选一,此即后文所要叙述的 if-else 所完成的功能。

条件运算符遵从右结合的规则,例如:

```
u?v:w?x:y
```

该表达式等价于如下表达方式。

```
u?v:(w?x:y)
```

下面给出一个小示例。代码如下:

```
int i = 100;
Console.WriteLine(i > 0 ? "正数" : "非正数");      //输出正数
```

✍ 课堂练习:请采用条件运算符,使用一条语句完成闰年的判断。

2.6.6　自增与自减

自增运算符(++)和自减运算符(－－)都是使用频率相当高的两种快捷表达方式。它们都具有两种形式:前缀和后缀。当++在操作符后面时,称为后缀自增,如 i++;当++在操作符前面时,称为前缀自增,如++i。两者都是实现 i 递增1,即 i=i+1。

后缀自增的计算方式是,以 i++为例,先将 i 的初值返回,然后才完成 i=i+1。

前缀自增的计算方式是,以++i 为例,直接将 i=i+1,并将和值返回。

由上面值的返回时机和递增规则,不难知道,若这两种表达单独为一条语句,则两者并无区别。例如:

```
int i = 2012, j = 2012;
i++;
Console.WriteLine(i);
++j;
Console.WriteLine(j);
```

程序的执行结果如图 2-9 所示。

若前缀和后缀形式不是单独成句,则两者有区别,使用时需要注意。先看下面一个简单示例。

```
int i = 2012, j = 2012;
Console.WriteLine(i++);
Console.WriteLine(++j);
```

程序的执行结果如图 2-10 所示。

图 2-9　单语句的自增示例　　　　图 2-10　非单语句的自增示例

初看此结果,或许会认为 i 没有被递增,其实 i 已经被递增。根据上述计算方式,将 i++ 输出时,先将 i 的原值 2012 返回,交给 Console.WriteLine 进行输出,所以输出 2012,这之后才完成递增。而 ++j 则将 j 由 2012 递增为 2013,然后才返回并交给 Console.WriteLine 进行输出,故输出 2013。

从上面的叙述可以推测,若再增加一次 i 的输出,将会输出 2013。这里来确认 i 的确已经被递增了。代码如下:

```
int i = 2012, j = 2012;
Console.WriteLine(i++);
Console.WriteLine(i);
Console.WriteLine(++j);
```

程序的执行结果如图 2-11 所示。

自增与自减运算一般用于整型数据类型变量。事实上,它们不仅用于整型数据类型,也可以用于浮点型等数据类型。例如:

图 2-11　非单语句的自增示例

```
double d = 10.08;
Console.WriteLine(++d);
```

2.6.7　运算符的优先级

常见运算符的优先级如表 2-15 所示。从上到下优先级逐渐降低。

表 2-15　运算符的优先级

运算符类型	运　　算　　符
初级运算符	(),[],x.y,++,――①,new,sizeof,typeof,checked/unchecked
一元运算符	!,～,++,――②,(cast)x

---

① 该处的++、――表示后缀。

② 该处的++、――表示前缀。

运算符类型	运　算　符
乘除、取模运算符	*，/，%
增量运算符	+，−
移位运算符	<<，>>
关系运算符	<，>，<=，>=，is，as
等式运算符	==，!=
逻辑与运算符	&
逻辑异或运算符	^
逻辑或运算符	|
条件与运算符	&&
条件或运算符	||
条件运算符	?:
赋值运算符	=，op=①

虽然列举了优先级,但是仍然建议在使用过程中使用括号来实现优先级控制。

2.7　转　　换

C#中涉及到转换的地方较多,下面简要总结一下。

2.7.1　隐式转换

可以自动进行,不会丢失数量级,且不会引发异常的任何转换都属于隐式转换。

典型的如 int 转为 long,值不会发生根本性的变化,此种转换最简单,只需要使用赋值运算符即可自动完成。例如:

```
int i = 12345;
long l = i;
```

也可以用如下方式表示:

```
long l = (long) i;
```

2.7.2　显式转换

显式转换的通用表达方式如下:

```
(目标类型) 待转换对象
```

---

① op= 表示复合赋值运算符,如+=、%=、>>=、^=等。

显式转换即强制转换。显式转换的正确性由程序书写人员自行保证；若显式转换失败，将会引发异常；即使没有引发异常，也不能保证结果是所期望的。例如：

```
long l = 100;
byte b = (byte)l;              //OK
l = 1000;
b = (byte)l;                   //转换会进行,但结果不是期望的
```

当要转为目标类型——整型时，(int)对小数直接去尾留头。例如：

```
double d = 10.8;
int i = (int)d;               //则 i = 10
```

2.7.3 Type. Parse

Type. Parse 可以用于多种数据类型，但是转换对象都是 string 类型的，也就是此方法用于将 string 类型转换为 Type 类型（Type 类型可以为 int、float 等多种数值类型）。由于多种 Type 类型的 Parse()方法极其类似，故下文仅以 int. Parse()为例进行说明。

其转换的对象，给我们的感官认识一定要是我们所认可的目标类型。通俗地说就是，如果需要转换的内容，看着就与目标类型不一致，则转换不会成功。例如，int. Parse("1000")，1000 给人感觉就是整型值，所以转换可以成功，而 int. Parse("1000.0001")中，1000.0001给人感觉不是整型，故此转换要失败。

int. Parse()是一种内容转换，表示将数字内容的字符串转为 int 类型。如果字符串为空，则引发 ArgumentNullException 异常；如果字符串内容不是数字，则引发 FormatException 异常；如果字符串内容所表示数字超出 int 类型可表示的范围，则引发 OverflowException 异常。

另外，Type. Parse()的参数若为 null，则会发生异常。

```
string sNum = "1000";
int i = int.Parse(sNum);      //OK
```

然而很多场合不一定能够保证传入的参数一定真地能够转换为数值，为安全起见，此时需要使用 Type. TryParse()。

Type. TryParse()与 Type. Parse()类似，但不会产生异常，转换成功返回 true，转换失败返回 false。最后一个参数为输出值（out 修饰），如果转换失败，输出值为 0；如果转换成功则是转换后得到的值。例如：

```
string sNum = "1000 年等一回";
//int i = int.Parse(sNum);
int j = 0;
bool b = int.TryParse(sNum,out j);
Console.Write(j);
```

另外，Parse 还具有其他一些使用较少的功能，例如实现十六进制表示的字符串转换为数值。

```
//表示方式如下：int.Parse(strHex,System.Globalization.NumberStyles.HexNumber);
a = int.Parse("AB", System.Globalization.NumberStyles.HexNumber);        //则 a = 171
```

2.7.4 Convert 类

这是一个支持诸多内置类型的转换类，其转换的目标是继承自 Object 的对象，使用频率很高。

以 Convert.ToInt32 为例，Convert.ToInt32 采用的是四舍六入五取偶的取整方式。例如：

```
Console.WriteLine(Convert.ToInt32(10.4));        //结果为 10
Console.WriteLine(Convert.ToInt32(10.6));        //结果为 11
Console.WriteLine(Convert.ToInt32(10.5));        //结果为 10
Console.WriteLine(Convert.ToInt32(11.5));        //结果为 12
```

上述输出可以与下面的输出进行比较。可以预测一下下面的输出分别为多少。

```
double d1 = 10.4,d2 = 10.5,d3 = 10.6;
Console.WriteLine((int)d1);
Console.WriteLine((int)d2);
Console.WriteLine((int)d3);
```

2.7.5 装箱与拆箱

在 C# 中有一类特殊的转换，其转换发生在值类型和 object 类型之间，这就是装箱与拆箱。所谓装箱，是指将值类型转换为 object 类型，装箱是隐式进行的；而拆箱，则是指将 object 类型转换为值类型，拆箱需要显式进行。

```
int i = 100;
object o = i;        //将值类型隐式转换为 object 类型，即装箱，装箱时 i 本身不会发生变化
int j = (int)o;        //将 object 类型的对象 o 显式转换为值类型
Console.WriteLine(i);
Console.WriteLine(o);
Console.WriteLine(j);
```

💣※一般应该尽量避免使用装箱和拆箱操作，因为会影响程序效率。

2.7.6 as & is

这也是与转换相关的两个关键字，详见 4.20.5 节内容。

2.8 问 与 答

2.8.1 数值类型那么多，怎样记忆各类型的取值范围

✌ 对于数值类型，如 sbyte、byte、short、int、long，还有后文即将要学习的 float、double、 decimal 等,其实并不需要记住它们的取值范围,而且也很难长久记住。这些数据类型其实都属于 struct 类型(与类相似,但又本质上完全不同),这些类型都具有两个常量字段,分别命名为 MaxValue 和 MinValue,这两个常量字段即对应着相应类型取值范围的上限和下限。例如,若希望知道 int 类型的取值范围,可以在 VS 中输入如下代码(其他类型依此操作即可):

```
Console.WriteLine(int.MaxValue);          //输出 int 的最大值
Console.WriteLine(int.MinValue);          //输出 int 的最小值
```

2.8.2　如何知道数值类型占用多大存储空间

✌ 在 C#中,可以利用 sizeof 来获取各种数值类型所占用的存储空间大小。例如:

```
Console.WriteLine(sizeof(int));           //4
Console.WriteLine(sizeof(Int16));         //2
Console.WriteLine(sizeof(float));         //4
Console.WriteLine(sizeof(double));        //8
Console.WriteLine(sizeof(decimal));       //16
```

2.8.3　数值运算中,除数不能为零吗

✌ 对于整数类型和 decimal 类型,此结论成立;而对浮点型(float 和 double)则不成立。在 C#中,有个特殊值,就是无穷大,它分为正无穷大和负无穷大(不同的系统中输出不尽相同,英文环境下为 Infinity)。即若一个浮点数除以 0,并不会引发异常,程序也不会中断,只是输出结果为正无穷大或者负无穷大而已。请看下面的代码。

```
Console.WriteLine((-1.0f/0).ToString());    //输出负无穷大
Console.WriteLine((1.0d/0).ToString());     //输出正无穷大
```

既然这样,那自然有判断是否为无穷大的函数吧? 不错,float 和 double 都具有相应的方法用来判断是否为无穷大,其中 IsInfinity 用于判断是否为无穷大,不区分正负;而 IsNegativeInfinity 和 IsPositiveInfinity 则分别用于判断是否为负无穷大和正无穷大。

```
Console.WriteLine(double.IsNegativeInfinity(1.0/0).ToString());      //false
Console.WriteLine(double.IsNegativeInfinity(-1.0/0).ToString());     //true
Console.WriteLine(float.IsInfinity(1.0f/0).ToString());             //true
Console.WriteLine(float.IsPositiveInfinity(1.0f/0).ToString());     //true
```

2.8.4　0/0.0＝?

✌ 从分子的角度来看,结果为 0,从分母的角度来看为无穷大。如何处理呢? 微软定义了一个 NaN(Not a Number)表达此结果。即其结果是 NaN。

2.8.5　NaN 和 Infinity 参与计算时,结果如何

✌ 其结果将依情况而定。一般而言 Infinity 参与的表达式的结果是 Infinity。但是也

有特例：Infinity＊0＝0；NaN＊0＝NaN。

2.8.6　定义枚举类型时，第一个枚举对应的数值必须为0吗

✌ 若不希望枚举值从0开始取值，则可以显式赋值。例如：

```
enum Season{ Spring = 5,Summer = 6,Autumn = 7,Winter = 8}
```

由于枚举类型元素的值按1递增，故该定义与下述语句等价。

```
enum Season{ Spring = 5,Summer,Autumn,Winter}
```

2.8.7　定义枚举类型时，各个枚举项对应的数值必须连续吗

✌ 可以不必连续。例如：

```
enum Season{ Spring = 100,Summer = 200,Autumn = 300,Winter = 400}
Season s = Season.Spring;
Console.WriteLine(s);                    //Spring
s = 0;
Console.WriteLine(s);                    //0
Console.WriteLine((Season)300);          //Autumn
Console.WriteLine((Season)302);          //302
```

2.8.8　如何更改枚举类型元素的数据类型

✌ 枚举类型的默认数值类型为int，若希望改变这种状况，则只需要在定义时，在枚举类型名称后面加上“：整型类型”即可。例如：

```
enum Season:byte{ Spring,Summer,Autumn,Winter }
```

2.8.9　各种类型的默认值分别是什么

✌ 在C#中，若没有为结构或者类的字段变量初始化，则编译器会自动根据这些数据类型为其赋一个默认值。默认值规则如下。

➢ 数值（整数和小数）：0。
➢ 字符：'\0'对应的代码点：U＋0000。
➢ 布尔：false。
➢ 枚举：0。
➢ 引用类型：null。
➢ 结构：由于结构是上述类型的复合，故各成员依上述规则完成初始化赋值。

2.8.10　枚举类型的位操作是什么意思

✌ 在C#中，经常会遇到对枚举型变量进行位操作的情况，例如类似 if((msBtn & MouseButtons.Left) == MouseButtons.Left)。关于这个问题，首先需要了解在枚举类型

中加[Flags]特性(C♯编译器允许使用 Flags 或 System. FlagsAttribute 自定义特性)可以用来表示一组可组合的位标记,这时这些位标记并不是互斥的,而是有可能同时存在的,这时此枚举的 ToString()方法会返回一个包括所有常量名的字符串,各常量名之间用逗号分隔。例如:

```
[Flags]
public enum MouseButtons
{
    None = 0,             //未曾按下鼠标按钮
    Left = 1,             //鼠标左按钮曾按下
    Right = 2,            //鼠标右按钮曾按下
    Middle = 4,           //鼠标中按钮曾按下
}
```

如果有

```
MouseButtons msBtn = MouseButtons.Left | MouseButtons.Right;
```

它表达的就是用户同时按下了鼠标的左键和右键。此时 Console. WriteLine(msBtn)的输出为 Left,Right。

现在想判断一下 msBtn 这个操作中是否有鼠标左键按下,即要确定 msBtn 中是否包含一个已设置的单独位标志(MouseButtons. Left),那么可以用以下条件语句:

```
if((msBtn & MouseButtons.Left) == MouseButtons.Left)
```

在上例中,msBtn 其实就是 011(001 | 010 的结果),MouseButtons. Left 其实就是 001。

这里请注意,MouseButtons 中的所有枚举值都是 2 的 n 次方,其二进制表示形式中只可能出现一个 1(对于 MouseButtons. Left 就是最后一位为 1),MouseButtons. Left 的其他位置和 msBtn 的其他位置进行位与运算(&)的结果必然为 0,而 msBtn 中与 MouseButtons. Left 包含 1 的那一位同一位置的数值决定了位与的结果。如果 msBtn 的这一位置是 1,那么位与的结果就是 001,这也就意味着 msBtn 这个枚举变量表示用户按下了鼠标左键。

所以要确定一个枚举变量是否包含一个已设置的位标记,可以使用以下条件语句:

```
if((msBtn& MouseButtons.Left) == MouseButtons.Left)
```

要确定一个枚举变量是否只包含某个位标记,可以使用以下条件语句:

```
if((msBtn| MouseButtons.Left) == MouseButtons.Left)
```

要确定一个枚举变量是否包含一组已设置的位标记,可以使用以下条件语句:

```
if((msBtn& (MouseButtons.Left | MouseButtons.Right)) == (MouseButtons.Left | MouseButtons.Right))
```

要确定一个枚举变量是否只包含一组已设置的位标记,可以使用以下条件语句:

第 2 章

数据类型与运算符

```
if((msBtn | (MouseButtons.Left | MouseButtons.Right)) == (MouseButtons.Left | MouseButtons.
Right))
```

2.9　思考与练习

（1）假设在程序中 a、b、c 均被定义成整型,所赋的值都大于 1,则下列能正确表示代数式 1/abc 的表达式是(　　)。

    A. 1.0/a * b * c
                    B. 1/(a * b * c)

    C. 1/a/b/(float)c
                 D. 1.0/a/b/c

（2）几种整型数据（byte,sbyte,short,ushort,int,uint,long,ulong,char）的范围是多少? 为什么?

（3）请使用异或运算实现一个简单的加密解密演示。

（4）解释前缀自增与后缀自增的异同,并举例说明。

（5）请使用一个 WriteLine() 完成如下输出。

```
\1. "How long?"he asked.
\2. "About 2 miles!"she said.
```

（6）请阅读并运行如下代码,该段代码是否能够顺利执行? 为什么?

```
byte b;
b = 10;
b = b * b;
Console.WriteLine(b);
```

（7）阅读下面的程序,并推测出 a 的值。

```
int a = 10;
a += a * a;
Console.WriteLine(a);
```

（8）阅读下面的程序,并推测出 k 和 m 的值。

```
int m = 2012;
int k = ++m;          //k = ? m = ?
//如果换成如下语句,k 和 m 又为多少呢?
int k = m++;          //k = ? m = ?
```

（9）考虑如下程序的输出为多少?（选做）

```
int i = 0;
decimal d = 0;
float f = 0;
Console.WriteLine(10 / i);
Console.WriteLine(10 / d);
Console.WriteLine(10 / f);
```

```
Console.WriteLine( - 10 / f);
Console.WriteLine(0 /i);
Console.WriteLine(0 / f);
```

（10）阅读如下程序，写出程序的输出结果。

```
//示例一:
int i = 1;
int j = 2;
int a = 3;
if (a!= 2 || j == i++)
    Console.Write("短路情况的 i 值为: ");
Console.WriteLine(i);              //输出多少?

//示例二:
int i = 1;
int j = 2;
int a = 3;
if (a!= 2 | j == i++)
    Console.Write("非短路情况的 i 值为: ");
Console.WriteLine(i);              //输出多少?
```

2.10 实 战 任 务

（1）从键盘输入一个正整数，按数字的相反顺序输出（即若输入 468，则输出 864）。

（2）计算矩形面积和周长，要求用户输入 2 个整型数值（即矩形边长），然后计算并输出结算结果。同时计算该矩形外接圆的面积和周长。

（3）假设有 5 个学生，每个学生有 6 门功课，请设计程序求出各个学生的总分、平均分；算出谁是总分第一名、谁是总分最后一名。

数据类型与运算符

第 3 章　程 序 控 制

一个合理实用的程序,不可能是从头至尾一行一行地依次顺序执行的。程序的执行顺序在更多的场合应该适当地进行改变。这种改变程序从第一行依次顺序执行到最后一行的机制即称为程序控制。程序控制语句有 3 类:选择语句、循环语句和跳转语句。这 3 类语句构成了由简单语句搭建程序大厦的基石。

3.1　选 择 语 句

选择语句有 if 语句和 switch 语句,其中尤其以 if 语句最为常见。

3.1.1　if 语句

if 语句是最基本最常见的程序流程控制语句。if 可以配合 else 或者 else if 来无限扩展选择执行的分支,当然在实际编码过程中,不会写很多的 if 和 else if。if 语句可能会有如下几种使用形式。无论采用下面的哪种方式,即使分支再多,最多也只会有一个分支获得运行。

(1) 一个分支:if (条件) {语句序列;}。

(2) 两个分支:if (条件) {语句序列;} else {语句序列;}。

(3) 多分支:if (条件) {语句序列;} else if {语句序列;}…else {语句序列;}。

(4) 嵌套:if (条件) { if 语句序列;} else { if 语句序列;}。

其执行机制是:判断各个条件,哪个条件成立则执行哪个分支相应的语句序列。若所有的条件都不成立,则直接执行整个 if 块后的语句。

例如,若有一语音播报程序,当获知客户的性别为男时,可以输出“先生,你好!”,反之如果是女士时,则输出“女士,你好!”。则可能的参考代码如下。

```
Console.Write("请输入您的性别: ");
string sSex = Console.ReadLine();
if (sSex == "男")
    Console.WriteLine("先生,你好!");
else
    Console.WriteLine("女士,你好!");
```

上面的程序即采用的形式(2),如果能按照预期输入,程序运行自然良好。程序执行结果如图 3-1 所示。

但是若用户随便输入,只要不输入“男”,则上面的程序都将把客户视为女性,自然不合理。例如如图 3-2 所示的输出。

图 3-1　两分支的 if 语句——正常执行　　图 3-2　两分支的 if 语句——不正常执行

所以可以稍加修改,改善后的代码如下:

```
Console.Write("请输入您的性别: ");
string sSex = Console.ReadLine();
if (sSex == "男")
    Console.WriteLine("先生,你好!");
else if(sSex == "女")
    Console.WriteLine("女士,你好!");
else
    Console.WriteLine("对不起,你是人妖吧?!");
```

此代码即形式(3)。

另外,为了给客户的提醒更具体点,比如根据当前时间,显示早上好、中午好、下午好、晚上好等比较具体的问候语,则可以编写如下代码:

```
//如下仅考虑上午好和下午好两种问候;并且如下关于时间的判断并不对,此处仅为演示之用,聪
明的您可以将其修改的更加合理。
//其中 DateTime.Now.Hour 是用来获取当前时间的小时部分
Console.Write("请输入您的性别: ");
string sSex = Console.ReadLine();
if (sSex == "男")
{
    if(DateTime.Now.Hour > 12)
        Console.WriteLine("先生,下午好!");
    else
        Console.WriteLine("先生,上午好!");
}
else if(sSex == "女")
{
    if(DateTime.Now.Hour > 12)
        Console.WriteLine("女士,下午好!");
    else
        Console.WriteLine("女士,上午好!");
}
else
    Console.WriteLine("对不起,输入有误!");
```

观察上面的代码,不难发现,此即形式(4),即 if 的嵌套使用。

✎ 课堂练习:请编写一个程序,根据用户输入的分数,来输出其分数是优秀、良好、中等、及格或者不及格(分级可以根据平时百分制的常规分级认定)。

3.1.2　switch 语句

switch 语句与 if 语句一样,也是在众多分支中选择一个匹配的分支来执行。然而两者

并不是完全一样,并且在更多的情况下,对程序编码人员来说,用 if 语句会更习惯些。

其语法形式如下:

```
switch (表达式)
{
    case 值 1:
        语句序列;
        break;
    case 值 2:
        语句序列;
        break;
    …
    case 值 n:
        语句序列;
        break;
    default:
        语句序列;
        break;
}
```

其执行机制是:根据表达式的值,在各个 case 中寻找匹配的,如果找到匹配的 case,则执行相应的语句序列直到遇到 break,否则执行 default 分支,当然前提是在 default 分支存在的情况下。

但是,使用时需要注意如下事项。

(1) switch 的表达式的值只能是整型(byte、short、int、char 等)、字符串或枚举(其实枚举可以视为整型的特例)。

(2) 各个 case 下的 break 不可或缺;但是若某几个 case 共用一段语句序列时,break 可以不要。

(3) switch 语句同 if 语句一样,也可以嵌套。

仍以 3.1.1 节的示例为例进行讲解说明。

```
Console.Write("请输入您的性别: ");
string sSex = Console.ReadLine();
switch (sSex)
{
    case "男":
        Console.WriteLine("先生,你好!");
        break;
    case "女":
        Console.WriteLine("女士,你好!");
        break;
    default:
        Console.WriteLine("泰国人妖!");
        break;
}
```

若某些 case 对应的语句块相同,则 break 可以省略。例如,上例根据用户输入的性别,若用户输入"男"或者"女",程序输出"性别正常",否则输出"性别不正常"。

```
Console.Write("请输入您的性别：");
string sSex = Console.ReadLine();
switch (sSex)
{
    case "男":
    case "女":
        Console.WriteLine("性别正常");
        break;
    default:
        Console.WriteLine("性别不正常");
        break;
}
```

两种合法的性别对应的 case 块，共用一个输出，此时可以采用上述这种写法。

✎ 课堂练习：请编写一个程序，要求使用 switch 语句完成。根据用户输入的分数，来输出其分数是优秀、良好、中等、及格或者不及格（分级可以根据平时百分制的常规分级认定）。

3.2 循 环 语 句

循环语句分 3 类，分别为 for 语句、while 语句和 do…while 语句。

3.2.1 for 语句

for 语句是一种使用极其灵活的循环语句。其一般形式如下：

```
for (初始化语句; 条件测试语句; 迭代语句)
{
    循环语句序列      //循环体，该处的语句序列会被反复执行直至循环结束
}
```

其中，初始化语句通常用于给循环变量赋初值，此处的循环变量往往就是计数器；而条件测试语句往往用来判断循环是否需要继续执行，当此处为 true 时循环继续，否则不再继续；而迭代语句往往用来实现对循环变量值的更改，正是该更改使得循环变量的值向使循环结束的趋势变化。

另外，需要指出的是，for 循环的上述 3 个部分并非必不可少，可以有选择性地去除某几个部分，甚至可以把 3 个部分全部去除。这样就可以得到 for 循环的多种变体形式。

其执行机制是：首先执行初始化语句，其次执行条件测试语句，当条件测试语句返回 true 时，接着执行循环语句序列，最后执行迭代语句，这样第一次循环即结束。除第一次循环需要执行初始化语句，其他时刻不会再执行。从第二次循环开始，每次首先执行条件测试语句，如果成立则执行循环语句序列，再执行迭代语句；然后又进入下一轮循环的条件测试语句判断，直至该语句不成立时循环结束。

☀ 上面的一般形式，一般也可以改写为 while 语句，其对应的 while 语句代码如下：

```
初始化语句;
while(条件测试语句)
{
    //do sth.
    迭代语句;
}
```

下面看示例。

```
//100 以内等差数列的输出 1 2 3 4…
for(int i = 1; i < 100; i++)
    Console.WriteLine(i);
```

上面的迭代语句部分虽然用自增表达式最常见,然而却并不是必须这么做。例如:

```
//100 以内奇数等差数列的输出 1 3 5 7…
for(int i = 1; i < 100; i += 2)
    Console.WriteLine(i);
//100 以内等比数列的输出 1 2 4 8…
for(int i = 1; i < 100; i * 2)
    Console.WriteLine(i);
```

for 循环的变体很多,此处不一一说明,仅给出两个简单示例,有兴趣的读者可以参看其他书籍,或者自行测试。

```
//100 以内奇数等差数列的输出   1 3 5 7…
for(int i = 1; i < 100;)
{
    Console.WriteLine(i);
    i += 2;
}
//100 以内等比数列的输出   1 2 4 8…
int i = 1;
for(; i < 100;)
{
    Console.WriteLine(i);
    i * = 2;
}
```

在上面的两个小示例中,第一个示例取消了迭代语句部分,而第二个示例则将初始化语句部分和迭代部分都取消了,然而程序仍能正确执行。如果将 3 个部分都取消,只留下循环语句序列部分,则构成一个死循环。

读者可以根据 for 循环的执行机制分析上述两段小程序。

💣 当循环变量仅仅用于循环计数而无其他作用时,最好将循环变量 i 的作用域限制在 for 循环的结构内部,即:

```
for(int i = 0; i < n; i++)
```

而不应该这么写:

```
int i = 0;
for(i = 0;i < n;i++)
```

💣 由于条件测试表达式会反复执行,因此如果该表达式来自于一个费时的函数,且该函数与循环变量无关,则应注意优化写法。例如:

```
int GetMaxLength()
{
    System.Threading.Thread.Sleep(2000);       //模拟一个耗时的操作
    return 100;
}
for(int i = 0;i < GetMaxLength();i++)
{
    //do sth.
}
```

这样,虽然 GetMaxLength() 的返回值与循环变量 i 无关,但每次循环都会执行 GetMaxLength(),白白浪费了大量的时间。所以可以做如下改写:

```
int max = GetMaxLength();
for(int i = 0;i < max;i++)
{
    //do sth.
}
```

修改后,这个耗时的操作将只会执行一遍。在 WinForm 或者 ASP.NET 中不少读者容易犯类似的错误,例如:

```
for(int i = 0;i < Convert.ToInt32(textBox1.Text);i++)
{
    //do sth.
}
```

💣 此外还有另外一类问题,就是使用循环来做某种匹配,当匹配到时即退出循环。典型的应用如在 ListBox 中添加不重复项的情况,此时比较通用的做法是定义一个 bool 类型的标记变量 flag,然后在循环结束后通过 flag 的值来决定将要做何后续操作。

3.2.2　while 语句

while 语句是另外一种常见的循环形式,其一般形式如下:

```
while (条件表达式)
{
    循环语句序列;
}
```

其执行机制是:首先执行条件表达式,若为真则执行循环语句序列,接着再执行条件表达式,直到条件表达式不成立退出循环为止,继而执行循环体之外的语句。

当条件表达式第一次就不成立时,此时循环语句序列不会获得任何执行机会。

仍以 3.2.1 节中输出 100 以内的奇数等差数列为例进行说明,代码如下:

```
//100 以内奇数等差数列的输出 1 3 5 7…
int i = 1;
while (i < 100)
{
    Console.WriteLine(i);
    i += 2;
}
```

3.2.3　do…while 语句

do…while 语句是另外一种常见的循环形式,与 while 语句基本完全一样。其一般形式如下:

```
do
{
    循环语句序列;
} while (条件表达式);
```

其执行机制是:首先执行循环语句序列,然后执行条件表达式,若为真则接着执行循环语句序列,接着再执行条件表达式,直到条件表达式不成立退出循环而执行循环之外的语句。

从上面的叙述可以看到,do…while 语句中的循环语句序列至少将获得一次执行机会。这也是 do…while 与 while 的不同之处。

仍以 3.2.1 节中的输出 100 以内的奇数等差数列为例进行说明,代码如下:

```
//100 以内奇数等差数列的输出 1 3 5 7…
int i = 1;
do{
    Console.WriteLine(i);
    i += 2;
}
while (i < 100);
```

对比 3.2.2 节的 while 语句,也许看不到差别,但是若将 i 的初值赋为不小于 100(例如 1000)的整数,然后再执行上面两段程序,将会看到:while 语句对应的程序不会有任何输出,而 do…while 语句则会输出 1000。

3.3　跳　转　语　句

跳转语句有 break、continue、goto、return、throw,这几个语句都能够改变程序的执行流程。其中尤其以 break 语句、return 语句最为常见,throw 语句则用于异常处理,而 goto 语句一般都不推荐使用,因为它可能导致程序难以阅读、维护,给人混乱的感觉。

3.3.1 break 语句

break 语句除了用于 switch 语句中,它更广的用途是用于退出循环,即将程序的执行流程从循环内转到循环外的第一条语句。它的使用频率很高。例如:

```
for (int i = 1; i < 10; i++)
{
    if (i % 3 == 0)
        break;
    Console.WriteLine(i);
}
```

程序的执行结果如图 3-3 所示。

可见,当 i=3 时,由于满足 if 的条件,故执行 break 语句,导致程序跳出了循环,后续的数值无法输出。

当存在多层循环嵌套时,break 语句仅仅从它所在的循环跳出,而不是跳转到所有循环的最外面。例如:

```
for(int j = 1; j < 4; j++)
{
    for (int i = 1; i < 10; i++)
    {
        if (i % 3 == 0)
            break;
        Console.WriteLine(i);
    }
    Console.WriteLine("内层循环结束");
}
```

程序的执行结果如图 3-4 所示。

图 3-3　break 语句

图 3-4　多层循环下的 break 语句

从结果明显地看到,虽然在内层循环中使用 break 语句退出了循环,但外层循环不受影响,仍然执行了 3 次。

3.3.2 continue 语句

continue 语句容易与 break 语句混淆,它也是一个用于循环控制的语句,其作用不是退出整个循环,只是将程序的执行流程提前跳转到下一次循环,执行流程仍然在循环内。这一点与 break 语句不一样,break 语句使得程序的执行流程从循环内跳转到了循环外。例如:

```
for (int i = 1; i < 10; i++)
{
    if (i % 3 == 0)
        continue;
    Console.WriteLine(i);
}
```

图 3-5　continue 语句

程序的执行结果如图 3-5 所示。

从执行结果可以看到,凡是满足被 3 整除的数值都没有被输出,其他数值都被正常输出,表明程序遇到 continue,并未跳到循环外,只是略过了某些满足条件的循环而已。读者可以仔细对照上面的示例程序,体会 continue 语句与 break 语句的不同。

3.3.3　goto 语句

goto 关键字一般不推荐使用。不过有时使用 goto 可以大大简化程序代码,例如从嵌套层次很深的代码块中直接跳转到最外层。goto 在使用时需要配合一个行标签,即表明其跳转的目的位置。

下面以使用 goto 语句实现循环为例来说明其用法,具体如下。

```
int i = 1;
begin:                //行标签
if (i < 10)
{
    Console.WriteLine(i);
    i += 2;
    goto begin;
}
```

程序的执行结果如图 3-6 所示。

分析程序,不难看到,每当程序执行到 goto begin; 时,程序的执行流程跳转到了 if 语句处开始执行,从而实现了循环。

图 3-6　使用 goto 实现循环

3.3.4　return 语句

这是一个使用频率极其高的关键词,用于从函数退出或者返回值,详见 4.5 节内容。

3.3.5　throw 语句

这是一个用于异常处理的语句。当发生异常时,可以借助该关键字改变程序的正常执行流程,详见附录 A.1。

3.4　问　与　答

3.4.1　if 和 switch 分别应用于什么场合

✌if 比 switch 更加灵活强大,可以这么认为,凡是能使用 switch 的场合,肯定可以使用

if 来完成,但反过来却不一定。但在如下场合可以优先考虑 switch。

（1）测试表达式的值为离散值,而非连续值;且是取值个数不太多的场合。例如整型数据、枚举、字符等,当取值个数不多时都符合该条件。

（2）测试表达式的值本身为连续值,但经过某种处理可以转化为离散值的场合。例如经常对分数按照某几个段来划分等级,此时可以将分数与 10 作整除运算即转换为离散值。

💣 此处所说的离散不是数学上严谨的离散的意义。例如 1,2,… 在数学上是离散的,但当判断成绩分数的等级时,显然可以认为它们是连续的,而认为 60,70,… 才是离散的。

3.4.2　if 和 switch 的各个分支的书写顺序有影响吗

✌ 虽然 if 和 switch 的各个分支是平行关系,其书写顺序对程序的结果不会有影响,但是其书写顺序对程序的执行效率是有影响的。一般而言,应该将可能性最大,即最有可能匹配的分支放到最前面,而将最不可能的分支放到最后面,这样可以避免很多不必要的判断和计算。例如,需要针对当前大学的学生做某项测试,年龄分段标准为 13～18(少年班的大学生年龄都会落在该区间)、19～24(一般大学本科生即在该区间)、25～30(研究生则落在该区间)。则一种可能的代码如下(下面仅为表意,代码是不可执行的,也不符合 C♯语法):

```
if (13 - 18& DoIt())
{
    //...
}
else if (19 - 24& DoIt())
{
    //...
}
else if (25 - 30& DoIt())
{
    //...
}
else
{
    //...
}

DoIt()
{
    //模拟一个比较耗时的操作
    System. Threading. Thread. Sleep(2000);
    return true;
}
```

假如有 10 000 个测试对象,其中 6000 人介于 19～24 岁,3000 人介于 25～30 岁,1000 人介于 13～18 岁。在这里不详细比较,仅大概计算,若按上面的代码,10 000 次判断中只有 1000 次匹配第一个分支,但由于将 13～18 放在第一个分支,所以即使不匹配该分支的场合也要执行测试,也就是另外 9000 次都白白去执行了一次 DoIt(),也就是无谓地浪费了 9000×2s＝18 000s。而如果做如下调整:

```
if (19 - 24 & DoIt())
{
    //...
}
else if (25 - 30 & DoIt())
{
    //...
}
else if (13 - 18 & DoIt())
{
    //...
}
```

则耗时将大大减少。请读者自行比较两种方式下的耗时情况。

❀ 上述代码只是为了说明不同写法所耗费的时间，至于存在的诸多不合理，读者不必在此深究，理解了在合适的场合使用最合适的方式书写代码即可。

❀ 上文所说的将匹配可能性最大的分支放到最前面，此规则也适用于 switch。

❀ 上述规则也并不是任何情况下都应该遵从的，当执行各个分支的计算耗时不多时，也没有必要这么做，因为这样违背人们习惯的排序方式，会让代码变得不易维护。例如将100 以内的数值以 10 间隔，分为 10 段，假如不按人们的认知顺序来书写，会让读代码的人感觉无所适从。

3.4.3 如何避免太深的嵌套

✌ 无论是 if，还是 for 等循环语句，都应该避免太深的嵌套。具体如何避免该问题，当然要根据具体情况来分析。下面仅以一种常见的 if 嵌套方式来说明该问题，希望读者活学活用。看如下嵌套代码：

```
if(A)
{
    if(B)
    {
        if(C)
        {
            //do sth.
        }
    }
}
```

这里仅写了三层嵌套，实际应用中很多代码编写人员会写出更深的嵌套层次。这应该是极力避免的。看下面一种可能的改造方式。

```
if(!A)
{
    return;
}
if(!B)
{
```

```
        return;
    }
    if(!C)
    {
        return;
    }
    //do sth.
```

3.4.4　for、while、do…while 分别应用于什么场合

☝ 首先需要交待的是，3 种语句在很多情况下其实是通用的，只要愿意，可以使用任何一种。不过一般情况下，可以依据下述原则来选择，仅供参考。

（1）若循环的次数是已知的，选用 for 循环语句。

（2）若循环次数未知，但可以确保至少会执行一次，则可以使用 do…while 循环语句。

（3）若循环次数完全未知，可以使用 while 循环语句。

除了此处给出的三种循环，后文将介绍另外一种循环语句——foreach。

3.4.5　如何知道程序执行耗费的时间

要想实现该功能，首先需要引用命名空间 System.Diagnostics，在该命名空间下有一个类 Stopwatch，可以利用该类完成计时的功能。该类常用的属性和方法分别如表 3-1 和表 3-2 所示。

表 3-1　Stopwatch 的常用属性

属　性	说　明
Elapsed	已经历了多久，TimeSpan 类型
ElapsedMilliseconds	已经历的毫秒数，long 型
ElapsedTicks	已经历的 Tick 数，long 型
IsRunning	Stopwatch 是否仍然在工作

表 3-2　Stopwatch 的常用方法

方　法	说　明
Reset()	重置计时，即将上表中的属性置 0
Restart()	重启计时
Start()	启动计时
Stop()	停止计时

若要统计某段程序的执行耗时情况，一种最简单的使用方式是，在该代码块的前面调用 Stopwatch 实例对象的 Start() 方法，而在代码块的最后面调用该实例对象的 Stop() 方法，此时再读取其 ElapsedMilliseconds 属性即可知道程序执行耗费了多少毫秒。例如：

```
static void Main(string[] args)
{
    Stopwatch sw = new Stopwatch();
    Console.WriteLine("开始计时");
    sw.Start();
    int s = 0;
    for (int i = 0; i < 10000000; i++)
        s += i;
    sw.Stop();
    Console.WriteLine("执行完毕,停止计时。程序执行耗时{0}毫秒", sw.ElapsedMilliseconds);
}
```

程序执行结果如图 3-7 所示。

图 3-7　Stopwatch 演示

3.4.6　如何产生随机数

产生随机数是一个很常用的功能。下面讲解如何利用 System. Random 来产生随机数,其实例化对象主要有以下 3 种方法。

(1) NextBytes();用于批量生成随机数。

(2) NextDouble();用于生成 0～1.0 之间的随机数,即[0.0,1.0)。

(3) Next();有 3 种重载方式,分别如下。

➢ Next() 默认,产生非负随机整数。

➢ Next(int max) 用于生成介于 0～max 之间的随机整数,即[0,max)。

➢ Next(int min,int max) 生成介于 min～max 之间的随机整数,即[min,max)。

```
Random rnd = new Random();
int i = rnd.Next(100);          //随机产生一个介于 0～100 之间的随机整数,无法取 100
int j = rnd.Next(60, 100);      //随机产生一个介于 60～100 之间的随机整数,无法取 100
for (int k = 0; k < 20; k++)
    Console.Write(rnd.Next(100) + "\t");
```

3.4.7　什么叫程序集

✌程序集根据不同的分类标准,可能有多种叫法,如可以分为单程序集和多文件程序集,可以分为共享程序集和私有程序集。此处暂时不在该概念细节上深究。为了帮助读者理解,这里仅以一个狭隘而又直观的观点来认识程序集:在 VS 中写代码最终得到的 exe 文件和 dll 文件就是一个程序集。

3.5　思考与练习

(1) 从键盘上输入两个整数,由用户回答它们的和、差、积、商和取余运算结果,并统计出正确答案的个数。

(2) 求出 1～10 000 之间的所有能被 9 整除的数,并输出每 5 个数的和。

(3) 找出所有介于 10～10 000 之间的所有素数(请使用 for、while、do…while 3 种循环分别实现)。

(4) 父子年龄问题。设计一个程序,指定父子两人当前年龄,由程序完成两个任务的计算:①目前父亲年龄是儿子年龄的多少倍;②计算多少年后,父亲年龄变为儿子年龄的二倍。

3.6 实 战 任 务

(1) 编写一段程序,运行时向用户提问"你今年多少岁?(1~100)",接受输入后判断其属于何种人生状态(婴儿、童年、少年、青年、中年、老年;各个年龄段如何分级请自行确定),并要求在用户输入非法数据时给予适当提示,整个程序在用户输入 exit 时才退出,否则应反复循环上述问题让用户作答。

(2) 完成一个猜数字游戏,要求实现以下功能。

➤ 根据用户输入的两个正整数求乘积 M(应保证乘积>100)。

➤ 再根据用户输入的另外一个值(N)来确定一个猜数游戏范围(介于 M−N~M+N 之间,且 0<N<M)。

➤ 然后在(M−N)~(M+N)之间生成一个数字 T,此数字即需要用户猜测的答案。

➤ 当用户输入的答案小于 T 时,提示他输入小了;如果用户猜测的数字大于 T 时,则提示他输入大了,此过程一直进行到用户猜测正确为止。

为帮助读者理解题意,举例说明如下。

➤ 让用户输入两个数,假设输入的分别为 10、15,则 M=150。

➤ 再让用户输入 N,假设 N 输入 50,则 N=50;M−N=100,M+N=200;也就是说告诉用户猜数时在 100~200 之间猜测即可。

➤ 根据上步得到的范围 100~200,则此时可以随机产生一个介于 100~200 之间的数字,此数字即为用户所要猜测的。

➤ 假如随机产生的数字为 180,此后不停地让用户猜测答案,用户输入比答案大时,提示太大;用户输入比答案小时,提示太小,一直持续到用户猜对答案为止。

提示:随机数的产生代码如下。

```
Random i = new Random();
int iResult = i.Next(min, max);
```

则 iResult 即是一个介于 min~max 之间的一个随机整数,不能取到 max。

第4章 面向对象基础

4.1 类 与 对 象

面向对象是相对面向过程而言发展较迟的一种重要的软件开发方法,目前已成为软件开发最主要的方式。面向对象最重要的特性之一就是封装,它将数据及对数据的操作封装为一个有机不可分割的整体,对外隐藏具体实现细节,从而实现可重用、易维护等优秀特性。面向对象还有一个重要特性——继承,这是实现代码重用的另外一种有效手段,子类可以从父类获得父类特征,同时可以扩展自己新的特征。此外,面向对象还具备抽象、多态等特性。

类是面向对象最重要而又最基本的一个概念,其中定义了数据及对数据所做的操作,带有一定的封闭性。

类是个抽象概念,是对象的模板;对象则是具体概念,是类的具体化表示,对象会被分配物理内存。举个通俗的例子,假如影星是类,则黄日华、翁美玲、周润发等就是该类的三个具体化表达,即影星类的三个对象。

类定义的一般方式如下:

```
class 类名
{
    成员定义          //如字段定义、属性定义、方法定义等
}
```

其中不同的成员类型,其定义方式也不尽相同。

要想从类获得对象,需要借助关键字 new,该操作称为实例化。例如:

```
//定义明星类
class star
{
}
//实例化类,得到该类的实例化对象
star huangRiHua = new star();
```

需要指出的是,在前面的章节中已经不知不觉地使用过内置的类了,如 Console 就是最典型的一个。

类有多种类型的成员,下面将分别介绍类的字段、属性、索引器方法、Main()函数、构造函数、事件等成员。

4.2 字　　段

字段使类具备封装数据的能力,而方法则是对数据进行操作。字段的声明方式即变量的声明方式,一般情况下,应该将字段声明为 private,然后通过属性、方法等来访问其内容。不应该将其声明为 public,虽然这不是必需的做法,然而却是推荐的做法。private 声明的字段在该类或者该类的实例化对象外无法直接访问,而 public 声明的字段在类或者对象外可以直接访问,访问方式是在类名或者实例化对象名后面通过. 来访问。例如:

```
//声明 star 类
class star
{
    public string name;
    public int age;
    private string famousReason;       //private 声明的对象外无法访问
}
//如下代码可以放到 Main()函数中
//实例化并使用
star zhang = new star();
star zhu = new star();
star ne = new star();

//给字段赋值
zhang.name = "张三丰";
zhang.age = 100;
// zhang.famousReason = "武当派";       //本句错误
zhu.name = "猪八戒";
zhu.age = 1000;
ne.name = "哪吒";
ne.age = -1;

//读取字段的值
Console.WriteLine(zhang.name + "的年龄是: " + zhang.age);
Console.WriteLine(zhu.name + "的年龄是: " + zhu.age);
Console.WriteLine(ne.name + "的年龄是: " + ne.age);
```

程序执行结果如图 4-1 所示。

从上面的示例不仅可以看到字段的定义方式、字段修饰符(private 和 public)的作用及字段的使用,还可以看到类与对象的关系。使用同一个 star 类实例化得到了两个对象。虽然两个对象具体信息不一样(张三丰和猪八戒完

图 4-1　字段的定义及使用

全不一样),但是它们在类这个抽象层次上却是一致的(都包含姓名和年龄)。从这里可再次感受类的抽象和对象的具体,理解类的封装特性和抽象特性。

观察上述示例,张三丰的年龄是 100,虽然历史是否如此不知道,不过史书也记载他是高龄人物,且现实中超过 100 岁的人不在少数,故 100 岁自然没有问题。再来看猪八戒,活了 1000 岁,由于猪八戒为神话人物,活 1000 岁已经算夭折或者英年早逝了,在此处当然行得通。哪吒怀胎时间比常人长很多,对他而言-1 岁已经不是很小了。如果是在开发一个

面向对象基础

西游记游戏,自然不会有问题,但是我们接触到更多的实用性系统,如学生信息系统、员工管理系统、社保系统等,很明显对应于现实世界,这个年龄自然不能任数据录入人员胡来。像1000岁、-1岁这种输入自然应该屏蔽掉。那如何防止用户的非法录入?下文通过属性来解决这个问题。

此外,和常量的定义一样,也可以使用 const 或者 readonly 来定义只读字段。然而这两个关键字定义的只读字段存在着很大的差别,具体可以参看 4.20 节内容。

4.3 属 性

4.3.1 常规属性

属性与字段很类似,所以经常被称为"聪明的字段"。即其使用方式与 public 字段很相像,然而属性可以对非法的赋值进行检查过滤,这一方面与方法类似。

属性声明的一般形式如下:

```
class 类名
{
    //属性声明的一般方式
    private 类型 字段名;
    public 类型 属性名
    {
        get
        {
            return 字段名;          //这里可以输入更多的代码,此处是典型代码
        }
        set
        {
            字段名 = value;          //这里可以输入更多的代码,此处是典型代码
        }
    }
}
```

即属性在定义时,往往会跟随一个相应的私有字段,属性值的存储访问正是通过相应的那个私有字段来实现的。而 get 和 set 则分别称为读访问器和写访问器。当 get 和 set 同时具备时,该属性是一个可读可写属性,当只有 get 时称为只读属性,当只有 set 时称为只写属性。可以根据实际情况决定这两个访问器的取舍。

例如,下面将把上面字段演示的例子改写为属性的方式。

```
//声明 star 类
class star
{
    //定义 Name 属性
    private string name;
    public string Name
    {
        get {return name;}
        set {name = value;}
```

```
    }
    //定义 Age 属性
    private int age;
    public int Age
    {
        get {return age;}
        set {age = value;}
    }
}
//实例化并使用
star zhang = new star();
star zhu = new star();
star ne = new star();

//给属性赋值
zhang.Name = "张三丰";
zhang.Age = 100;
zhu.Name = "猪八戒";
zhu.Age = 1000;
ne.Name = "哪吒";
ne.Age = - 1;

//读取属性的值
Console.WriteLine(zhang.Name + "的年龄是: " + zhang.Age);
Console.WriteLine(zhu.Name + "的年龄是: " + zhu.Age);
Console.WriteLine(ne.Name + "的年龄是: " + ne.Age);
```

执行结果与 4.2 节完全相同。

通过上面的例子,可以看到属性的确和 public 字段一样使用,不是说它是"聪明的字段"吗? 它的聪明体现在何处呢? 下面将上面属性的定义代码稍做修改,其他代码不必修改。

```
//声明 star 类
class star
{
    //定义 Name 属性
    private string name;
    public string Name
    {
        get {return name;}
        set {name = value;}
    }
    //定义 Age 属性
    private int age;
    public int Age
    {
        get
        {
            return age;
        }
        set
```

```
        {
            if(value < 0 ‖ value > 160)
                age = 20;            //此处仅仅为演示,赋一个默认值20
            else
                age = value;
        }
    }
}
```

程序的执行结果如图 4-2 所示。

图 4-2　属性的定义及使用

可以看到,使用属性可以对非法的输入进行检测,从而采取一定的处理措施。此处仅演示将凡是非法的年龄值以默认值 20 代替。实际应用时则往往会触发一个异常以提醒用户。这就是属性比字段聪明的地方。

4.3.2　自动属性

自 C# 3.0 开始出现了一种新的简洁的属性定义方式,即自动属性,俗称"懒人方式"。在该方式下,无须定义一个相应的私有字段,也不必要写那两句经典的语句,即 return … 和… = value;,例如上面的属性可以进行如下定义。

```
//声明 star 类
class star
{
    //定义 Name 属性
    public string Name
    {
        get;
        set;
    }

    //定义 Age 属性
    public int Age
    {
        get;
        set;
    }
}
```

可以看到此种写法的确简明很多。不过需要说明的是,该方式虽然简洁,也是有代价的,就是属性不再那么"聪明"了,也不能通过属性来完成任何更多的复杂逻辑。

💣※ 上述方式虽然表面看似不再需要定义一个相关的私有字段,但实际上编译器会自动为属性创建一个与之相关的私有字段,这可以很方便地通过代码反编译看到。

💣※ 使用这种"懒人方式"的属性编写方式,除了不再那么"聪明"了,还有一个限制就是,该方式只能定义同时具备 get 和 set 两个访问器的属性。如果的确要使用该方式定义只带一个访问器的属性(即只读属性或者只写属性),那么该属性必须定义为 abstract 或者 extern。

4.4 索　引　器

详细内容请参看 5.4 节相关内容。

4.5 方　　法

方法可以说是类的所有成员中最常见、最有用的一类成员。方法的作用在于对类或者对象的数据进行操作。另外,方法也是实现代码重用的一个载体,是代码组织逻辑化、合理化的一种方式。

4.5.1　方法的定义与使用

方法的一般定义形式为:

```
访问修饰符 方法的返回值类型 方法名(方法参数列表)
{
    //方法体
}
```

其中,访问修饰符可以取 public、private、internal、protected 等,常用的有 public 和 private。使用 private 修饰的方法在类或者对象外无法直接访问,而使用 public 修饰时则可以。方法名的单词含义一般应该与方法所完成的功能对应,且往往采用动词或者动词＋名词的形式,参数名称的命名也应该反映其意义。方法名及参数名的命名应该采取的命名法参见 2.1.4 节内容。方法的返回值类型应当根据实际需要拟定,返回值通过 return 关键字实现,return 关键字用于将方法执行完毕时所得到的结果交给调用方;当无须返回值时应使用 void,此时 return 可以要,也可以不要。

另外,在 1.5.2 节中提到过注释。方法也应该加注释,并且应该先将方法原型定义出来,然后在方法的顶部输入///,则可以根据生成的模板输入注释内容。

其实前面已经使用过内置类的方法,如 Console 类的 WriteLine()方法等。

下面为前面的例子增加一个方法。

```
//声明 star 类
class star
{
    //定义 Name 属性
    public string Name
    {
        get;
        set;
    }
    //定义 Age 属性
    public int Age
    {
        get;
        set;
```

面向对象基础

```
    }
    //定义方法,该方法无返回值,也无参数
    public void Introduce()
    {
        Console.WriteLine("我的名字叫: " + this.Name + "我的年龄是: " + this.Age);
    }
}
//实例化并使用
star zhang = new star();
star zhu = new star();
star ne = new star();
//给属性赋值
zhang.Name = "张三丰";
zhang.Age = 100;
zhu.Name = "猪八戒";
zhu.Age = 1000;
ne.Name = "哪吒";
ne.Age =- 1;
//方法调用
zhang.Introduce();
zhu.Introduce();
ne.Introduce();
```

程序的执行结果如图 4-3 所示。

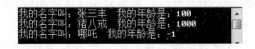

图 4-3　无参方法演示

上面虽然实现了一个无返回值的方法,但是在方法内部这种输出是一个不太合适的做法。现在将它改造为有返回值的方法。下面仅给出方法的定义和方法的调用部分的代码,其他代码同上。

```
//声明 star 类
class star
{
    //定义方法,该方法有返回值,无参数
    public string Introduce()
    {
        return "我的名字叫: " + this.Name + "我的年龄是: " + this.Age;
    }
}
//方法调用
Console.WriteLine(zhang.Introduce());
Console.WriteLine(zhu.Introduce());
Console.WriteLine(ne.Introduce());
```

程序的执行结果同前例。但在这个版本中,Introduce()方法有返回值,其返回值是字符串类型。此时 Introduce()方法并不完成信息的输出,仅将信息准备好,而真正的输出交由调用方完成。

在上面的例子中,演示了同时使用属性和方法来完成一个简单的程序,通过属性将基本数据送进去存储,这些数据经过方法的操作,变成了有价值的数据,经过方法将加工后的产品送出来。调用方不需要在意其加工过程,这正是封装的好处。

从这个例子,能更好地理解类,它通过字段来存储数据,而通过属性来完成对字段的访问,通过方法来对数据进行操作,将操作得到的结果交给调用方,数据和操作融为一个有机整体,这就是封装。

从这个例子也可以如此看待方法的地位,它们就像一个工厂,根据提供的原材料生产产品供外部使用;或者更形象点,方法就像一头奶牛,吃的是草,挤出的是奶。

上面的例子中,同时借助了方法和属性完成由草变奶的过程。由草变奶的过程能否更简捷点呢?当然可以,下面通过有参方法来修改上面的例子。

```
//声明 star 类
class star
{
    //定义方法,该方法有返回值,也有参数
    public string Introduce(string name, int age)
    {
        return  "我的名字叫: " + this.Name + "我的年龄是: " + this.Age;
    }
}
//方法调用
Console.WriteLine(zhang.Introduce("张三丰",100));
Console.WriteLine(zhu.Introduce("猪八戒",1000));
Console.WriteLine(ne.Introduce("哪吒", -1));
```

程序的运行结果同上例。可以看到,这个例子中不需要属性,也可以完成一样的由草变奶的过程。不过此时应该在方法内部加入适当的检测代码,防止年龄非法的问题。

✍ 课堂练习 1:请写 4 种方法,分别实现 2 个数、3 个数、4 个数、5 个数的相加。

✍ 课堂练习 2:请写一个方法实现两个数值的交换。

下面来看几个与方法相关的典型问题。

4.5.2　变量作用域

所谓变量作用域,即变量能够被访问其作用的范围,亦即变量的生命期。例如:

```
//声明 star 类
class star
{
    public string name = null;              //A 处
    public string Introduce()
    {
        return  "我的名字叫: " + name;         //B 处
    }
    public string Introduce(string name)
    {
        string sRet = "我的名字叫: " + name;    //C 处
        return  sRet;
```

面向对象基础

```
    }
    //D 处
}
```

其中：

> A 处定义的 name 定义于类内,故其起作用的范围是其定义位置开始至类结束,即起
> 作用的范围是 A→D。
> B 处使用的变量 name 即 A 处定义的那个变量 name。
> C 处使用的变量 name 不同于 A 处定义的那个 name,此变量 name 的作用范围是
> public string Introduce(string name){}方法内部。
> C 处定义的变量 sRet,其作用范围与 C 处的 name 相同。

4.5.3　方法重载

也许有人会问,两个方法用着都挺好,想将两个 Introduce()方法都保留在 star 类中,那
怎么办呢？ 需要把其中一个方法改个名字吗？ 答案是不需要,直接把两个方法放进 star 类
中即可。这种现象即称为方法重载。上面的示例中 star 类的完整代码如下：

```
//声明 star 类
class star
{
    //定义 Name 属性
    public string Name
    {
        get;
        set;
    }
    //定义 Age 属性
    public int Age
    {
        get;
        set;
    }
    //定义方法,该方法无返回值,也无参数
    public string Introduce()
    {
        return "我的名字叫: " + this.Name + "我的年龄是: " + this.Age;;
    }
    //定义方法,该方法有返回值,也有参数
    public string Introduce(string name, int age)
    {
        return "我的名字叫: " + name + "我的年龄是: " + age;
    }
}
```

在正式展开对重载的说明之前,这里先介绍一个概念——方法签名。

方法签名指方法名称、方法的参数个数、方法的参数类型、方法参数的顺序。与方法返
回值无关。方法签名又称方法标识。

根据上面的说明,只要方法名、参数个数、参数类型、参数顺序这些指标相同,就认定为两个方法具有相同的方法签名,否则不同。

当若干个方法满足如下条件时,即构成重载。

➤ 首先需要方法名相同。

➤ 除方法名之外的其他方法签名指标不能完全相同。

➤ 由于返回值不属于方法签名的内容,故不能通过返回值的不同来实现重载。

➤ 不能通过 static 来实现重载,即若两个方法一样,仅一个为 static,一个为非 static,两个方法无法构成重载,也无法通过编译。

Console 类的 WriteLine()方法具有约 20 个重载版本。

✍ 课堂练习:请使用重载实现 2 个数、3 个数、4 个数、5 个数的相加。

4.5.4 参数的个数不定问题——params

假如要求实现两个数相加,可以很容易地把方法写出来;如果需要实现 3 个数相加,同样可以很简单地把相应的三参数方法重载版本写出来。如果要实现 4 个、5 个、……数值相加呢? 显然不可能一直这么写下去。对于这样的问题,当然可以使用数组来实现,只需要使用一个数组参数即可。此处准备介绍一个新的关键字:params。

params 关键字可以用于方法参数个数不定的场合,并且调用方式灵活。例如:

```
class mathOpr
{
    public int Add(params int [] nums)
    {
        int sum = 0;
        for( int i = 0; i < nums. Length; i++ )
            sum = sum + nums[ i ];
        return sum;
    }
}
//调用方式如下
Console. WriteLine(Add(3,6));                  //两数值相加
Console. WriteLine(Add(3,6,9,12));             //四数值相加
int [] numbers = new int[5]{1,2,3,4,5};        //定义数组,数组待后续章节介绍
Console. WriteLine(Add(numbers));              //传入数组
```

从该例可以看出:params 是应对参数不定问题的一个利器。上面示例中定义了一个数组并且将数组作为参数传递,不明白没关系,数组将在第 5 章详细介绍。

💣 一个方法中最多只能出现一个 params。

💣 params 关键字只能放到所有参数的最后面,即 params 修饰的参数后面不可能再有参数。

💣 当参数为 params 修饰时,要防止外界传入非法参数,例如 null。

4.5.5 ref 与 out

有这么一个经典的问题:通过函数来实现两个数值交换。初学者很可能认为该问题很简单而懒于动手,多数读者完成的代码可能如下:

面向对象基础

```
public static void swap(int num1,int num2)
{
    int num = num1;
    num1 = num2;
    num2 = num;
}
//调用
int i = 100,j = 200;
swap(i,j);
Console.WriteLine("交换后 i = {0},j = {1}",i,j);
```

上述程序中,在进行输出时,采用了一种新的方式,即占位符的方式。{0}、{1}即是占位符,这两个位置会被后续的变量列表依次替代。例如此例中,{0}将替代为第一个变量 i,而{1}则替换为 j。

程序的执行结果如图 4-4 所示,但结果可能会出乎意料。

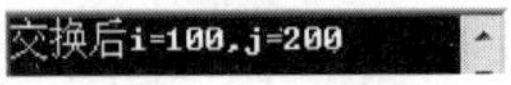

图 4-4 数值交换函数——失败版

解决办法就是使用 ref 关键字。在讲解 ref 关键字的作用之前,在这里首先补充两个概念:形参与实参。定义方法时,方法的参数即形参;而在主程序调用方法时所使用的参数即实参。以上面的例子为例,i 和 j 即实参,而 num1 和 num2 则是形参。

一般地,如果参数前面没有 ref 和 out,则发生调用时,实参的值会被复制给形参,虽然此时形参和实参的值相同,但是它们却占据着不同的内存空间,已不再有任何关联,即在方法里对形参的任何改变都不会影响实参,方法里对形参值的改变只会反映到形参所占的内存空间,并不会影响实参所占据的内存空间。而若参数前面有 ref 或者 out 修饰时,此时调用时,并不是完成实参向形参的复制,而是形参与实参都共享一块内存空间。故在方法内对形参的改变,其实就是对实参的改变,并且这种改变在方法调用结束仍旧维持。

如上所述,当没有 ref 或者 out 修饰时,此时的参数传递称为按值传递;而当有 ref 或者 out 修饰时,此时的参数传递称为按引用传递。

至此,读者一定知道上述程序失败的原因了。因为上述参数的传递是按值传递,即只会将实参 i 的值复制给形参 num1、将实参 j 的值复制给形参 num2,在 swap() 方法内对 num1 和 num2 进行了交换,而 i 和 j 的值根本没有任何影响,故交换失败。

要使得方法能够正确执行,很简单,即在定义方式时,在 num1、num2 前加上 ref 即可。相应的核心代码如下:

```
public static void swap(ref int num1, ref int num2)
{
    int num = num1;
    num1 = num2;
    num2 = num;
}
//调用
int i = 100,j = 200;
swap(ref i,ref j);
Console.WriteLine("交换后 i = {0},j = {1}",i,j);
```

在定义方法时,在参数前面加上 ref,表明该参数采用按引用传递的方式传递。相应地,在调用该方法时,也需要在实参前面加上 ref。如此例中的 swap(ref i,ref j)。

程序的执行结果如图 4-5 所示。

这次之所以能成功,是因为 ref 的贡献。参数按引用传递,则 i 和 num1 共享一块内存空间,j 和 num2 共享一块内存空间。在 swap()方法内部对 num1 和 num2 的值进行了修改,即相当于对 i 和 j 的值进行了修改,并且当 swap()方法执行完毕时,该变化仍能维持,即顺利地完成了数值的交换。

图 4-5　数值交换函数——成功版

使用 ref 和 out 修饰的参数,都是按引用传递。那么它们有什么异同? 请看下例:

```
static void Main()
{
    int i = 10;
    AddIt(i);
    Console.WriteLine(i);
}
static void AddIt(int i)
{
    i = i + 1;
}
```

程序的意图是通过调用 AddIt 来把传入的值递增 1,然而执行后会发现达不到所期望的效果。在 AddIt 里对 i 的递增,并没有维持到该方法外面,这是因为方法调用时,传递进方法内部的是实参的一个副本,所以方法内部改变的是实参副本的值,而非实参本身。如果想改变实参本身所存储的值,则需使用 ref 或者 out。

先看使用 ref 的示例:

```
static void Main()
{
    int i = 10;
    AddIt(ref i);
    Console.WriteLine(i);
}
static void AddIt(ref int i)
{
    i = i + 1;
}
```

执行此段代码可以成功执行,达到期望的目的。

再看如下使用 out 的代码:

```
static void Main()
{
    int i = 10;
    AddIt(out i);
    Console.WriteLine(i);
}
static void AddIt(out int i)
```

面向对象基础

```
    {
        i = i + 1;          //此处会有问题
    }
```

在输入代码之后，不必执行就可以发现有问题。所以从此处可以看出，虽然 ref 和 out 同属按引用传递，然而两者并不完全一样。其差异主要表现如下。

> out 修饰的参数，不要求传递前赋初值（其实赋了也没有用），凡是用 out 修饰的参数，在方法内部都认为没有赋初值。

> out 修饰的参数，需要强制在方法内部给它赋值以便将该值带到外面，而 ref 修饰的参数则无此限制。

> out 修饰的参数，其典型的应用如用于方法返回多个值。例如方法 int. TryParse(参数 1, out 参数 2)，参数 2 即为 out 修饰，用于将转换的结果带到方法外面。整个方法的返回值为布尔值，表明是否转换成功。

读者可以尝试将本节关于数值交换的程序改为使用 out，看看能否成功，并思考原因。

💣※ 由于 ref 和 out 同属按引用传递，因此不能通过 ref 和 out 的不同来实现重载。即不能定义两个完全一样的方法，仅有参数 ref 和 out 不同。

💣※ 不使用 ref 或者 out 修饰的参数，不一定就是按值传递的。例如数组、集合等都是引用类型，故不必使用 ref 修饰，也是按引用传递的。例如：

```
using System. Collections. Specialized;
static void Main(string[] args)
{
    int[] arrTest = { 1, 2, 3 };
    ModifyArray(arrTest);
    foreach (int i in arrTest)
        Console. WriteLine(i);

    NameValueCollection myCol = new NameValueCollection();
    myCol. Add("钱钟书", "围城");
    myCol. Add("金庸", "射雕英雄传");
    ModifyCollection(myCol);
    for (int i = 0; i < myCol. Count; i++)
        Console. WriteLine(myCol[i]);
}
static void ModifyArray(int [] arr)
{
    arr[1] = 100;
}
static void ModifyCollection(NameValueCollection nvc)
{
    nvc. Set("金庸", "天龙八部");
}
```

程序的执行结果如图 4-6 所示。

从上例可以看到，虽然没有给参数加 ref 修饰，但是在方法内部对数组或者集合的修改都能够维持到方法之外。

图 4-6　数组、集合按引用传递

4.5.6　this

先看一段简单的代码：

```
class Star
{
    string name;
    int age;
    public void SetInfo(string sName,int iAge)
    {
        name = sName;
        age = iAge;
    }
    public void Show()
    {
        Console.WriteLine(name + " " + age.ToString());
    }
}
```

上面的代码没有什么问题。现在思考这样一个问题，假如方法的参数与类的字段重名了，这时该如何办呢？例如：

```
class Star
{
    string name;
    int age;
    public void SetInfo(string name,int age)      //注意此处参数名字改了
    {
        name = name;                              //注意此处的赋值
        age = age;                                //
    }
    public void Show()
    {
        Console.WriteLine(name + " " + age.ToString());
    }
}
```

此段代码没有错误，在 VS 下也不会报错，只是会给出警告。先不理会警告强行执行试试看。调用代码如下：

```
Star star = new Star();
star.SetInfo("诸葛亮",50);
star.Show();          //结果输出 0
```

显然，程序的输出非我们所愿。那么如何解决该问题呢？答案就是 this 关键字了。

第 4 章

面向对象基础

this 关键字用于指示当前对象"自己"。上面的代码用 this 可以改写如下：

```
class Star
{
    string name;
    int age;
    public void SetInfo(string name, int age)
    {
        this. name = name;
        this. age = age;
    }
    public void Show()
    {
        Console. WriteLine(name + " " + age. ToString());
    }
}
```

现在一切都顺心如意了。读者可以再次调用试试看。

除了该功能，this 关键字还用于索引器的定义。详见第 5 章。

4.6 Main()函数

Main()函数也称 Main()方法，它是一种特殊的方法。其特殊之处如下。

➤ Main()函数是可执行程序的入口点，并且入口点是唯一的。

➤ 程序在 Main()中开始，也在 Main()中结束，对应的线程为主线程。

➤ Main()函数一般都是 void 类型的，但也可以声明为 int 类型。

➤ Main()函数可以带一个字符串数组参数，也可以不带参数。

➤ Main()函数可以声明为 static，也可以声明为非 static 类型。

关于 static 将在 4.8 节进行介绍。

下面给几段简单的演示代码，加深读者对 Main()函数的印象。

示例 1：参数传递演示

```
namespace MainTest
{
    class Program
    {
        static void Main(string[] args)
        {
            if (args. Length < 1)
                Console. WriteLine("没有传递参数");
            else
            {
                Console. WriteLine("传递了{0}个参数,如下",args. Length);
                for (int i = 0; i < args. Length; i++)
                    Console. Write(args[i] + " ");
            }
        }
```

```
        }
    }
```

编译得到 MainTest.exe，然后在命令行下执行该程序，结果如图 4-7 所示。

示例 2：返回值演示

```
namespace MainTest
{
    //注意该类声明为 public
    public class Program
    {
        //注意该方法声明为 public 类型
        public static int Main(string[] args)
        {
            if (args.Length < 1)
                return 0;
            else
                return args.Length;
        }
    }
}
```

编译上述程序为 dll 或者 exe。本示例编译得到 MainTest.exe(注意上述程序中要将类和 Main()方法声明为 public)，然后新建一个标准工程，接着添加对刚刚生成的 MainTest.exe 的引用。代码如下：

```
static void Main(string[] args)
{
    int i = MainTest.Program.Main(new string[]{"a"});
    Console.WriteLine("返回值为" + i);
    i = MainTest.Program.Main(new string[] { "a","b","c" });
    Console.WriteLine("返回值为" + i);
}
```

程序的执行结果如图 4-8 所示。

图 4-7　Main()函数参数演示　　　　图 4-8　Main()函数返回值演示

示例 3：非静态 Main()函数演示

```
namespace MainTest
{
    public class Program
    {
        //此处 Main()声明为非静态的,即非 static 修饰
```

```
        public int Main(string[ ] args)
        {
            if (args.Length < 1)
                return 0;
            else
                return args.Length;
        }
    }
}
```

将上面的程序编译为 MainTest.dll,注意当 Main()方法为非 static 时,是无法编译为 exe 的。然后新建一个标准项目,引用 MainTest.dll。代码如下:

```
static void Main(string[ ] args)
{
    MainTest.Program p = new MainTest.Program();

    int i = p.Main(new string[]{"a"});
    Console.WriteLine("返回值为" + i);
    i = p.Main(new string[] { "a","b" });
    Console.WriteLine("返回值为" + i);
    Console.ReadLine();
}
```

由于在 MainTest 中,Main()函数声明为非 static 的,故使用时需要先实例化。程序的执行结果如图 4-9 所示。

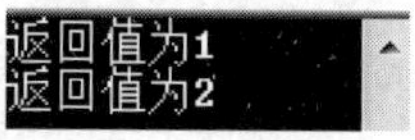

图 4-9 非 static Main()函数返回值演示

4.7 构 造 函 数

构造函数是一类特殊的方法,其实很多书籍资料也称之为“构造方法”。构造函数与普通方法相比的特殊之处体现在以下几个方面。

➤ 构造函数的函数名称一定与类名相同。

➤ 构造函数的执行时机是实例化类的实例时,即通过 new 来隐式调用,故常在构造函数中做初始化工作。

➤ 构造函数的执行是隐式匹配,不能显式调用构造函数。当有多个构造函数共存时,究竟调用哪个构造函数,由实例化时所传入的参数情况而自动匹配最佳的构造函数。

➤ 构造函数不能有返回值类型,甚至连 void 都不能有。

➤ 构造函数一定会存在,当程序员没有提供时,系统会自动生成一个无参构造函数。

➤ 当程序员自行编写了一个构造函数时,无论该构造函数是否带参数,系统不会再自动生成构造函数。

前面讲解方法和属性时,曾写过一个演示程序,在演示程序中通过属性赋值指定类的实例化对象的信息,而通过方法将信息做适当处理后输出。下面将使用构造函数来完成类似功能。代码如下:

```
//声明 star 类
class star
{
    //无参构造函数
    public star()
    {
        Console.WriteLine("无参构造函数执行");
    }
    //有参构造函数
    public star(string name,int age)
    {
        Console.WriteLine("我的名字叫:" + name + "我的年龄是:" + age);
    }
}
//实例化并使用
star zhang = new star();
star zhu = new star("猪八戒",1000);
```

程序的执行结果如图 4-10 所示。

从上述内容可以看到,构造函数的执行时机就是类被实例化之时,是被自动调用的,并且将根据用户实例化时的情况调用与之匹配的构造函数。

图 4-10 构造函数

由于类的 public 函数可以被外界访问,而 private 不可被访问,并且构造函数是自动执行的,所以如果将构造函数声明为 private 时,由于构造函数会被自动调用,但是另外一方面 private 函数又不可被调用,因此这将导致类无法被实例化。

4.8 static

前面介绍的字段、属性、方法等类成员,要访问或者调用它们,都要先取得该类的实例化对象,即前面讲过的示例中涉及的字段、属性、方法等都是依附于对象的。那有没有仅依附于类而不是对象的字段、属性、方法呢?答案是肯定的,只需要借助于 static 即可实现。

static 最常见于 Main()函数,因为 Main()函数默认就是 static 的,若被声明为非 static 的,则需要先实例化。

使用 static 和不使用 static 最直观的不同体现在访问方式。除了构造函数外,其他成员的访问方式有如下特点:当使用 static 时,通过类名和.来访问即可;当未使用 static 时,通过类的对象和.来访问。使用了 static 的成员称为静态成员,使用 static 修饰的方法称为静态方法;而没有使用 static 的方法则称为实例方法。

static 成员被类的所有实例对象共享,即不会给每个对象创建一个相应的副本,故 static 变量也经常被称为类变量。由于它被一个类的所有实例对象共享,因此可以用于同一个类的多个对象之间通信。static 变量的默认值规则为:数值类型的默认为 0;布尔类型

面向对象基础

的默认值为 false；引用类型的默认值为 null。

　　static 修饰构造函数时，该构造函数称为静态构造函数。静态构造函数在创建类的实例化对象之前执行，且静态构造函数永远只会执行一次，而普通的构造函数则只要实例化一次则执行一次。另外需要注意，静态构造函数一定是无参的，对静态构造函数不能使用访问修饰符，如 public、private 都不能使用。

　　看下面的演示代码：

```
class star
{
    //定义 Name 属性
    public static string sProp
    {
        get;
        set;
    }
    //定义 Name 属性
    public string Name
    {
        get;
        set;
    }
    //定义 Age 属性
    public int Age
    {
        get;
        set;
    }

    public star(string name, int age)
    {
        this.Name = name;
        this.Age = age;
        Console.WriteLine("构造函数被执行!");
    }
    static star()
    {
        Console.WriteLine("静态构造函数被执行!");
    }
    //定义方法
    public void Introduce()
    {
        Console.WriteLine(sProp + "我的名字叫:" + this.Name + "我的年龄是:" + this.Age);
    }
    //定义方法
    public static void sIntroduce()
    {
        Console.WriteLine(sProp);
        //Console.WriteLine("我的名字叫:" + this.Name);    //错误!
    }
}
```

```
//调用代码
//实例化并使用
star zhang = new star("张三丰",100);
zhang.Introduce();
star zhu = new star("猪八戒",1000);
zhu.Introduce();

Console.WriteLine(" ====== 如下演示静态属性和静态方法 ====== ");
star.sProp = "我是明星";
star.sIntroduce();
```

程序的执行结果如图 4-11 所示。

从执行结果可以看到：静态构造函数在所有的对象实例化之前执行且只会执行一次，而构造函数每次实例化时都会执行一次。另外，在上面的程序中，在构造函数中完成了两个属性的赋值初始化。并且，普通构造函数在实例

图 4-11   static 演示

化时才会执行，而普通方法则需要在实例化之后才可以通过实例化对象来调用。静态属性及静态方法都需要用类名来访问，无法用实例化对象来访问。

除了静态字段、静态方法、静态属性、静态构造函数，其实还存在静态类，此处不再展开论述。

✍ 请设计一个程序，实现统计一个类被实例化的次数。

💣 使用 static 时需要注意如下几点。

➤ static 方法（即静态方法）中不能直接使用非静态成员，因为非静态成员与实例相关，但可以通过对象（即"对象.非静态成员"方式）间接使用。

➤ static 方法（即静态方法）中不能使用 this（与实例相关）。

➤ 非 static 方法（即实例方法）中可以使用静态成员。

➤ 静态构造函数一定是无参数。

➤ 静态构造函数不能用 private，也不能用 public 修饰，静态构造函数都是私有的。

➤ 类的静态构造函数在给定应用程序域中至多执行一次，只有创建类的实例或者引用类的任何静态成员才激发。

➤ 静态构造函数是不可继承的，而且不能被直接调用。

➤ 如果类中包含程序入口的 Main() 函数，则该类的静态构造函数将在调用 Main() 函数之前执行。在执行类的静态构造函数时，先要按照代码顺序执行那些被初始化的静态字段。

➤ 如果没有编写静态构造函数，而这时类中包含带有初始值设定的静态字段，那么编译器会自动生成默认的静态构造函数。

➤ 一个类可以同时拥有实例构造函数和静态构造函数，这是唯一可以具有相同参数列表的同名方法共存的情况。

➤ 当静态构造函数和实例构造函数同时存在时，首先调用静态构造函数。

✍ 课堂练习：请写出如下程序的执行结果。

面向对象基础

```
class A
{
    public static int i;
    static A()
    {
        Console.WriteLine(i);
        i++;
    }
    public static void PrintInfo()
    {
        Console.WriteLine(i);
    }
}
class Program
{
    static void Main(string[] args)
    {
        Console.WriteLine(A.i);
        A.PrintInfo();
    }
}
```

4.9 析 构 函 数

构造函数用于程序的初始化工作,与此相反,析构函数则用于程序的收尾和善后处理工作,从内存释放类实例所占用资源。析构函数只有一个,不能重载。需要注意的是,析构函数何时调用,不是程序员能够确定的,因为析构函数的调用执行是由垃圾回收器来决定的。

析构函数的定义与构造函数类似,不过析构函数的名称前有～标记。且析构函数定义时不能有任何访问修饰符,如 public 和 private 等都不能使用,也不能带参数。其形式如下:

```
class A
{
    ~A()      //不能带参数,也不能有 public 或 private 等修饰
    {
        //析构函数体
    }
}
```

例如:

```
class A
{
    public A()
    {
        Console.WriteLine("构造函数被执行");
    }
    public void PrintInfo()
    {
        Console.WriteLine("PrintInfo()被执行");
```

```
        }
        ~A()
        {
            Console.WriteLine("析构函数被执行");
        }
    }
    class Program
    {
        static void Main(string[] args)
        {
            A a = new A();
            a.PrintInfo();
        }
    }
```

按 Ctrl＋F5 组合键运行程序,结果如图 4-12 所示。

如果用户没有编写析构函数,编译系统会自动生成一个默认的析构函数,它也不进行任何操作,所以许多简单的类中并没有定义显式的析构函数。

图 4-12　析构函数

4.10　委　　托

在 4.5.3 节中曾经提到过方法签名(又称方法标识),对于两个签名相同的方法,虽然发现它们有如此多的相同,却从没有利用它们的这个相同之处。要利用方法的这个相同之处,就必须借助本节的主题内容——委托。

委托的作用在于:可以使用委托定义一个引用,然后可用该引用指向所有与该委托具有相同方法签名的方法,并且可以通过该引用调用这些拥有相同签名的不同方法,虽然这些方法具有不同的名字,并且这些方法可以为静态的,也可以为非静态的;既可以是委托所在类的方法,也可以不是。4.13 节所要介绍的事件就是一种特殊的委托。

4.10.1　委托使用三步曲

使用委托的三步曲为:声明委托→实例化→调用。

1. 声明委托

其格式如下:

```
delegate int MyDelegate(int a, int b);        //声明一个委托
```

该句声明了一个委托,委托的名字为 MyDelegate。该委托能够指向的方法签名特性是,返回值为 int 类型,两个参数,且两个参数都是 int 类型。若参数类型不同,则需要考虑参数的顺序问题。

2. 实例化

其格式如下:

```
MyDelegate  pMethod = new MyDelegate(myMethod);
```

面向对象基础

经过此句的实例化,则 pMethod 以后可以顶替 myMethod()方法来执行任务了。

3. 调用

其格式如下:

```
pMethod(参数列表);
```

示例

```
class Program
{
    //声明一个委托,名为 MyDelegate,方法签名特性: 返回值 int,两个参数,均 int 类型
    delegate int MathDelegate(int num1, int num2);
    /*
    *下面这三个方法从功能上讲,基本毫不相干
    *但是从"长相"上讲,这三个方法的
    *返回值都是 int
    *参数个数 2
    *参数类型 int
    */
    //该方法符合上述委托特性
    static int Add(int x, int y)
    {
        return x + y;
    }
    //该方法符合上述委托特性
    static int Subtract(int x, int y)
    {
        return x - y;
    }
    //该方法符合上述委托特性
    static int Max(int x, int y)
    {
        return x > y ? x : y;
    }
    //该方法不符合上述委托特性!!
    public static PrintInfo()
    {
        Console.WriteLine("PrintInfo()方法不符合上述方法签名特性");
    }
    static void Main(string[ ] args)
    {
        MathDelegate mMethod = new MathDelegate(Add);
        int iResult = mMethod(10,20);
        Console.WriteLine("结果是: {0} ", iResult);

        mMethod = new MathDelegate(Subtract);
        iResult = mMethod(10, 20);
        Console.WriteLine("结果是: {0} ", iResult);

        mMethod = new MathDelegate(Max);
        iResult = mMethod(10, 20);
        Console.WriteLine("结果是: {0} ", iResult);
        Console.ReadLine( );
    }
}
```

程序的执行结果如图 4-13 所示。

✎ 课堂练习：请将上例中的 Add()、Subtract()、Max()方法均改为实例方法，即去掉 static，此时请仍然实现上例的效果。

图 4-13　委托示例

💣委托不能定义在任何方法的内部，如不能定义在 Main()方法内部。

委托除了可以像上面的示例那样简单使用，还可以用作参数。例如：

```
class Program
{
    delegate int MathDelegate(int num1, int num2);
    static int Add(int x, int y)
    {
        return x + y;
    }
    static int Subtract(int x, int y)
    {
        return x - y;
    }
    static void AddOrSub(int x, int y, MathDelegate operation)
    {
        int iResult = operation(x, y);
        Console.WriteLine("结果是: {0}", iResult);
    }
    static void Main(string[] args)
    {
        MathDelegate mMethod = new MathDelegate(Add);
        AddOrSub(10, 20, mMethod);
        mMethod = new MathDelegate(Subtract);
        AddOrSub(10, 20, mMethod);
        Console.ReadLine();
    }
}
```

由于上述代码比较简单，由上一个示例稍做修改而得到，故此处不再解释。

4.10.2　多播委托

下面看一下多播委托问题。当一个委托引用同时指向多个符合方法标识的方法时，此时即构成多播委托。其本质是对 System. MulticastDelegate 类（为 System. Delegate 的子类）的继承和实现。

由于一个委托只能有一个返回值，故一般多播委托为 void 的（并非一定），若有返回值，则最终的返回结果即多播系列中最后一个方法的返回值。

当多播委托的引用只指向一个方法，则其使用方法与单播委托一样；但是若指向多个方法，则除第一个可以用＝，其他均要用＋＝。例如：

```
MyDlg = new MyDelegate(method1);
MyDlg += new MyDelegate(method2);
MyDlg += new MyDelegate(method3);
```

面向对象基础

多播委托的调用方式与单播委托一样,但执行时会依次执行所有指向的方法序列,例如对于上面的代码,将依次执行 method1、method2 和 method3。再如:

```csharp
class Program
{
    delegate int MathDelegate(int num1, int num2);
    static int Add(int x, int y)
    {
        Console.WriteLine("即将执行求和操作");
        return x + y;
    }
    static int Subtract(int x, int y)
    {
        Console.WriteLine("即将执行求差操作");
        return x - y;
    }
    static int Max(int x, int y)
    {
        Console.WriteLine("即将执行求最大值操作");
        return x > y ? x : y;
    }
    static void Main(string[] args)
    {
        MathDelegate mMethod = new MathDelegate(Add);
        mMethod += new MathDelegate(Max);
        mMethod += new MathDelegate(Subtract);
        int iResult = mMethod(100, 20);
        Console.WriteLine("多播委托的结果为:{0}", iResult);
        Console.ReadLine();
    }
}
```

上面的示例中,为了知道多播委托的确调用了方法序列中的各个方法,并且为了得到其调用顺序,在每个方法里面增加了一个输出。程序的执行结果如图 4-14 所示。

从执行结果可以看到:

➢ 多播委托中各个方法都会被执行。

➢ 多播委托中各个方法的执行顺序与+=操作的顺序一样。

➢ 多播委托如果有返回值,则只返回最后一个函数的执行 结果。

```
即将执行求和操作
即将执行求最大值操作
即将执行求差操作
多播委托的结果为:80
```

图 4-14 多播委托示例

💣 若希望减少多播委托方法序列中的方法,则可以使用—=来操作。

✍ 课堂练习:请通过—=去掉多播委托中的求最大值操作。

此外,与委托相关的问题还有协变、逆变、泛型委托等,请感兴趣的读者自行查阅相关材料。

4.11 匿 名 方 法

匿名方法与普通方法没有区别,只是匿名方法没有名字,使用时通过 delegate 打头即可,后跟一对大括号,逻辑代码放在大括号中,大括号后有分号。因为这个特点,所以导致匿名方法往往仅适用于小代码量的情况。同时，匿名方法也可以带参数。匿名方法声明的一般形式如下：

> 委托名　委托实例对象 = delegate(参数 1,参数 2,…){方法体;};

通过使用匿名方法，可以不必事先声明一个与委托匹配的方法，而在需要使用的时候直接写方法体。不过使用匿名方法时，需要注意如下几点。

➢ (参数 1,参数 2,…)用于给匿名方法传递参数。
➢ 如果没有参数列表，即形如 delegate{方法体;};时，则该匿名方法可以赋给任意委托对象。
➢ 匿名方法本身不能脱离赋值环节，即 delegate(参数 1,参数 2,…){方法体;};是非法的。
➢ 匿名方法的参数列表中，即(参数 1,参数 2,…)中各个参数不能省却参数类型。

下面看一个简单的示例：

```
public delegate void anonymousMethodDelegate();        //委托
public class Program
{
    public static void Main(string[] args)
    {
        anonymousMethodDelegate myDlg = null;
        //让 myDlg 指向一个匿名方法,该匿名方法没有参数,方法体仅输出一个字符串
        myDlg = delegate {
            Console.WriteLine("世界是懒人创造的!");
        };
        myDlg();                                //通过委托的引用调用匿名方法
        Console.ReadLine();
    }
}
```

该示例首先声明了一个无参无返回值的委托，然后在 Main()函数中让委托的引用指向了一个匿名方法，最后通过 myDlg()调用了匿名方法。

程序的执行结果如图 4-15 所示。

匿名方法同样可以传递参数。例如：

世界是懒人创造的!

图 4-15　匿名方法

```
//声明委托,带参数
public delegate void anonymousMethodDelegateWithPara(string name, int age);
public class Program
{
    public static void Main(string[] args)
    {
        anonymousMethodDelegateWithPara myDlg = null;
        myDlg = delegate(string sName, int iAge){
            Console.WriteLine(sName + " 今年 " + iAge.ToString() + "岁。");
        };
        string s = "蜡笔小新";
        int i = 6;
```

面向对象基础

```
            myDlg(s, i);
        }
    }
```

蜡笔小新 今年 6岁。

图 4-16　带参数的匿名方法

程序的执行效果如图 4-16 所示。

✍ 课堂练习：请使用正常的方式（即定义一个方法）改写上述代码，完成相同的输出。

再对上面的两段代码做一定的处理，即将第一段代码中的匿名方法替换掉第二段代码中的匿名方法，也即让一个不带参数的匿名方法赋给一个带参数的委托对象。代码如下：

```
public delegate void anonymousMethodDelegateWithPara(string name,int age);　//委托
public class Program
{
    public static void Main(string[] args)
    {
        anonymousMethodDelegateWithPara myDlg = null;
        myDlg = delegate {
            Console.WriteLine("世界是懒人创造的!");
        };
        string s = "蜡笔小新";
        int i = 6;
        myDlg(s, i);
        //myDlg();错误
    }
}
```

程序的输出与上面的例子完全一样。从该例可以看到：

➤ 虽然匿名方法没有参数，但是 myDlg();调用是非法的。

➤ 虽然在 myDlg(s, i);调用时传递了参数，但该参数不能再被匿名方法使用。

➤ 没有参数的匿名方法可以赋给任意委托实例对象。

💣 匿名方法表面看没有方法定义，其实编译器会自动为匿名方法生成方法定义。

4.12　Lambda 表达式

Lambda 表达式本质上就是匿名方法，只是将匿名方法的书写方式进一步简化。由于方法需要依附于委托，故 Lambda 表达式的书写也要遵从委托的"规定"。Lambda 表达式的一般形式如下：

```
(参数列表) => { 语句序列 }
```

其中：

➤ 参数列表中可以有 0 个、一个或者更多参数，究竟需要几个参数，由相应的委托确定。

➤ 当参数列表中只有一个参数时，参数列表外侧的一对括号（）可以省去，否则不可以。

➤ 当编译器能够推断出参数的类型时，在参数列表中可以不必加参数类型，只需参数

名称即可。

➢ 如果在委托声明时对参数使用了 ref 或 out 修饰，则 Lambda 表达式中也必须带上 ref 或者 out，并且此时不能省去参数类型。

➢ 当右侧的语句序列中只有一条语句时，大括号可以省去，否则不可以。

➢ 如果右侧语句序列有返回值，必须使用 return 语句；但是若右侧语句序列中只有一个语句，则 return 语句可以省去。

➢ 如果委托有返回值类型，则 Lambda 表达式也必须返回相同类型的值。

为了便于理解上面这几点，下面举例解释说明。例如：

```
//由于 0 个参数,故左侧一对空括号;而右侧只有一个语句,故可以省去大括号
() => Console.WriteLine("0 个参数");
```

上面的 Lambda 表达式等价于：

```
方法名()
{
    Console.WriteLine("0 个参数");
}
```

下面看一个稍微复杂的示例：

```
//由于一个参数,故左侧可以不必要括号
x => Console.WriteLine("1 个参数,其值为:{0}",x);
//由于两个参数,故左侧括号不能省;右侧有多于一条的语句,故大括号也不能省
//且有返回值,故 return 语句也必须
(x,y) => { int z = x + y; return z; }
```

了解了 Lambda 表达式的书写要点，下面看一个完整的示例。下面的示例中，完成了求两个整数的和、积、平方和的功能。下面将对实现过程分解。

1. 定义委托

由于两个整数的和、积、平方和都仍然是整数，参数两个，都为 int 型，因此委托如下：

```
delegate int myHandler(int x, int y);
```

2. 书写 3 个 Lambda 表达式

```
(x, y) => x + y;                                    //求和
(x, y) => x * y;                                    //求积
(x, y) => { int i = x * x; int j = y * y; return i + j; }  //求平方和
```

3. 赋值

由于 Lambda 表达式即匿名方法，因此可以像匿名方法赋给委托实例对象一样完成 Lambda 表达式赋给委托实例对象。例如：

```
myHandler add = (x, y) => x + y;
myHandler qSum = (x, y) => { int i = x * x; int j = y * y; return i + j; };
```

第 4 章

面向对象基础

如果觉得不好理解,可以这么来看待这个问题:委托表达式不就是一个方法吗? 例如:(x, y) => x + y;是一个 Lambda 表达式,那它就是一个方法,假如该方法记为 A,即 A = (x, y) => x + y;类似初中学习数学时的换元法,那么再写 myHandler add = A;应该比较好理解了。

4. 调用

调用很简单,例如 add(10,20)、qSum(10,20)都是合法的调用。

5. 完整示例代码

```
delegate int myHandler(int x, int y);
static void Main(string[ ] args)
{
    myHandler add = (x, y) => x + y;
    Console.WriteLine( add(10,20) );
    myHandler mul = (x, y) => x * y;
    Console.WriteLine(mul(10, 20));
    myHandler qSum = (x, y) => { int i = x * x; int j = y * y; return i + j; };
    Console.WriteLine(qSum(10, 20));
}
```

程序的执行结果如图 4-17 所示。

图 4-17　Lambda 表达式

4.13　事　　件

在 C#中有这么一种机制,当某个对象发生了某些操作时,它将自动把这个操作通知给关注此操作的其他对象,以方便其他对象采取相应的处理,这便是事件。事件机制是以消息为基础的,特定的操作发生会产生相应的消息,而关注该事件的对象收到这些消息时,即开始执行指定的处理过程。在这个过程中,有两方:产生事件的对象和接收事件的对象,其中产生事件的对象也称为事件发生者或事件触发者,接收事件的对象也称为事件订阅者或事件接收者。

在 .NET 中,使用多播委托对事件进行实现,亦即每个事件实例都是多播类型。

4.13.1　事件使用三步曲

事件一直是初学者难以逾越的一道坎,为了使初学者能够较快地学会事件的定义及使用,下面对事件的实现进行分解,分步介绍。

第一步:定义事件委托

在所有类之外为事件定义一个 public 修饰的委托,由于事件为多播委托,故定义时返回类型应为 void,因此其一般样式为:

```
public delegate void EventDelegate(object sender,EventArgs s);
```

当然,也不一定需要带两个参数,参数类型也不一定非得像上面一样,只是在 C♯ 下的 Windows 程序设计中,这种类型的事件委托最为常见。

第二步:定义事件触发类(用于产生事件)

要使用事件,首先得有事件触发的源头。故需要定义一个事件触发类,在该类内部使用 event 关键字与上述委托一起定义一个 public 的事件,其一般样式为:

```
class eventSrcClass
{
    public event EventDelegate myEvent;
}
```

该类中,当特定的动作发生或消息到达时就触发所定义的事件,一般用一个方法完成事件触发。事件触发方法的轮廓如下:

```
public void ActivateEvent(MyEventArgs e)
{
    //
}
```

💣※MyEventArgs 可以为自定义参数类型,也可以为内置类型,当然也可以不要该参数。 这样,外界即可通过如下语句来触发事件。

```
eventSrcInstance.ActivateEvent (e1);
```

其中,eventSrcInstance 即 eventSrcClass 实例化对象。事件的真正触发代码即在该方法中。一般地,发生事件时,第一个参数为事件产生类(触发类),第二个参数为 System. EventArgs 类或其派生类类型,该类可用于向事件接收方传递一些数据,其一般样式为:

```
myEvent(this,someData)
```

其中 someData 为 EventArgs 类的子类的实例化对象。若无须向事件接收方传递任何参数,则可以使用:

```
myEvent(this,null);
```

在事件触发方法中,完成事件触发处理的代码如下:

```
if (myEvent!= null)
    myEvent(this,e);
```

综合上述分析,事件触发类的核心代码如下:

```
//事件触发类的核心代码
class eventSrcClass
{
    //事件定义
    public event EventDelegate myEvent;
    //事件触发
    public void ActivateEvent(MyEventArgs e)
```

面向对象基础

```
    {
        if (myEvent!= null)
            myEvent(this,e);
    }
}
```

第三步：定义事件接收类（用于处理事件）

一般该类为主要业务类，亦即主要功能在此类中。在该类中需准备一个事件处理方法，该事件处理方法必须符合委托所声明的方法签名。一般地，用于处理事件的方法名称习惯以 On 开头。其一般形式如下：

```
public void OnMyEvent(object sender,EventArgs e)
{
    //…
}
```

定义事件触发类的实例，然后完成事件订阅，表明事件发生后，将由哪个方法来处理。代码如下：

```
eventSrcClasseventObj = neweventSrcClass ();
eventObj. MyEvent += new EventDelegate(OnMyEvent);     //完成事件订阅
```

这样，通过上面的示例，即完成了事件的定义及使用。

4.13.2 三类事件

为了循序渐进地深入，本节由简到繁分别介绍三类事件：无参类型、带参类型和自定义参数类型。

此处先演示不带参数的示例。完整的代码如下：

```
public delegate void EventDelegate();                        //定义事件的委托
//事件触发类的核心代码
class eventSrcClass
{
    //事件定义
    public event EventDelegate myEvent;
    //事件触发
    public void ActivateEvent()
    {
        if (myEvent != null)
            myEvent();
    }
}
class Program
{
    static void Main(string[] args)
    {
        eventSrcClass srcCls = new eventSrcClass();            //实例化事件触发类
        srcCls.myEvent += new EventDelegate(srcCls_myEvent);  //事件订阅
        srcCls.ActivateEvent();            //激活事件。事件一旦激活,上述订阅的方法将被执行
```

```
            Console.Read();
    }
    static void srcCls_myEvent()
    {
        Console.WriteLine("myEvent 事件触发了!");
    }
}
```

程序的执行结果如图 4-18 所示。

上面的演示中,定义了一个无参数的委托,下面定义一个带参数的委托,并且参数类型使用 EventArgs 类。代码如下:

图 4-18　无参数的事件演示

```
public delegate void EventDelegate(object sender, EventArgs s);      //有参委托
//事件触发类的核心代码
class eventSrcClass
{
    //事件定义
    public event EventDelegate myEvent;
    //事件触发
    public void ActivateEvent(EventArgs e)
    {
        if (myEvent!= null)
            myEvent(this,e);
    }
}
class Program
{
    static void Main(string[] args)
    {
        eventSrcClass srcCls = new eventSrcClass();
        srcCls.myEvent += new EventDelegate(srcCls_myEvent);      //订阅
        srcCls.myEvent += new EventDelegate(srcCls_myEvent2);     //订阅
        srcCls.ActivateEvent(null);                               //激活事件,参数为 null
        Console.Read();
    }
    static void srcCls_myEvent(object sender, EventArgs e)
    {
        Console.WriteLine("1: 有参的 myEvent 事件触发了!事件参数如下:\nsender:{0}\ne:
{1}",sender.ToString(),e == null?"null":e.ToString());
    }
    static void srcCls_myEvent2(object sender, EventArgs e)
    {
        Console.WriteLine("2:有参的 myEvent 事件触发了!事件参数如下:\nsender:{0}\ne:
{1}", sender.ToString(), e == null ? "null" : e.ToString());
    }
}
```

程序的执行效果如图 4-19 所示。

在此示例中,使用的是有参数的事件,不过事件的第二个参数使用的是内置的 EventArgs 类型,并且也没有传入数据。另外,从该示例也可以看出事件基于多播委托,所以事件是委托的一种

图 4-19　有参数的事件

第4章

面向对象基础

特例。所有订阅了事件的处理方法在事件发生后,都被通知到了并且完成执行。

还可以从 EventArgs 派生自己的参数类型,并在事件中使用它来传递希望传递的数据。此时需要从 EventArgs 类派生一个符合自己要求的类,用作参数类型。例如:

```csharp
public class myEventArgs : EventArgs
{
    DateTime dt;
    public myEventArgs(DateTime datetime)
    {
        dt = datetime;
    }
    public override string ToString()
    {
        return dt.ToString();
    }
}
```

接着按照前文所述方法来定义事件及相关类,代码如下:

```csharp
public delegate void EventDelegate(object sender, myEventArgs e);
//事件触发类的核心代码
class eventSrcClass
{
    //事件定义
    public event EventDelegate myEvent;
    //事件触发
    public void ActivateEvent()
    {
        if (myEvent != null)
        {
            for (int i = 0; i < 3; i++)
            {
                myEvent(this, new myEventArgs( DateTime.Now));
                System.Threading.Thread.Sleep(1000);   //延迟 1 秒触发一次
            }
        }
    }
}
class Program
{
    static void Main(string[] args)
    {
        eventSrcClass srcCls = new eventSrcClass();
        srcCls.myEvent += new EventDelegate(srcCls_myEvent);
        srcCls.ActivateEvent();
        Console.Read();
    }
    static void srcCls_myEvent(object sender, myEventArgs e)
    {
        Console.WriteLine("于 {0} 发生了一次事件。", e.ToString());
    }
}
```

程序的执行效果如图 4-20 所示。

于 2012/3/16 21:56:42 发生了一次事件。
于 2012/3/16 21:56:43 发生了一次事件。
于 2012/3/16 21:56:44 发生了一次事件。

图 4-20　自定义事件参数类型

💣※ 事件触发类决定何时发送事件,事件接收者决定执行何种操作来响应事件。

💣※ 一个事件可以有多个订阅响应者,一个订阅者可以响应多个事件。

💣※ 没有任何订阅者的事件是"死"事件,即从来都不会被触发。

💣※ 具有多个订阅者的事件一旦被触发,则会同步调用多个事件处理程序。

💣※ .NET 中的事件是基于 EventHandler 委托和 EventArgs 参数的。

4.14　继　　承

4.14.1　继承的实现

继承使子类可以从父类自动地获得父类所具备的特性,故可以大大节省代码,提高代码的可重用性。

前面举过明星类 star 的例子,我们知道,明星还可以分为歌星、影星等各种明星,而歌星又可以分为流行、民歌、原生态等类型。很明显,在这个层次关系中,明星→歌星→流行歌星,一层比一层更具体。前面曾给明星定义了两个属性 Name 与 Age 和一个方法 Introduce(),很明显这些成员用在歌星和流行歌星上也是适合的,但是歌星更具体,可以赋予它更具体的属性或者方法,如可以给歌星增加一个新属性,用于代表自己的代表歌曲,假设该属性命名为 Song。而流行歌星则比歌星更具体,读者可以自己尝试给流行歌星增加其独有的属性或者方法等。

```
class star
{
    //定义 Name 属性
    public string Name
    {
        get;
        set;
    }
    //定义 Age 属性
    public int Age
    {
        get;
        set;
    }
    //定义方法
    public void Introduce()
    {
        Console.WriteLine("我的名字叫:" + this.Name + " 我的年龄是:" + this.Age );
    }
}
```

面向对象基础

下面开始定义歌星类 singer，读者可以自行尝试模仿着定义一个影星类 actor。

```
class singer
{
    //定义 Song 属性
    public string Song
    {
        get;
        set;
    }
    //定义 Name 属性
    public string Name
    {
        get;
        set;
    }
    //定义 Age 属性
    public int Age
    {
        get;
        set;
    }
    //定义方法
    public void Introduce()
    {
        Console.WriteLine("我的名字叫：" + this.Name + " 我的年龄是：" + this.Age + " 我
的代表歌曲是：" + this.Song);
    }
}
```

比较上面的两个类，可以看到，虽然两个类不一样，但却具有很多相同的代码，并且逻辑上两者有一定的关系，singer 类具备 star 类所有的特性。这正是继承的典型特性。那么如何利用继承的特性来改写如上代码呢？

在 C#中，根据父类创建子类的方法如下：

```
访问修饰符   class 类名 ：父类类名
{
    不同于父类的类成员声明；    //父类已经具备的成员暂时认为无须再改写
}
```

对于上例，singer 类可以改写如下：

```
class singer:star
{
    //定义 Song 属性
    public string Song
    {
        get;
        set;
    }
}
```

在 VS 中实例化一个 singer 对象后,输入对象名可以发现如图 4-21 所示的现象。

虽然定义的 singer 对象十分简洁,只有一个属性 Song,然而当输入其对象名时,可以发现它除了具备在自身定义的 Song 属性外,还具备 Age、Name 属性和 Introduce() 方法。这正是继承的威力,也就是 class singer:star {} 中:star 所起到的作用。

完整的演示调用代码如下:

图 4-21　子类自动获得了
父类的特性

```
singer meng = new singer();
meng.Name = "孟庭苇";
meng.Age = 30;
meng.Song = "谁的眼泪在飞";
meng.Introduce();
```

程序的执行结果如图 4-22 所示。

我的名字叫:孟庭苇　我的年龄是:30

图 4-22　继承演示

虽然程序执行顺利,但是有可能读者已经发现存在一个问题。现在是 singer 类,一个 singer 自我介绍时,除了可以介绍姓名和年龄,其实还有一个代表歌曲可以介绍。那么如何将这个介绍放到 Introduce 中呢? 只需要把 Introduce() 方法重新按照自己的要求写一遍即可。

```
//重定义方法
public void Introduce()
{
    Console.WriteLine(sProp + " 我的名字叫:" + this.Name + " 我的年龄是:" + this.Age
+ " 我的代表作是:" + this.Song);
}
```

现在运行可以得到所期望的结果,如图 4-23 所示。

我的名字叫:孟庭苇　我的年龄是:30　我的代表作是:谁的眼泪在飞

图 4-23　继承中的方法改进

虽然上述代码已经达到期望的结果,但是还有一点点遗憾。其实这个遗憾也可以从 VS 中看出来。改进的代码如下:

```
//再次改进方法定义
public new void Introduce()
{
    Console.WriteLine(sProp + " 我的名字叫:" + this.Name + " 我的年龄是:" + this.Age
+ " 我的代表作是:" + this.Song);
}
```

改进之处就在于 new 关键字。

面向对象基础

4.14.2　抽象类及抽象方法

上面讨论了继承,一般地,一个基类既可以被子类继承,也可以单独使用,而使用的最常见的方式就是实例化。但有时设计了一个类,这个类就只是用来作为基类供其他类继承。在这样的需求情况下,于是诞生了接口和抽象类。若这个当初设计出来仅作为基类使用的类里面只有少量的方法、属性等声明,而不存在实现代码时,就是接口(详见 4.16 节内容);若类里面不至于那么空,除了方法等声明语句外,方法体中还存在代码则可以成为抽象类(并不是一定),抽象类使用 abstract 修饰,抽象类不能被实例化,即不可能有抽象类的实例存在。

抽象方法是只有方法声明但没有方法实现的一个空方法,并且使用 abstract 修饰。抽象的方法隐式为虚方法,必须被覆盖。即若某个类继承了一个抽象类,则该类一定要实现基类中的所有抽象方法,不能不实现或者有选择性的实现。另外,倘若一个类包含抽象方法,则该类一定要声明为抽象类。

例如,拟设计 3 个类:明星(star)类、歌星(singer)类、影星(filmStar)类。很明显,star 类可以设计为 singer 类和 filmStar 类的基类。现在给这些类都设计一个方法 Introduce(),用于介绍自己。显然,star 类的 Introduce()方法并不能很贴切地适用于 singer 类和 filmStar 类。此时,可以在基类 star 中将该方法声明为抽象方法,那自然 star 类也要声明为抽象类,然后在 singer 和 filmStar 类中对 Introduce()方法进行完善(重写)。代码如下:

```csharp
//基类
public abstract class star
{
    public abstract void Introduce();        //抽象方法只有声明没有方法体
}
class singer : star
{
    //使用 override 重写基类同名方法
    public override void Introduce()
    {
        Console.WriteLine("我是一个歌星!");
    }
}
class filmStar : star
{
    public override void Introduce()
    {
        Console.WriteLine("我是一个影星!");
    }
}
static void Main(string[] args)
{
    //star s = new star();                    //错误,抽象类不能实例化
    singer sr = new singer();
    sr.Introduce();
    filmStar fs = new filmStar();
    fs.Introduce();
```

```
        Console.ReadLine();
    }
```

程序的执行结果如图 4-24 所示。

从执行结果可以看到,子类实现了基类中的抽象方法,能够顺利输出。

图 4-24　抽象类和抽象方法

💣 如果某个类的方法不知道该如何实现,实现的细节是由子类决定的,那么可以把它定义为 abstract。

💣 抽象方法一定要声明在抽象类中,而抽象类不一定要包含抽象方法。

💣 抽象类除了可以包含抽象方法,还可以包含虚方法。

💣 抽象类中还可以有抽象属性,其一般形式如下:

```
public  abstract  string  Name {get;set;}     //声明一个可读可写的属性 Name
```

4.14.3　类的密封

有时并不希望某个类被继承,此时可以借助于关键字 sealed 来达到该目的。关键代码如下:

```
public sealed class star
{
}
```

则该 star 类不能被其他类继承,即无法成为任何类的父类。

4.14.4　继承过程中构造函数的执行顺序及调用

首先来看构造函数的执行顺序问题。由于子类是基于父类的,故父类的构造函数执行在前,而子类构造函数执行在后。例如:

```
class star
{
    //构造函数
    public star()
    {
        Console.WriteLine("父类无参构造函数");
    }
    //构造函数
    public star(string name)
    {
        Console.WriteLine("父类有参构造函数");
    }
}
class singer:star
{
    //构造函数
    public singer()
```

面向对象基础

```
    {
        Console.WriteLine("子类无参构造函数");
    }
    //构造函数
    public singer(string name)
    {
    Console.WriteLine("子类有参构造函数");
    }
}
//调用代码如下
Console.WriteLine(" === 父类测试 === ");
star s1 = new star();
star s2 = new star("父类");
Console.WriteLine(" === 子类无参构造函数测试 === ");
singer s3 = new singer();
Console.WriteLine(" === 子类有参构造函数测试 === ");
singer s4 = new singer("子类");
```

图 4-25　继承中构造函数的
执行顺序问题

程序的执行结果如图 4-25 所示。

可见,无论是使用无参构造函数实例化子类对象,还是使用有参构造函数实例化子类对象时,都会事先调用父类的无参构造函数。即父类的构造函数执行顺序先于子类的构造函数。

其次来看构造函数的调用问题。在上面的程序中,可以看到即使在使用子类有参构造函数实例化对象时,仍然调用的是父类的无参构造函数。有时,或许希望此时调用父类的有参构造函数。那该如何办呢? C#提供了一个可以调用父类构造函数的关键字 base。代码如下:

```
class star
{
    //构造函数
    public star()
    {
        Console.WriteLine("父类无参构造函数");
    }
    //构造函数
    public star(string name)
    {
        Console.WriteLine("父类有参构造函数");
    }
}
class singer:star
{
    //构造函数
    public singer()
    {
        Console.WriteLine("子类无参构造函数");
    }
```

```
    //构造函数
    public singer(string name):base(name)
    {
        Console.WriteLine("子类有参构造函数");
    }
}
//调用代码如下
Console.WriteLine(" === 子类无参构造函数测试 === ");
singer s3 = new singer();
Console.WriteLine(" === 子类有参构造函数测试 === ");
singer s4 = new singer("子类");
```

程序的执行结果如图 4-26 所示。

可见,经过 base(name),可以改变默认的调用规则,从而实现调用父类的有参构造函数。

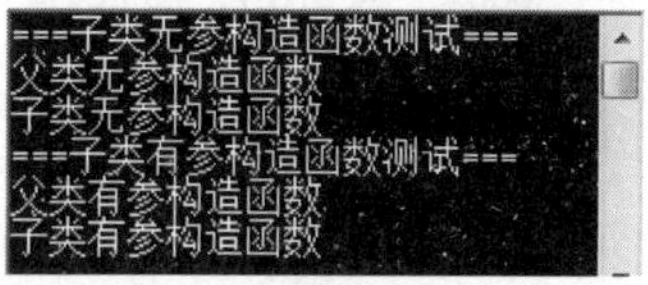

图 4-26 继承中构造函数的调用问题

4.14.5 protected 修饰符

在前面已经多次使用 private 和 public 关键字。使用 public 修饰的成员可以在类内、类外访问;使用 private 修饰的成员则只可以在类内访问。然而有时某些成员不希望在类外被其他类访问,但希望在该类的子类中访问,此时很明显使用 private 和 public 都无法实现该目的,这就是 protected 所完成的功能。

看如下代码:

```
class star
{
    //定义了三个变量,其访问修饰符各不一样
    protected string name1 = "name1";
    private string name2  = "name2";
    public string name3  = "name3";
}
class singer:star
{
    public void PrintName()
    {
        Console.WriteLine(name1);          //可以访问
        // Console.WriteLine(name2);        //无法访问
        Console.WriteLine(name3);          //可以访问
    }
}
class Program
{
    static void Main(string[] args)
    {
        star s1 = new star();
        //s1.name1 = "name1";               //不可访问
        //s1.name2 = "name2";               //不可访问
        s1.name3 = "name3";                 //可以访问
    }
}
```

95

第4章

面向对象基础

从上面的代码可以看到,总共涉及 3 个类,即 star、singer 和 Program。其中 singer 类继承自 star 类。可以发现,在 singer 类中,可以访问 star 类中的 public 和 protected 成员,而无法访问 private 成员。而在 Program 类中,仅能访问 star 类中的 public 成员。

4.15 多 态

下面先来看个继承的例子。首先看基类,代码如下:

```
class star
{
    public void Introduce()
    {
        Console.WriteLine("我是一个明星!");
    }
}
```

然后从该类派生两个子类,代码如下:

```
class singer : star
{
}
class filmStar : star
{
}
```

调用代码如下:

```
static void Main(string[ ] args)
{
    star s = new star();
    s.Introduce();
    singer sr = new singer();
    sr.Introduce();
    filmStar fs = new filmStar();
    fs.Introduce();
    Console.ReadLine();
}
```

上述程序的输出如图 4-27 所示。

显然这样的输出并不是所期望的,两个子类很明显应该输出更为贴切的表达,例如,singer 输出"我是一个歌星!",而 filmStar 输出"我是一个影星!"更为具体准确。改写后的代码如下:

图 4-27 简单继承

```
class singer : star
{
    public void Introduce()
    {
        Console.WriteLine("我是一个歌星!");
```

```
    }
}
class filmStar : star
{
    public void Introduce()
    {
        Console.WriteLine("我是一个影星!");
    }
}
```

在 VS 下可以看到有警告信息，提示子类的方法隐藏了继承过来的成员，其表现就是在方法名称下面有条绿色的波浪线，如图 4-28 所示。

不过由于是警告信息，可以忽略它。程序的运行结果如图 4-29 所示。

```
class singer : star
{
    public void Introduce()
    {
        Console.WriteLine("我是一个歌星！");
    }
}
```

图 4-28　子类方法隐藏了继承方法　　　　图 4-29　简单改造的继承

此时的运行结果终于是所期望的了。并且从该例可以看到：若子类和父类有同名成员，则子类成员将使得从父类那里继承而来的同名成员被隐藏。倘若期望子类的方法被执行，同时父类的同名方法不被隐藏也得到执行，那么该如何办呢？可以在子类方法中通过 base 关键字来调用父类同名方法。例如：

```
class singer : star
{
    public void Introduce()
    {
        base.Introduce();
        Console.WriteLine("我是一个歌星!");
    }
}
```

现在回过头来看上述警告信息，其实在警告信息中已经提示了解决方法，即使用 new 关键字。但此时的 new 关键字不是实例化对象了，而是表示子类明确地声明它要隐藏继承过来的那个同名方法，而不是不小心写成了同名。改写后的代码如下：

```
class singer : star
{
    public new void Introduce()
    {
        Console.WriteLine("我是一个歌星!");
    }
}
class filmStar : star
{
```

面向对象基础

```
    public new void Introduce()
    {
        Console.WriteLine("我是一个影星!");
    }
}
```

此时的执行结果与不加 new 关键字一样,不过不再有警告信息。

将调用代码稍做改动,代码如下:

```
static void Main(string[] args)
{
    star s = new star();
    s.Introduce();
    singer sr = new singer();
    s = sr;
    s.Introduce();
    s = new filmStar();
    s.Introduce();
}
```

在这里 s 是父类(star)对象的引用,而 sr 是子类(singer)对象的引用,先后让 s 指向 singer 对象和 filmStar 对象的引用。调用结果如图 4-30 所示。

观察上面的输出可以看到,s 明明指向了两个子类引用,但输出却是完全与父类引用一致,这一点是不期望看到的。那这一点如何改进呢?

图 4-30 父类引用调用

改进方法即本节所要讲的多态。实现多态的办法就是,若希望某个方法在子类中被改造加工(重写)一下,则在基类中声明方法时,使用 virtual 声明该方法,然后在子类中使用 override 关键字重写该方法,即可实现多态。使用 virtual 声明的方法称为虚方法。

使用多态特性改写后的代码如下:

```
class star
{
    //在基类中声明为虚方法
    public virtual void Introduce()
    {
        Console.WriteLine("我是一个明星!");
    }
}
class singer : star
{
    //使用 override 重写基类同名方法,若子类方法不使用该关键字修饰则不会有多态特性
    public override void Introduce()
    {
        Console.WriteLine("我是一个歌星!");
    }
}
class filmStar : star
```

```
{
    public override void Introduce()
    {
        Console.WriteLine("我是一个影星!");
    }
}
```

此时仍旧使用上面的调用代码,将得到如图 4-31 所示的结果。

可以看到,虽然使用同一个引用 s 来调用一个同名方法,但是当 s 指向不同对象的引用时,其输出不同,即调用了不同对象的方法。这种具备多种功能形态的特性即称为多态。

图 4-31　多态演示

💣※假如子类中的方法不使用 override 修饰,则三个输出仍将一样。

4.16　接　　口

4.14.2 节已讲过抽象类,抽象类是一个不能被实例化只能被继承的类。抽象类中可以包含属性和方法(常规的和抽象的),其中抽象方法带有完整的方法声明,但没有任何的实现代码。接口是一个与抽象类在特性方面比较类似的概念,然而,接口比抽象类更加"抽象",抽象得更为彻底,把所有方法、属性都"掏空"了,一句实现代码都没有而只有声明语句。

通过接口,开发人员可以定义类的原形,但不用定义类的任何实现。抽象类要求其派生类必须实现其抽象方法,与此类似,接口则要求一个类若要实现一个接口,则必须实现接口中声明的所有成员,也就是所有实现该接口的类都必须具有相同的形式。因此,接口被看作是类和类之间的协议。一个 C♯ 的类只能继承一个父类,但却可以实现多个接口,借助这个特性,可以间接实现多重继承。

接口的声明语法如下:

```
[修饰符]  interface  接口名 [ :父接口列表 ]
{
    //接口体;
}
```

💣※声明接口成员时,对接口成员不得使用 public、private 等修饰符。

而一个类实现接口的形式如下:

```
[修饰符]  class 类名:接口 1,接口 2,…
{
    //类体;
}
```

例如下面声明了一个接口,该接口包含一个属性和一个方法,且该方法有两个重载版本。

```
//定义接口
interface star
{
    //private string Name { get; set; }          //错误,不能使用 private 修饰符
    string Name { get; set; }
    //public void Introduce();                    //错误,也不能使用 public 修饰
    void Introduce();
    void Introduce(string sName);
}
```

下面定义一个 singer 类实现该接口。例如:

```
class singer : star
{
    public string Name
    {
        get;
        set;
    }
    public void Introduce()
    {
        Console.WriteLine("我的名字叫:{0}", Name);
    }
    //此处变量名不一定 sName,可以自行修改,但参数类型不得修改
    public void Introduce(string sName)
    {
        Console.WriteLine("我的名字叫:{0}", sName);
    }
}
```

由于上述属性和方法已在接口中定义,故在此一定要实现,当然也可以在该类中继续添加自己希望的成员。

调用代码如下:

```
static void Main(string[ ] args)
{
    singer sr = new singer();
    sr.Name = "梅艳芳";
    sr.Introduce();
    sr = new singer();
    sr.Introduce("张国荣");
    Console.ReadLine();
}
```

程序的执行结果如图 4-32 所示。

如果一个类要实现多个接口,方法与上面一样,只是此时在类中
要实现所有接口中定义的成员。

图 4-32 接口示例

💣接口也可以继承接口。

4.17　匿　名　类　型

在前文介绍过匿名方法,现在来看另外一个匿名者,这就是匿名类型。所谓匿名类型,即没有名称的类,主要用于创建 LINQ 中。创建匿名类型的一般形式如下:

```
new {name1 = value1, name2 = value2, … }
```

其中,name1、name2 最终成为该匿名类型的属性,而 value1、value2 成为相应的属性值。虽然有了属性和属性值的概念存在,但是在此过程中,却没有类名,这就是匿名类型。

💣匿名类型是表面性的,编译器会在内部给它分配一个名称,故匿名类型仍遵从 C♯ 的强类型检查规则。

💣由于匿名类型没有名字,故只能借助于隐式类型变量来引用它。例如:

```
new {Max = 100, Min = 0}
```

此处得到了一个匿名类型,该匿名类型具有两个属性,分别为 Max 和 Min,值分别为 100 和 0。

示例:匿名类型引用

```
var myOb = new {Max = 100, Min = 0};
```

可以使用 myOb. Max, myOb. Min 来访问这两个属性。

在使用匿名类型的过程中,匿名类型虽然方便简洁,但也是有代价的。使用时需要注意以下问题。

➢ 匿名类型继承自 System. Object。
➢ 匿名类型是隐式封闭类,即 sealed 修饰。
➢ 匿名类型的字段和属性是只读的。
➢ 匿名类型中不能有事件、也不能有自定义方法、自定义操作符和自定义重写。
➢ 匿名类型中不能自定义构造函数,只能使用默认的构造函数。

4.18　结　　　构

结构是一种与类具有很多相同或者类似特征的数据结构,结构声明使用关键字 struct,类声明使用 class。但它与类最大的不同在于:类属于引用类型,而结构则属于值类型。

声明结构的一般形式如下:

```
struct 结构名 : 接口
{
    成员声明;
}
```

使用结构需要注意以下问题。

➢ 结构不能继承其他类或者结构，这也就意味着结构也不能作为其他结构的基结构，但是结构却可以实现接口；所有结构的直接父类就是 System.ValueType。

➢ 与类一样，结构的成员有字段、属性、方法、构造函数、索引器、事件等，但结构不能定义析构函数。

➢ 所有结构的默认构造函数是无参的，并且不能被修改。故结构虽然可以定义构造函数，却只能自行定义有参构造函数。

➢ 结构对象的创建可以像类实例化一样使用 new，也可以不使用 new。使用 new 时，将调用指定的构造函数完成一些初始化工作；而当不使用 new 时，则不会调用任何构造函数，需要自己手工完成初始化工作。

请看如下示例代码：

```csharp
//声明 star 结构
struct star
{
    public string name;
    public int age;
    //定义构造函数
    public star(string name, int age)
    {
        this.name = name;
        this.age = age;
    }
    //定义方法
    public void Introduce()
    {
        Console.WriteLine("我的名字叫：" + name + "我的年龄是：" + age);
    }
}
//如下代码可以放到某个类的 Main() 函数中
//实例化并使用
star zhang = new star();                    //调用默认构造函数
zhang.name = "张三丰";
zhang.age = 100;
Console.WriteLine(zhang.name + "的年龄是：" + zhang.age);
zhang.Introduce();
star zhu = new star("猪八戒", 1000);          //调用自定义的构造函数
zhu.Introduce();


star ne;                                     //不使用 new,直接手工赋初始值
ne.name = "哪吒";
ne.age = -1;
ne.Introduce();
```

上述代码中，首先定义了一个结构，该结构具有两个字段，一个方法和一个构造函数。在调用代码中，分别使用了无参构造函数、有参构造函数及不使用 new 实例化的 3 种方式获得结构的对象，并调用其 Introduce() 方法完成结果输出。

程序的执行结果如图 4-33 所示。

常用的结构有 DateTime、TimeSpan、Color 等。下面介绍前两个。

图 4-33　结构

4.18.1　DateTime

DateTime 用于表示时间和日期。可以使用该结构方便地取得各种日期和时间,其中使用频率最高的是 System. DateTime. Now。例如:

```
System. DateTime currentTime = new System. DateTime();
currentTime = System. DateTime. Now;        //取当前年月日时分秒
int iYear = currentTime. Year;              //取当前年
int iMonth = currentTime. Month;            //取当前月
int IDay = currentTime. Day;                //取当前日
int iHour = currentTime. Hour;              //取当前时
int iMinute = currentTime. Minute;          //取当前分
int iSecond = currentTime. Second;          //取当前秒
int iMilliSecond = currentTime. Millisecond; //取当前毫秒
```

其他的典型结构还有 Color、Point 等,详见 10.2 节。

💣 日期可以以多种格式输出,相关内容请参看 4.19 节。

💣 日期可以转换为其他格式,很多格式也可以转换为日期。例如,利用 DateTime 的 ParseExtract()方法可以将字符串转换为日期。

💣 为了安全,建议使用结构时,也使用 new 来实例化。当调用结构的公共字段时,其实不需要 new 也可以,但是其他情况会出现异常(如属性也会出错)。例如:

```
struct A
{
    public int X;
}
struct B
{
    public int X
    {
        get;
        set;
    }
}
```

调用代码如下:

```
static void Main(string[ ] args)
{
    A a;
    a. X = 100;
    /* 本段会出错,访问结构的非公共字段等成员时,必须采取 new 的方式来进行
    B b;
    b. X = 200;
    */
```

```
    //如下方式可行
    B b = new B();
    b.X = 200;
    Console.Read();
}
```

4.18.2 TimeSpan

TimeSpan 是经常与 DateTime 一起使用的结构,用于表达一个时间跨度,即时间间隔。用它可以实现程序运行计时、时间差、时间单位换算等功能。该结构的常用属性如下。

➤ Days。

➤ Hours。

➤ Milliseconds。

➤ Minutes。

➤ Seconds。

➤ Ticks。

其常用方法有 Add()和 Subtract()。TimeSpan 的示例如下:

```
DateTime dt1 = DateTime.Now;
int s = 0;
for (int i = 0; i < 50000000; i++)
{
    s += i;
}
DateTime dt2 = DateTime.Now;

TimeSpan ts = dt2 - dt1;                    //程序开始执行时的时间与执行完毕之后的时间差
Console.WriteLine("上述程序执行耗费{0}毫秒",ts.Milliseconds);

DateTime pingBirth = new DateTime(2012, 11, 23);  //构造一个指定的日期对象
TimeSpan ts1 = pingBirth - dt2;
Console.WriteLine("离生日还有{0}天",ts1.Days);
```

程序的执行结果如图 4-34 所示。

图 4-34 Timespan 演示

4.19 object 类

object 类是 System.Object 的别名,在 C#中,它是万类之根。所有的引用类型和值类型都直接或者间接地继承自 object。这就决定了 object 类型可以引用任何类型的对象,同样也可以引用任何类型的数组。

由于 object 类是所有类的基类,故 object 具有的成员,也是其子子孙孙都会具有的。如

果对 object 有足够的了解,将会很有益处。

object 的所有成员如图 4-35 所示。

```
namespace System
{
    ...public class Object
    {
        ...public Object();

        ...public virtual bool Equals(object obj);
        ...public static bool Equals(object objA, object objB);
        ...public virtual int GetHashCode();
        ...public Type GetType();
        ...protected object MemberwiseClone();
        ...public static bool ReferenceEquals(object objA, object objB);
        ...public virtual string ToString();
    }
}
```

图 4-35　object 的所有成员

这也意味着所有的类都将具有如下方法。各方法简析如下。

➢ Equals(ob):确定调用对象与 ob 引用的对象是否是同一个(不是判断相等),要想实现判断对象内容是否相等,需要自己重写该方法。

➢ Equals(ob1,ob2):确定 ob1,ob2 是否相同。

➢ GetHashCode():返回与调用对象相关的散列代码。

➢ GetType():在运行时获得对象的类型。

➢ MemberwiseClone():浅度复制。

➢ ReferenceEquals(ob1,ob2):确定 ob1、ob2 是否引用相同的对象。

➢ ToString():返回描述对象的字符串。

对 object 而言,其最易让人迷惑的地方就是"相等问题",其次使用较多的就是 GetType() 方法和 ToString()方法。下面分别介绍。

4.19.1　相等问题

为了弄清楚相等问题,首先需要介绍==的功能。

(1) 对值类型,==是指检测两个对象的内容是否一样(内容比较)。

(2) 对引用类型,==是检测引用是否相等(引用比较)。

💣 ==和!=不能用于 struct。

示例 1:==应用于类和简单值类型

首先介绍==作用于枚举类型和整型的情形。

```
//枚举定义
enum Direction
{
    UP,
    DOWN
}
//调用代码如下
Direction d1 = Direction.UP, d2 = Direction.UP;
```

```
int i = 100, j = 100;
if (d1 == d2)
    Console.WriteLine("d1 == d2");          //输出该分支
else
    Console.WriteLine("d1!= d2");

if (i == j)
    Console.WriteLine("i == j");            //输出该分支
else
    Console.WriteLine("i!= j");
```

由此例可见，==作用于值类型时，比较的是内容是否相等。

下面介绍==作用于类时的情形。

```
//类定义
class Star
{
    public string Name;
}
//调用代码
Star s1 = new Star();
s1.Name = "张三";
Star s2 = new Star();
s2.Name = "张三";
Star s = s1;
if (s1 == s2)
    Console.WriteLine("s1 == s2");
else
    Console.WriteLine("s1!= s2");           //输出该分支

if (s1 == s)
    Console.WriteLine("s1 == s");           //输出该分支
else
    Console.WriteLine("s1!= s");
```

从此例可以看出，==作用于引用类型时，实现的是引用比较。

其次介绍如下几种方法。

➢ ReferenceEquals()：该方法最简单，属引用比较，即两个引用所指向的对象(不是值)是否相同，故该方法若用于两个值类型的比较，永远返回 false。

➢ 静态 Equals()：该方法涵盖两步比较检测。首先比较两个对象是否相等，若不等则调用对象的实例方法 Equals()来比较两个对象是否相等，如 object.Equals();。

➢ 实例方法 Equals()：为虚方法，默认进行引用比较。当引用比较不合乎自己的要求时，则重新改造方法实现自定义的恒等比较(==)。

由于 System.ValueType 是值类型的基类，故它重写了 Equals()方法，实现了内容比较。这也就是说，实例方法 Equals()对于引用类型是比较引用是否相等，对于值类型是比较对象内容是否相等。

示例 2：ReferenceEquals()

本示例比较 ReferenceEquals()作用于引用类型和值类型时的效果。

```
//类 Star 和枚举 Direction 定义如上
struct  Person
{
    public string Name;
}
//演示代码
Star s1 = new Star();
s1.Name = "张三";
Star s2 = new Star();
s2.Name = "张三";
Star s = s1;

Person p1 = new Person();
p1.Name = "李四";
Person p2 = new Person();
p2.Name = "李四";
Person p = p1;

Direction d1 = Direction.UP;
Direction d2 = Direction.UP;
int i = 100, j = 100;

Console.WriteLine(object.ReferenceEquals(s1, s2));
Console.WriteLine(object.ReferenceEquals(s1, s));   //仅该分支输出 true,其他均输出 false

Console.WriteLine(object.ReferenceEquals(p1, p2));
Console.WriteLine(object.ReferenceEquals(p1, p));

Console.WriteLine(object.ReferenceEquals(i, i));
Console.WriteLine(object.ReferenceEquals(i, j));

Console.WriteLine(object.ReferenceEquals(d1, d1));
Console.WriteLine(object.ReferenceEquals(d2, d2));
```

从该例可见,ReferenceEquals()方法若用于两个值类型的比较,永远返回 false；用于引用类型比较时,仅是相同引用(即同一个对象)时才返回 true。

下面再看 Equals()方法。

```
Console.WriteLine(s1.Equals(s2));           //fasle,其他均为 true
Console.WriteLine(s1.Equals(s));

Console.WriteLine(p1.Equals(p2));
Console.WriteLine(p1.Equals(p));

Console.WriteLine(i.Equals(j));
Console.WriteLine(d1.Equals(d2));
```

从该例输出可见,对于引用类型,Equals()方法比较的是否是同一个引用,而对于值类型,则比较的是内容是否相同。

思考：倘若上例中,使用 object 的静态 Equals()方法来比较,输出结果将会如何？

静态 Equals()方法的原型为：

面向对象基础

```
public static bool Equals(object objA, object objB)
{
    return ((objA == objB) || (((objA != null) && (objB != null)) && objA.Equals(objB)));
}
```

💣 string 比较特殊，关于 string 的比较请参看其他材料深入学习。

4.19.2   GetType()

GetType()方法用于获取对象的类型,该方法的返回值为 Type,且该方法返回的是对象的真实类型,而非声明类型。它们在反射技术中起着举足轻重的作用。此外,与此相关的方法还有 GetTypeCode()方法,不过由于 GetTypeCode()并不来自于 object,所以并不是所有类都拥有该方法,例如对于自定义的类和结构便不具有该方法。看下面的示例:

```
//如下代码中 Star、Person 及 Direction 的定义见 4.19.1 节
//本示例所在的命名空间为 TypeTest
static void Main(string[] args)
{
    int i = 0;
    Console.WriteLine(i.GetType());
    Console.WriteLine(i.GetTypeCode());

    string s = "C#";
    Console.WriteLine(s.GetType());
    Console.WriteLine(s.GetTypeCode());

    Star s1 = new Star();
    Console.WriteLine(s1.GetType());
    //Console.WriteLine(s1.GetTypeCode());        //不具有该方法

    Person p1 = new Person();
    Console.WriteLine(p1.GetType());
    //Console.WriteLine(p1.GetTypeCode());        //不具有该方法

    Direction d1 = Direction.UP;
    Console.WriteLine(d1.GetType());
    Console.WriteLine(d1.GetTypeCode());
}
```

程序的执行结果如图 4-36 所示。

图 4-36   GetType()方法

从程序输出可以看到：枚举类型的本质就是整型(广义上的整型,例如包括 byte)。

🕐 思考：对上面的例子稍微深入一点,请思考如下代码的输出。代码如下：

```
//Star 的定义同上
class PopStar:Star
{
}
//调用演示代码如下:
PopStar pop = new PopStar();
Console.WriteLine(pop.GetType());
Star s2 = pop;
Console.WriteLine(s2.GetType());
```

对照该代码来体会"GetType()方法返回的是对象的真实类型,而非声明类型"的含义。

此外,在 C♯ 中,还有两个相关的关键词：typeof 和 sizeof。typeof 将根据提供的参数(参数必须是一个类型)得到一个 Type 对象,例如 Array.CreateInstance()方法就会采用 typeof 来指定要创建一个什么类型的数组对象；而 sizeof 则返回某种值类型的大小,不能用于引用类型,也不能用于所有值类型,如不能用于 struct。例如：

```
Console.WriteLine(typeof(int));              //System.Int32
Console.WriteLine(typeof(PopStar));
Console.WriteLine(typeof(Direction));
Console.WriteLine(sizeof(int));              //4
Console.WriteLine(sizeof(Int16));            //2
Console.WriteLine(sizeof(Direction));        //4
//Console.WriteLine(sizeof(string));         //错误
//Console.WriteLine(sizeof(Star));           //错误
//Console.WriteLine(sizeof(Person));         //错误
```

4.19.3 ToString()

ToString()方法是一种虚方法,也就意味着在类中可以对其重写,以实现自己的逻辑。看如下重写该方法的代码：

```
class Star
{
    public override string ToString()
    {
        //return base.ToString();
        return "我是明星类";
    }
}
class Program
{
    static void Main(string[] args)
    {
        Star star = new Star();
        Console.WriteLine(star.ToString());
```

```
            Console.Read();
        }
    }
```

此外,ToString()方法在某些场合下还具有其他一些功能,例如可以附带一些格式字符串以完成格式化输出的功能。例如,通过给 ToString()传入格式字符串参数 X,可以实现将整数值以十六进制输出:

```
class Program
{
    static int a = 185;
    static void Main(string[] args)
    {
        Console.WriteLine("a(10) = " + a.ToString());
        Console.WriteLine("a(16) = " + a.ToString("x"));
        Console.WriteLine("a(16) = " + a.ToString("X"));
        Console.Read();
    }
}
```

对于 DateTime 类型数据,也可以给 ToString()附带一些参数以完成时间的格式化输出。例如:

```
Console.WriteLine(DateTime.Now.ToString("yyyy 年 MM 月 dd 日 HH:mm 分"));
Console.WriteLine(DateTime.Now.ToString("yyyy - MM - dd HH:mm:ss"));
```

●※更多日期格式化字符见表 6-3 简单的日期格式符和表 6-4 自定义的日期格式符。

示例:日期格式符的使用

```
using System.Globalization;
class Program
{
    static void Main(string[] args)
    {
        DateTime dt = DateTime.Now;
        string[] format = {"d","D","f","F","g","G","m","r","s","t", "T","u", "U","y",
"dddd, MMMM dd yyyy","ddd, MMM d \"'\"yy","dddd, MMMM dd","M/yy","dd - MM - yy",};
        string sDate;
        Console.WriteLine("当前时间:" + dt.ToString() + "在各种格式符下的输出:");
        for (int i = 0; i < format.Length; i++)
        {
            sDate = dt.ToString(format[i], DateTimeFormatInfo.InvariantInfo);
            Console.WriteLine(string.Concat(format[i], " 格式符的输出:", sDate));
        }
    }
}
```

注意:具体输出形式取决于用户计算机的设置(参照控制面板中相关设置)。在笔者计算机上的输出如图 4-37 所示。

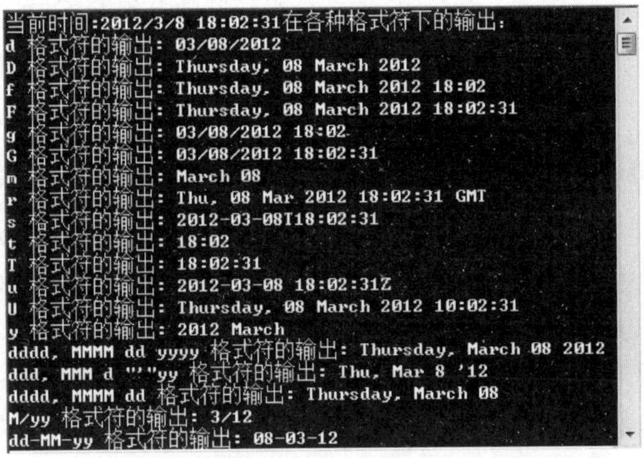

图 4-37　DateTime 在不同格式符下的输出

对于枚举类型,也可以借助 ToString()输出。例如:

```
enum Season
{
    Spring,
    Summer,
    Autumn,
    Winter
}
class Program
{
    static void Main(string[] args)
    {
        Season season = Season.Autumn;
        Console.WriteLine(season.ToString());
        Console.WriteLine(season.ToString("D"));
        Console.WriteLine(season.ToString("G"));
    }
}
```

⏱ 思考:上述格式化输出的功能,除了 ToString()方法外,还有 String.Format()方法也可以完成诸多类似功能,请自行尝试学习并使用 String.Format()。

在图 4-35 中,还可以看到 object 有个成员方法:MemberwiseClone()。与之相关的一个典型问题是深度复制与浅度复制,对此感兴趣的读者请自行查阅相关资料。

4.20　问　与　答

4.20.1　什么是命名空间

✌ 写代码时,把不同逻辑功能的类(或者以自定义的其他某种划分标准)分散到不同的 namespace 中,此时所看到的 namespace 就是命名空间。所谓命名空间,通俗地说就是程序集内对类依照某个规则所进行的一个分组。当然该规则是否合理则是另一回事了。放到一

111

第4章

面向对象基础

个 namespace 中的代码构成了一个分组,这个分组和其他分组互不干扰,比如每个分组都可以有一个类叫 MyClass,它们是不冲突的。若在同一个分组(即同一命名空间)自然是不允许该情况存在的。

4.20.2 readonly 与 const 究竟有何区别

✌ 其本质不同在于编译时机不同,const 修饰的常量称为编译时常量,而 readonly 修饰的常量称为运行时常量。关于它们的详细比较,读者可以参阅其他书籍或者资料。此处仅通过一个例子来突出其本质的不同之处。

在进行数学运算时有可能使用到常量圆周率 Pi。请依照下面的步骤来操作。

(1) 新建类库项目 ConstPart1。代码如下:

```
namespace ConstPart1
{
    public class Class1
    {
        public const float pi = 3.14f;
        public void ShowPi()
        {
            Console.WriteLine(pi);
        }
    }
}
```

编译如上工程生成 ConstPart1.dll 文件。

(2) 新建控制台项目 ConstPart2,并引用如上生成的 ConstPart1.dll。代码如下:

```
using ConstPart1;
namespace ConstrPart2
{
    class Program
    {
        static void Main(string[] args)
        {
            Console.WriteLine(Class1.pi);
            Class1 cls1 = new Class1();
            cls1.ShowPi();
            Console.ReadLine();
        }
    }
}
```

编译该程序得到 ConstPart2.exe,运行之可以发现输出两个 3.14。

但是,如果觉得 Pi=3.14 精度不够,怎么办? 自然应该修改 Pi 值。例如回到项目 1,修改 Pi=3.1416f,然后编译得到 ConstPart1.dll 文件,该文件就是早期 ConstPart1.dll 的升级版,把它复制过去替换早期的,然后直接运行 ConstPart2.exe(注意是直接运行早期生成好的 ConstPart2.exe,而不是在 VS 开发环境下单击 Run 按钮),会发现输出如下:

```
3.14
3.1416
```

输出结果不再是两个 3.14。错误原因在于,对于 const 常量,会在编译阶段用其真值编译。也就是 Console. WriteLine(Class1. pi);这句中将会按照 Console. WriteLine(3. 14);编译,所以当把 ConstPart1. dll 升级后,由于 ConstPart2. exe 没有升级,故第一行仍然输出3.14;而 cls1. ShowPi();执行时使用的才是 ConstPart1. dll 中的新版 Pi 值。

4.20.3 什么是分部类

✌ 在开发过程中,可能存在以下几种情况:一个类太大,这个类的所有代码都放到一个文件中不便于管理,或者一个功能较多的类,其多个成员可以分为若干个类别,这个时候不同类别的功能可以交由不同的程序员来编写。这个时候,倘若能对这个类的功能按照逻辑分组,每个文件放一部分联系较为紧密的一组功能,当开发完毕时,编译器又能自动将这些本应属于一个类的代码给组合起来一起编译。实现此功能即可使用分部类,使用分部类需要满足两个条件:被分割后各个部分类名相同且使用 partial 修饰;这些类应该具有相同的命名空间。例如:

```
//分部类的第一部分:命名空间相同,类名相同,partial 修饰
namespace PartialClassTest
{
    public partial   class A
    {
        public void PrintA()
        {
            Console.WriteLine("A");
        }
    }
}
//分部类的第二部分:命名空间相同,类名相同,partial 修饰
namespace PartialClassTest
{
    public partial class A
    {
        public void PrintB()
        {
            Console.WriteLine("B");
        }
    }
}
//调用代码
static void Main(string[ ] args)
{
    A a = new A();
    a.PrintA();
    a.PrintB();
}
```

另外,该做法不仅对类适用,对结构、接口等同样适用。

面向对象基础

4.20.4 密封类的扩展——扩展方法

✌前面的章节讲过,密封类是不可继承的,但并不代表它不能被扩展。使用扩展方法可以将密封类的功能进行扩展。扩展的方法很简单:假如希望扩展类 A,则首先完成一个方法,该方法的第一个参数的类型为 A,且使用 this 修饰,另外该方法要放到静态类中。例如:

```csharp
//静态类,里面放的就是扩展方法
static class ExtendMtd
{
    //该方法把数字和字母的长度当1,其他字符的长度当2
    //本扩展方法没别的用途,仅供演示
    public static int GetLen(this string s)
    {
        char[] cs = s.ToCharArray();
        int i = 0;
        foreach (char c in cs)
        {
            if (char.IsLetterOrDigit(c))
                i = i + 1;
            else
                i = i + 2;
        }
        return i;
    }
}
//调用代码
static void Main(string[] args)
{
    string s = "我也可以说 No!";
    Console.WriteLine(s.Length);
    Console.WriteLine(s.GetLen());
    Console.ReadLine();
}
```

程序的执行效果如图 4-38 所示。

💣自从扩展方法面世后,会发现很多类所拥有的方法一下子多起来了。最典型的例子就是后文即将介绍的数组和集合等,如图 4-39 所示。

图 4-38　扩展方法　　　　　　　　图 4-39　泛型 List < T <的扩展方法

4.20.5 is 和 as——兼谈如何让 singer 不要调用基类方法

✌ 在 4.15 节图 4-30 对应的示例中,明明实例化的是 singer 实例,却调用了基类的方法,除了使用多态特性,该如何使之能够调用期望它调用的那个方法? 在 2.7 节中讲过转换的问题,其实这里也可以借助转换来实现期望的功能,不过对于类的对象的转换,常用到两个关键字: is 和 as。先来看 is 和 as 的含义。

(1) is 用来检验对象是否与类型兼容,即对象与类型是否存在 is-a 的关系。例如:

```csharp
string s = null;
if (s is object)
    Console.WriteLine("s is object");
else
    Console.WriteLine("s isn't object");          //显示此分支

s = "";
if (s is object)
    Console.WriteLine("s is object");             //显示此分支
else
    Console.WriteLine("s isn't object");
```

通过上面这个小示例的第一次输出,也可以加深对对象的认识。即一个引用如果为 null,即表明它没有指向任何对象,那也就自然不是 object。只有像上述这种赋值过、或者实例化(new)过之后,才会有对象,此时才会属于 object。

(2) as 用于执行引用转换和装箱转换,它和强制转换的不同在于它不会报异常,转换失败时返回 null。即有下述结论:

```csharp
x as type;        //等价于  x is type?(type)x:null;
```

基于以上理解,现在来改写 4.15 节中图 4-30 所对应的示例的调用代码。

```csharp
static void Main(string[] args)
{
    star s = new star();
    s.Introduce();
    singer sr = new singer();
    s = sr;
    if (s is singer)
        (s as singer).Introduce();    //as 实现转换
    else
        s.Introduce();

    s = new filmStar();
    if (s is filmStar)
    {
        filmStar fs = (filmStar)s;    //强制转换
        fs.Introduce();
    }
    else
```

```
        s.Introduce();
    Console.ReadLine();
}
```

程序的执行结果如图 4-40 所示。

图 4-40　as 与 is

💣类型转换是个很常见的操作，而且也极其容易出错。一般而言，把子类引用对象转换为基类不需要显式转换，而且也安全；但是把基类引用对象转换为子类对象时，则需要使用 is 进行判断，合适的情况下再转换，否则容易引发异常。例如：

```
star a = new singer();
singer s = (singer)a;
// filmStar f = (filmStar)a;       //出错,应该像下面那样先做判断再决定是否转换
if (a is filmStar)
    filmStar f = (filmStar)a;
else
    Console.WriteLine("a 无法转换为 filmStar");
```

4.20.6　重写与重载

✌其实这两个术语含义相差很大，不需要辨析。

1. 重写

重写（override）是基于父子关系的类之间的一种操作。当父类的虚方法不被子类认可而需要对其进行改造时，在子类中就需要对该方法进行重写。然而重写是有前提的：除了方法体给子类随意发挥，方法名、方法的参数的类型、方法的参数个数等都要遵从父类虚方法的约定，即子类的方法签名必须与父类相同。例如：

```
//父类中的方法
public virtual string JoinIt(string a,string b)
{
    return a + "和" + b;
}
//子类中的方法
public virtual string JoinIt(string a,string b)
{
    return a + "与" + b;
}
//在子类重写 JoinIt 时,如下这一句是不能自由发挥的:不能增加或减少参数,也不能改方法名
//string JoinIt(string a,string b)
```

经过重写后，以后在使用子类的时候，只能见到子类的那个方法，而被它重写掉的那个父类方法则不可见。另外需要注意：不能重写非虚方法或静态方法。只有在基类中以 virtual、abstract 或 override 修饰的方法，在子类中才能用 override 对其重写。

2. 重载

重载（overload）则是基于一个类内部的操作。若一个类需要完成多个类似的事情，则有可能使用重载。典型的如 Console.Write()方法就具有很多重载。重载也需要以下前提

条件。

> 首先需要方法名相同。
> 除方法名之外的其他方法签名指标不能完全相同。
> 由于返回值不属于方法签名的内容,故不能通过返回值的不同来实现重载。例如:

```
class A
{
    public int methodA( int i ) {return i * 2;}          //原方法,如下两个重载
    public int methodA{int i, int j} {return (i j) * 2;}  //正确
    public int methodA( int j ) {return j * 2;}          //错误
    public float methodA( int j ) {return j * 2;}        //错误
}
```

4.20.7 抽象方法和虚方法

✌ 先看两个方法的一些特征。

1. 抽象方法

> 使用 abstract 关键字修饰,其格式为:public abstract void Do(…)。
> 抽象方法只有声明没有实现,需要在子类中实现,即抽象方法必须被派生类 override。
> 如果类中包含抽象方法,那么该类就必须定义为抽象类,不论是否还包含其他一般方法。
> 抽象类无法实例化,只能被继承。

2. 虚方法

> 使用 virtual 关键字修饰,其格式为:public virtual bool void Do(…){…}。
> 虚拟方法有声明和实现,即有实现体,并且可以在子类中覆盖,也可以不覆盖而使用父类的默认实现。
> 调用虚方法,运行时将确定调用对象是什么类的实例,并调用适当的覆写方法版本。这里的特性就是多态。

关于抽象方法和虚方法的示例如下:

```
//这是抽象类,其中包含一个抽象方法和一个虚方法
public abstract class Abs
{
    public abstract void M();
    public virtual void N()
    {
        Console.WriteLine("这是虚方法,在子类中不 override 是可以的,override 掉亦可");
    }
}
//此类继承上述抽象类
class Test : Abs
{
    //这个方法不能少,抽象方法非得实现
```

```
    public void M()
    {
        Console.WriteLine("M()");
    }
    //因为方法 N()是虚方法,故下面这个方法可要可不要
    public override void N()
    {
        Console.WriteLine("方法 N()被子类修改了..");
    }
}
//调用
Test test = new Test();
test.M();              //输出 M()

//当 Test 类中包含 public override void N()时输出为:方法 N()被子类修改了
//当 Test 类中不包含 public override void N()时输出为:这是个虚方法,在子类中不 override 是
可以的,当然 override 掉亦可
test.N();
```

另外,虚函数具有以下限制。

➢ 虚函数仅适用于有继承关系的类对象,故只有类的成员函数才能声明为虚函数。

➢ 静态成员函数不能是虚函数。

➢ 构造函数不能是虚函数。

➢ 析构函数可以是虚函数。

4.20.8　接口、抽象类、类与结构

刚学面向对象时,难免被各种各样的概念术语给弄得晕头转向。先来解释接口、类和抽象类这三个基础而又重要的概念。为了好比较,下面两两配对比较。

1. 接口与类

通俗地说,接口类似做指示的高层领导,而类自然是一线干事的小人物。为什么这么说呢?因为接口从来不做具体的实现,只有指导性的东西(例如方法的声明等,即定义出基本的功能框架)。

而类一旦接受某个接口的领导(即实现某个接口),那么就得遵循指导性方案,把领导说过的事情一件件办妥(即实现接口中的方法、属性、索引等,因为接口中只有大概声明,没有具体实现,等着小人物来实现)。例如:

```
public interface ITest
{
    void M();
    string N(string strPara);
}
class Test:ITest
{
    public string N(string strPara)
    {
        return  strPara;          //完全实现接口
```

```
    }
    public void M()
    {
        //实现接口,但并未真正写方法体
    }
}
```

综上所述,接口定义功能而不管实现,类来实现具体功能。

另外注意:类可以实现多个接口,但却只能继承一个父类。

2. 类与抽象类

抽象类是类,可以包含具体的功能实现代码(与接口不一样,接口绝对不可能包含实现代码)。然而它被称为抽象类,总有它与众不同的地方。

首先,它以 abstract 修饰。

其次,抽象类是不可被实例化的,只能供其他类继承。

再次,含有抽象方法的类一定要声明为抽象类;但反过来不成立:即抽象类可以不包含抽象方法。

还有,抽象类如果含有抽象方法,则当其他类继承于该类时,有两种情况。例如:

```
public abstract class Abs
{
    public abstract void M();
}
//方式一:抽象类继承抽象类时,可以不用 override 父类中的抽象方法
public abstract class A : Abs
{ }
//方式二:非抽象类继承抽象类时,一定要用 override 父类中的抽象方法
public   class B : Abs
{
    public void M(){}
}
```

最后,抽象类虽无法实例化,但其中可含非抽象的方法,其子类可以通过继承从而直接利用这些非抽象的方法。例如:

```
//不合法,包含抽象方法的类一定要声明为抽象类
public   class A
{
    public abstract void abc() { }
}
//抽象类 B,并无抽象方法
public abstract class B
{
    public void abc() { Console.Write(" 抽象类中的非抽象方法"); }
}
//类 C,继承 B
public class C : B
{ }
//调用
```

```
//B b = new B();          //不通过
C c = new C();            //可以
c.abc();
```

3. 接口与抽象类

可以这么理解，抽象类介于类与接口之间。接口只定义功能，而无任何实现；普通类则完全是具体功能的实现；抽象类既有定义功能（如抽象方法），也有功能具体实现的部分（如抽象类中的普通方法）。

最后对抽象类和接口总结如下。

抽象类不能被实例化。抽象类可以包含抽象属性和抽象方法，也可以不包含。但若一旦包含了抽象方法，则一定要将此类声明为抽象类。抽象方法只作声明，而不包含实现。抽象类继承抽象类时，可以不必 override 父类的抽象方法，当然也可以覆盖。非抽象类继承抽象类时，一定要 override 父类的抽象方法。

接口只能包含方法、属性等声明，一定不包含具体实现代码。接口中的所有成员默认为public，因此接口中不能有 private 修饰符。接口不能被实例化。接口中不能包含常量、字段（域）、静态成员、构造函数、析构函数。接口的成员包括方法、属性、索引器、事件。派生类必须实现接口的所有成员。一个类可以直接实现多个接口，接口之间用逗号隔开。一个类若既继承了类，又实现了接口，则要把类排在接口之前。一个接口若继承多个父接口，实现该接口的类必须实现所有父接口中的所有成员。

4. 类与结构

结构属于值类型，保存于栈；而类属于引用类型，保存于堆。结构可用于存储多种类型的数据，比类的操作效率要快。

4.20.9 接口中有重名的方法该如何办

这里以两个接口中存在同名的方法为例来说明这个问题。代码如下：

```
//两个接口,其中有方法重名,均为 M()
public interface I1
{
    void M();
}
public interface I2
{
    void M();
}
```

如果按照常规方式写，自然会出错，正确的解决方式是加入接口名限定。代码如下：

```
class Test : I1, I2
{
    //注意：方法前不能加 public 修饰,否则会出问题,private 也不能加
    void I1.M()
    {
        Console.WriteLine("I1.M()");
    }
```

```
        void I2.M()
        {
            Console.WriteLine("I2.M()");
        }
    }
```

在调用的时候,需要注意实例化的方式。代码如下:

```
static void Main(string[] args)
{
    Test test = new Test();
    I1 i1 = new Test();          //注意此处的实例化方式
    I2 i2 = new Test();          //注意此处的实例化方式
    i1.M();
    i2.M();
    Console.ReadLine();
}
```

除了接口问题,抽象方法也可能出现该问题,下面直接给出完整代码。

```
public interface I1      {           void M();      }
public interface I2      {           void M();      }
public abstract class Abs { public abstract void M();}

//注意,当类同时继承类和实现接口时,必须把类放到前面
class Test : Abs, I1, I2
{
    void I1.M()  {    Console.WriteLine("I1.M()");  }
    void I2.M()  {    Console.WriteLine("I2.M()");  }
    public override void M()  {   Console.WriteLine("Abs.M()");  }
}
class Program
{
    static void Main(string[] args)
    {
        Test test = new Test();
        I1 i1 = new Test();
        I2 i2 = new Test();
        test.M();
        i1.M();
        i2.M();
        Console.ReadLine();
    }
}
```

4.20.10 base 与 this

☞前文已经讲了 base 和 this 的使用场合。此处仅对其使用进行较为全面的总结。base 指代一个对象的基类,而 this 是一个特殊的引用,它指向的是"自己",也就是当前对象自己。

base 的作用如下。

➢ 点取父类中被子类隐藏了的成员变量。

➢ 点取被子类覆盖了的方法。

➢ 作为方法名表示父类的构造函数。

this 的作用如下。

➢ 点取成员。

➢ 区分同名变量。

➢ 将当前对象(自己)作为参数,传递给其他对象的方法。

➢ 作为方法名表示构造方法。

4.20.11　什么是运算符重载

✌ 运算符重载,又称操作符重载。通俗地说,运算符重载就是给常规的操作符实现不常规的运算意义。例如可以通过运算符重载,使得＋不再表达平时人们认可的数值加法意义。所以通过运算符重载,程序员可以灵活地控制运算符作用于自己开发的类实例身上时,会有何反应。

运算符重载使用关键字 operator,而其返回值的类型一般都设置为实现重载运算符的类的类型,即哪个类实现重载运算符,那么返回值就为哪个类型。它有一元运算符、二元运算符两种形式,两种形式的定义形式分别如下:

```
public static 返回值类型 operator 操作符(类型参数)
{
    //
}
public static 返回值类型 operator 操作符(类型参数 1, 类型参数 2)
{
    //
}
```

运算符的操作数类型,即上述参数的类型,需要满足以下条件。

➢ 对于一元运算符,参数必须与定义运算符的类类型相同。

➢ 对于二元运算符,必须至少有一个操作数与该类的类型相同。

💣 运算符重载通常只定义为 public,且是 static 的。

💣 不能对运算符参数使用 ref 和 out 修饰。

💣 运算符被重载后,在原来情景中的意义维持不变,但在实现操作符重载的类中则被赋予了新意义,例如＋被 A 类重载后,＋在数值上仍然维持数值求和的意义,但在两个 A 类对象间的意义依然遵从重载时的意义。

💣 除了类,结构(struct)也可以支持运算符重载。

先看二元运算符的重载。下面以二维平面坐标系中的点为例,来说明典型的二元运算符＋、－的重载,且先定义类 Point2D。

```
class Point2D
{
```

```
    int x, y;              //二维点的横纵坐标
    public Point2D()
    {
        x = 0;
        y = 0;
    }
    public Point2D(int i, int j)
    {
        x = i;
        y = j;
    }
    public void Show()
    {
        Console.WriteLine("点坐标是({0},{1})",x,y );
    }
}
```

下面对其实现＋、－运算符的重载。假如有 Point2D 类型的两个实例 p1、p2,并且希望＋和－作用于 Point2D 类型时,分别能够实现 p1 和 p2 的两个横纵坐标的算术加、减运算。即希望执行 p1＋p2 后得到一个新的 Point2D 类型,该结果的横纵坐标分别为 p1、p2 的横纵坐标之和。在上面的类中输入如下两段代码:

```
// 重载 +
public static Point2D operator + (Point2D op1, Point2D op2)
{
    Point2D result = new Point2D();
    result.x = op1.x + op2.x;
    result.y = op1.y + op2.y;
    return result;
}
// 重载 -
public static Point2D operator - (Point2D op1, Point2D op2)
{
    Point2D result = new Point2D();
    result.x = op1.x - op2.x;
    result.y = op1.y - op2.y;
    return result;
}
```

至此运算符重载完毕,现在可以执行 p1＋p2 或者 p1－p2 等操作了,但是此时＋、－明显不同于平常意义的算术加法、算术减法,这就是运算符重载的作用。

演示代码如下:

```
Point2D p1 = new Point2D(100,200);
Point2D p2 = new Point2D(10, 20);
Point2D pResult = new Point2D();
p1.Show();
p2.Show();

pResult = p1 + p2;
```

面向对象基础

```
Console.Write("p1 + p2 的结果是: ");
pResult.Show();
pResult = pResult － p2;
Console.Write("pResult － p2 的结果是: ");
pResult.Show();
//虽然重载了 + － 运算符,不过对非 Point2D 数据不影响的。
int i = 100, j = 200;
int k = i + j;
Console.WriteLine(k);
k = i － j;
Console.WriteLine(k);
```

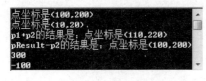

图 4-41 二元运算符重载

程序的执行结果如图 4-41 所示。

从执行结果可以看到:＋、－运算符被重载后,的确是按照我们的意愿去工作的。＋、－运算符虽然被重载了,但将它们用于非 Point2D 类型数据时,不再受该重载影响。

🕐 思考:上面实现了两个 Point2D 类型操作数的＋、－运算。假如现在希望实现 Point2D 类型的操作数与数值常数的运算,又该如何做?例如实现 p1+10,其结果是 p1 的横纵坐标都加 10。倘若读者能够实现该功能,那么看看程序能否实现 10+p1 运算,为什么?

🕐 思考:p1+=p2;执行完毕后,结果如何?

✍ 课堂练习:请在上面例子的基础上,改写为对结构(struct)实现运算符重载。

🕐 思考:假如现在要求你违背大众的感官习惯,将＋重载为实现两个操作数横纵坐标的算术差、而将－重载为实现两个操作数的横纵坐标算术和,该如何实现? 且通过该实现体会:通过运算符重载,可以让运算符按照自己的意愿去工作。不过一般不建议做这样的重载操作。就像 Ctrl＋C 代表复制已被大家所公认,就不要在程序中赋予 Ctrl＋C 其他功能。

💣 其实在 C♯ 中,除了＋、－可以重载,多种算术运算符、关系运算符、位运算操作符、自增、自减等都可以被重载。

下面来看一元运算符重载。典型的一元运算符有自增、自减、取反和取负等。下面对上文的例子实现自增和取负运算。输入如下两段代码:

```
//重载 +
public static Point2D operator ++(Point2D op)
{
    Point2D result = new Point2D();
    result.x = op.x + 1;
    result.y = op.y + 1;
    return result;
}
//重载取负,非减法
public static Point2D operator － (Point2D op)
{
    Point2D result = new Point2D();
    result.x = － op.x;
```

```
        result.y = - op.y;
        return result;
}
```

演示调用代码如下：

```
Point2D p1 = new Point2D(100, 200);
Console.Write("p1");
p1.Show();

Point2D p = p1++;
Console.Write("p");
p.Show();
Console.Write("p1");
p1.Show();

p = ++p1;
Console.Write("p");
p.Show();
Console.Write("p1");
p1.Show();

p = p - p1;          // 二元 -
Console.Write("p");
p.Show();

p = - p1;            //一元 -,取负
Console.Write("p");
p.Show();
```

程序的执行结果如图 4-42 所示。

从执行结果可以看出：

图 4-42　一元运算符重载

➢ 二元-运算符和一元-运算符都可以正常工作,虽然这两
个运算符"长相"一样,但究竟执行哪个运算符,由具体情
况而定。

➢ ++运算符虽然分前缀自增和后缀自增,但实现时只需要
实现++即可。究竟实现前缀自增还是后缀自增,由具体情况而定。

➢ 从上面前缀自增和后缀自增的输出结果再次可见,后缀自增先取值参与运算,然
后才实现自身的递增;而前缀自增则先实现自身的递增,然后再参与运算。这就
是为什么上述第一次输出 p 时为(100,200),而第二次输出时却为(102,202)的
原因。

💣 由于某些运算的对称性,例如==和!=、>和<、>=和<=等,这些都需要两两成对实
现重载才行,即不能选择性地实现其中一个。

💣 并非任何运算都可以重载,如赋值运算符不可重载。除赋值运算符外,还有许多运
算符不能重载。

第4章

面向对象基础

4.20.12 如何给自定义的结构定义相等逻辑

✌ 在 C#中,虽然结构是值类型,但对结构的比较是按照类的比较规则实现的,即比较其引用,亦即判断在内存中是否指向同一个实例。而更多的情况下,可能希望按照值类型的规则来比较它,即比较内容。

一般而言,要实现自定义的比较,应该完成如下几步。

➤ 实现 IEquatable<T>接口中的 Equals()方法。

➤ 重写 object. Equals()方法。

➤ 重写 object. GetHashCode(),否则可能导致被判断为相等却具有不同的 Has 码;

➤ 重载==和!=两个运算符(需要成对实现)。

✍ 课堂练习:请针对上面的示例实现==和!=、>和<,>=和<=等的重载。

4.21 思考与练习

(1) 请写出下面程序的输出。

```
class A
{
    public static int i = 0;
    public A()
    {
        i++;
    }
    static A()
    {
        i++;
    }
}
class Program
{
    static void Main(string[] args)
    {
        A a = new A();
        A b = new A();
        Console.WriteLine(A.i);        //请问此处输出多少
    }
}
```

(2) 请写出下面程序的输出。

```
class star
{
    public static int age = 30;
    public star()
    {

    }
    public star(int iAge)
```

```
    {
        age = iAge;
    }
    public void PrintInfo()
    {
        Console.WriteLine("年龄是:" + age);
    }
}
//调用代码
static void Main(string[] args)
{
    star a = new star(50);
    a.PrintInfo();
    star b = new star();
    b.PrintInfo();
}
```

（3）请使用面向对象的知识，重新完成3.5节的父子年龄问题。该类有两个属性，分别代表父子年龄差值和当前父亲年龄是儿子年龄的倍数；一个构造函数，要求父子年龄通过构造函数传入；一个公共方法，该方法返回值即父亲年龄变为儿子年龄2倍所需经过的年数。

（4）请思考引用类型和值类型的区别，并设计一个例子来说明使用这两种数据类型作为参数时的区别以及在赋值过程中究竟发生了些什么（例如可以设计一个结构和类，两者的成员完全相同，然后分别完成两个结构的互相赋值和两个类对象的赋值，通过改变其成员的值来比较其不同之处并体会其不同）。

（5）请比较虚方法与抽象方法的异同。

（6）建立3个类：居民、成人、大学生。其中居民包含身份证号、姓名、出生日期。而成人继承自居民，多了学历、职业两项数据；大学生则继承自成人，多了毕业院校、毕业时间两项数据。要求每个类中都提供数据输入输出的功能。

（7）编写一个类，其中包含一个排序的方法Sort()。如果传入的是一串整数，就按照从小到大的顺序输出；如果传入的是一个字符串，就将字符串反序输出。

（8）设计一个类，要求使用事件机制每5分钟报告一次机器的当前时间。

4.22 实 战 任 务

（1）实现一个简单的数学运算类。要求如下。

➢ 定义一个类SimpleMath。

➢ 为类编写静态方法，分别完成加、减、乘、除、开平方、幂运算。

➢ 定义3个字段，分别代表两个操作数和一个操作符。

➢ 定义几个普通方法，来完成加、减、乘、除等运算。

➢ 需要的情况下可以自行选择构造函数或者重载。

（2）实现一个矩形类，并创建其实例并使用。要求如下。

➢ 编写一个矩形类rectangle。

➢ 字段成员为length，width，且可供实例访问。

面向对象基础

➤ 3 个构造函数,其中第一个无参构造函数将长宽字段成员赋 0,第二个有参构造函数根据用户实例化传入的参数给长宽赋值;第三个构造函数传入面积值。

➤ 3 个方法,分别为 A 判断该矩形是否为正方形;B 计算周长;C 计算面积。

➤ 用户采用第三个构造函数时,根据传入的面积参数,分解出一组长宽最接近的值。

➤ 假设上述值都为整数。

(3) 实现一个简单的面积计算类。要求如下。

➤ 基类至少声明一个抽象方法 AreaCal()。

➤ 派生类通过对基类抽象方法的重写分别实现三角形、矩形、圆、扇形面积的计算。

(4) 编写一个类 Cal,要求如下:

➤ 此类具有两个属性 OpNum1、OpNum2,一个无参虚方法 CalExpression(),用于计算两数结果。

➤ 一个接口 CalIt,其中包含一个方法 CalResult(),用于计算两数结果。

➤ 编写 4 个类,均继承于 Cal,分别完成两个操作数的四则运算。

➤ 编写一个类 CalOprs,包含一个方法 GetOpr(),方法返回类型为 Cal,参数为 +、-、×、÷之一。

➤ 编写 Main()中的测试代码部分。

(5) 综合训练,要求实现如下任务。

➤ 设计 4 个类:人、明星、歌星、影星。其中人包含姓名、年龄;而明星继承自人,包含从事领域(如电影、唱歌、电视……)、出道时间两项数据;歌星则继承自明星,包含代表作品。

➤ 人这个类包含一个虚方法 Introduce(),该方法用于介绍自己(如在该方法中要求输出自己的名字和出生年月)。

➤ 人这个类要求提供 4 个构造函数,一个无参数、一个有两个参数、另两个有一个参数。

➤ 其他类中同样要求至少实现一个有参数的构造函数。

➤ 设计一个接口,其中包含方法 speak()。

➤ 通过实现接口 speak,输出详细的介绍自己所有的信息(不同的类介绍不同,如对明星来说,介绍为:我叫张澜澜,今年 2 岁。我从事唱歌事业,出道于 2010 年 8 月 8 日。对于歌星来说,在上句的基础上,还应该增加一句,我的代表作品是 xx)。

➤ 实例化明星、歌星、影星;并完成上述输入输出。

➤ 要求完成年龄、出道时间的合法性检测。

➤ 要求有异常处理(参考附录 A)。

(6) 编写一个定时触发的事件及所有相关演示程序。详细要求如下。

➤ 编写一个自定义类 DataEventArgs,继承于 EventArgs,用于在事件处理中传递数据,所需传递数据包含当前时间、当前第几次触发这两项信息。

➤ 编写一个事件触发类,其中含一个方法 Fire(int i),根据传入的 i 的次数决定触发多少次事件。

➤ 编写一个事件接收类,该类中要求完成对多播的演示(即要求有多个处理过程绑定到上述事件),在事件处理过程中输出通过自定义参数传递过来的数据信息。

定时触发的过程可以借助 Thread.Sleep 及循环实现。

第5章　　　　数　　组

数组是一种包含多个同种类型元素的数据结构,其元素的数据类型可以是基本类型,如整型,也可以是引用类型。数组有一维数组,也有多维数组,其访问方式是采用相同的数组名称及不同的索引来实现的。

5.1　声明及初始化

在使用数组前,要首先声明数组。声明数组的过程,即确定数组所存储的数据类型、存储空间大小的过程。一维数组声明的一般形式是:

```
类型 [ ] 数组名称 = new 类型[ 数组大小];
```

其中特别需要注意的是,＝左侧的一对中括号的位置。另外,数组大小指明了元素所能容纳的元素个数,数组的索引是从 0 开始的。

例如,下面声明了几个数组:

```
int [ ] iSeason = new int[4]; //声明一个整数类型数组,数组共 4 个元素
//下面声明一个字符串类型,数组共 3 个元素,即 sName[0]、sName[1]、sName[2]
string [ ] sName = new string [3];
```

当然,上述声明方式可以分为两步来进行。形式如下:

```
类型 [ ] 数组名称;
数组名称 = new 类型[ 数组大小];
```

例如:

```
int [] iMonth;
iMonth = new int[4];        //声明一个整数类型数组,数组共 4 个元素
```

虽然一维数组的使用频率最高,然而在某些场合下,可能需要高维数组,其一般声明方式如下:

```
类型 [,,…, ] 数组名称 = new 类型[ 第一维大小,第二维大小,…,第 N 维大小];
```

例如,下面声明了一个二维数组:

```
int [,] iTable = new int[5,6];      //声明一个二维整数类型数组,数组共 30 个元素
```

当然,也可以将其更改为两行,先声明数组变量,再通过 new 为其开辟内存空间。

声明数组的目的是在其中存放数据,要使用数组,往往需要先初始化该数组。假如一个数组只是声明而没有完成初始化赋值,其中存放的数据如何呢? 看下面的例子。

示例:数组的默认内容

```
//枚举类型定义
enum Season
{
    Spring,
    Summer,
    Autumn,
    Winter
}
//测试代码
int [] iArr = new int[2];
double[] dArr = new double[2];
bool[] bArr = new bool[2];
char[] cArr = new char[2];
string[] sArr = new string[2];
Season [] eArr = new Season[2];
Program[] pArr = new Program[2];

for (int i = 0; i < 2; i++)
{
    Console.WriteLine(" -------------- ");
    Console.WriteLine(iArr[i]);
    Console.WriteLine(dArr[i]);
    Console.WriteLine(bArr[i]);
    Console.WriteLine(cArr[i] == 0?"0":cArr[i].ToString());
    Console.WriteLine(sArr[i] == null?"null":sArr[i]);
    Console.WriteLine(eArr[i]);
    Console.WriteLine(pArr[i] == null ? "null" : sArr[i]);
}
```

注意:上述 Program 为类名称。程序的执行结果如图 5-1 所示。

图 5-1 数组元素的默认值

可见,数组元素的默认值规则如下。

➤ 数值类型、字符类型:0。

➤ 布尔类型:False。

➤ 枚举类型:0。

➤ 引用类型:null。

🕐 思考:上述枚举类型的输出为什么是 Spring?

再来看数组的初始化问题。数组的初始化一般采用如下方式:

```
类型 [ ] 数组名称 = new 类型[ 数组大小]{ 与数组大小相等个数的元素值列表 };
```

当初始化时,初值的个数一定要与数组大小相等,否则会出现编译错误。

例如下面同时完成数组的定义和初始化:

```
int [ ] iSeason = new int[4]{1,2,3,4};        //声明一个整数类型数组,数组共 4 个元素
```

当初值的个数与数组大小不相等时,则会出现错误。例如:

```
int [ ] iSeason = new int[4]{1,2,3};          //错误
int [ ] iSeason = new int[4]{1,2,3,4,5};      //错误
```

为了书写方便,也可以采取如下简洁的初始化方式:

```
int [ ] iSeason ={1,2,3,4};                   //声明一个整数类型数组,数组共 4 个元素
```

该种方式也可以用于多维数组。例如:

```
int [,] MultiArr = {{1,2},{3,4},{5,6}};       //声明了一个 3 * 2 的数组
```

使用该种方式声明时,并不需要指定数组的大小,而由右侧初始值个数来决定数组的大小。但是,需要注意的是,该种方式只能用于在声明的同时并初始化。若不是初始化的场合,则不能使用此种方式。例如,下面的代码是错误的:

```
int [ ] iSeason;
iSeason ={1,2,3,4};          //错误
```

💣 在 C♯中还有一种特殊的二维数组,即锯齿数组。其声明方式为:

```
类型 [][] 数组名 = new 类型[n + 1][];
数组名[0] = new int[i];
数组名[1] = new int[j];
…
数组名[n] = new int[k];
```

例如:

```
int [][] intArr = new int[3][];
intArr[0] = new int[3]{100,200,300};
intArr[1] = new int[5];
intArr[2] = new int[7];
```

不过该种声明方式不能跨语言,否则违背公共语言规范,故不推荐。

5.2 访问与遍历

数组是通过数组名和索引来进行访问的,索引从 0 开始。例如:

```
int [ ] iSeason = new int[4]{1,2,3,4};             //声明一个整数类型数组,数组共 4 个元素
```

由于数组索引从 0 开始，故上述声明与下述代码效果等价：

```
int [ ] iSeason = new int[4];            //声明一个整数类型数组,数组共 4 个元素
iSeason[0] = 1;
iSeason[1] = 2;
iSeason[2] = 3;
iSeason[3] = 4;
```

上述代码的作用是将数据存入数组中，存入时通过数组名和索引来进行的。同理，也可以采用此种方式从数组中读取数据。例如：

```
int [ ] iSeason = new int[4]{1,2,3,4};      //声明一个整数类型数组,数组共 4 个元素
int iResult = iSeason[0] + iSeason[1] * iSeason[2] - iSeason[3];
Console.WriteLine(iResult);            //输出 3
//Console.WriteLine(iSeason[4]);         //越界错误
```

数组的每个元素都可以采用如上方式来访问，然而最实用的访问数组元素的方式是循环遍历。当对数组元素进行循环遍历时，需要借助于数组的一个属性——Length，借助于该属性，可以避免数组访问出现越界错误。

示例：数组遍历——for 循环

```
int [ ] iSeason = new int[4]{1,2,3,4};
for (int i = 0; i < iSeason.Length; i++){
    Console.WriteLine(iSeason[i]);
}
```

除了可以采用 for 循环对数组进行遍历，还有一种对数组遍历的常用方式——foreach。其语法如下：

```
foreach (数据类型  变量  in  数组名)
```

使用 foreach 的特点如下。

➢ 不需要设置循环条件和迭代变量，更简单快捷，也更安全。

➢ 该循环读出的元素值是只读的，不可以修改。

示例：数组遍历——foreach

```
int [ ] iSeason = new int[4]{1,2,3,4};
foreach (int i in iSeason)
{
    Console.WriteLine(i);      //输出与上述示例相同
    //i = i + 1;              //错误,foreach 中无法对读出的值进行修改
    Console.WriteLine(i);      //输出与上述示例相同
}
```

下面再举一个例子来实现数组的复制，同时将通过两种复制方式的对比来加深读者对有关内容的理解。

```
int [ ] iSrc  =  new int[4]{1,2,3,4};
int [ ] iDes1 = new int[iSrc.Length];
int [ ] iDes2 = new int[iSrc.Length];
iDes1 = iSrc;                          //数组复制
Console.WriteLine("iDes1 的元素如下: ");
foreach(int i in iDes1)
    Console.WriteLine(i);

//给 iDes2 循环赋值
for(int i = 0;i < iSrc.Length;i++)
    iDes2[i] = iSrc[i];
Console.WriteLine("iDes2 的元素如下: ");
foreach(int i in iDes2)
    Console.WriteLine(i);

Console.WriteLine("更改 iSrc[2] = 100 ");
iSrc[2] = 100;
Console.WriteLine("iDes1 的元素如下: ");
foreach(int i in iDes1)
    Console.WriteLine(i);

Console.WriteLine("iDes2 的元素如下: ");
foreach(int i in iDes2)
    Console.WriteLine(i);
```

程序的执行结果如图 5-2 所示。

对比上述运行结果,发现两种数组复制方式都可以成功地复制,在对 iDes1 和 iDes2 中的元素进行输出时即可看出。然而在源数组的内容发生改变之后,再对 iDes1 和 iDes2 的元素进行输出时,iDes1 和 iDes2 不再完全一样了。

上述区别的根本原因在于:使用 iDes1＝iSrc 完成数组的复制,赋值的是引用,其本质在于使得 iDes1 与 iSrc 指向了相同的存储空间,故对 iSrc 的更改会反映到 iDes1 上。而 iDes2 则具有自己的存储空间,完成复制后,它与 iSrc 不再有任何牵连。

图 5-2　数组复制演示

🕑 思考:请仔细体会 4.5.5 节关于 ref 的解释和上述示例的内在关联。

在很多情况下,方法的参数个数是不可预知的。当多个参数的数据类型一致时,可以以数组作为参数,这时看似参数只有一个,但是却可以传递很多数值到方法内部去。典型的应用如求和、求最大值、最小值等。

示例:数组参数

根据提供的一系列数值,求其和值、最大值、最小值。

```
public class Score
{
    public int GetMax(int[] list)
    {
```

```
            int max = 0;
            foreach (int i in list)
            {
                if (i > max)
                    max = i;
            }
            return max;
        }

        public int GetSum(int[] list)
        {
            int sum = 0;
            foreach (int i in list)
                sum += i;
            return sum;
        }
    }
    static void Main(string[] args)
    {
        Scores = new Score();
        int[] scores = new int[] { 50, 60, 70, 80, 90,100 };
        Console.WriteLine("最大值是: " + s.GetMax(scores));
        Console.WriteLine("和值是: " + s.GetSum(scores));
    }
```

🕐 思考：请在上述 Score 类中添加一个方法,该方法用于完成求最小值的功能(提示：可以定义 int min= int.MaxValue;,然后逐个与 min 相比较,只要某个值小于 min,则把该值赋给 min 来实现)。

🕐 思考：请使用 params 关键字实现上述例子,并比较数组参数和 params 参数的异同。

5.3　Array

C# 中的数组继承自 System.Array 类。该类提供了一系列实用的方法,用于进行数组的相关操作：创建、修改、搜索、排序等。

1. Array 的常用属性

Array 的常用属性如下。

➢ Length：32 位整数,表示所有元素个数。

➢ LongLength：64 位整数,表示所有元素个数。

➢ Rank：获取 Array 的维数(秩)。

➢ IsFixedSize：总是 true。

➢ IsReadOnly：总是 false。

Array 属性演示如下。

```
int[,] iNum = new int[2, 3] { { 1, 2, 3 }, { 4, 5, 6 } };
Console.WriteLine(iNum.Length);
```

```
Console.WriteLine(iNum.Rank);
Console.WriteLine(iNum.IsReadOnly);
```

2. Array 的常用方法

Array 的常用方法如下。

- Clear()：将元素设置为默认输出值 0 或 null。
- Clone()：复制数组。
- Copy()：将当前一维数组复制到指定的一维数组中。
- CreateInstance()：根据提供的参数创建一个 Array 类的新实例，也即动态创建数组。
- GetLength()：获取数组指定维的元素个数。
- GetLowerBound()：获取数组中指定维度的下限。
- GetUpperBound()：获取数组中指定维度的上限。
- GetValue()：获取当前数组中指定元素的值。
- Reverse()：反转给定的一维数组元素的顺序。
- SetValue()：给当前数组中的指定元素赋值。
- IndexOf()：某个值在数组中首次出现的索引。
- Sort()：对数组元素进行排序。

Array 的方法演示如下。

```
Array myArr = Array.CreateInstance(typeof(Int32), 7);       //动态创建数组
for (int i = 0; i < myArr.Length; i++)
    myArr.SetValue((i + 1) * 10, i);                        //分别给每个元素赋值
Console.WriteLine("myArr 数组元素如下:");
for (int i = 0; i < myArr.Length; i++)
    Console.Write("\t" + myArr.GetValue(i).ToString());     //分别读取数组的每个值

int[] iDes = new int[myArr.Length];
Array.Copy(myArr, iDes, myArr.Length - 2);      //将 myArr 的前 7 - 2 = 5 个元素复制到 iDes

int[] iDes2 = new int[myArr.Length + 3];
myArr.CopyTo(iDes2, 2);         //将 myArr 的值复制到 iDes2 中,目标位置从索引 2 开始存储
Console.WriteLine("\niDes 组元素如下:");
for (int i = 0; i < myArr.Length; i++)
    Console.Write("\t" + iDes.GetValue(i).ToString());

Console.WriteLine("\niDes2 组元素如下:");
for (int i = 0; i < iDes2.Length; i++)
    Console.Write("\t" + iDes2[i].ToString());

myArr.SetValue(200, 2);         //myArr 的改变不会影响到 iDes 和 iDes2
Console.WriteLine("\nmyArr 数组元素如下:");
for (int i = 0; i < myArr.Length; i++)
    Console.Write("\t" + myArr.GetValue(i).ToString());

Console.WriteLine("\niDes 组元素如下:");
for (int i = 0; i < myArr.Length; i++)
    Console.Write("\t" + iDes[i].ToString());
```

```
Console.WriteLine("\niDes2 组元素如下:");
for (int i = 0; i < iDes2.Length; i++)
    Console.Write("\t" + iDes2.GetValue(i).ToString());

Array.Sort(myArr);                        //对 myArr 排序
Console.WriteLine("\nmyArr 数组元素如下:");
for (int i = 0; i < myArr.Length; i++)
    Console.Write("\t" + myArr.GetValue(i).ToString());

Array.Clear(myArr, 2, 3);                 //将 myArr 数组从 index = 2 的位置开始,对 3 个值清零
Console.WriteLine("\nmyArr 数组元素如下:");
for (int i = 0; i < myArr.Length; i++)
Console.Write("\t" + myArr.GetValue(i).ToString());
```

程序的执行结果如图 5-3 所示。

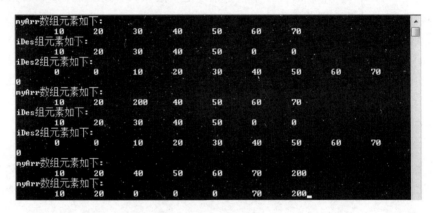

图 5-3　Array 的方法演示

从程序的执行结果可以看到:

➤ CreateInstance(Type,Length)用于创建指定类型和大小的数组。

➤ SetValue(value,index)用于给数组的索引为 index 的元素赋值 value。

➤ GetValue(index)获取数组的索引为 index 的值。

➤ Array.Copy(arrSrc,arrDes,Length)将源数组的前 Length 个值复制到目标数组中。

➤ myArr.CopyTo(arrDes,index)将 myArr 复制到 arrDes 中,目标位置从 index 开始。

➤ 无论是 Copy 方法还是 CopyTo 方法完成的复制,源数组的改变不会影响到目标数组。

➤ Array.Sort(myArr)将 myArr 的元素按照升序排列;其他重载请自行试验。

➤ Array.Clear(myArr,2,3)将 myArr 数组从 index=2 的位置开始,对 3 个值清零。

5.4　聪明的数组——索引器

在第 2 章中曾演示过字符串和字符的例子,代码如下:

```
string s = "China 中国";
Console.WriteLine(s[0]);          //第 0 个位置是 C
```

```
Console.WriteLine(s[2]);          //第 2 个位置是 i
Console.WriteLine(s[5]);          //第 5 个位置是中
```

从示例可以看出,可以通过字符串变量名和索引位置来访问字符串中的每个字符,此即典型的数组访问方式。字符串是一种引用类型,而类也是一种引用类型,既然如此,自己定义的类,能否也能实现像 string 这样的功能——类似数组的访问方式呢?答案是肯定的。而要实现这种效果,需要使用索引器。

索引器是一个与属性很类似的类成员,也可以具有 get 和 set 两个访问器,分别用于实现读和写的功能。但索引的主要不同之处在于:定义索引器时一定要使用 this 关键字,而不需要像定义属性一样要程序编写人员定义一个属性名字;另外,索引器一定需要参数;最后,索引器不能定义为 static。

索引器主要用于为封装在类内部的数组或者集合提供一种类似于数组的访问方式,即类似于上述 string 示例的访问方式。这样,索引器同时兼具属性的特性和数组的便利访问特性。所以可以狭隘地认为,索引器是比数组更聪明的一类数组,或者说是像数组一样访问的属性。当然,也可以用索引器对集合进行封装,请读者在学习集合后再自行实现。

索引器定义的一般形式如下:

```
访问修饰符   类型   this [参数列表]
{
    get{ //返回参数所指定的元素值}
    set{ //给参数所指定的元素赋值}
}
```

需要提及的是,虽然索引器可以使用多个参数,也可以使用多种类型的参数,但实际应用过程中一般只使用一个参数,并且该参数类型为 int。与属性一样,get 和 set 访问器可以根据具体需求来取舍,不一定两个都要实现。

下面通过例子来学习索引器,读者可以在学习示例的过程中体会它如何利用属性的特征来实现比数组更聪明。

下面的示例将在类内部定义一个 int 型数组,然后以索引器完成对该数组的封装访问。由于该数组定义为 int 类型,而索引器的目的就是实现对该数组的访问,故索引器的类型也应该定义为 int 类型。代码如下:

```
class IndexDemo
{
    int[] iArr;                //定义数组
    private int length;
    public int Length
    {
        get { return length; }
    }
    public bool IsSuccessful;        //显示操作结果是否成功,供调用方使用
    public IndexDemo(int length)
    {
        iArr = new int[length];
        this.length = length;        //当参数和字段重名时,可以借助 this 关键字来区分两者
```

```
    }
    //索引器
    /* 通过下面的代码,可以很容易地看出,借助索引器的属性特性,可以实现聪明的数组,现在
该数组不会再出现越界错误了
    */
    public int this[int index]
    {
        get
        {
            if (index >= 0 & index < Length)
            {
                IsSuccessful = true;
                return iArr[index];
            }
            else
            {
                IsSuccessful = false ;
                return 0;
            }
        }
        set
        {
            if (index >= 0 & index < Length)
            {
                iArr[index] = value;
                IsSuccessful = true ;
            }
            else
                IsSuccessful = false ;
        }
    }
}
```

观察上述代码不难发现索引器的聪明特性。由于对 index 的判断,避免了数组的一大错误——越界。不过这也带来一个问题,用户如果访问越界,异常不再触发,可是会让用户"高高兴兴地犯错了",即虽然出错了,但是用户不知道,所以程序采用了另外一种机制来弥补这个缺陷,即通过 IsSuccessful 字段来告知调用方的调用结果是否成功,使得用户完全掌握自己的程序执行得成功与否。

调用演示代码如下:

```
static void Main(string[] args)
{
    IndexDemo indexDemo = new IndexDemo(3);
    Console.WriteLine("非法存取而不导致报异常的演示: ");

    //很明显,如果是普通的数组采用如下的<= 会导致越界异常,但采用如上索引器不会
    for (int i = 0; i <= indexDemo.Length ; i++)
        indexDemo[i] = i * 2;
    for (int i = 0; i <= indexDemo.Length; i++)
        Console.WriteLine(indexDemo[i]);
```

```
Console.WriteLine("利用 IsSuccessful 完成错误处理的演示：");
for (int i = 0; i <= indexDemo.Length; i++)
{
    indexDemo[i] = i * 2;
    if (!indexDemo.IsSuccessful)
        Console.WriteLine("indexDemo[" + i + "] 越界");
}
Console.ReadLine();
}
```

程序的执行结果如图 5-4 所示。

💣上述示例中的 IsSuccessful 字段其实设计为
只读属性更为合理，请读者自行实现。

💣索引器也可以重载。请读者自行试验。

💣索引器的类型不一定非得与索引器内部的数
组类型一致。

图 5-4　索引器

🕐思考：请仔细思考上述示例，如何通过索引器避免普通数组的缺陷。

现在学会了如何给类定义索引器，可以回过头去看看 string 是不是也是这么做的呢？
要想验证这个想法其实很简单，可执行以下步骤。

步骤 1：输入 string

打开 VS，新建一个控制台项目，在 Main() 函数内输入 string。

步骤 2：查看 string 的定义

将光标定位在 string 上，按 F12 键，此时可以看到如图 5-5 所示的效果。

```
namespace System
{
    ...public sealed class String : IComparable, ICloneable, IConvertible, ICompa
    {
        ...public static readonly string Empty;

        ...public String(char* value);
        ...public String(char[] value);
        ...public String(sbyte* value);
        ...public String(char c, int count);
        ...public String(char* value, int startIndex, int length);
        ...public String(char[] value, int startIndex, int length);
        ...public String(sbyte* value, int startIndex, int length);
        ...public String(sbyte* value, int startIndex, int length, Encoding enc);

        ...public static bool operator !=(string a, string b);
        ...public static bool operator ==(string a, string b);

        ...public int Length { get; }

        ...public char this[int index] { get; }
```

图 5-5　string 查看

图 5-5 中阴影部分即可说明“字符串是一个只读的字符数组”。

💣上面介绍的查看类的定义方法是通用的，读者也可以自己尝试使用上面的方法查看
其他的类或者方法。

5.5 问 与 答

5.5.1 如何使用 Array.Sort()来排序对象数组

✌️ 要实现对象数组的排序,需要借助接口 System.IComparable,该接口用于比较同一对象的实例是否相等。其返回值为 0 则表示两个比较的对象相等;返回值小于 0,则表明当前实例小于参数实例,否则相反。请看下面的示例:

```csharp
//类 Person
public class Person: IComparable
{
    private int sid;
    public string name;
    public Person(int sid, string name)
    {
        this.sid = sid;
        this.name = name;
    }
    //属性
    public int ID
    {
        get { return sid; }
        set { sid = value; }
    }
    //无 public 等修饰符
    int IComparable.CompareTo(object obj)
    {
        Person s = (Person)obj;
        //由这里可以自行设定对象的比较究竟采取何种比较规则
        if (this.sid > s.sid)
            return 1;
        if (this.sid < s.sid)
            return -1;
        else
            return 0;
    }
}
//调用代码
static void Main(string[] args)
{
    string str = string.Empty;
    Person[] arr = new Person[4];
    arr[0] = new Person(65, "张三");
    arr[1] = new Person(21, "李四");
    arr[2] = new Person(1, "王五");
    arr[3] = new Person(3, "小赵");
    //遍历数组中的数据
    foreach (Person item in arr)
```

```
    {
        str = string.Format("{0}  {1}", item.ID, item.name);
        Console.WriteLine(str);
    }
    //对象排序
    Array.Sort(arr);
    Console.WriteLine("********排序后的数据********");
    foreach (Person item in arr)
    {
        str = string.Format("{0}  {1}", item.ID, item.name);
        Console.WriteLine(str);
    }
    Console.Read();
}
```

5.5.2 数组的大小真的没法调整吗

✌ 在比较集合和数组时，经常会说数组大小固定。其实数组的大小也是可以调整的。使用的方法就是 Array 类的 Resize() 方法，该方法是泛型方法，其声明为：

```
public static void Resize < T > (ref T[ ] array, int newSize)
```

其中 array 即为待调整大小的一维数组，如果为空，则新建 newSize 大小的数组。例如：

```
static void Main(string[ ] args)
{
    int[ ] iArr = { 100, 200 }; //iArr 数组初始 2 个元素
    Array.Resize < int >(ref iArr, 5);
    iArr.SetValue(300, 2);
    iArr.SetValue(500, 4);
    iArr.SetValue(1000, 0);
    foreach (int i in iArr)
        Console.Write(i + "\t");
    Console.ReadLine();
}
```

程序的执行结果如图 5-6 所示。

图 5-6　调整数组大小

💣 该方法表面上可以修改数组大小，但是其实它并非在原有的数组上做改变，而是产生了一个新的数组实例。所以数组一旦创建，其大小就不可以再改变。

5.5.3 如何查找数组中具有特定特征的元素

✌ 要解决该问题，自然可以遍历数组，然后逐个分析元素是否具有指定特征即可。这里介绍一个使用 Array 类的 FindAll() 方法实现的方案。该方法声明为：

```
public static T[ ] FindAll < T >(T[ ] arrayToFind, Predicate < T > match);
```

其中 match 用来指定查找特征,传入一个与 Predicate < T >匹配的方法即可。
Predicate< T >是一个委托,声明如下:

```
public delegate bool Predicate < in T >(T obj);
```

该声明用于判断 obj 是否匹配某种特征,若匹配返回 true,否则返回 false。
倘若只需要查找数组中的第一个符合条件的元素,则只需要使用 Find()方法即可。

```
static void Main(string[ ] args)
{
    //下面示例演示如何在该数组中找到.cn域名
    string[ ] sDomains = { "butsoft.cn", "abc.com", "baidu.net", "163.cn" };
    string[ ] sCN = Array.FindAll < string >(sDomains, CheckCN < string >);
    foreach (string s in sCN)
        Console.Write(s + "\t");
    Console.ReadLine( );
}
static bool CheckCN < T >(string sToCheck)
{
    if (sToCheck.EndsWith(".cn"))
        return true;
    else
        return false;
}
```

程序的执行结果如图 5-7 所示。

```
butsoft.cn        163.cn
```

图 5-7　数组查找

5.5.4　索引器的参数类型一定要为 int 吗

不是的。不过索引器的参数类型一般都习惯采用 int。例如:

```
class IndexDemo
{
    static DateTime sdt = new DateTime(DateTime.Now.Year, 1, 1);
    DateTime[ ] dts = { sdt, sdt.AddYears(1), sdt.AddYears(2), sdt.AddYears(3) };
    public string this[DateTime dateTime]
    {
        get
        {
            foreach (DateTime dt in dts)
            {
                if (dateTime.Year == dt.Year)
```

```
                    return dt.ToString();
            }
            return "你传入的日期不是未来 3 年之内的日期";
        }
    }
}
```

上面的示例中,内部数组类型为 DateTime 类型,而索引器的返回类型为 string 类型;索引器的参数类型也不是 int 类型。调用代码如下:

```
static void Main(string[ ] args)
{
    IndexDemo indexDemo = new IndexDemo();
    Console.WriteLine(indexDemo[DateTime.Now]);
    Console.WriteLine(indexDemo[DateTime.Now.AddYears(10)]);
    Console.WriteLine(indexDemo[DateTime.Now.AddYears( - 1)]);
}
```

程序的执行结果如图 5-8 所示。

图 5-8   特殊索引器演示

5.5.5   如何不计算即可获得最大值、最小值、和值、平均值

✌ 对于本章所学的数组,可方便地利用扩展方法完成上述功能。定义一个数组,然后使用循环给各个元素赋值,最后使用扩展方法完成上述功能。代码如下:

```
static void Main(string[ ] args)
{
    int[ ] num = new int[100];
    for (int i = 0; i < 100; i++)
        num[i] = i + 1;
    Console.WriteLine("最大值: " + num.Max());
    Console.WriteLine("最小值: " + num.Min());
    Console.WriteLine("和值: " + num.Sum());
    Console.WriteLine("平均值: " + num.Average());
}
```

程序的执行结果如图 5-9 所示。

图 5-9   利用扩展方法求常见数学统计功能

5.6 思考与练习

(1) 请比较并总结使用普通数组和使用 params 方式传值的异同。

(2) 请总结数组复制的方法及各个方法的特性。

(3) 编程实现输入一个正整数 n，把它转换为二进制数，并输出。

(4) 随机生成 20 个整数，并且这 20 个随机数的正负性也随机处理，然后将这 20 个随机数存入数组，最后将这 20 个随机数中的正数存入另外一个数组。

5.7 实 战 任 务

实现一个简单的数组处理类。要求如下。

➤ 实现整型数组元素的排序输出。

➤ 通过重载实现字符数组的排序输出。

➤ 对整型数组进行求和。

➤ 对整型数组求最大值。

➤ 实现字符反转。

➤ 对整型数组求最小值(使用 params 方式)。

➤ 若无特别说明，传入参数时，要求传入数组名称。

第6章　字　符　串

字符串是C#中最重要的数据类型之一,更特别的是,字符串还是一种对象。在C#中,与字符串相关的常用类有3个:string、StringBuilder 和 System.Text。其中,string就是类 System.String,它是一种特殊的数据类型,其本质是引用类型,而其使用却像值类型。另外需要注意,string 对象不可更改,每次对 string 的修改都会开辟一块新的空间,以便创建一个新的 string 对象。故一般在需要对字符串频繁进行操作的场合,都不建议使用string 以节省开销,而采用 StringBuilder。而 String.Text 命名空间下最常用的功能就是字符编码的相关内容。

6.1　字符串及其转义符

字符串是一个字符数组。在C#中,默认采用 Unicode 字符编码方式。

6.1.1　字符串及其构造

字符串的构造方式有如下几种。

(1) 直接给字符串赋字面值。例如:

```
string s = "东东是个胆小鬼,怕风怕雨怕打雷";        //获得一个字符串对象 s
```

(2) 由于C#的字符串可以视为一个只读字符数组,故从字符数组也可以获得字符串。例如:

```
char [] chs = {'N','o','b','o','d','y',',',' ', 'N','o','b','o','d','y',',',' ','笨','猪','!'};
string s = new string(chs);
Console.WriteLine(s);        //注意输出的空格
```

程序的执行结果如图 6-1 所示。

反过来,由于字符串可视为只读字符数组,故可以像数组一样使用。例如:

图 6-1　由字符数组构造字符串

```
string s = "wahaha";
Console.WriteLine(s[0]);
Console.WriteLine(s[2]);
```

程序的执行结果如图 6-2 所示。

但是,若要修改某个指定位置的字符该怎么办呢?类似 s[1]='x';这样是行不通的,因为它是只读的。那该如何处理呢?其中一种可供参考的方法如 6.2.2 节 ToCharArray() 所示。

字符串对象唯一的属性也是其极为重要的属性就是 Length。该属性返回字符串的长度,无论中文还是英文或者数字字符,都占一个长度。例如:

```
char [] chs = {'N','o','b','o','d','y',',',' ', 'N','o','b','o','d','y',',',' ','笨','猪','!'};
string s = new string(chs);
Console.WriteLine(s);          //注意输出的空格
Console.WriteLine(s.Length);
```

程序的执行结果如图 6-3 所示。

图 6-2　字符串与字符数组 　　　　　　图 6-3　字符串的 Length 属性

字符串具有不可变性,即一旦声明完毕,字符串就不能再被改变。例如:

```
string s = "你是风儿我是沙";
string t = s;
s = "你是疯儿我是傻";          //很明显不会出错
Console.WriteLine(s);
Console.WriteLine(t);
```

从这里很容易看出,字符串变量 s 可以被改变。似乎与"字符串的不可变性"相冲突,其实不是,因为上文改变的只是变量 s 的指向,并非改变字符串本身。

由于字符串是引用类型的,上述例子可以这么理解,内存中有两块内容,一块放着"你是风儿我是沙",一块放着"你是疯儿我是傻"。当写 s="你是风儿我是沙";时,意思就是让 s 指向"你是风儿我是沙"所在的这块内存。而当写 s="你是疯儿我是傻";时,并不是把之前那块内存中的内容更改为"你是疯儿我是傻",而是新开辟了一块内存区域,在里面放上"你是疯儿我是傻",且让 s 指向这块新开的并存放着"你是疯儿我是傻"的内存,原内存中的字符串内容没有丝毫变动。

同理,字符串变量的赋值问题,其实就是更改或者共享指向的问题。如上面的第二句即让 t 也指向"你是风儿我是沙"这块内存区域,即使 s 的指向改了,t 的指向也不会更改。读者可以尝试对上述字符串变量 s 和 t 进行输出以观察结果。

❀※ 在 C# 中,有个特殊的字符串 string. Empty,代表"";即一对空引号,该字符串的长度为零。而 null 则代表字符串变量没有任何指向。虽然这两者意思不一样,但是在很多场合都是程序员希望排斥的,于是有了 string. IsNullOrEmpty() 方法来测试 null 或空字符串。

6.1.2　字符转义

在字符串的使用过程中,常常会涉及到@符号和转义符\的使用。例如加载图片前可能

需要先定义一个图片路径,代码如下:

```
string strFile = "C:\test\100.jpg";        //由于\用于转义,故\不用直接用于字符串中
```

但上述语句是行不通的,可借助转义符来完成,修改如下:

```
string strFile = "C:\\test\\100.jpg";
```

如果内容很多,不是要输入很多\吗？此时就可以使用@,以帮助快速实现字符串原样输出。

```
string strFile = @"c:\test\100.jpg";
```

然而需要记住,@不是万能的,如字符串中包含双引号时,还是需要用\进行转义。同时还需要注意\的使用场合。例如下面的两个例子:

```
//示例一
string s1 = "哇哈哈\n哇哈哈";
Console.WriteLine(" ---- 如下是示例一的输出 ---- ");
Console.WriteLine(s1);
//示例二
Console.WriteLine("请手工输入字符串:");
string s2 = Console.ReadLine();        //用户输入:"哇哈哈\n哇哈哈";
Console.WriteLine(" ---- 如下是示例二的输出 ---- ");
Console.Write(s2);
```

程序的执行结果如图 6-4 所示。

图 6-4　转义符的使用

可见,转义符不适用于从外部读取(如手工输入)的场合。

6.2　常用方法

针对字符串的操作很丰富,下面将逐一介绍比较常用的方法。

6.2.1　string 类的方法

string 类的常用方法如下。

- ➢ string. Compare()
- ➢ string. CompareOrdinal()
- ➢ string. Concat()
- ➢ string. Intern()
- ➢ string. IsInterned()
- ➢ string. IsNullOrEmpty()

> string. Copy()

> string. IsNullOrWhiteSpace()

> string. Equals()

> string. Join()

> string. Format()

> string. ReferenceEquals()

下面介绍一些典型方法的使用。

1. string. Compare()

该方法用于比较两个字符串值是否相同。该方法的重载形式多达 10 种,故其使用也很灵活,功能强大。其返回值为-1、0 或 1,其中,返回 0 表明两个字符串值相等。该方法常用的重载形式有如下几种:

```
int string.Compare(string strA, string strB);
//在比较字符串的时候,是否对大小写敏感
int string.Compare(string strA, string strB, bool ignoreCase);
int string.Compare(string strA, string strB, StringComparison comparisonType)
//如下比较两个字符串的子串
int string.Compare(string strA, int indexA, string strB, int indexB, int length)
```

示例:

```
string s1 = "中国 China";
string s2 = "中国 china";
string s3 = new string(new char[]{'中','国','C','h','i','n','a'});
Console.WriteLine(string.Compare(s1, s2));          //返回值为 1
Console.WriteLine(string.Compare(s1, s3));          //返回值为 0
Console.WriteLine(string.Compare(s1, s2, true));    //返回值为 0
```

从上例可以看出,该方法比较的是两个字符串的值是否相等,另外也可以看到,该方法比较时默认是区分大小写的。故如果不想区分大小写,则应该采用合适的重载形式及参数。

2. string. Concat()

该方法用于将两个或者更多个字符串或者 object 对象连接起来,具有 11 种重载形式。典型的重载形式如下:

```
string string.Concat(params string[] values)
string string.Concat(string strA, string strB)
```

示例:

```
string s1 = "猴哥,";
string s2 = "你真了不得";
Console.WriteLine( string.Concat(s1,s1,s2));        //输出:猴哥,猴哥,你真了不得
```

3. string. Copy()

该方法从指定字符串复制得到一个与其值相等的另外一个字符串实例,新得到的字符串与源字符串不占用相同内存空间。例如:

```
string s = "天苍苍,野茫茫,风吹草低见牛羊";
string d = string.Copy(s);
Console.WriteLine(d);
```

```
s.Remove(7);
Console.WriteLine(d);              //d值维持不变
```

4. string.Format()

该方法可以用于数值、日期等数据的格式化输出。其字母参数的说明及示例如表 6-1 所示。

表 6-1   string.Format()数值格式化——字母参数

字　　母	说　　明	示　　例	输　　出
C	货币	string.Format("{0:C3}", 2)	＄2.000
D	十进制	string.Format("{0:D3}", 2)	002
E	科学计数法	1.20E＋001	1.20E＋001
G	常规	string.Format("{0:G}", 2)	2
N	用逗号隔开	string.Format("{0:N}", 250000)	250,000.00
X	十六进制	string.Format("{0:X000}", 12)	C

除了字母参数,还可以附带其他字符参数,如表 6-2 所示。

表 6-2   string.Format()数值格式化——其他字符参数

字　　符	说　　明	格　式　符	输出示例	备　　注
0	0 占位	{0:00.0000}	1500.4200	用指定个数的 0 补位
＃	数字占位	{0:(＃).＃＃}	(1500).42	—
.	小数点	{0:0.0}	1500.4	—
,	千分割符	{0:0,0}	1,500	必须写在两个 0 之间
%	百分比	{0:0%}	150042%	—
e	e 指数	{0:00e+0}	15e＋2	—

注:该表的输出都以 1500.42 为例。

此外,对于日期类型也可以进行格式化,其中简单的日期格式符如表 6-3 所示,而自定义的日期格式符如表 6-4 所示。

表 6-3   简单的日期格式符

格　　式	说　　明	示例(传入当前日期 DateTime.Now)
d	短日期	10/12/2012
D	长日期	December 10, 2012
t	短时间	10:11 PM
T	长时间	10:11:29 PM
f	完整日期短时间	December 10, 2012 10:11 PM
F	完整日期长时间	December 10, 2012 10:11:29 PM
g	常规(短日期短时间)	10/12/2012 10:11 PM
G	常规(短日期长时间)	10/12/2012 10:11:29 PM
M	月日	December 10
U	GMT	December 11, 2012 3:13:50 AM
Y	年月	December, 2012

表6-4　自定义的日期格式符

格 式 符	说　　明	格式符示例	输　　出
dd	日,两位,不足补0	{0:dd}	10
ddd	简写的星期缩写,3个字符	{0:ddd}	Tue
dddd	完整的星期名字	{0:dddd}	Tuesday
hh	小时(两位)12小时制	{0:hh}	10
HH	小时(两位)24小时制	{0:HH}	22
mm	分钟00~59	{0:mm}	38
MM	月01~12	{0:MM}	12
MMM	月份简称	{0:MMM}	Dec
MMMM	月份全称	{0:MMMM}	December
ss	秒数,两位,00~59	{0:ss}	46
tt	AM 或 PM	{0:tt}	PM
yy	年(两位)	{0:yy}	02
yyyy	年(四位)	{0:yyyy}	2002
:	分隔符	{0:hh:mm:ss}	10:43:20
/	分隔符	{0:dd/MM/yyyy}	10/12/2012

5. string. Join()

该方法用于将字符串数组中的各个元素以指定的分隔符连接起来。其常用重载形式如下：

```
string string.Join(string separator,params string[] value)
```

示例：

```
string[] sArr = new string[]{"哇","呀","呀" };
Console.WriteLine(string.Join("☆",sArr));
```

程序的执行结果如图6-5所示。

🖐该方法与字符串对象的 Split()方法是一对功能相反的方法,不过 Split()方法使用更为灵活。

图 6-5　string. Join()方法演示

6.2.2　字符串对象的方法

字符串对象的常用方法如下。

- Clone()
- CompareTo()
- Contains()
- CopyTo()
- EndsWith()
- Equals()

- IndexOf()
- IndexOfAny()
- Insert()
- IsNormalized()
- LastIndexOf()
- LastIndexOfAny()

- Replace()
- Split()
- StartsWith()
- Substring()
- ToCharArray()
- ToLower()

- ➤ GetEnumerator()
- ➤ GetType()
- ➤ GetHashCode()
- ➤ GetTypeCode()
- ➤ Normalize()
- ➤ PadLeft()
- ➤ PadRight()
- ➤ Remove()
- ➤ ToUpper()
- ➤ Trim()
- ➤ TrimEnd()
- ➤ TrimStart()

这些方法的调用方都是字符串。下面介绍上述一些典型方法的使用。

1. Clone()

该方法完成字符串的复制,不过其返回值是 object 类型的。例如:

```
string s1 = "猴哥,猴哥,你真了不得";
object s2 = s1.Clone();
Console.WriteLine(s2.ToString());      //输出:猴哥,猴哥,你真了不得
```

2. CompareTo()

该方法具有两种重载形式,它不具有 string.Compare()方法的灵活性,只能采取大小写敏感的方式将调用方字符串与另外一个字符串或者 object 类型实例进行比较。例如:

```
string s1 = "猴哥,猴哥,你真了不得";
object s2 = s1.Clone();
string s3 = s2.ToString();
Console.WriteLine(s1.CompareTo(s2));      //0,s2 为 object
Console.WriteLine(s1.CompareTo(s3));      //0
```

3. Contains()

该方法判断调用方字符串中指定字符串的存在性,其声明形式如下:

```
public bool Contains(string text)
```

其返回值为:如果字符串中出现 text,则返回 true,否则返回 false,如果 text 为空字符串("")也返回 true。例如:

```
string st = "语文数学英语";
bool b = st.Contains("语文");
Console.WriteLine(b);      //true
```

4. CopyTo()

该方法用于实现从调用方字符串到字符数组的复制,其声明形式如下:

```
void sSrc.CopyTo(int srcIndex,char[] desChar,int desIndex,int count)
```

其参数意义分别如下。

- ➤ srcIndex:从源字符串 sSrc 的索引位置(srcIndex)处开始复制。
- ➤ desChar:复制的字符存入此字符数组。
- ➤ desIndex:desChar 字符数组中开始接受复制结果的起始位置,即复制过来的结果从 desIndex 指定的位置开始存储,该位置前的元素维持不变。
- ➤ count:从源字符串复制 count 个字符。

例如：

```
string s = "天苍苍,野茫茫,风吹草低见牛羊";
char[ ] dchar = new char[8];
s.CopyTo(8, dchar, 2, 4);
for (int i = 0; i < dchar.Length; i++)
    Console.Write(dchar[i]);
```

程序的执行结果如图 6-6 所示。

从结果可以看出,由于复制从第 8 个位置开始复制 4 个
字符,所以被复制的字符串是"风吹草低"。而往 dchar 数组
中存储时,从第 2 个位置开始存储,总共占用 4 个位置,所以 dchar 前后的元素维持不变,而
中间的 4 个元素分别为：风、吹、草、低。

图 6-6　CopyTo()方法演示

5. EndsWith()和 StartsWith()

EndsWith()方法用于判断调用方字符串是否以指定字符串结束。其常用重载形式
如下：

```
public bool EndsWith ( string value )
```

该重载形式判断调用方字符串对象是否以 value 指定的字符串结束,是则为 true,否则
为 false。

另一种重载形式如下：

```
public bool EndsWith ( string value, StringComparison comparisonType )
```

该形式中的第二个参数设置比较时的区域和大小写等。

StartsWith()方法用于判断调用方字符串是否以指定字符串开始。其重载形式如下：

```
public bool StartsWith ( string value )
public bool StartsWith ( string value, StringComparison comparisonType )
```

该形式判断调用方字符串对象是否以 value 指定的字符串开始,是则为 true,否则为
false。若比较时有额外条件,可通过 StringComparison 枚举型参数指定。例如：

```
string st = "语文数学英语 abc";
//第二个参数忽略大小比较。
bool b = st.EndsWith("英语 ABC",StringComparison.CurrentCultureIgnoreCase);
Console.WriteLine(b);            //true
```

6. Equals()

该方法用于比较两个字符串是否相等。其常用重载形式如下：

```
public bool Equals (string value):
```

该重载形式表示比较调用方字符串与 value 参数给出的字符串值是否相同,若相同返
回 true,否则返回 false。

另一种常用重载形式如下：

```
public bool Equals ( string value, StringComparison comparisonType ):
```

该形式表示比较调用方的字符串对象与参数给出的对象在不区分大小写的情况下是否相同。如相同，就返回 true；反之，返回 false。第二个参数指定区域性、大小写等。例如：

```
string a = "ABCdef";
bool b = a.Equals("abcdef");
//bool b = a.Equals("Abcdef",StringComparison.CurrentCultureIgnoreCase);
Console.WriteLine(b);        //false
```

另外，在 C♯ 中，也可以使用 == 或者 != 来判断两个字符串是否相等，结果与 Equals() 方法相同。

7．IndexOf()

该方法用于获取指定的字符串在调用方字符串的开始位置索引。其声明形式如下：

```
public int IndexOf (sring field)
```

该形式表示在调用方字符串对象中寻找 field，如果找到，返回开始索引，反之，返回 −1。例如：

```
string st = "abcdefghijklmn";
int num = st.IndexOf("bcd");
Console.WriteLine(num);
```

8．IndexOfAny()

该方法用于获取指定字符数组中所有字符在调用方字符串中的最早位置。其常用重载形式如下：

```
public int IndexOfAny (char[] anyOf,int startIndex)
```

该形式表示在调用方字符串对象中查找在字符数组 anyOf 中的字符，查找位置从 startIndex 指示的位置开始，返回的值是找到字符的最小位置值。即若在字符数组 anyOf 中有多个字符都存在于字符串对象中，则其返回值是这多个字符位置中最靠前的那一个索引位置。

统计字符或者单词个数是常用功能，例如 Microsoft Word 即具备此项功能。下面以统计单词个数的功能来演示 IndexOfAny() 方法的使用。

由于需要统计单词，而对英文字符串而言，各个单词之间的间隔可能的情况有：空格，逗点，句点，问号，感叹号等。所以只需要将这些标点符号存入字符数组 anyOf 中即可。代码如下：

```
string sTest = "I open my wallet, find no money; I open my pocket find no coin; I open my life, find you, then I know how rich I am! Right?";
char[] separators = {' ',',','.',';','?','!'};
```

```
    int iStart = 0;
    int iEnd = 0;
    do
    {
        iEnd = sTest.IndexOfAny(separators,iStart);
        if ( iEnd ==-1 ) iEnd = sTest.Length;
        if ( iEnd!= iStart )
            Console.WriteLine(sTest.Substring(iStart,(iEnd-iStart)));
        iStart = iEnd + 1;
    }while(iStart < sTest.Length);
```

注意：上述程序仅适用于英文字符串，对中文并不适用，若希望对中文适用，要考虑更多的标点。

图 6-7　英文字符串中字符获取

程序的执行结果如图 6-7 所示。

✍ 课堂练习：请在上例的基础上，实现词频统计功能。

9. Insert()

该方法用于向调用方字符串中插入特定字符串。其声明形式如下：

```
public string Insert ( int startIndex, string value )
```

该形式表示在 startIndex 指示的索引位置插入字符串 value，原来 startIndex 及后续的内容后移，返回插入后的值。例如：

```
string st = "语文数学英语 abc";
string newst = st.Insert(6,"物理");   //在指定索引处插入
Console.WriteLine(newst);              //语文数学英语物理 abc
```

10. PadLeft()和 PadRight()

PadLeft()方法在调用方字符串的开头，通过添加指定的重复字符填充字符串；而 PadRight()方法在调用方字符串的结尾，通过添加指定的重复字符填充字符串。

PadLeft()具有两种重载形式：

```
//使用空格填充字符串开头直到整个字符串长度为 totalWidth
string PadLeft(int totalWidth);
//使用 paddingChar 填充字符串开头直到整个字符串长度为 totalWidth
string PadLeft(int totalWidth,char paddingChar);
```

示例

```
string s1 = "湖北黄冈";
string s2 = "云南省昆明市";
Console.WriteLine(s1.PadLeft(6,'嘿'));
Console.WriteLine(s2);
Console.WriteLine(s1.PadRight(6,'哈'));
Console.WriteLine(s2);
```

程序的执行结果如图 6-8 所示。

图 6-8 字符填充

11．Remove()

该方法用于删除调用方字符串中指定内容。它有两种重载形式，其中一种重载形式如下：

```
public string Remove(int startIndex)
```

该形式表示从 startIndex 位置开始，删除此位置后所有的字符（包括当前位置所指定的字符）。

另外一种重载形式如下：

```
public string Remove(int startIndex,int count)
```

该形式表示从 startIndex 位置开始，删除 count 个字符。例如：

```
string st = "abcdefg";
string newstring = st.Remove(4);
//string newstring = st.Remove(4,1);
Console.WriteLine(newstring);         //abcd
```

12．Replace()

该方法用于替换调用方字符串中的特定内容。其中的一种声明形式如下：

```
public string Replace(char oldChar,char newChar)
```

该形式表示在调用方字符串对象中寻找 oldChar，如果找到，就用 newChar 将 oldChar 替换掉。

它还有一种更常用的重载方式，具体如下：

```
public string Replace(string oldString,string newString)
```

该方式表示在对象中寻找 oldString，如果找到，就用 newString 将 oldString 替换掉。例如：

```
string st = "感谢国家感谢人民感谢爹地感谢妈咪感谢cctv感谢自己";
Console.WriteLine("输出替换前的字符串: " + st);
string newstring = st.Replace('感', '多');
//或者 string newstring = st.Replace("感谢", "多谢");
Console.WriteLine("输出替换后的字符串: " + newstring);
```

13．Split()

该方法用于切割字符串。其中一种典型的重载方式如下：

```
public string[] Split ( params char[] separator )
```

该方式表示根据 separator 指定的字符切分调用方字符串，返回切分后的字符串数组，separator 可以是不包含分隔符的空数组或空引用。

另一种典型的重载方式如下：

```
public string[] Split ( char[] separator, int count )
```

参数 count 指定要返回的子字符串的最大数量,若 count 不填则全部拆分。

其他典型的重载方式如下：

```
public string[] Split ( char[] separator, StringSplitOptions options )
public string[] Split ( char[] separator, int count, StringSplitOptions options )
public string[] Split ( string[] separator, StringSplitOptions options )
public string[] Split ( string[] separator, int count, StringSplitOptions options )
```

其中,StringSplitOptions 为枚举,其值如下。

➤ None,返回值包括含有空字符串的数组元素。

➤ RemoveEmptyEntries,返回值不包括仅为空字符串的数组元素。

如果想从字符串 s＝"a,b.c,6,,3,9_8-e,f." 中取得各个字母和数字,该如何办呢? 方法很简单：

```
string[] t = s.Split(',','.','_','-');
```

然而该方法有点小问题,注意到 6 后面有两个连续的逗号,正是此处会导致最终结果中有一个为空串的元素。修正的方法就是给 Split()方法补充第二个参数 StringSplitOptions. RemoveEmptyEntries。

再看下面示例：

```
s = "感谢国家感谢人民感谢爹地感谢妈咪感谢 cctv 感谢自己";
```

现在需要从该字串中提取出名词,该如何办呢? 仍然使用 Split()方法,只是第一个参数不再使用 char 类型数组,使用字符串形式的重载即可,其他类同。代码如下：

```
//执行下句就可以得到所有的名词,这些名词存放于字符串数组 t 中。如 t[0]即代表国家。
string[] t = s.Split(new string [][{"感谢"}, StringSplitOptions.RemoveEmptyEntries);
```

该方法经常用于导入格式化的数据并做相关处理,很实用。

✎ 课堂练习 1：请将"i am a student from china."按字符逆序输出。

✎ 课堂练习 2：请将"i am a student from china."按单词逆序输出。（提示：可以使用两种方式实现：Split()或者 Array.Reverse()。）

14. Substring()

该方法用于从调用方字符串中提取子字符串。其有两种常用的重载形式,其中一种重载形式如下：

```
public string Substring(int startIndex)
```

该形式表示从 startIndex 位置开始,提取此位置后所有的字符(包括当前位置所指定的字符）。

另一种重载形式如下：

```
public string Substring( int startIndex, int count)
```

该形式表示从 startIndex 位置开始，提取 count 个字符。例如：

```
string st = "abcdefg";
string newstring = st.Substring(2);
//string newstring = st.Substring(2,2);
Console.WriteLine(newstring);
```

15. ToCharArray()

该方法用于将调用方字符串转换为字符数组。

本章前面提出过一个问题：如何通过字符数组的方式来修改一个字符串？其思路是：先把字符串通过 ToCharArray() 转换为字符数组，然后修改此数组的元素，最后通过 new string(char[]) 来达到生成一个满足条件的新字串的要求。例如：

```
string s = "ms2008";
char[ ] ch = s.ToCharArray();
ch[5] = '9';
string t = new string(ch);        //则 t 变为 ms2009,而 s 仍然维持原值 ms2008
```

16. ToLower()和 ToUpper()

ToLower()方法表示将调用方字符串中的大写全部转为小写，ToUpper()方法表示将指定字符串中的小写转换为大写。例如：

```
string st = "abcdefg";
string newstring = st.ToUpper();
Console.WriteLine(newstring);           //即"ABCDEFG"
string newstr = newstring.ToLower();
Console.WriteLine(newstr);              //即 "abcdefg"
```

17. Trim()

该形式表示清空调用方字符串前后的空格,其常用的重载形式如下：

```
public string Trim();
```

该形式表示将字符串对象包含的字符串两边的空格去掉后返回。

另一种常用的重载形式如下：

```
public string Trim( params char[ ] trimChars )
```

该形式表示从调用方字符串对象的开始和末尾移除指定字符数组中的所有匹配项,遇到第一个不匹配的项则停止删除操作。例如：

```
string st = "abcaef";
//寻找 st 字符串中开始与末尾是否有与'a'匹配,如有,将其移除
string newstring = st.Trim(new char[] {'a'});
Console.WriteLine(newstring);            //即 bcaef
//注:如果字符串为"aaaabcaef",返回依然为 bcaef
```

另外,与该方法功能类似的方法还有 TrimEnd() 和 TrimStart()。TrimEnd() 的声明形式为:

```
public string TrimEnd( params char[] trimChars )
```

该形式表示对调用方字符串末尾与指定字符数组中的所有项进行匹配,匹配到则移除,遇到第一个不匹配的则停止。

TrimStart() 的声明形式为:

```
public string TrimStart( params char[] trimChars );
```

该形式表示对调用方字符串开始部分与指定字符数组中的所有项进行匹配,匹配到则移除,遇到第一个不匹配的则停止。

下面看一个比较综合的例子:

```
static void Main(string[] args)
{
    Console.WriteLine();
    string st = "abcdefghijklmn";
    Console.WriteLine("输出原字符串: " + st);
    Console.WriteLine();

    Console.WriteLine(" ********** Replace 操作 ****************** ");
    string newstring = st.Replace('a', 'x');
    Console.WriteLine("输出替换后的字符串: " + newstring);
    Console.WriteLine();

    Console.WriteLine(" ********** Substring 操作 ****************** ");
    newstring = st.Substring(2);
    Console.WriteLine("输出提取的字符串: " + newstring);
    Console.WriteLine();

    Console.WriteLine(" ********** IndexOf 操作 ****************** ");
    int num = st.IndexOf("bcd");
    Console.WriteLine("输出开始索引: " + num);

    Console.WriteLine(" ********** Remove 操作 ****************** ");
    newstring = st.Remove(4);
    Console.WriteLine("输出删除后的字符串: " + newstring);
    Console.WriteLine();

    Console.WriteLine(" ********** ToUpper 操作 ****************** ");
    newstring = st.ToUpper();
```

```
Console.WriteLine("输出转化后的字符串:" + newstring);
Console.WriteLine();

Console.WriteLine(" ********** Trim 操作 ******************** ");
newstring = st.Trim(new char[] { 'a' });
Console.WriteLine("输出移除后的字符串:" + newstring);
Console.WriteLine();

Console.WriteLine(" ********** Equals 操作 ******************** ");
bool b = st.Equals("bcdef");
Console.WriteLine("输出判断结果:" + b);
Console.WriteLine();

string st1 = "语文|数学‖英语|物理";
Console.WriteLine("输出原字符串:" + st1);
Console.WriteLine(" ================================== ");

string[] split = st1.Split(new char[] { '|' }, StringSplitOptions.RemoveEmptyEntries);
Console.WriteLine(" ********** Split 操作 ******************** ");
Console.WriteLine("输出分割后的字符串:" + split);
for (int i = 0; i < split.Length; i )
    Console.WriteLine(split[i]);
Console.WriteLine();

Console.WriteLine(" ********** Contains 操作 ******************** ");
bool b1 = st1.Contains("语文");
Console.WriteLine("字符串是否包含'语文'?" b1);
Console.WriteLine();

Console.WriteLine(" ********** Insert 操作 ******************** ");
newstring = st1.Insert(6, "abc");           //注: 在指定索引"前"插入
Console.WriteLine("输出插入后的字符串" + newstring);
Console.WriteLine();

string st3 = "语文数学英语 abc";
Console.WriteLine("输出原字符串:"   + st3);
Console.WriteLine(" ================================== ");

Console.WriteLine(" ********** EndsWith 操作 ******************** ");
bool b2 = st3.EndsWith("英语 ABC", StringComparison.CurrentCultureIgnoreCase);  //第
二个参数忽略大小比较
Console.WriteLine("输出判断结果:" + b2);
Console.WriteLine(" ******************************************** ");

Console.Read();
}
```

程序的执行结果如图 6-9 所示。

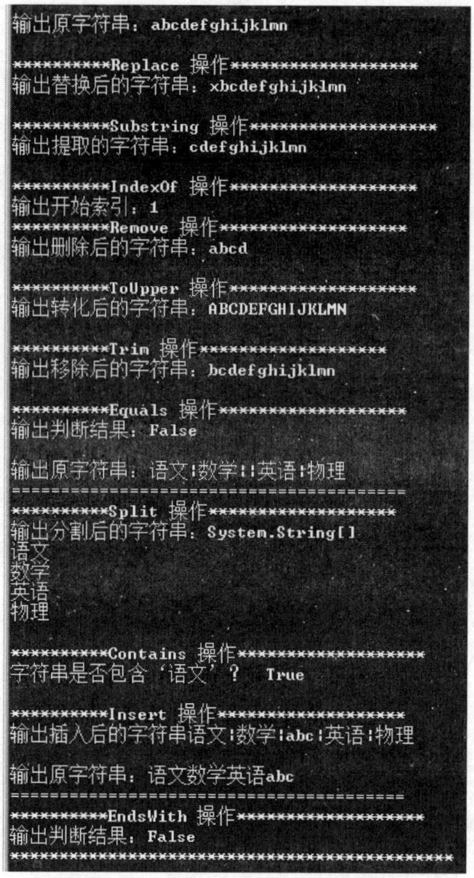

图 6-9　字符串方法示例

6.3　StringBuilder

StringBuilder 与 string 对象相比的最大好处在于,在对 StringBuilder 对象进行追加、插入、替换、移除操作时,不会产生新对象,因此它适用于对字符串进行频繁操作的场合。

StringBuilder 对象所占用的内存是动态变化的,当然也可以在实例化时显式指定其容量。其默认大小是 16,最大容量是 Int32. MaxValue,当往其中存入的数据长度大于最大容量时,会引发 ArgumentOutOfRangeException 异常。

1. StringBuilder 对象的属性

StringBuilder 对象具有以下 3 个属性。

➢ Capacity：设置或获取对象的容量,当设置的初始对象容量小于 Length 时,Capacity 会自动扩大到 Length 所指定的大小；也可以显式给该属性赋值来扩充或者缩减容量,但是不得小于 Length。

➢ Length：对象中所存储字符串的实际长度。

➢ MaxCapacity：对象的最大容量。

示例：StringBuilder 的属性

```
StringBuilder sb1 = new StringBuilder();
Console.Write(sb1.Capacity + "\t");
Console.Write(sb1.Length + "\t");
Console.WriteLine(sb1.MaxCapacity);

StringBuilder sb2 = new StringBuilder(250);
Console.Write(sb2.Capacity + "\t");
Console.Write(sb2.Length + "\t");
Console.WriteLine(sb2.MaxCapacity);

StringBuilder sb3 = new StringBuilder("我的 2012");
Console.Write(sb3.Capacity + "\t");
Console.Write(sb3.Length + "\t");
Console.WriteLine(sb3.MaxCapacity);

StringBuilder sb4 = new StringBuilder("a.1 天苍苍,野茫茫,风吹草低见牛羊。");
Console.Write(sb4.Capacity + "\t");
Console.Write(sb4.Length + "\t");
Console.WriteLine(sb4.MaxCapacity);
```

程序的执行结果如图 6-10 所示。

从执行结果可以仔细体会 3 个属性的含义。最大容量 MaxCapacity 维持不变,Length 属性是 StringBuilder 属性中字符串的长度,而容量 Capacity 则默认为 16,当 Length 小于或等于指定的 Capacity 时,Capacity 维持初始指定大小,否则 Capacity 会自动扩展以便能容纳下所有字符。

图 6-10　StringBuilder 属性示例

也可以在实例化 StringBuilder 对象时,同时指定其字符串内容和容量大小。例如：

```
StringBuilder sb = new StringBuilder("人间四月天,麻城看杜鹃!",200);
```

但这并不意味着 sb 对象只能容纳 200 个字符,当往其中存放的字符超过 200 时,会自动扩充。

2. StringBuilder 对象的方法

StringBuilder 对象的追加、替换等诸多操作都依赖于对象的方法来实施。其常用方法如下。

➤ Append：用于将文本或者对象的字符串表示形式添加到当前对象的结尾处。

➤ AppendFormat：用于对追加部分字符串进行格式化。

➤ AppendLine：将指定字符串的副本和默认的换行符追加到当前对象的末尾。

➤ Clear：从当前 StringBuilder 实例中移除所有字符。

➤ EnsureCapacity：动态调整 StringBuilder 对象的容量大小,但不得小于 Length。

➤ Equals：请参照 4.19 节的内容。

➤ Insert：将指定的内容(字符、字符串)等插入到当前实例中的指定位置。

➤ Remove：将指定范围的字符从当前实例中删除。

➤ Replace：将当前实例中指定的内容(字符、字符串)等替换为指定内容。

下面对其中几种方法进行讲解。

1）Append()

该方法用于往现有字符串实例追加字符串。例如：

```
StringBuilder sb = new StringBuilder();
Console.WriteLine( sb.Capacity + "\t" + sb.Length );
sb.Append('a', 22);
Console.WriteLine(sb.Capacity + "\t" + sb.Length);
sb.Append ( 'a', 11);
Console.WriteLine( sb.Capacity + "\t" + sb.Length );
sb = new StringBuilder("古人有云：");
Console.WriteLine(sb.ToString());
Console.WriteLine(sb.Capacity + "\t" + sb.Length);
sb.Append("酒逢知己饮");
Console.WriteLine(sb.ToString());
Console.WriteLine( sb.Capacity + "\t" + sb.Length );
sb.Append("，诗向会人吟。");
Console.WriteLine(sb.ToString());
Console.WriteLine(sb.Capacity + "\t" + sb.Length);
```

程序的执行效果如图 6-11 所示。

从上述示例可以看到：

➢ StringBuilder 实例的容量增加遵从 2 的幂次
  增长规律，最小为 16。

➢ Append()方法可以起到类似＋的字符串接的
  作用，但与 string 类型不同的是，使用
  Append()方法不会在内存中创建新的字符串
  实例。

➢ ToString()方法用于字符串的原样显示。

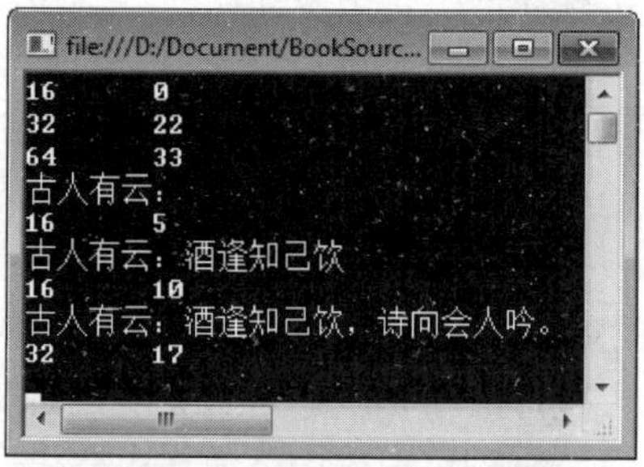

2）AppendFormat()

该方法可以用于将字符串按照指定的格式进行
格式化后再追加到 StringBuilder 实例后面。其常用重载形式为：

图 6-11　StringBuilder 的 Append()
方法演示

```
StringBuilder AppendFormat(string format, params object[] args)
```

其中，format 参数指定追加时所使用的格式符，而 args 参数则指定需要追加的内容。
例如：

```
StringBuilder  sb = new StringBuilder("现在是：");
sb.AppendFormat("{0:yyyy-MM-dd hh:mm:ss}", System.DateTime.Now);
Console.WriteLine(sb);
```

程序的执行结果如图 6-12 所示。

图 6-12　AppendFormat()方法演示

3）EnsureCapacity()

如果当前容量小于指定容量，内存分配会增加内存空
间以达到指定容量，即可以通过该方法增加 StringBuilder

实例所占的空间，但无法缩减其空间。例如：

```
StringBuilder sb = new StringBuilder("古人有云:酒逢知己饮,诗向会人吟。");
Console.WriteLine(sb.Capacity + "\t" + sb.Length);
sb.EnsureCapacity(10);
Console.WriteLine(sb.Capacity + "\t" + sb.Length);
sb.EnsureCapacity(100);
Console.WriteLine(sb.Capacity + "\t" + sb.Length);
sb.Remove(10, 6);
Console.WriteLine(sb.ToString());
Console.WriteLine(sb.Capacity + "\t" + sb.Length);
sb.EnsureCapacity(88);
Console.WriteLine(sb.Capacity + "\t" + sb.Length);
```

程序的执行结果如图 6-13 所示。

通过上面的程序，也可以看到 EnsureCapacity()方法可以增加 StringBuilder 实例所占空间的大小，但是却无法缩减其所占用空间。

4）Insert()

该方法在当前字符串中插入指定的内容，其重载形式非常多。常用的重载形式如下：

图 6-13　EnsureCapacity()
方法演示

```
StringBuilder Insert(int index, string value, int count)
```

其功能是：在 index 位置开始插入 count 个 value，得到一个新的字符串实例。例如：

```
StringBuilder sb = new StringBuilder("今晚的月亮啊!");
sb.Insert(5, "好圆", 3);
Console.WriteLine(sb);
```

今晚的月亮好圆好圆好圆啊！

图 6-14　Insert()方法演示

程序的执行结果如图 6-14 所示。

5）Replace()

该方法有如下几种常用重载形式。

```
Replace( Char oldchar, Char newchar )                //用 newchar 替换 oldchar
Replace( String oldstring, String newstring )        //用 newstring 替换 oldstring
//在 startpos 到 count－1 之间这个范围用 newchar 替换 oldchar
Replace( Char oldchar, Char newchar, Int startpos, Int count )
//在 startpos 到 count－1 之间这个范围用 newstring 替换 oldstring
Replace( String oldstring, String newstring, Int startpos, Int count )
```

示例：

```
StringBuilder sb = new StringBuilder("古人有云:酒逢知己饮,诗向会人吟。");
sb.Replace('云','说');
Console.WriteLine( sb.ToString());
sb.Replace("知己", "朋友");
Console.WriteLine(sb.ToString());
```

```
sb.Remove(10, 6);
Console.WriteLine(sb.ToString());
```

程序的执行结果如图 6-15 所示。

图 6-15　Replace()和 Remove()方法演示

6.4　编　　码

20 世纪 60 年代,美国相关部门制定了一个英文字符和二进制位之间的对应关系表,即一种字符编码,亦即后续的 ASCII 码。ASCII 码共规定 128 个字符所应该对应的二进制位,此即其编码。该编码方式仅用了低 7 位,前面的 1 位统一为 0,该编码囊括了阿拉伯数字、英文字母及一些常用标点符号及一些控制字符。后来随着需求的扩大,128 个字符的编码不再满足需要,于是启用了最高位,此时编码状态扩展到 256 位,此即扩展的 ASCII 编码。

随着计算机的全球化,各种语言文字在计算机中的表达成为一个难题,扩展的 ASCII 编码远远不够用,例如仅常用汉字就成千上万。于是其他各种地域化的编码方式如雨后春笋般地出现,典型的如中文编码的 GB2312、繁体中文的 BIG5 等。虽然这些地域化的编码方案解了燃眉之急,然而却给全球化的交流带来了一个知名的问题——乱码问题,例如早期的邮件中经常出现乱码。

为了解决这种混乱的局面,一种旨在统一全球各种字符的编码方式应运而生,这就是 Unicode 编码。Unicode 编码是一种还在不断更新发展中的编码,要了解其详细信息,可以参考其官方网站[1]。目前 Unicode 编码的最新标准是 9.0 版[2]。

关于这些编码原理本书不再详细讲解,这里仅推荐两篇关于 Unicode 的佳文供参考: *Understanding Unicode*[3][4],*Character set encoding basics*[5]。

本书将主要从应用的角度来讲解在 C♯ 下如何获取各种编码。在 C♯ 中,获取编码是通过 Encoding 类来实现。

1. ASCII 码的获取

```
string s = "a";                          //s 不能为 char 类型,但可以是 char 数组
byte[] ascii = Encoding.ASCII.GetBytes(s);  //s 不能为中文等非 ASCII 码字符
```

在上例中,即使 s 为中文等非 ASCII 码字符,也只能获取一个字节,故上述方法仅适合获取 ASCII 码字符的编码。

[1]　http://www.unicode.org/
[2]　http://www.unicode.org/versions/Unicode9.0.0/
[3]　http://scripts.sil.org/cms/scripts/page.php?site_id=nrsi&item_id=IWS-Chapter04a
[4]　http://scripts.sil.org/cms/scripts/page.php?item_id=IWS-Chapter04b
[5]　http://scripts.sil.org/cms/scripts/page.php?site_id=nrsi&item_id=IWS-Chapter03

典型字符的 ASCII 码如表 6-5 所示。

表 6-5 典型字符的 ASCII 码

字　　符	编　　码	字　　符	编　　码
BackSpace	8	9	57
Tab	9	65	A
换行	10	90	Z
回车	13	97	a
Space	32	122	z
0	48		

相反,下例需要从 ASCII 码获取相应的字符,则只需要强制转换即可。

```
class Program
{
    static char ch = 'z';
    static short si = 65;
    static void Main(string[] args)
    {
        Console.WriteLine(ch +"的 ASCII 码是: " + (short)ch);
        Console.WriteLine("ASCII 码是: " + si.ToString() + ",字符是: " + (char)si);
    }
}
```

💣※上述方法对汉字亦成立。例如:

```
class Program
{
    static char cn = '王';
    static short uc = 26126;
    static void Main(string[] args)
    {
        Console.WriteLine(cn +"的 Unicode 是" + (short)cn);
        Console.WriteLine("Unicode 是 " + uc.ToString() + ",字符是: " + (char)uc);
    }
}
```

2. GB2312 编码的获取

```
string s = "王";
Encoding GB2312 = Encoding.GetEncoding("GB2312");
//如下 gb2312 字节数组中有两个数字 205(11001101),245(11110101)
byte[] gb2312 = GB2312.GetBytes(s);
```

3. Unicode 编码的获取

```
string s = "王";
byte[] unicode = Encoding.Unicode.GetBytes(s);   //此时 unicode 中有两个元素 139,115
string s = "a";
byte[] unicode = Encoding.Unicode.GetBytes(s);   //此时 unicode 中有两个元素 97,0
```

虽然 Unicode 编码解决了全球字符的统一编码问题,然而该编码方式却没有规定存储方式。不同的字符所占用的字节可能不同,这给读写带来了不便。典型的 Unicode 具体实现见如下 UTF-Unicode Transformation Format 家族。

> UTF-8:变长编码方式,1~4 字节。
> UTF-16:双字节方式。
> UTF-32:四字节方式。
> UTF-7。
> UTF-6。
> UTF-5。

示例 1:英文字符的各种编码

```
string s = "a";
//string s = "王";
byte[] unicode1 = Encoding.Unicode.GetBytes(s);              //97 - 0
byte[] unicode2 = Encoding.ASCII.GetBytes(s);               //97
byte[] unicode3 = Encoding.BigEndianUnicode.GetBytes(s);     //0 - 97
byte[] unicode4 = Encoding.Default.GetBytes(s);             //97
byte[] unicode5 = Encoding.UTF32.GetBytes(s);              //97 - 0 - 0 - 0
byte[] unicode6 = Encoding.UTF7.GetBytes(s);               //97
byte[] unicode7 = Encoding.UTF8.GetBytes(s);               //97
```

示例 2:中文字符的各种编码

```
// string s = "a";
string s = "王";
byte[] unicode1 = Encoding.Unicode.GetBytes(s);              //139 - 115
byte[] unicode2 = Encoding.ASCII.GetBytes(s);               //63
byte[] unicode3 = Encoding.BigEndianUnicode.GetBytes(s);     //115 - 139
byte[] unicode4 = Encoding.Default.GetBytes(s);             //205 - 245
byte[] unicode5 = Encoding.UTF32.GetBytes(s);              //139 - 115 - 0 - 0
byte[] unicode6 = Encoding.UTF7.GetBytes(s);               //43 - 99 - 52 - 115 - 45
byte[] unicode7 = Encoding.UTF8.GetBytes(s);               //231 - 142 - 139
```

6.5 问 与 答

6.5.1 s=null,s=string.Empty 与 s=""

✌ 首先交待一下,s 为 string 类型。

先说 s="" 和 s=string.Empty,这两者是等价的,表明 s 指向了一个空字符串,即 s 有指向,只是该指向的内容为一个空字符串而已。而 s=null,则代表 s 没有任何指向。

可以对比 int i=0 来理解,若定义 i 为可空类型,则 i=null 表明 i 从没有被赋值,而 i=0 代表 i 被赋了值,只是值为 0 而已,与 i=100 没有本质差别。

6.5.2 字符串与数组之间如何互相转化

✌ 字符串与数组之间的转化关系包含两个方面：字符数组与字节数组。

字符串→字符数组是通过字符串对象的 ToCharArray()方法完成。例如：

```
//字符串-<字符数组
class Program
{
    static string str = "one night in 北京,留下许多情";
    static char[] chars = str.ToCharArray();
    static void Main(string[] args)
    {
        Console.WriteLine("string str =   " + str);
        Console.WriteLine("\"string\" 的长度是: " + str.Length);
        Console.WriteLine("\"char array\" 的长度是: " + chars.Length);
        Console.WriteLine("char[3] = " + chars[3]);
    }
}
```

而字符数组→字符串则是通过实例化的构造函数完成。例如：

```
//字符数组→字符串
class Program
{
    static char[] chars = { 'W', 'e', 'l', 'c', 'o', 'm', 'e' };
    static string str = new String(chars);
    static void Main(string[] args)
    {
        Console.WriteLine("str = \"" + str + "\"");
        Console.Read();
    }
}
```

下面看字符串与字节数组之间的转化关系。

System.String 类没有实现字符串和字节数组之间转换的方法,实现字符串和字节数组之间转换需要借助于 Encoding 类的各种属性的如下方法。

(1) byte[] GetBytes(string),实现字符串→字节数组的方法。

(2) string GetString(byte[]),实现字节数组→字符串的方法。

可以利用上述方法来完成转换的属性有 Encoding. Default、Encoding. UTF8、Encoding. Unicode、Encoding. ASCII 等。例如：

```
class Program
{
    static string s = "I Love C#语言";
    static byte[] b1 = System.Text.Encoding.Default.GetBytes(s);
    static byte[] b2 = System.Text.Encoding.Unicode.GetBytes(s);
    static string t1 = "", t2 = "";
    static void Main(string[] args)
    {
```

```
        foreach (byte b in b1)
            t1 += b.ToString("") + " ";
        foreach (byte b in b2)
            t2 += b.ToString("") + " ";
        Console.WriteLine("b1.Length = " + b1.Length);
        Console.WriteLine(t1);
        Console.WriteLine("b2.Length = " + b2.Length);
        Console.WriteLine(t2);
    }
}
```

6.5.3 字符串与字节数组之间的转换有何意义

✌字符串与字节数组之间的转换在实际应用中具有不可忽视的意义。例如,在进行网络传输时,需要将字符串转换为字节数组进行传输,而在接收端,又需要将字节数组还原为字符串。例如:

```
string strToBeSend = "XXXXXXX。。。。。。";      //该字符串是待传输的字符串
//在发送端,为了传输需将字符串转换为字节数组
byte[] ToBeSend = UTF8Encoding.UTF8.GetBytes(strToBeSend);

//在接收端,为了还原传输的内容,需要将字节数组转换为字符串
string  sReceive = UTF8Encoding.UTF8.GetString(ToBeSend) ;
```

经过如上两步,就可以完成字符串的传输了。

6.5.4 各种编码之间如何转换

✌编码的转换通过 Encoding.Convert(源编码,目标编码,字节数组);方法完成。例如,下面两段代码分别实现 UTF8 和 GB2312 之间的转换。不过在实际应用中,参数和返回值均为字符串的编码转换却不一定常用,此处仅为讲解之用。

UTF8 转换为 GB2312:

```
public string UTF8ToGB2312(string str)
{
    try
    {
        Encoding utf8 = Encoding.GetEncoding(65001);      //Encoding.Default ,936
        Encoding gb2312 = Encoding.GetEncoding("gb2312");
        byte[] temp = utf8.GetBytes(str);                 //从字符串得到字节数组
        byte[] temp1 = Encoding.Convert(utf8, gb2312, temp);
        string result = gb2312.GetString(temp1);          //从字节数组得到字符串
        return result;
    }
    catch (Exception ex)
    {
        MessageBox.Show(ex.ToString());
        return null;
```

```
        }
    }
```

GB2312 转换为 UTF8：

```
public string GB2312ToUTF8(string str)
{
    try
    {
        Encoding uft8 = Encoding.GetEncoding(65001);
        Encoding gb2312 = Encoding.GetEncoding("gb2312");
        byte[] temp = gb2312.GetBytes(str);
        byte[] temp1 = Encoding.Convert(gb2312, uft8, temp);
        string result = uft8.GetString(temp1);
        return result;
    }
    catch (Exception ex)
    {
        MessageBox.Show(ex.ToString());
        return null;
    }
}
```

6.6　思考与练习

（1）sting 的 IndexOf()和 LastIndexOf()有何区别？请举例说明之。

（2）不使用字符串操作函数，自己实现 EndWith()、StartWith()函数的功能。

（3）给你一段文字，请问如何分析该段文字里面所有的 Email。

（4）本章涉及到字符串比较功能的方法较多，请总结比较下述方法的特性。

➤ string.Compare()。

➤ string.CompareOrdinal()。

➤ string.Equals()。

➤ string.ReferenceEquals()。

➤ string 对象.CompareTo()。

➤ string 对象.Equals()。

➤ StringBuilder 对象.Equals()。

6.7　实战任务

（1）请实现对一个文件路径的解析，要求分析出：

➤ 文件名（不带路径信息）。

➤ 文件扩展名。

➤ 文件所在磁盘。

➢ 文件所在文件夹。

（2）分析 ∗.lrc 歌词文件的格式,完成歌词文件的解析。功能要求如下。

➢ 将歌词放到一个字符串变量中（或参照 8.1.3 节实现文件读取更好）。

➢ 将歌词文件进行分析（前面没有时间标记的行不用分析）,分析后得到两个数组（集合）,其中一个数组中存放十进制的时间,而另外一个数组放与第一个数组对应的歌词（其中时间格式为 XX：YY．ZZ,XX 为分钟,YY.ZZ 为秒数,十进制时间为 XX ∗ 60＋YY.ZZ）。

➢ 将上述两个数组的内容逐行对应输出（即每行输出为：时间 歌词）。

附：歌词文件内容

```
[00:27.75]鸿雁    天空上
[00:36.31]对对排成行
[00:44.00]江水长    秋草黄
[00:53.23]草原上琴声忧伤
```

（3）请使用字符串相关函数实现词频统计功能。具体要求如下。

➢ 统计文章中的字符数、单词数、标点符号数。

➢ 将所有的单词按照出现次数排序并输出。

第 7 章　　WinForm 初步

WinForm 开发的基础除了前文所讲述的 C♯语言语法基础,另外一个基础即大量现成的控件和组件,组件和控件使得开发大为快捷。其中,控件具有可视化界面,而组件则不具备可视化界面。

7.1　窗　　体

窗体是 WinForm 应用开发中最基本的一个容器控件,和其他很多普通控件一样,都继承于控件基类 System. Windows. Forms. Control,故所有的控件都具有一些共有的特性。当在 VS 中新建一个 WinForm 项目时,默认会有一个窗体。由于窗体是一个特殊的控件,窗体控件所具有的很多属性、事件也是其他控件所具备的,故此处首先介绍窗体的常用属性、方法和事件。

窗体的常用属性如表 7-1 所示,按字母排序,其中很多属性也是其他控件所具备的。

表 7-1　窗体的常用属性

属　　性	说　　明
AcceptButton	用来获取或设置一个值,该值是一个按钮的名称,当按 Enter 键时就相当于单击了窗体上的该按钮(窗体上至少要有一个按钮时,才能使用此属性)
ActiveControl	用来获取或设置容器控件中的活动控件
ActiveMdiChild	用来获取多文档界面(MDI)的当前活动子窗口
AutoScroll	用来获取或设置一个值,该值指示窗体是否实现自动滚动。如果此属性值设置为 true,则当任何控件位于窗体工作区之外时,会在该窗体上显示滚动条
BackColor	用来获取或设置窗体的背景色
BackgroundImage	用来获取或设置窗体的背景图像
BackgroundImageLayout	设置窗体的背景显示方式
CancelButton	用来获取或设置一个值,该值是一个按钮的名称,当按 Esc 键时就相当于单击了窗体上的该按钮;对比 AcceptButton
Capture	如果该属性值为 true,则鼠标就会被限定只由此控件响应,不管鼠标是否在此控件的范围内
ControlBox	用来获取或设置一个值,该值指示在该窗体的标题栏中是否显示控制框。值为 true 时将显示控制框,值为 false 时不显示控制框
Enabled	用来获取或设置一个值,该值指示控件是否可以对用户交互做出响应。如果控件可以对用户交互做出响应,则为 true;否则为 false

属　　性	说　　明
Font	用来获取或设置控件显示的文本的字体,设置时需要使用 new 实例化一个字体对象赋给该属性
ForeColor	用来获取或设置控件的前景色,对比 BackColor
FormBorderStyle	控制窗体边框的外观。此属性还将影响标题栏的显示方式以及允许在标题栏上显示的按钮
Height	用来获取或设置窗体的高度,对比 Width
Icon	设置窗体标题栏中的图标
IsMdiChild	获取一个值,该值指示该窗体是否为多文档界面(MDI)子窗体。值为 true 时,是子窗体;值为 false 时,不是子窗体
IsMdiContainer	获取或设置一个值,该值指示窗体是否为多文档界面(MDI)中的子窗体的容器。值为 true 时,是子窗体的容器;值为 false 时,不是子窗体的容器
KeyPreview	用来获取或设置一个值,该值指示在将按键事件传递到具有焦点的控件前,窗体是否将接收该事件。值为 true 时,窗体将接收按键事件;值为 false 时,窗体不接收按键事件
Left	用来获取或设置窗体的左边缘的 x 坐标(以像素为单位),对比 Top
MaximizeBox	用来获取或设置一个值,该值指示是否在窗体的标题栏中显示最大化按钮。值为 true 时显示最大化按钮,值为 false 时不显示最大化按钮
MinimizeBox	用来获取或设置一个值,该值指示是否在窗体的标题栏中显示最小化按钮。值为 true 时显示最小化按钮,值为 false 时不显示最小化按钮
MdiChildren	数组属性。数组中的每个元素表示以此窗体作为父级的多文档界面(MDI)子窗体
MdiParent	用来获取或设置此窗体的当前多文档界面(MDI)父窗体
Modal	用来设置窗体是否为有模式显示窗体。如果有模式地显示该窗体,该属性值为 true;否则为 false。当有模式地显示窗体时,只能对模式窗体上的对象进行输入。必须隐藏或关闭模式窗体(通常是响应某个用户操作),然后才能对另一窗体进行输入。有模式显示的窗体通常用作应用程序中的对话框
Name	用来获取或设置窗体的名称,在应用程序中可通过 Name 属性来引用窗体
Opacity	设置窗体的不透明度
Size	获取或者设置控件的高度和宽度
StartPosition	用来获取或设置运行时窗体的起始位置,有若干枚举取值
ShowInTaskbar	用来获取或设置一个值,该值指示是否在 Windows 任务栏中显示窗体
Text	该属性是一个字符串属性,用来设置或返回在窗口标题栏中显示的文字;对于普通控件而言,可以在其中通过使用 & 来为控件指定快捷访问键。如,如果按钮控件 btnNew 的 Text 属性值为"新建(&N)",就可以通过 Alt ＋ N 组合键直接访问该按钮(此时触发 Click 事件)。当显示在控件的标题时,访问键会加上下画线(若要在标题中输入与号,则要使用"&&"的形式)
Top	用来获取或设置窗体的上边缘的 y 坐标(以像素为单位)
Visible	用于获取或设置一个值,该值指示是否显示该窗体或控件。值为 true 时显示窗体或控件,为 false 时不显示
Width	用来获取或设置窗体的宽度
WindowState	用来获取或设置窗体的窗口状态。取值有 3 种:Normal(窗体正常显示)、Minimized(窗体以最小化形式显示)和 Maximized(窗体以最大化形式显示)

在 VS 中,如果希望查看某个控件所具备的属性,只需要右击该属性,然后在弹出的快捷菜单中选择 Properties,如图 7-1 所示,即可查看其属性列表,如图 7-2 所示。在该属性窗口中可以设置诸多属性的属性值。然而需要注意的是,并非控件的所有属性都可以在这里设置,有些控件的属性不会显示在该属性窗口中,然而却可以在代码编辑区域通过输入控件名和. 的方式来获取更多的属性,例如在窗体的属性窗口中并没有 Bounds 属性,如图 7-3 所示,但是在代码编辑视图却可以发现窗体具备该属性,如图 7-4 所示。

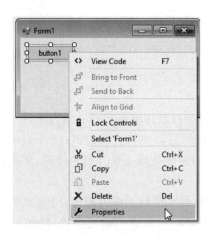

图 7-1　查看控件的属性

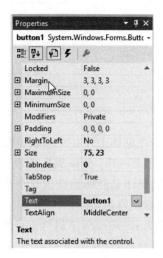

图 7-2　控件的属性列表

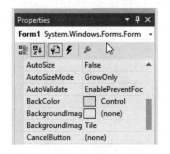

图 7-3　窗体的属性窗口没有
Bounds 属性

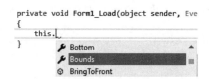

图 7-4　代码编辑区域中通过对象.的方式
可以访问更多属性

示例:窗体的 KeyPreview 属性

若窗体没有可获得焦点的控件,则窗体将自动接受并处理所有键盘事件。但是若窗体有可获得焦点的控件,则针对这些可以获得焦点的控件执行键盘操作时,控件的 KeyDown、KeyUp 和 KeyPress 会被触发,但是对窗体而言,默认情况下,它已经无缘捕获这几个事件了。

新建 WinForm 项目,清空窗体的 Text 属性,为窗体编写如下事件代码:

```
private void keyPreview_KeyUp(object sender, KeyEventArgs e)
{
    this.Text += "F_KeyUp";
}
```

程序的执行结果如图 7-5 所示。

在上例的基础上,往窗体拖入一个 TextBox 控件,为其编写如下代码:

```
private void textBox1_KeyUp(object sender, KeyEventArgs e)
{
    this.Text += "T_KeyUp";
}
```

程序的执行结果如图 7-6 所示。

图 7-5　窗体响应 KeyUp 事件　　　　图 7-6　仅文本框响应 KeyUp 事件

可见,当在窗体上存在可以获得焦点的控件时,窗体就不再捕获键盘事件了。

可以通过 KeyPreview 属性来改变这个境况,只需要将窗体的 KeyPreview 属性设置为 true 即可,则窗体又能够捕获这几个事件了。当窗体处理完这几个事件后,便会把这几个事件交给相应的控件处理。

将窗体的 KeyPreview 属性设置为 true 后,再次运行上面的程序,结果如图 7-7 所示。

可见,当把 KeyPreview 设置为 true 后,虽然在文本框中输入字符,但却仍然触发窗体的键盘事件,且窗体的键盘事件在控件的键盘事件之前触发。

若希望上述的 KeyUp 事件仅被窗体接受而不再被控件接受,该如何办呢?只需要在窗体的事件处理程序中,将参数 e 的 Handled 属性设置为 true 即可,即表明该事件已经处理过,不再往后传递。代码如下:

```
private void keyPreview_KeyUp(object sender, KeyEventArgs e)
{
    this.Text += "F_KeyUp";
    e.Handled = true;
}
```

程序的执行结果如图 7-8 所示。

图 7-7　窗体和文本框都能响应 KeyUp 事件　　　图 7-8　取消键盘事件的继续传递

最后解释一下属性窗口中几个小图标的作用。如图 7-9 所示,第一个图标表示将控件的属性或事件以分类的方式显示,第二个图标则表示将控件的属性或

图 7-9　属性窗口中的几个选项图标

事件以字母顺序显示,第三个图标表明在该窗口中显示选定控件的属性,而第四个图标则表明在该窗口中显示选定控件的事件,关于控件的事件请看下文。

窗体的常用方法如表 7-2 所示,按字母排序。

表 7-2　窗体的常用方法

方　　法	说　　明
Activate()	激活窗体并给予它焦点。调用格式为：窗体名.Activate()； 其中窗体名是待激活的窗体名称，下同
Close()	关闭窗体。调用格式为：窗体名.Close()；
Hide()	把窗体隐藏起来。调用格式为：窗体名.Hide()；
Refresh()	刷新并重画窗体。调用格式为：窗体名.Refresh()；
Show()	显示窗体。调用格式为：窗体名.Show()；
ShowDialog()	将窗体显示为模式对话框。调用格式为：窗体名.ShowDialog()

窗体的常用事件如表 7-3 所示，按字母排序，其中很多事件也是其他控件所具备的。

表 7-3　窗体的常用事件

事　　件	说　　明
Activated	窗体激活时触发
Click	用户单击窗体时触发，与 MouseClick 类似
Closed	关闭窗体时触发
Deactivate	窗体失去焦点成为不活动窗体时触发
DoubleClick	用户双击窗体时触发，与 MouseDoubleClick 类似
FormClosing	关闭窗体时会触发此事件
Load	窗体加载到内存时发生，即在第一次显示窗体前触发
MouseEnter	鼠标进入控件区域内时触发，鼠标事件详见 7.2.3 节及本章"问与答"
MouseDown	在控件区域内按下鼠标键时触发
MouseDoubleClick	用户双击窗体或控件时触发
MouseHover	鼠标在窗体悬停时触发
MouseLeave	鼠标离开控件区域时触发，与 MouseEnter 触发时机相反
MouseMove	鼠标在窗体上移动时触发
MouseUp	在控件区域内释放鼠标键时触发
MouseWheel	当控件具有焦点，且滚动滚轮时触发；只在代码视图使用
Paint	重绘窗体时触发
Resize	改变窗体大小时触发

在上面的诸多鼠标事件中，Click、DoubleClick、MouseEnter、MouseHover、MouseLeave 等事件都使用的是 EventArgs 参数；而 MouseClick、MouseDoubleClick、MouseDown、MouseMove、MouseUp、MouseWheel 等则使用的是 MouseEventArgs 参数。MouseEventArgs 参数具有丰富的属性，如表 7-4 所示。

表 7-4　MouseEventArgs 的参数

属　　性	说　　明
Button	获取按键，取值为 MouseButtons 枚举。常用取值如下。 ➢ None：没有鼠标按键 ➢ Left：左键 ➢ Right：右键 ➢ Middle：中键

属　　性	说　　明
Clicks	获取鼠标单击次数
Delta	获取鼠标滚轮滚动值,正值表明上滚,负值表明下滚
Location	鼠标事件触发时的鼠标位置,为 Point 结构类型

💣Click 与 MouseClick 事件很类似,但是 MouseClick 事件的参数附带了更多的鼠标按键信息。另外,MouseClick 仅能通过鼠标操作触发,而 Click 事件则不受此限。DoubleClick 与 MouseDoubleClick 的关系与此类似。

若希望查看某个控件的事件,只需要在属性窗口中单击相应的图标即可,即如图 7-9 中的第 4 个按钮。如选中 button1,然后查看其事件,效果如图 7-10 所示。

图 7-10　控件的事件

窗体对象从创建开始,即开始了其生命周期。窗体的生命周期如图 7-11 所示。

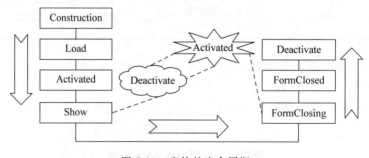

图 7-11　窗体的生命周期

7.2　控件常用操作及其键盘和鼠标事件

控件是用户与程序交互以输入或操作数据的对象,是一种可重用的软件组件。由于每个控件实质上都是一个类,而这些类大多数都继承于一个共同的控件基类 System.

Windows.Forms.Control,故所有的控件都具有一些共有的特性。不仅如此,控件的使用也面临一些共同的操作。

7.2.1 控件常用操作

下面看看几个关于控件的常用问题。

1. 控件添加

要使用控件,首先得把控件放到窗体上。控件的添加方法有如下几种。

➤ 双击"工具箱"中要使用的控件,此时将会在窗体的默认位置(客户区的左上角)添加默认大小的控件。

➤ 在"工具箱"中选中一个控件,鼠标指针变成与该控件对应的形状;把鼠标指针移到窗体中要摆放控件的位置,按下鼠标左键并拖动鼠标画出控件大小后,松开鼠标即可在窗体的指定位置绘制指定大小的控件。

➤ 直接把控件从"工具箱"拖放到窗体中,控件为默认大小。

➤ 直接使用代码控制添加。

示例:使用代码控制控件的添加

```
Button btn = new Button();
btn.属性 = 值;              //这里可以根据情况给多个属性赋值。如 btn.Text = "动态控件";
this.Controls.Add(btn);    //把控件添加到当前窗体的 Controls 集合中
```

2. 控件调整

对控件的调整,包括对齐、大小和间隔调整等。

选中要调整的控件,使用"格式"菜单或是快捷菜单中的命令或者工具栏上的格式按钮进行调整。在调整控件的格式时,将按照基准控件对选择的多个控件进行调整。

使用 Ctrl 键或 Shift 键选择多个控件,也可以拖动鼠标选择一个控件范围,此时最先进入窗体的控件将作为调整的基准控件。被选中的控件中,基准控件周围是白色方框,其他控件周围是黑色方框。

3. 控件分层

右击要操作的控件,从弹出的快捷菜单中选择"置于顶层(或底层)"命令或者单击工具栏中的"置于顶层(或底层)"按钮,则可以把控件置于窗体的最顶层(或底层)。

也可以在代码中将控件置于窗体顶层或底层。例如:

```
btn.BringToFront();        //btn 置于顶层代码
btn.SendToBack();          //btn 置于底层代码
```

4. 控件定位

控件的位置是相对于包含它的容器控件,单位为像素。控件位置调整有以下 3 种方法。

➤ 在窗体设计器中通过拖动控件进行定位。

➤ 在选中控件之后可以使用箭头键微调,更精确地定位控件。

➤ 通过指定控件的 Location 属性来定位控件;既可以手工指定,也可以代码指定。

177

第 7 章

```
//在代码中设置按钮 btn 的位置
btn.Location = new System.Drawing.Point(100,100);
btn.Left = 100;
btn.Top += 200
```

5. 控件大小

控件大小的调整方法有如下几种。

➢ 使用鼠标直接拖动控件大小。

➢ 在窗体中选中控件,然后使用 Shift ＋箭头键来微调控件大小。

➢ 在属性窗口中改变控件的 Size 属性值。

➢ 通过代码来调整 Size 属性值。

➢ 通过代码来调整 Bounds 属性值。

```
//在代码中通过 Size 属性设置控件大小
btn.Size = new System.Drawing.Size(100,100);
//使用 Bounds 属性同时设置控件的位置和大小
btn.Bounds = new System.Drawing.Rectangle(10,10,100,100);
```

6. 控件锚定-Anchor

在 WinForm 类程序开发的过程中,控件的定位和缩放是个不可避免的问题。虽然可以完全依赖程序编制者自己写代码来控制,不过若了解 Anchor、AutoSize、AutoSizeMode、Dock 这几个属性,可以少写一些代码。需要了解的是,这些属性之间有着不少牵连。但是需要注意的是,并不是任何控件都具备 AutoSize 属性,如 RichTextBox 便不具备;AutoSizeMode 同样也不是任何控件都具备的,它往往与 AutoSize 一起使用。

其中,Anchor 属性用来确定此控件与其容器控件的固定关系。所谓容器控件是指可用来承载其他控件的控件,例如最典型的就是窗体控件中可以包含很多的控件。这时称包含控件的控件为容器控件或父控件,而父控件内部的控件称为子控件。这时将遇到一个问题,即子控件与父控件的位置关系问题,即当父控件的位置、大小变化时,子控件按照什么样的原则改变其位置、大小。Anchor 属性就规定了这个原则。

对于 Anchor 属性,可以设定 Top、Bottom、Right、Left 中的任意几种。使用 Anchor 属性使控件的位置相对于窗体某一边固定。改变窗体大小时,控件的位置会随之改变以保持此相对距离不变。使用属性窗口改变 Anchor 属性时,单击控件周围的上下左右的某个方框使之变成深灰色,就表示控件相对于窗体这条边的距离固定。例如,如果有一个带有 Button 的 Form,而该按钮的 Anchor 属性值设置为 AnchorStyles. Top 和 AnchorStyles. Bottom,当 Form 的 Height 增加时,Button 伸展,以保持到 Form 的上边缘和下边缘的锚定距离不变。当控件的 Anchor 设置为 none 时,则控件会维持相对位置不变。

System. Windows. Forms 命名空间中包含一个枚举类型 AnchorStyles,其中定义了 Anchor 属性可以组合的 16 种不同属性值。可以在代码中设置 Anchor 属性。例如:

```
//控件到窗体 4 条边的距离都保持不变
btn.Anchor = AnchorStyles.All;
//控件到窗体底边和左边的距离保持不变
```

```
btn.Anchor = AnchorStyles.Bottom | AnchorStyles.Left;
//控件没有固定到任何一边
btn.Anchor = AnchorStyles.None;
//设置多向锚定时
button1.Anchor = AnchorStyles.Right | AnchorStyles.Left| AnchorStyles.Top| AnchorStyles.
Bottom;
```

下面比较几个锚定的例子,如表 7-5 所示。

表 7-5　Anchor 示例

	初 始 截 图	拖 放 窗 体 截 图	解　　说
无 Anchor			没有设置 Anchor,故可以维持相对位置(维持横向纵向居中)不变
Anchor.Left			锚定了左侧,故左侧离窗体的绝对距离不变,而竖向则维持垂直居中
Anchor.Top			锚定了上侧,故上侧离窗体的绝对距离不变,而横向则维持水平居中
Anchor.Right			锚定了右侧,故右侧离窗体的绝对距离不变,而竖向则维持垂直居中
Anchor.Bottom			锚定了下侧,故下侧离窗体的绝对距离不变,而横向则维持水平居中

再看个稍微复杂的例子，如表 7-6 所示（若相邻控件的 Anchor 属性设置不合理，则可能导致重叠）。

表 7-6　Anchor 示例二

	初 始 截 图	拖 放 截 图	解　说
无 Anchor			所有的控件都没有设置 Anchor，即都为 none，故都维持相对位置不变，而与父窗体边框的距离则随着窗体的拖拉而不断变化
有 Anchor			第一行的锚定设置分别为： 左上，上，右上 第二行： 左无右 第三行： 左下，下，右下

7. 控件停靠

Dock 用于获取或设置控件停靠到父容器的哪一个边缘。一个控件可以停靠到其父容器的一个边缘或者可以停靠到所有边缘并充满父容器。使用属性窗口设置 Dock 属性时会显示一个设置窗口，单击该窗口中的按钮可以设置相应的 Dock 属性值。这些值在枚举类型 System. Windows. Forms. DockStyle 中定义。例如，如果将该属性设置为 DockStyle. Left，控件的左边缘将停靠到其父控件的左边缘。Dock 属性与控件放置到容器中的顺序有关。

通过代码设置按钮控件 btnNew 停靠在窗体的顶边上（这时 btnNew 的宽度自动扩展，直至横向填满窗体，高度维持不变，且位置移至窗体顶部，并且改变窗体大小时，btnNew 的大小会随之改变）。

```
btn. Dock = System. Windows. Forms. DockStyle. Top;
```

🔹Anchor 等属性容易导致窗体在缩放时闪烁。为了防止该问题，可以采用在 ResizeEnd 过程中，用代码调整目标控件大小，起到 Dock 效果。

🔹窗体使用透明效果也容易导致发生闪烁现象。

🔹为防止闪烁，往往可以在窗体加载时加入如下几行代码：

```
this. SetStyle(ControlStyles. AllPaintingInWmPaint, true);
this. SetStyle(ControlStyles. DoubleBuffer, true);
this. SetStyle(ControlStyles. UserPaint, true);
```

通过比较上述描述，可以得出：

➢ Anchor 适合大小不变，但是与窗口某几条边（如左上角，右下角）的距离不变的控件。

➢ Dock 适合对需要大小随同窗口的大小变化的控件。

下面附带解释一下 AutoSize 和 AutoSizeMode 属性。

➢ AutoSize：控件更改大小时，其 Location 属性的值始终保持不变，而 Dock 和 Anchor 属性将起作用。意味着控件内容导致控件增大时，控件将向右下增大，而不会向左增大，所以其位置保持不变。

➢ AutoSizeMode：取值为 GrowOnly 和 GrowAndShrink。当为 GrowOnly 时表明仅会在父容器变大时自动变大，而父容器变小时不会变小；而后者则会在父容器变小也自动再次缩小。

8. 控件的 Tab 键顺序

控件的 Tab 键顺序决定了用户使用 Tab 键切换时的顺序。默认情况下，控件的 Tab 键顺序就是控件添加到窗体中的顺序。

选择"视图"→"Tab 键顺序"命令把窗体设计器切换到 Tab 键顺序选择模式，再次选择该命令可以回到设计模式。在 Tab 顺序选择模式中，可以单击各个控件把它们的 Tab 键顺序设置成单击控件的顺序。也可以通过属性窗口设置各个控件的 TabIndex 属性来改变 Tab 键顺序。位于分组框中的控件的 TabIndex 也按此规则来修改。

7.2.2 键盘事件处理

键盘事件是 WinForm 开发中一类常见的事件。键盘事件在用户按下键盘上的键时发生。可分为两类：第一类是 KeyPress 事件，当按下的键表示的是一个 ASCII 字符时就会触发这类事件，可通过它的 KeyPressEventArgs 类型参数的属性 KeyChar 来确定按下键的 ASCII 码。使用 KeyPress 事件无法判断是否按下了控制键（例如 Shift，Alt 和 Ctrl 键）。第二类是 KeyUp 或 KeyDown 事件，该类事件有一个 KeyEventArgs 类型的参数，通过该参数可以测试是否按下了一些控制键、功能键等特殊按键信息。

➢ KeyPressEventArgs 类的主要属性（KeyPress 事件的一个参数的类型）。

■ Handled：用来获取或设置一个值，该值指示是否处理过 KeyPress 事件。

■ KeyChar：用来获取按下的键对应的字符，通常是该键的 ASCII 码。

➢ KeyEventArgs 类的主要属性（KeyUp 和 KeyDown 事件的一个参数的类型）。

■ Alt：用来获取一个值，该值指示是否曾按下 Alt 键。

■ Control：用来获取一个值，该值指示是否曾按下 Ctrl 键。

■ Handled：用来获取或设置一个值，该值指示是否处理过此事件。

■ KeyCode：以 Keys 枚举型值返回键盘键的键码，该属性不包含控制键（Alt、Control 和 Shift 键）信息。

■ KeyData：以 Keys 枚举类型值返回键盘键的键码，并包含控制键信息，用于获取按下键盘键的所有按键信息。

■ KeyValue：以整数形式返回键码，而不是 Keys 枚举类型值。用于获得所按下键盘键的数字表示。

■ Modifiers：以 Keys 枚举类型值返回所有按下的控制键（Alt、Control 和 Shift 键），仅用于判断控制键信息。

■ Shift：用来获取一个值，该值指示是否曾按下 Shift 键。

例如，若同时按下 Ctrl＋Shift＋A 键，则上述属性取值如下。

Alt：false。

Ctrl：true。

KeyCode：Keys. A。

KeyData：Keys. A|Keys. Shift|Keys. Control。

KeyValue：65。

Modifiers：Keys. Shift|Keys. Control。

Shift：true。

示例：情人节彩蛋

在很多程序中都有彩蛋。本示例实现一个简单的情人节彩蛋效果。利用的知识除了键盘事件，还有窗体的 KeyPreview 属性。操作步骤如下。

（1）新建 WinForm 项目。

（2）在项目的窗体中拖入一个 Label 控件，将其 Text 属性设置为"情人节快乐!"，自行设置字体、字体大小、字体颜色，然后将其 Visible 属性设置为 false。

（3）选中项目中的窗体，在属性窗口中切换到事件界面，在 KeyDown 事件后面双击，为 KeyDown 事件输入如下代码：

```
private void Form1_KeyDown(object sender, KeyEventArgs e)
{
    if (e.Control && e.Alt && e.Shift && (e.KeyCode == Keys.A))
        label1.Visible = true;
    else
        label1.Visible = false;
}
```

（4）运行程序，窗体上一片空白，同时按下 Ctrl＋Alt＋Shift＋A 键，效果如图 7-12 所示。

🕐 思考：请在上例的基础上，在窗体上放置一个 Button，不需要为它编写任何代码，其他与上面完全相同，再次运行程序，试验效果依旧吗？如果不行，该如何改进？

图 7-12　情人节彩蛋

7.2.3　鼠标事件处理

鼠标事件是 WinForm 开发中最常见的一类事件。利用这些事件可以方便地进行与鼠标有关的编程处理。

➢ MouseEnter：在鼠标指针进入控件时发生。

➢ MouseMove：在鼠标指针移到控件上时发生。事件处理程序接收一个 MouseEventArgs 类型的参数，该参数包含与此事件相关的数据。该参数的主要属性及其含义如下。

■ Button：用来获取按下的是哪个鼠标键。该属性是 MouseButtons 枚举型的值，取值及含义如下：Left(按下鼠标左键)、Middle(按下鼠标中键)、Right(按键鼠标右键)、None(没有按下鼠标键)、XButton1(按下了第一个 XButton，仅用于

Microsoft 智能鼠标浏览器)和 XButton2(按下了第二个 XButton,同前)。

- Clicks:用来获取按下并释放鼠标按键的次数。例如可用来判断是鼠标单击,还是双击等。
- Delta:用来获取鼠标滚轮的滚动值。若为正值,则表明鼠标滚轮前推;若为负值,则表明鼠标滚动向后拨。一般通过该属性来实现放大和缩小功能,以及滚动条的滚动。
- X:获取鼠标位置的 X 坐标,单位为像素。该坐标是以当前控件左上角为基础的,且与 Location.X 等同。
- Y:获取鼠标位置的 Y 坐标,单位为像素。该坐标是以当前控件左上角为基础的,且与 Location.Y 等同。

> MouseHover:当鼠标指针悬停在控件上时将发生该事件。
> MouseDown:当鼠标指针位于控件上并按下鼠标键时将发生该事件。事件处理程序也接收一个 MouseEventArgs 类型的参数。
> MouseWheel:在移动鼠标轮并且控件有焦点时将发生该事件。该事件的事件处理程序接收一个 MouseEventArgs 类型的参数。该事件在事件窗口中不存在,需要用代码控制。
> MouseUp:当鼠标指针在控件上并释放鼠标键时将发生该事件。事件处理程序也接收一个 MouseEventArgs 类型的参数。
> MouseLeave:在鼠标指针离开控件时将发生该事件。

示例:多变窗体

本程序实现一个多变窗体,当每次鼠标移动到窗体上时,随机更改窗体背景颜色。操作步骤如下。

(1) 新建 WinForm 项目。

(2) 为窗体的 MouseEnter 和 MouseLeave 事件编写如下代码。

```
private void Form1_MouseEnter(object sender, EventArgs e)
{
    Random rd = new Random();
    this.BackColor = Color.FromArgb(rd.Next(0, 256), rd.Next(0, 256), rd.Next(0, 256));
}
private void Form1_MouseLeave(object sender, EventArgs e)
{
    this.BackColor = Color.FromKnownColor(KnownColor.WindowFrame);
}
```

(3) 运行程序,将鼠标移动到窗体上,观察效果,反复该操作几次看效果,如图 7-13 所示。

本示例演示了鼠标事件 MouseEnter、MouseLeave 的使用,当鼠标进入窗体区域触发 MouseEnter 事件时,采用 Random 类随机生成 3 个数,并使用 Color.FromArgb() 方法得到一个随机颜色,并将该颜色赋给窗体背景色,而每当鼠标从窗体移开时,窗体背景色恢复到一个固定的颜色。

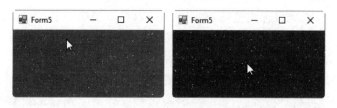

图 7-13　多变窗体

7.3　基本控件

WinForm 控件很多,不仅包含 VS 内置的控件,也包含很多第三方控件。本节主要挑拣一些使用频率高而且比较简单的控件进行演示讲解。

7.3.1　Label 控件

Label 控件(标签控件)是最简单最基本的一个控件。它通常用于显示静态文本,比如为其他控件显示描述性信息或根据应用程序的状态显示相应的提示信息,一般不需要对标签进行事件处理。Label 控件具有与其他控件相同的许多属性,但在程序中一般很少直接对其进行编程,其常用属性如下。

- ➢ Text:设置标签中显示的说明文字。
- ➢ Size:设置标签大小。
- ➢ AutoSize:用来获取或设置一个值,该值指示是否自动调整控件的大小以完整显示其内容。取值为 true 时,控件将自动调整到刚好能容纳文本时的大小;取值为 false 时,控件的大小为设计时的大小。默认值为 false。
- ➢ BackColor:用来获取或设置控件的背景色。当该属性值设置为 Color. Transparent 时,标签将透明显示,即背景色不再显示出来。
- ➢ BorderStyle:用来设置或返回边框样式。有三种选择:BorderStyle. None 为无边框(默认),BorderStyle. FixedSingle 为固定单边框,BorderStyle. Fixed3D 为三维边框。
- ➢ TabIndex:用来设置或返回对象的 Tab 键顺序。
- ➢ Enabled:用来设置或返回控件的状态。值为 true 时允许使用控件;值为 false 时禁止使用控件;此时标签呈暗淡色,一般在代码中设置。

Label 控件有一个不寻常的地方——它从不接收输入焦点。它会将焦点按 Tab 键的控制次序传递给下一个控件。由于这个特点,Label 控件经常与文本框或其他输入控件配合使用,且把 Label 控件放置在相应控件的前面,Label 控件的 Text 属性被设置为"& 符号"的样式,则可以使用 Alt+快捷键来选择与标签相关的控件。例如,若 TextBox1 与标签 Label1 相关联,Label1. Text 设置为"输入账号(&I):",那么按下 Alt+I 组合键将使焦点切换到 TextBox1。

7.3.2　Button 控件

Button 控件(按钮控件)派生自 ButtonBase,同样派生于该类的常用控件还有 RadioButton 控件和 CheckBox 控件。Button 控件除了前文所述的 ForeColor、BackColor、

Text 等常用属性外,还有以下一些常用属性。

➢ DialogResult:当使用 ShowDialog()方法显示窗体时,可以使用该属性设置当用户按了该按钮后,ShowDialog()方法的返回值。其取值有 OK、Cancel、Abort、Retry、Ignore、Yes、No 等。

➢ Image:设置显示在按钮上的图像。

➢ ImageAlign:指定图像的对齐方式。

➢ FlatStyle:设置按钮的外观,即定义如何绘制控件的边缘,且按钮的 Image 属性与该属性相关。其取值为如下枚举值。

 ■ Flat(平面的)。

 ■ PopUp(由平面到凸起)。

 ■ Standard(三维边界)。

 ■ System(根据操作系统决定)。在取该值时,为 Button 所设置的 Image 可能不显示。

➢ TextAlign:指定按钮文字的对齐方式。

Button 控件的常用事件如下。

➢ Click:当用户用鼠标左键单击按钮控件时,触发该事件。

➢ MouseDown:当用户在按钮控件上按下鼠标按键时,触发该事件。

➢ MouseUp:当用户在按钮控件上释放鼠标按键时,触发该事件。

➢ MouseMove:当用户在按钮上移动鼠标时,触发该事件。

如果按钮具有焦点,就可以使用鼠标左键、Enter 键或 Space 键触发该按钮的 Click 事件。通过设置窗体的 AcceptButton 或 CancelButton 属性,无论该按钮是否有焦点,都可以使用户通过按 Enter 键或 Esc 键来触发按钮的 Click 事件。Button 控件的方法使用较少。

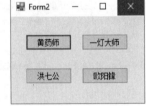

图 7-14　Click 事件演示

示例:Click 事件演示

界面设计如图 7-14 所示。

要求实现如下效果:当单击其中某个按钮时,显示该按钮上的文本。

分别在 4 个按钮上双击,然后在每个按钮的 Click 事件中输入相应的代码。代码如下:

```
private void button1_Click(object sender, EventArgs e)
{
    MessageBox.Show(button1.Text);
}
private void button2_Click(object sender, EventArgs e)
{
    MessageBox.Show(button2.Text);
}
private void button3_Click(object sender, EventArgs e)
{
    MessageBox.Show(button3.Text);
}
private void button4_Click(object sender, EventArgs e)
{
    MessageBox.Show(button4.Text);
}
```

该例演示了 Click 事件,另外也演示了 MessageBox 类最常用的 Show()方法的使用。MessageBox.Show()方法具有很多种重载形式。其中的一种重载形式如下:

```
MessageBox.Show("提示"[,"标题"][,按钮][,图标][,默认按钮])
```

各个部分解释如下。

➢ 提示:即对话框中的显示文本。

➢ 标题:即对话框的标题栏文字。

➢ 按钮:即对话框显示几个按钮,或者什么类型的按钮,为 MessageBoxButtons 枚举,具体取值有 AbortRetryIgnore、OK、OKCancel、RetryCancel、YesNo、YesNoCancel。

➢ 图标:即对话框显示什么类型的图标,为 MessageBoxIcon 枚举,具体取值有 Error、Exclamation、Information、Question 等。

➢ 默认按钮:即对话框中哪个按钮是默认按钮。

程序的执行结果如图 7-15 所示。

🕐 思考:如上代码你觉得烦琐吗?可以如何改善呢?请尝试你的想法!

✍ 课堂练习:请自行尝试 MessageBox 参数的多种组合,尤其注意按钮类型和图标类型的使用。

图 7-15　Click 事件演示效果

示例:MouseEnter、MouseLeave 事件演示

```
//MouseEnter 事件:鼠标进入按钮区域时触发
private void button1_MouseEnter(object sender, System.EventArgs e)
{
    this.button1.Text = "鼠标来到我的地盘!";
    this.button1.BackColor = Color.Red;
}
//MouseLeave 事件:鼠标离开按钮区域时触发
private void button1_MouseLeave(object sender, System.EventArgs e)
{
    this.button1.Text = "鼠标离开我的地盘!";
    this.button1.BackColor = SystemColors.Control;
}
```

✍ 课堂练习:您能借助于按钮的相关事件和相关属性,实现如下"抓悟空"小游戏吗?准备一张合适的悟空图片(或者其他类似图片亦可),将此图片设置为按钮的相关属性,然后利用事件和定位属性来实现游戏:把按钮当作是一个单击目标,让用户单击按钮,如果单击中了按钮,则弹出一个提示。利用相关知识实现基本不让按钮被单击中。

✍ 课堂练习:使用 Button 的相关事件和属性实现动感图片按钮(类似于目前很多软件的按钮效果,例如很多播放器的播放按钮),例如当鼠标移上去的时候是一个状态,当单击时又是一个状态,如此等等。

在很多事件中,都会传递一个 object 类型的 sender 参数,这个参数怎么用呢?下面仍以图 7-15 的实现效果为例来说明。

仍然像刚才一样,双击 button1,进入其代码编写区域,输入如下参考代码:

```
private void button1_Click(object sender, EventArgs e)
{
    MessageBox.Show(((Button)sender).Text);
}
```

下面不必再像上面那样一个一个地双击按钮，然后输入相应的代码了，只需要在属性窗口中切换到事件显示界面，然后分别选中 button2、button3、button4，在它们的 Click 事件中选择 button1_Click 即可。运行上述代码，可以得到和前面一样的结果，但是代码简洁多了。

从这里可以看到，sender 参数其实就是代表事件的触发源头对象，即某个事件由谁而激发。然而由于其类型为 object 的，故需要强制转换为其真实的类型。

通过该例，读者应该学习到或者加深对如下知识的了解。

➤ 事件及事件的响应代码。

➤ 按钮事件对应的方法不一定是按钮名_Click，事实上可以随意命名。

➤ 显式转换。

✍ 课堂练习：若不许双击按钮从而进入按钮事件的编写，也不许使用属性窗口来设置，应该如何实现上述功能？如果忘了，请参考前面关于事件的章节。

7.3.3　RadioButton 控件

使用 RadioButton 控件（单选按钮），通常用来执行多选一的操作。单选按钮通常分组使用，在一个组中，只能有一个按钮处于选中状态。

RadioButton 控件的属性，除了 Button 中讨论的外，还有如下一些常用的。

➤ CheckAlign：设置单选按钮的对齐方式，即文字与小圆圈的位置关系。

➤ Checked：用来确定单选按钮是否被选择，该属性很有用。

➤ AutoCheck：如果 AutoCheck 属性被设置为 true（默认），那么当选择该单选按钮时，将自动清除该组中所有其他单选按钮。对一般用户来说，不需改变该属性，采用默认值（true）即可。

➤ Appearance：用来确定单选按钮的显示形式，有 Appearance.Button（显示为按钮）和 Appearance.Normal（常规显示）两个可能值。

➤ Text：用来设置或返回单选按钮控件内显示的文本，该属性也可以包含访问键，即前面带有 & 符号的字母，这样用户就可以通过同时按 Alt 键和访问键来选中控件。

✍ 课堂练习：请使用学过的 Label 控件、Button 控件、RadioButton 控件实现如图 7-16 所示的效果。同时也可以尝试更改 Appearance 属性来看看效果。

单选按钮的常用事件：

➤ CheckedChanged：当单选按钮的 Checked 属性发生变化时，会触发这个事件，可以使用这个事件根据单选按钮的状态变化进行适当的操作。在设计器中双击单选按钮将进入该事件的代码编辑状态。

图 7-16　单选题及判题

➤ Click：在选中单选按钮时触发。

示例：简易考试系统

考试系统是一个很常见的实用系统，本示例演示考试系统中的单选题及判题。界面见

图 7-16。要求完成如下功能：当用户单击提交时，

> 若用户选择的答案对，则显示用户得分，并显示"恭喜！"字样。
> 若用户选择的答案不对，则显示用户得分，并显示相应解释。

参考代码如下：

```
private void button1_Click(object sender, EventArgs e)
{
    if (radioButton1.Checked == true)
        label2.Text = "你的得分为：0 分，老鼠是姐夫！";
    else if(radioButton2.Checked == true)
        label2.Text = "你的得分为：100 分，恭喜！蝶恋花！";
    else
        label2.Text = "你的得分为：0 分，爆米花是外公！";
}
```

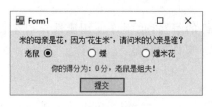

图 7-17 单选题执行效果

程序的执行效果如图 7-17 所示。

🕐 思考 1：上述代码逻辑上有问题的，你能发现问题所在吗？如何完善？

🕐 思考 2：若不使用"提交"按钮，而希望当用户单击选项时即时显示用户答题情况，该如何实现？

🕐 思考 3：请在上述的基础上再增加一道题，仍然实现上述类似功能，能否实现？

7.3.4 CheckBox 控件

CheckBox 控件（复选框控件）与 RadioButton 控件类似，但是复选框允许多个选择。其主要属性如下。

> Checked：获取或设置复选框是否选中。但与单选按钮不同之处是，复选框可以支持 3 种状态（增加一种不确定状态）。这需要用到下面即将介绍的 ThreeState 属性，默认值为 false，设为 true 将激活第三种状态。

> CheckState：用来设置或返回复选框的状态，有 3 种可能：Checked，Unchecked，Indeterminate（未被选中也未被清除，且显示禁用复选标记）。复选框处于选中或不确定状态时，Checked 属性都为 true。

> Appearance：当复选框的 Appearance 属性设置为 Button 时，不确定状态是平面按钮，选中状态是按下的按钮，未选定状态是凸起按钮。

> ThreeState：用来返回或设置复选框是否能表示 3 种状态。如果属性值为 true 时，表示可以表示 3 种状态：选中、没选中和中间态（CheckState. Checked、CheckState. Unchecked 和 CheckState. Indeterminate）；而属性值为 false 时，只能表示两种状态：选中和没选中（CheckState. Checked 或 CheckState. Unchecked）。

> TextAlign：用来设置控件中文字的对齐方式，有 9 种选择。从上到下、从左至右分别是 ContentAlignment. TopLeft、ContentAlignment. TopCenter、ContentAlign-ment. TopRight、ContentAlignment. MiddleLeft、ContentAlignment. MiddleCenter、ContentAlignment. MiddleRight、ContentAlignment. BottomLeft、ContentAlign-

ment.BottomCenter 和 ContentAlignment.BottomRight，该属性的默认值为 ContentAlignment.MiddleLeft。

其主要事件如下。

➤ CheckedChanged：改变复选框 Checked 属性时触发。在设计器中双击相应的复选框将进入该事件的代码编辑状态。

➤ CheckStateChanged：改变复选框 CheckedState 属性时触发。在属性窗口中选择这一事件双击进入其代码编辑。

示例：CheckBox 事件演示

程序界面如图 7-18 所示。

要求实现如下功能：单击某个人物，若该人物为选中状态，则将其字体设为红色，否则设为黑色。当单击"确定"按钮时，打开对话框，在对话框中显示用户所选择的人物。

参考代码如下：

```
private void doIt(object sender, System.EventArgs e)
{
    CheckBox checkbox = (CheckBox)sender;
    if(checkbox.Checked)
        checkbox.ForeColor = Color.Red;
    else
        checkbox.ForeColor = Color.Black;
}
```

首先输入如上代码，然后依次选择 4 个 CheckBox 控件，将各个控件的 CheckedChanged 事件相应的方法选择为 doIt()。

✍ 课堂练习 1：自行完成上述"确定"按钮的单击事件的代码。

✍ 课堂练习 2：请设计一个多选题的判题程序。程序界面如图 7-19 所示。

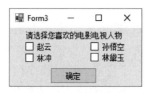

图 7-18 　CheckBox 演示　　　　图 7-19 　CheckBox 练习

功能要求如下。

➤ 当用户选择某个选项时，若选项为选中状态，则该选项文字加粗变绿。

➤ 当完全对时为满分。

➤ 当对一个选项时，计分 X；错一个选项时，扣分 X，直至扣为 0 分为止。X＝100/正确的选项数。例如，若总共有 3 个选项时，则 X＝100/3＝33。

➤ 选项的个数不局限为 4 个，也可以增加更多的选项。

➤ 也可以增加更多的题目，并针对每个题目实现上述功能。

7.3.5 TextBox 控件

TextBox 控件（文本框控件）是除 Button 控件外最常用的控件，常用于接收文本输入。

TextBox 类派生于 TextBoxBase 类。默认情况下,TextBox 控件只接受单行文本,此时只能水平改变控件大小而不能垂直改变。通过设置 TextBox 的 Multiline 属性为 true,可以得到多行文本框。

TextBox 的常用属性如下。

➤ AutoSize:获取或者设置一个值,表明文本框的高度是否随着文本框的字体属性而更改。

➤ BackColor:获取或者设置控件的背景色。

➤ BorderStyle:管理文本框控件的外观。属性值必须是枚举类型 BorderStyle 的值:None、FixedSingle、Fixed3D(默认值)。

➤ CharacterCasing:获取或设置控件是否在字符输入时修改其大小写格式,例如可以实现无论用户输入是大小还是小写,统一显示大写。

➤ Enabled:获取或者设置控件是否可以响应用户操作。

➤ Multiline:获取或者设置控件是否显示为多行文本框。

➤ Name:获取或者设置控件的名称。

➤ TextAlign:获取或者设置控件中文本的对齐方式。

➤ Visible:获取或者设置控件是否可见。

➤ WordWrap:获取或设置控件在必要时是否自动换行。

➤ Text:文本框最重要的属性,因为要显示的文本就包含在 Text 属性中。若需要对文本做更丰富的处理,则可以采用 RichTextBox 控件。

➤ Lines:对于多行文本框,除了可以使用 Text 属性获取文本外,还可以使用 Lines 属性,它返回一个字符串的数组,每个数组元素对应一行文本。

➤ MaxLength:用来设置文本框允许输入字符的最大长度,该属性值为 0 时,不限制输入的字符数。

➤ TextLength:获取控件中文本的长度。

➤ HideSelection:用来决定当焦点离开文本框后,选中的文本是否还以选中的方式显示。值为 true 时,则不以选中的方式显示;值为 false 时,将依旧以选中的方式显示。

➤ PasswordChar:一个字符串类型,允许设置一个字符,运行程序时,将输入到 Text 的内容全部显示为该属性值,从而起到保密作用,通常用来输入密码。

➤ ReadOnly:当设置为 true 时,只能浏览而不能修改文本框中显示的内容。

➤ ScrollBars:指定是否使用以及使用怎样的滚动条。属性值是枚举类型,取值有 None、Horizontal(水平)、Vertical(垂直)和 Both。注意:只有当 MultiLine 属性为 true 时,该属性值才有效。在 WordWrap 属性值为 true 时,水平滚动条将不起作用。

➤ SelectionLength:用来获取或设置文本框中选定的字符数。只能在代码中使用,值为 0 时,表示未选中任何字符。

➤ SelectionStart:用来获取或设置文本框中选定的文本起始点。只能在代码中使用,第一个字符的位置为 0,第二个字符的位置为 1,依此类推。

➤ SelectedText:用来获取或设置一个字符串,该字符串指示控件中当前选定的文本。只能在代码中使用。

➤ Modified:获取或设置一个值,该值指示自创建文本框控件或上次设置该控件的内容后,用户是否修改了该控件的内容。值为 true 表示修改过,值为 false 表示没有修改过。

➢ AcceptsReturn、AcceptsTab:通常情况下,不能在文本框中使用 Enter 键换行或是 Tab 键输入制表符,这两个键的默认行为是触发窗体的 AcceptButton 属性所对应控件的 Click 事件和切换输入焦点。

- AcceptsReturn:设置为 true 则在指定的控件中按 Enter 键将会在其中新建一行文本;如果为 false,则要按 Ctrl + Enter 组合键才能实现上述功能,如果只按 Enter 键将激活窗体的默认按钮。

- AcceptsTab:设置为 true,则在指定的控件中按 Tab 键时会在其中输入一个制表符;如果为 false,则要使用 Ctrl + Tab 组合键来实现上述功能,单独按下 Tab 键只是切换焦点。

- 如果文本框不支持多行输入,则这两个属性无效。

示例:

```
textBox1.Text = "这是一个文本框控件";
textBox1.SelectionStart = 4;
textBox1.SelectionLength = 3;
string selection = textBox1.SelectedText;          //selection 的内容为"文本框"
```

💣 如果 TextBox 的 WordWrap 属性设置为 true,则水平滚动条不显示。

💣 可以在属性窗口中使用 Lines 属性为多行文本框提供初始文本。在属性窗口中选择 Lines 属性,将显示一个说明为…的小按钮。单击它会打开 String Collection Editor 对话框,在其中可以输入控件文本。

文本框的常用方法如下。

➢ AppendText():向文本框的最后附加文字。调用格式为:textBox1. AppendText (sCnt),sCnt 是要添加的字符串。

➢ Clear():清除文本框中的所有文本。调用格式为:textBox1. Clear()。

➢ ClearUndo():清除有关撤销操作的信息,可以使用此方法防止重复执行撤销操作。调用格式为:textBox1. ClearUndo()。

➢ Copy():把文本框中的当前选择文字复制到剪贴板。调用格式:textBox1. Copy()。

➢ Cut():把文本框中的当前选择文字移动到剪贴板。调用格式:textBox1. Cut()。

➢ Focus():为文本框设置焦点。如果焦点设置成功,值为 true,否则为 false。调用格式为:textBox1. Focus()。

➢ Paste():使用剪贴板中的内容替换文本框中当前选择的内容,调用格式为: textBox1. Paste()。

➢ Select():在文本框中选择指定范围的文字。调用格式为:textBox1. Select(start, length)。第一个参数 start 用来设定文本框中待选定文本的第一个字符的位置,第二个参数 length 用来设定要选择的字符数。

➢ SelectAll():选择文本框中的所有内容。调用格式为:textBox1. SelectAll()。

➢ Undo():撤销文本框中的最后一次修改操作。调用格式为:textBox1. Undo()。

TextBox 的常用事件如表 7-7 所示。

表 7-7　TextBox 的常用事件

事　件	说　明
Enter	进入控件时发生
Leave	在输入焦点离开控件时发生
LostFocus	当控件失去焦点时发生
GotFocus	控件接收焦点时发生
KeyDown	在控件有焦点且按下键盘键时发生
KeyUp	在控件有焦点且释放键盘键时发生
KeyPress	在控件有焦点且敲击键盘键时发生
TextChanged	当 Text 属性发生更改时,即文本框内容发生更改时触发该事件
Validating	在控件执行验证时发生
Validated	在控件完成验证时发生

示例：同步演示

```
public Form1()
{
    textBox1.TextChanged += new  EventHandle (textBox_TextChanged);
}
private void textBox_TextChanged(object sender,System.EventArgs e)
{
    label1.Text = "同步内容:" + textBox1.Text;
}
```

该段代码实现了 label1 和 textBox1 内容的同步。

💣※在 TextChanged 事件的处理方法或是 OnTextChanged()方法中不要试图修改本文本框的内容,否则将循环触发 TextChanged 事件,造成死循环。

✍课堂练习：请模仿本章前面的考试系统练习设计如下功能的程序：使用 TextBox、RadioButton、CheckBox、Label、Button 等控件实现一个考试系统,要求有两道填空题、一道单选题、一道多选题,并完成提交结果的自动判分。

7.3.6　ListBox 控件

ListBox 控件(列表框控件)是一个使用频率较高的 WinForm 控件,通常用于显示供选择的选项。

1. ListBox 控件的常用属性

➢ ColumnWidth：用来获取或设置多列 ListBox 控件中列的宽度。

➢ Items：保存列表框中显示的项,通过这个属性访问项或对这些项进行操作。

➢ MultiColumn：设置列表框是否可以多列显示(默认情况下为一列显示)。

➢ SelectionMode：指定列表框中项的选择方式,默认情况下列表框一次只能选择一项。属性值为枚举类型 SelectionMode,取值如下。

　　■ MultiExtended：允许一次选择多项并使用 Shift 和 Ctrl 键来实现扩展选择。

　　■ MultiSimple：允许一次选择多项,但只能通过单击或空格来选择。

　　■ None：不能在列表框中选择。

- One：一次只选择一项（默认）。

➢ Text：返回当前选定项的文本。该属性用来获取或搜索列表框中当前选定项的文本。当把该属性值设置为字符串时，列表框将在列表内搜索与指定文本匹配的项并选择该项。若在列表中选择了一项或多项，该属性将返回第一个选定项的文本。

➢ 获取所选项的索引。

- SelectedIndex：用来获取或设置 ListBox 控件中当前选定项的从零开始的索引。如果未选定任何项，则返回 -1。对于只能选择一项的 ListBox 控件，可使用此属性确定列表框中选定的项的索引。若列表框的 SelectionMode 属性设置为 SelectionMode.MultiSimple 或 SelectionMode.MultiExtended，并在该列表中选定多项，此时该属性只能获得所有被选项中的第一项。

- SelectedIndices：在列表框允许选择多项时用来获取当前所有选定项的索引集，这是一个 SelectedIndexCollection 类实例。

➢ 获取所选项。

- SelectedItem：在列表框只允许选择一项时用来获取当前所选择项。

- SelectedItems：在列表框允许选择多项时用来获取当前选择的多个项的集合，这是一个 SelectedObjectCollection 类实例。

➢ Sorted：指定列表框是否可以对它包含的项自动按字母排序。如果列表项按字母排序，该属性值为 true；否则为 false（默认值）。在向已排序的 ListBox 控件中添加项时，这些项会自动移动到排序列表中适当的位置。

➢ TopIndex：设置或返回列表框中顶端的可见项，例如在设计播放器时，可能会使用该属性来保持列表的第一项永远是当前播放的项。

2. ListBox 控件的常用方法

ListBox 控件的最常用方法是对 Items 项进行操作，相关方法如下。

➢ Items.Add()：向列表框的底部增添一个列表项。调用格式为：
listBox1.Items.Add(s)：把参数 s 添加到列表框中。

➢ Items.Insert()：在列表框中指定位置插入一个列表项。调用格式为：
ListBox1.Items.Insert(n,s)：参数 n 代表要插入的项的位置索引，索引不能小于 0，不能大于当前项目数；参数 s 代表要插入的项，其功能是把 s 插入到 listBox 控件指定的列表框的索引为 n 的位置。但需要注意的是，在 Sorted 属性为 true 时，Insert()方法插入的项不能被正确排序。

➢ Items.Remove()：从列表框中删除一个列表项。调用格式为：
listBox1.Items.Remove(object item)：从列表框中删除列表项。

➢ Items.RemoveAt()：删除指定索引的项。调用格式为：
listBox1.Items.RemoveAt(index)；参数为索引。

➢ Items.Clear()：清除列表框中的所有项。调用格式为：
listBox1.Items.Clear()。

➢ AddRange()：用于一次向列表框中添加多个项。例如：

```
listBox1.Items.AddRange(new string[] {"Item A","Item B"});
listBox1.Items.AddRange(listBox2.Items);
```

除了对 Items 进行操作的方法外,此外 ListBox 的常用方法还有以下几种。

➤ FindString():用来查找列表项中以指定字符串开始的第一个项。调用格式为:

■ ListBox1.FindString(s):在列表框中查找字符串 s,如果找到则返回该项从零开始的索引;如果找不到匹配项,则返回 −1。

■ ListBox1.FindString(s,n):在列表框中查找字符串 s,查找的起始项为 n+1,即 n 为开始查找的前一项的索引。如果找到则返回该项从零开始的索引;如果找不到匹配项,则返回 −1。

➤ FindStringExact():FindString 只是词语部分匹配,即要查找的字符串在列表项的开头,便认为是匹配的。如果要精确匹配,即只有在列表项与查找字符串完全一致时才认为匹配,可使用本方法,调用格式与功能与 FindString 基本一致。

➤ SetSelected():用来选中某一项或取消对某一项的选择,调用格式:

■ ListBox1.SetSelected(n,b):如果参数 b 的值是 true,则在列表框中选中索引为 n 的列表项,如果参数 b 为 false,则索引为 n 的列表项未被选中。

➤ GetSelected():返回一个值,该值表明是否选定了指定的项。

➤ GetItemText():返回指定项的文本表示形式。

➤ BeginUpdate()和 EndUpdate():均无参数,使用见示例。调用格式为:

■ ListBox1.BeginUpdate();

■ ListBox1.EndUpdate();

示例:成批添加数据

```
string[] strArray = {"美丽茶山","魅力温州","漂亮瓯江"};
listBox1.Items.AddRange(strArray);
```

利用 Add()方法可以逐条添加,而利用 AddRange()方法可以成批添加。

示例:防重复添加

```
bool flag = false;
string itemToAdd = "待添加的项";
for(int i = 0;i < listBox1.Items.Count;i++)
{
    if(listBox1.Items[i].ToString() == itemToAdd)
    {
        flag = true;
        break;
    }
}
if(flag == false)
    listBox1.Items.Add(itemToAdd);
else
{
    // …
}
```

示例:ListBox 控件大批量数据更新

首先看下面的代码:

```
publicvoidAddItemToListBox1()
{
    for(intx = 1;x < 10000;x++)
        listBox1.Items.Add("Item" + x.ToString());
}
```

调用如上代码,运行程序并观察效果。

其次使用 BeginUpdate()方法和 EndUpdate()方法来实现。它们的作用是保证使用 Items. Add()方法向列表框中添加列表项时,不重绘列表框。即在向列表框添加项之前,调用 BeginUpdate()方法,以防止每次向列表框中添加项时都重新绘制 ListBox 控件。完成向列表框中添加项的任务后,再调用 EndUpdate()方法使 ListBox 控件重新绘制。当向列表框中添加大量的列表项时,使用这种方法添加项可以防止在绘制 ListBox 时的闪烁现象。改进如下:

```
public void AddItemToListBox2()
{
    listBox1.BeginUpdate();
    for(int x = 1;x < 5000;x++)
        listBox1.Items.Add("Item" + x.ToString());
    listBox1.EndUpdate();
}
```

对比上述两种方法的执行效果,体会上述两种方法的作用。

示例:ListBox 数据的删除

ListBox 数据的删除是一个常用操作,也是一个初学者容易出问题的一个操作。数据的删除分为单条删除和多条删除。先看单条数据的删除:

```
//删除当前所选条目的方法——单条数据
if(listBox1.SelectedIndex > - 1)   //如果选择了某项
    listBox1.Items.Remove(listBox1.SelectedItem);
```

再看多条数据的删除:

```
//删除选中的一条或者多个条目的方法
for(int i = listBox1.SelectedItems.Count - 1;i > = 0;i -- )
    listBox1.Items.Remove(listBox1.SelectedItems[i]);
```

🕐 思考:将上述代码按如下所示修改,可行吗?

```
for(int i = 0;i < listBox1.SelectedItems.Count;i++)
    listBox1.Items.Remove(listBox1.SelectedItems[i]);
```

下面再看另一段用于列表项删除的代码:

```
ListBox.SelectedIndexCollection indices = listBox1.SelectedIndices;
int selected = indices.Count;
if(indices.Count > 0)
```

```
    {
        foreach( int index in indices)
            listBox1.Items.RemoveAt(index);
    }
```

首先阅读如上程序并思考该程序的执行,然后运行程序,对比运行结果是否与你的思考结果一致。

现在再看下面的另一段程序代码,思考如下代码是否会正确执行。

```
ListBox.SelectedIndexCollection indices = listBox1.SelectedIndices;
int selected = indices.Count;
if(indices.Count > 0)
{
    for(int n = selected − 1;n >= 0;n − − )
    {
        int index = indices[n];
        listBox1.Items.RemoveAt(index);
    }
}
```

🕐 思考:对比如上两段代码,思考两者的不同之处,找出问题所在。

🕐 思考:根据对上述问题的深入思考,你能想到其他实现正确删除的其他编码方式吗?

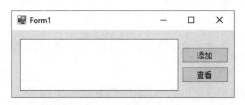

图 7-20　ListBox 批量数据添加练习

✍ 课堂练习:参照如图 7-20 所示的界面设计一个 WinForm 程序,完成如下功能:当单击"添加"按钮时,往 ListBox 中增加 200 000 条数据;当单击"查看"按钮时,打开对话框显示当前已经添加了多少条数据,并且告诉用户选中的是第几项。

3. ListBox 控件的常用事件

ListBox 控件常用事件有 Click、DoubleClick、SelectedIndexChanged 和 SelectedValueChanged 事件,SelectedIndexChanged 和 SelectedValueChanged 事件在列表框中改变选中项时发生。对于 ListBox 控件,DoubleClick 事件是最常用的事件之一,例如平时经常接触的播放器,在播放列表中都支持双击播放功能。

对这些事件,只需要理解其触发时机即可,至于事件触发之后需要处理哪些任务,这些写代码的事情与其他控件并无差别,此处不再赘述。

7.3.7　ComboBox 控件

ComboBox 控件(组合框控件)由一个文本框和一个下拉列表组成,可以在文本框中直接输入,也可以从下拉列表中选择其中的某一个选项,不能多选(故它无 SelectionMode 属性),如果需要多选应考虑选择 ListBox 控件。对于只选一个选项的场合,ComboBox 控件的优势在于占用空间少。ComboBox 控件究竟是否能够接受用户输入,这取决于设置。另外,ComboBox 控件的显示风格也可以设置,这是通过 DropDownStyle 属性来实现的。

由于组合框同时兼有列表框和文本框的功能,故该控件兼具这两类控件的大部分操作。该控件的常用属性如表 7-8 所示。

表 7-8　ComboBox 控件的常用属性

属　性	说　明
DropDownStyle	获取或设置控件的样式
DroppedDown	获取或设置一个值,表明控件是否正在显示下拉部分
Name	获取或设置控件的名称
Items	最常用的属性,该控件内容项的集合
Text	获取或设置控件的文本
Sorted	获取或设置是否对控件中的项进行排序
MaxDropDownItems	获取或设置在控件的下拉部分中显示的最大项数
MaxLength	获取或设置该控件的可编辑区域所允许的最大字符数
SelectedIndex	获取或设置当前选定项的索引
SelectedItem	获取或设置当前的选定项
SelectedText	获取或设置该控件的可编辑区域选定的文本
SelectedValue	获取或设置由 ValueMember 属性指定的成员属性的值
SelectionLength	获取或设置控件中可编辑区域选定的字符数
SelectionStart	获取或设置控件中可编辑区域选定字符的起始索引

其中,该控件的 Items、SelectedIndex、SelectedItem 等属性,与 ListBox 相同。而 Text、MaxLength 等属性,与 TextBox 相同。下面介绍该控件相对独有的属性。

- ➤ DropDownStyle:指定组合框的显示风格。有 3 种取值,为 ComboBoxStyle 枚举。
  - ■ DropDown:默认值,可以在文本框中进行编辑并且列表框部分一般隐藏,单击下拉按钮后显示。
  - ■ DropDownList:只能单击下拉按钮显示下拉列表框来进行选择,不能在文本框中编辑。
  - ■ Simple:列表框总是可见,文本框可以编辑。
- ➤ DropDownWidth:指定组合框下拉部分的宽度,单位为像素。
- ➤ MaxDropDownItems:设置下拉列表框中最多能显示的项的数目。
- ➤ DroppedDown:指定是否显示下拉列表。

该控件的方法与 ListBox 也有很多相同的,例如用于批量数据更新的 BeginUpdate()和 EndUpdate()方法等。不过由于 ComboBox 控件有一个支持编辑的区域,因此它也有几个 ListBox 不具有的方法。例如:

- ➤ Select():选中文本框部分文字的一部分。
- ➤ SelectAll():选中文本框中的所有文字。

```
comboBox1.Select(2,3);      //2 表示选择的起始索引位置,而 3 则代表选择多长
comboBox1.SelectAll();      //选中文本框中的所有字符
```

由于 ComboBox 的特性,决定了大部分列表框和文本框事件都能在组合框中使用。ComboBox 控件的常用事件如表 7-9 所示。

表 7-9　ComboBox 控件的常用事件

事　件	说　明
SelectedIndexChanged	当 SelectedIndex 属性更改时触发
SelectedValueChanged	当 SelectedValue 属性更改时触发
TextChanged	当 Text 属性更改时触发
KeyDown	在控件有焦点且按下键盘键时触发
KeyUp	在控件有焦点且释放键盘键时触发
KeyPress	在控件有焦点且敲击键盘键时触发
DropDown	当显示 ComboBox 的下拉部分时触发

其使用较为简单,主要用法与 ListBox 类似,不再赘述。

7.3.8　PictureBox 控件

PictureBox 控件即图片框,常用于图像显示。在其中加载的图像文件格式有:位图文件(.bmp)、图标文件(.ico)、图元文件(.wmf)、.jpg、.png 和 .gif 文件等。PictureBox 控件可以直接显示动态的 gif 文件,不过显示效果不一定是所期望的。

其常用事件此处不再特别交待,参考一般控件的事件即可。其常用属性如下。

> Image:用来设置控件要显示的图像。该属性用来给 PictureBox 加载图片或者清除显示图片。
>   ■ 设计时确定:设计时单击 Image 属性,在其后将出现…按钮,单击该按钮将出现一个"打开"对话框,在该对话框中找到相应的图像文件后单击"确定"按钮。
>   ■ 代码方式:产生一个 Bitmap 类的实例并赋值给 Image 属性。形式如下:

```
Bitmap  p = new  Bitmap(图像文件名);
pictureBox1.Image = p;
```

>   ■ 代码方式:通过 Image.FromFile()方法直接从文件中加载。形式如下:

```
pictureBox1.Image = Image.FromFile(图像文件名);
```

>   ■ 代码方式:通过控件的 Load()方法来加载。形式如下:

```
pictureBox1.Load("图像文件名");
```

>   ■ 清除图像。形式如下:

```
pictureBox1.Image = null;
```

> ImageLocation:设置图片框显示的图片的路径。形式如下:

```
pictureBox1.ImageLocation = "图像文件名";
pictureBox1.Load();
```

➤ SizeMode：用来决定图像的显示模式。其取值如下。

■ AutoSize：调整控件 PictureBox 大小，使其等于所包含的图像大小。

■ CenterImage：如果控件 PictureBox 比图像大，则图像将居中显示。如果图像比控件大，则图片将居于控件中心，而外边缘将被剪裁掉。

■ Normal：图像被置于控件的左上角。如果图像比控件大，则超出部分被剪裁掉。

■ StretchImage：控件中的图像被拉伸或收缩，以适合控件的大小。

下面通过一个示例来演示上述显示图片的方法。界面参考运行结果，代码如下：

```
private void button1_Click(object sender, EventArgs e)
{
    Bitmap p = new Bitmap("C:\\1.gif");
    pictureBox1.Image = p;
}
private void button2_Click(object sender, EventArgs e)
{
    pictureBox1.Image = Image.FromFile("C:\\1.gif");
}
private void button3_Click(object sender, EventArgs e)
{
    pictureBox1.Image = null;
}
```

程序的执行效果如图 7-21 所示。

图 7-21　PictureBox 演示

7.3.9　NumericUpDown 控件

NumericUpDown 控件是一个数字微调控件，可以通过单击向上和向下按钮、按↑和↓键来增大和减小数字，也可以直接输入数字。单击↑键时，值向最大值方向增加；单击↓键时，值向最小值方向减少。它与 TextBox 控件具有很多相同的事件或属性。NumericUpDown 的常用事件有 ValueChanged、GotFocus、LostFocus 等。

NumericUpDown 控件的常用属性如下。

➤ DecimalPlaces：获取或设置该控件中显示的小数位数。

➤ Hexadecimal：获取或设置该控件是否以十六进制格式显示所包含的值。

➤ Increment：获取或设置单击向上或向下按钮时，该控件递增或递减的值。

➤ Maximum：获取或设置该控件的最大值。

➤ Minimum：获取或设置该控件的最小值。

➤ Value：获取或设置该控件的当前值。

由于该控件很简单，此处不再演示，请读者自行练习。

✎ 课堂练习：请使用该控件实现如图 7-22 所示的调色板功能(提示：关于颜色知识请参考 10.2.4 节内容)。

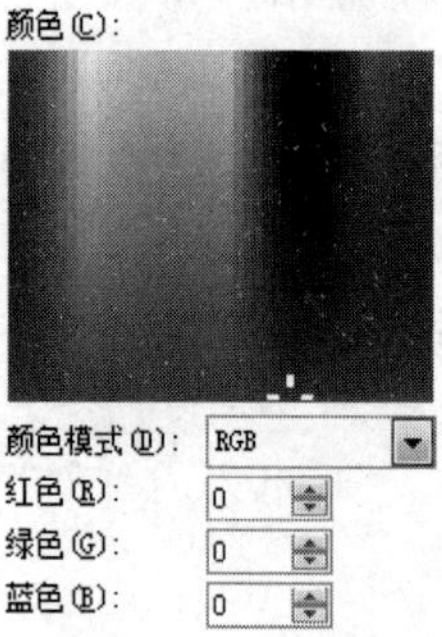

图 7-22 调色板

7.3.10 ProgressBar 控件

ProgressBar 控件(进度条控件)，常用于需要大量时间的场合，用它来指示当前处理进度、完成的百分比，而不至于让用户迷惑。例如，用于显示文件下载进度、显示批量文件格式的转换、显示播放器的当前播放进度、显示软件当前的安装进度等。ProgressBar 控件能响应很多事件，但一般很少使用。下面介绍该控件的常用属性和方法。

ProgressBar 控件的常用属性如下。

➢ Maximum：设置或返回进度条的最大值，默认值为 100。

➢ Minimum：设置或返回进度条的最小值，默认值为 0。

➢ Value：设置或返回进度条的当前值。

➢ Step：设置或返回一个值，该值用来决定每次调用 PerformStep()方法时，Value 属性增加的幅度。例如，如果要复制一组文件，则可将 Step 属性的值设置为 1，并将 Maximum 属性的值设置为要复制的文件总数。在复制每个文件时，可以调用 PerformStep()方法按 Step 属性的值显示当前复制进度。

➢ Style：该控件的一个常用属性，用来决定控件运行时的外观，该属性为枚举值。其取值为 Blocks、Continuous、Marquee。以 Blocks 使用体验最好，因为后面两种都只能向用户表达"程序还没死"这个概念，而不能表达"还大概需要等多久"这种概念。

ProgressBar 控件的常用方法如下。

➢ Increment()：按该方法的参数指定的值增加进度条的值。调用的一般格式如下：

```
progressBar1.Increment(n);
```

其功能是把 progressBar1 的 Value 属性值增加 n，n 为整数。调用该方法后，若 Value 属性值大于 Maximum 属性值，则 Value 属性值就是 Maximum 值，若 Value 属性值小于 Minimum 属性值，则 Value 属性值就是 Minimum 值。

➢ PerformStep()：按 Step 属性值来增加进度条的 Value 属性值。调用的一般格式如下：

```
progressBar1.PerformStep();
```

该方法无参数。

文件复制也是一个常用操作，下面是一个复制多个文件并显示复制进度的示例。

示例：文件复制进度

```
private void CopyMultiFiles(string[] fileNames)
{
    progressBar1.Visible = true;
```

```
progressBar1.Minimum = 1;
progressBar1.Maximum = fileNames.Length;
progressBar1.Value = 1;
progressBar1.Step = 1;
for (int x = 1; x <= fileNames.Length; x++)
{
    System.IO.File.Copy(fileNames[x - 1], fileNames[x - 1] + ".Copy");
    progressBar1.PerformStep();
}
}
```

示例：双重进度

在安装软件或者软件在线升级时，经常会给出两个进度，一个是总进度，而另外一个是当前某个阶段性操作的进度。下面的示例通过两个 ProgressBar 控件，来模拟上述情况。界面设计参考运行结果，所有控件采取默认命名。程序代码如下：

```
private void button1_Click(object sender, EventArgs e)
{
    button1.Enabled = false;
    progressBar1.Maximum = 1000;
    progressBar2.Maximum = 100000;
    for(int i = 1; i <= 1000; i++)
    {
        for(int j = 1; j <= 100000; j++)
            if(j % 2000 == 0)
                progressBar2.Value = j;
        progressBar1.Value = i;
    }
    button1.Enabled = true;
}
```

程序的执行结果如图 7-23 所示。

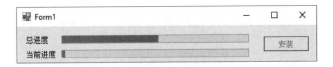

图 7-23　ProgressBar 控件演示

7.3.11　HScrollBar 控件和 VScrollBar 控件

滚动条控件（SCrollBar 控件）是一种使用频率很高的控件，例如 Microsoft Word 等常见的文本编辑工具、阅读器等中都能看到其身影。滚动条通常分为水平滚动条（HScrollBar）和垂直滚动条（VScrollBar）。不过很多时候，不需要明确地创建滚动条，许多 Windows 控件都内置支持滚动，它们都派生于 ScrollableControl 类，这个类为滚动条提供内建支持，允许以设置属性的方式简单地完成滚动条功能。

该控件的常用属性如下。

➤ Maximum：用来获取或设置控件可表示的范围上限，即最大值。

> Minimum：用来获取或设置控件可表示的范围下限，即最小值。

> Value：用于设置或返回滑块在滚动条中所处的位置，其默认值为 0。当滑块的位置值为最小值时，滑块移到水平滚动条的最左端位置，或移到垂直滚动条的顶端位置。当滑块的位置值为最大值时，滑块移到水平滚动条的最右端位置或垂直滚动条的底端位置。

> SmallChange 和 LargeChange：这两个属性用于调整滑块移动的距离。其中 SmallChange 属性用于控制当鼠标单击滚动条两边的箭头时，滑块滚动的值，即 Value 属性增加或减小的值。而 LargeChange 属性则控制当用鼠标直接单击滚动条时滑块滚动的值。当用户按下 PageUp 键或 PageDown 键或者在滑块的任何一边单击滚动条时，Value 属性将按照 LargeChange 属性的值进行增加或减小。

该控件的常用事件如下。

> Scroll：该事件在用户通过鼠标或键盘移动滑块后发生。

> ValueChanged：该事件在滚动条控件的 Value 属性值改变时发生。

示例：调色器

在使用 Windows 时，有时需要一些比较特别的颜色，而标准颜色中没有，此时可以自己来调色，即指定颜色 R、G、B 三个分量来调配自己需要的颜色（见图 7-22）。

现在来利用滚动条来实现类似的调色板功能。本演示使用三个横向滚动条控件，分别控制颜色 R、G、B 三个分量，所以三个横向滚动条的最小值都应设置为 0，而最大值都应设置为 255。另外放一个 Label 控件，AutoSize 属性设为 false，Text 属性为空，并将大小调至合适，程序界面参考运行截图。代码如下：

```csharp
private void hScrollBar_Scroll(object sender, ScrollEventArgs e)
{
    Color color = Color.FromArgb (hScrollBar1. Value, hScrollBar2. Value, hScrollBar3.
Value);
    label1.BackColor = color;
}
```

然后将三个滚动条的 Scroll 事件的处理方法都选择为 hScrollBar_Scroll()。程序的执行结果如图 7-24 所示。

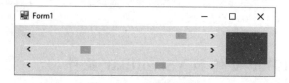

图 7-24　自制调色器

7.3.12　TrackBar 控件

TrackBar 控件又称滑块控件、跟踪条控件。该控件可用于多种场合，例如类似于 Photoshop 或者 Dreamweaver 中的调整滑块，或者用于播放器的进度指示等。该控件有两部分：滑块和刻度线。滑块的位置与该控件的 Value 属性相对应；而刻度线是按等份分隔的可视化指示符(类似尺子上的尺寸标记)。TrackBar 控件可以按指定的增量移动,并且支持水平和垂直两个方向的排列。

TrackBar 控件的常用属性如下。

➤ Maximum:获取或设置 TrackBar 控件可表示的范围上限,即最大值。

➤ Minimum:获取或设置 TrackBar 控件可表示的范围下限,即最小值。

➤ Orientation:获取或设置一个值,该值指示滑块是在水平方向还是在垂直方向。

➤ LargeChange:获取或设置一个值,该值指示当滑块长距离移动时应为 Value 属性中加上或减去的值。

➤ SmallChange:获取或设置当滑块短距离移动时对 Value 属性进行增减的值。

➤ Value:用来获取或设置滑块在 TrackBar 控件上的当前位置的值。

➤ TickFrequency:获取或设置一个值,该值指定控件上绘制的刻度之间的增量。

➤ TickStyle:获取或设置一个值,该值指示如何显示滑块上的刻度线。

TrackBar 控件的常用事件是 ValueChanged,该事件在 TrackBar 控件的 Value 属性值改变时发生。

由于该控件与 SCrollBar 控件比较类似,此处不再演示,请读者自行试验。

7.3.13 ToolTip 控件

该控件的用途是当鼠标位于某个控件上并停留一段时间后,显示该控件的提示信息。

该控件的主要属性如下。

➤ Active:指示该控件当前是否处于激活状态,当设置为 false 时,为其他控件所设置的提示不会显示。

➤ AutomaticDelay:设置经过多长时间显示提示信息,默认值为 500ms。

➤ AutoPopDelay:设置鼠标指针停留多长时间后消失提示信息。

➤ IsBalloon:是否显示为气泡样式。

➤ ToolTipIcon:设置弹出提示区域的小图标。

➤ ToolTipTitle:返回或设置弹出的提示区域的标题文字。

其最常用的方法是 SetToolTip(),通过该方法可以使用 ToolTip 控件为窗体上的其他控件设置提示文字。

示例:

在窗体上放入一个 Button 控件、一个 TextBox 控件、一个 ListBox 控件和一个 ToolTip 控件,然后在窗体的 Load 事件中输入如下代码:

```
private void Form1_Load(object sender, EventArgs e)
{
    toolTip1.ToolTipIcon = ToolTipIcon.Info;
    //toolTip1.ToolTipIcon = ToolTipIcon.Error;
    //toolTip1.ToolTipIcon = ToolTipIcon.Warning;
    toolTip1.ToolTipTitle = "ToolTip 的提示";
    toolTip1.IsBalloon = true;
    toolTip1.SetToolTip(button1, "单击按钮即可提交信息!");
    toolTip1.SetToolTip(textBox1, "你的密码输入的太短了!");
    toolTip1.SetToolTip(listBox1, "列表中项对应的文件不存在!");
}
```

运行程序,分别将鼠标在上述控件中停留一段时间,观察显示的提示信息。效果如图 7-25 所示。

7.3.14 GroupBox 控件

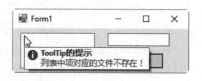

Group 控件(分组框控件)由 GroupBox 类封装,是一个容器控件,用于对控件进行逻辑分组。其典型的用法之一就是给 RadioButton 控件分组。可以通过分组框的 Text 属性为分组框中的控件向用户提供描述信息。

图 7-25　ToolTip 演示

在窗体设计器中,GroupBox 控件中的控件可以作为一个整体进行操作。把控件添加到分组框中的方法有以下两种。

➤ 直接从工具箱中拖动目标控件到分组框中。
➤ 先把需要的控件剪切到剪贴板中,然后选中分组框控件并从剪贴板中复制这些控件。

GroupBox 控件的常用属性如下。

➤ Text:为分组框设置标题。
➤ BackColor:设置分组框背景颜色。
➤ BackgroundImage:设置分组框背景图像。
➤ TabStop:分组框一般不接收焦点,它将焦点传递给其包含控件中的第一个项;可以设置这个属性来指示分组框是否接收焦点。
➤ AutoSize:设置分组框是否可以根据其内容调整大小。
➤ AutoSizeMode:获取或设置启用 AutoSize 属性时分组框的行为方式。其属性值为 AutoSizeMode 枚举值。
■ GrowAndShrink:根据内容增大或缩小。
■ GrowOnly(默认):可根据其内容任意增大,但不会缩小到 Size 属性值以下。
➤ Controls:分组框中包含的控件集合。可以使用该属性的 Add()、Clear()等方法。

示例:

为了对比 GroupBox 控件在本示例中起的作用,首先可以按照如图 7-26(a)所示设计界面,运行时会发现在所有的 4 个选项中,只有一个才能被选中。使用 GroupBox 控件进行分组设计后的效果如图 7-26(b)所示。

图 7-26　GroupBox 演示

GroupBox 控件的事件比较少用,故此不再过多演示。一些常规事件如下。

➤ AutoSizeChanged:在 AutoSize 属性发生改变时触发。
➤ Click 和 DoubleClick 事件。

> TabStopChanged：在 TabStops 属性改变时触发。
> KeyUp/KeyPress/KeyDown：当分组框拥有焦点同时用户释放/按下某个键时触发。

7.3.15　Panel 控件

Panel 控件由 Panel 类封装，与 GroupBox 控件类似，也是一个容器控件。它没有标题，但是可以和滚动条结合使用。除此以外，其他均与 GroupBox 控件类似。

Panel 控件的常用属性如下。

> AutoScroll：设置面板滚动条是否可用。默认情况下是禁用，其值为 false。
> BorderStyle：设置面板边框风格，有 None（默认）、FixedSingle、Fixed3D 三种。

该控件使用很简单，请读者自行试验该控件。

7.3.16　MonthCalendar 控件

MonthCalendar 控件（日历控件）由 MonthCalendar 类封装，在窗体中将显示为一个日历界面，可以选择一个或多个日期。使用控件顶部的箭头按钮可以调整显示的月份。

MonthCalendar 控件的常用属性如下。

> MaxSelectionCount：单击日历页面的日期就可以在 MonthCalendar 控件中选择一个日期，默认情况下最多允许选择 7 天，可以通过修改这个属性来改变这个天数限定。
> SelectionStart：一个 DateTime 值，指定第一个选择的日期。
> SelectionRange：一个 SelectionRange 对象，代表控件中所选择的日期。
> SelectionEnd：一个 DateTime 值，指定最后一个选择的日期。
> SelectionRange：限定一个选择范围，它具有两个属性。
  ■ Start：一个 DateTime 值，代表范围内的第一天。
  ■ End：一个 DateTime 值，代表范围内的最后一天。
> MinDate：控制 MonthCalendar 控件允许的最早的有效日期。
> MaxDate：控制 MonthCalendar 控件允许的最晚的有效日期。
> CalendarDimensions：设置日历网格的大小。这是作为一个 Size 值传递的，例如 monthCalendar1. CalendarDimensions ＝new Size(2,3)；创建一个日历，以 3 行 2 列的格式显示月份。
> ShowToday：指定当前日期是否可以显示在日历的底部，默认为 true。
> ShowTodayCircle：指定是否在当前日期周围画一个圈，默认为 true。
> TodayDate：设置控件显示的日期，默认情况下显示系统日期。
> TodayDateSet：判定是否设置了 TodayDate 日期。如果是则返回属性值为 true。
> FirstDayOfWeek：指定日历中显示的每周的第一天是星期几。使用 Day 枚举值，默认以星期天为第一天。
> ShowWeekNumbers：指定是否在日历中显示周数，默认为 false。

示例：限制选择范围

有时需要限制用户只能选择某个时间段的某个日期，例如网上预售火车票，一般只会预售指定日期内的票,而这个日期之外的日期不应该让用户选择。下面的代码可以实现让用户只能选择 10 天之内的日期。

```
monthCalendar1.MinDate = DateTime.Now;
monthCalendar1.MaxDate = DateTime.Now.AddDays(10.0);
```

程序的执行结果如图 7-27 所示。

图 7-27　MonthCalendar 演示

此外,与该控件功能相关的控件还有 DateTimePicker,由于比较简单,不再赘述。

7.4　常　用　组　件

本节只讲解两个最常用的组件：Timer 组件和 ImageList 组件。

7.4.1　Timer 组件

Timer 组件由 Timer 类封装,主要用于计时,并以指定的间隔循环往复的执行某个动作,该控件在运行时不可见。通过计时处理可以实现各种复杂的动作,例如动画效果等。

Timer 组件的属性、方法和事件不是很多,但是在动画制作和定期执行某个操作等方面有着重要的作用。

Timer 组件的常用属性如下。

➢ Enabled：定时器事件是否处于运行状态。默认为 false,即定时器不开启。

➢ Interval：指定定时器控件的时间间隔,单位为 ms。如它的值设置为 500,则将每隔 0.5s 发生一个 Tick 事件。

Timer 组件的常用方法如下。

➢ Start：启动时钟,即把 Enabled 属性设为 true。

➢ Stop：停止时钟,把 Enabled 属性设为 false。

Timer 组件的常用事件如下。

➢ Tick：在定时器被开启并且指定的时间间隔（即 Interval）到达时触发这个事件。可以通过捕捉该事件来进行代码操作。

示例：时钟

本示例制作一个简单时钟,使用一个 Label 控件和一个 Timer 组件,控件命名采取默认,界面参考运行截图。代码如下：

```
private void Form1_Load(object sender, EventArgs e)
{
    timer1.Tick += new EventHandler(timer1_Tick);
    timer1.Interval = 1000;
    timer1.Start();
    label1.Font = new Font("Times New Roman", 25, FontStyle.Bold);
}
void timer1_Tick(object sender, EventArgs e)
{
    label1.Text = DateTime.Now.ToString("yyyy - MM - dd hh:mm:ss");
}
```

程序的执行结果如图 7-28 所示。

图 7-28　Timer 组件制作时钟

示例：动画效果——可爱小浣熊

本示例演示如何通过定时器组件，将一个图像序列逐幅显示，从而实现动画效果。所用到的素材[1]如图 7-29 所示（也可以用任何合适的图像序列）。

图 7-29　图像序列素材

本示例使用一个 PictureBox 控件，用来显示图像，另外使用一个 Timer 控件，用来定时切换图像并在 PictureBox 中显示。控件命名采用默认方式，代码如下：

```
int i = 0;
Bitmap b = null;
private void Form1_Load(object sender, EventArgs e)
{
    timer1.Interval = 100;
    timer1.Enabled = true;
    timer1.Tick += new EventHandler(timer1_Tick);
}
```

207

---

①　该动画下载自互联网，版权属版权所有人，此图像序列由网络下载的 GIF 图处理而得来。

```
private void timer1_Tick(object sender, EventArgs e)
{
    i = i + 1;
    if (i > 21) i = 1;
    b = new Bitmap("1\\fox-1_" + i + ".gif");
    pictureBox1.Image = b;
}
private void pictureBox1_Click(object sender, EventArgs e)
{
    b.Dispose();
    this.Close();
}
```

运行程序,会发现一个小浣熊在大摇大摆的原地踏步。程序的执行结果如图 7-30 所示。

✍ 课堂练习:在上面示例及素材的基础上,再提供如图 7-31 所示的素材,请实现一个桌面宠物精灵——可爱小浣熊。程序运行后,小浣熊在桌面从左走到右,当走到桌面边缘时,然后又从右走到桌面左侧边缘,再掉头从左走向右,如此反复。

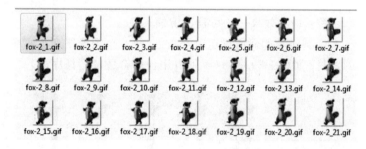

图 7-30　可爱小浣熊

图 7-31　小浣熊序列素材

7.4.2　ImageList 组件

ImageList 组件是一个专门用来给其他控件提供图片的组件,其本身在运行时并没有可视化界面。典型的由 ImageList 控件提供图片的控件有 ToolStrip、TabControl 等控件。

其常用属性如下。

➤ Images:该属性表示图像列表中包含的图像的集合。

➤ ImageSize:该属性表示图像的大小,默认高度和宽度为 16×16,最大为 256×256。

其 Images 属性集合可以在设计时通过属性窗口设定,如图 7-32 所示。

单击右侧的按钮即可进入图片添加界面,如图 7-33 所示。

设置好后,就可以将其他控件如 TabControl 的 ImageList 属性指定为上述 imageList1,至此就完成了所有操作。

除了上述在属性窗口手工设定 Images 属性外,也可以通过代码来设定。例如:

图 7-32　ImageList 组件的
Images 属性

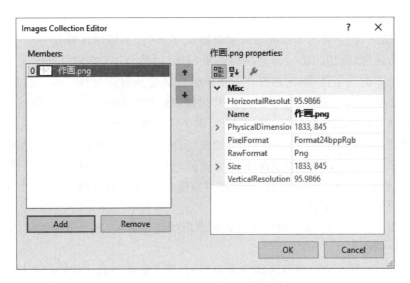

图 7-33　ImageList 组件的图片添加

```
imgImageList1.Images.Add(Image.FromFile("c:\\1.gif"));
```

当然，除了可以像上述那样通过指定其他控件的 ImageList 属性来使用 ImageList 组件中的图片，也可以通过代码来显式指定使用其中的哪一张图片。例如：

```
pictureBox1.Image = imgImageList1.Images[0];
```

7.5　菜　　单

菜单是 Windows 下的常见元素，如图 7-34 所示。

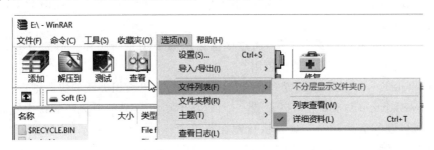

图 7-34　菜单

在介绍菜单之前，有必要对与菜单相关的一些基本概念有所了解。

➢ 菜单项：如图 7-34 所示，排在第一排的有文字描述的命令都称为菜单项，并且第一排的是顶层菜单项。而第一排的每个菜单项又有子菜单项，例如"选项"菜单下有"设置"等子菜单项。而这些子菜单项又可能仍然有子菜单项，例如"文件列表"还有子菜单项。这些菜单项其实是 MenuItem 类的一个对象。菜单项有的呈现为灰色，例如图 7-34 中的"不分层显示文件夹"，表示该菜单项当前是被禁止使用的。

> 热键(访问键):有的菜单项后面紧跟提示字母(且字母往往放在一对括号中),该字母称为热键(或访问键),若是顶层菜单,可通过按 Alt+热键打开该菜单,若是某个子菜单中的一个选项,则在打开子菜单后直接按热键就会执行相应的菜单命令。例如上图中"工具"菜单后的(S),S 即其热键,通过按 Alt+S 组合键即可执行该命令。访问键对应的是单个字母,通过 Alt+单个字母方式调用。

> 快捷键:有的菜单项后面有一个按键或组合键,该按键在菜单中往往是右对齐的,称快捷键,在不打开菜单的情况下按快捷键,将执行相应的命令。例如图 7-34 中"设置"菜单后的 Ctrl+S。注意,快捷键对应着功能键或组合键,并非单个字母,并且与菜单项的文字是分离的。

> 分隔线:图 7-34 中的菜单按照一定的逻辑进行了分组,各个分组之间的灰色横线即称为分隔线。

> 复选标记:有的菜单项前可能有复选标记,用于表明当前该项在起作用。

上文所述菜单是普通菜单,对应 MenuStrip;此外还有上下文菜单,即右键菜单,对应 ContentMenuStrip。

7.5.1 MenuStrip

菜单控制即控制每个菜单项,菜单项的主要事件是 Click,其属性则较多,具体如下所示。

> Text:获取或设置一个值,通过该值指示菜单项标题。当使用 Text 属性为菜单项指定标题时,还可以在字符前加一个 & 号来指定热键。例如,若要将 File 中的 F 指定为热键,应将菜单项的标题指定为"&File"。若为中文菜单项,则可以设置为"文件(&F)",设计模式下的效果如图 7-35 所示。

> Checked:获取或设置一个值,该值指示复选标记是否出现在菜单项文本的旁边。如果要放置选中标记在菜单项文本的旁边,属性值为 true,否则属性值为 false。默认值为 false。

> Enabled:获取或设置一个值,通过该值指示菜单项是否可用。值为 true 时表示可用,值为 false 表示当前禁止使用。

> ShortcutKeys:获取或设置一个值,该值指示与菜单项相关联的快捷键。

> ShowShortcutKeys:获取或设置一个值,该值指示与菜单项关联的快捷键是否在菜单项标题的旁边显示。如果快捷键在菜单项标题的旁边显示,该属性值为 true,如果不显示快捷键,该属性值为 false。默认值为 true。

示例:菜单设计

在 VS 里面设计菜单很轻松,把菜单添加到窗体后,便可以以可视化的操作方式设计菜单,如图 7-35 所示。

故此处仅就几个小问题稍做交代。

(1) 热键:直接以 & 热键的方式设置即可。例如新建(&N),若为英文菜单,则可以写为 &New。

(2) 快捷键:快捷键的设置可以在属性窗口中设计,如图 7-36 所示。

（3）菜单项前的小图片：通过属性窗口的 Image 属性设置（需要设置 DisplayStyle 设置为 ImageAndText）。

（4）复选标记设置：只需在属性窗口中将 Checked 属性设置为 true。

（5）分割线设置：只需将某个菜单项的 Text 属性设置为 - 即可（即一个短横线）。

（6）禁用菜单：将 Enabled 属性设置为 false 即可。

（7）菜单事件：只需双击菜单项即可进入菜单项的事件代码编写视图，至于编写什么代码则由具体的需求决定。

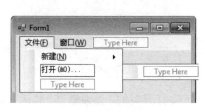

图 7-35　菜单的可视化设计

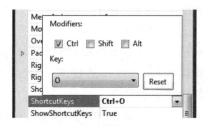

图 7-36　快捷键设置

7.5.2　ContextMenuStrip

ContextMenuStrip 即上下文菜单，即经常使用的右键快捷菜单。除了它是用于右键菜单之外，其他方面与 MenuStrip 基本相同，故此处不再详细介绍。下面仅给出一个使用 ContextMenuStrip 的小示例。

很多控件都具有一个 ContextMenuStrip 属性，该属性正是和 ContextMenuStrip 控件配合使用的，正如有些控件的 ImageList 属性与 ImageList 组件配合使用一样。

示例：

本示例为 RichTextBox 控件设置 ContextMenuStrip。在窗体上放置一个 RichTextBox、一个 ContextMenuStrip 控件。ContextMenuStrip 自行随意设计。将 richTextBox1 的 ContextMenuStrip 属性设置为 contextMenuStrip1。程序的执行结果如图 7-37 所示。

图 7-37　ContextMenuStrip 演示

7.5.3　ToolStrip

该控件由 ToolStrip 封装。该控件是个容器控件，通常出现在窗体的顶部。可以将一些常用的控件作为子项放在工具栏中，通过各个子项与应用程序发生联系。

ToolStrip 控件的常用属性如下。

➢ BackgroundImage：设置背景图片。

> BackgroundImageLayout：设置背景图片的显示对齐方式。

> Items：设置工具栏上所显示的子项，是最重要的属性。

> ShowItemToolTips：设置是否显示工具栏子项上的提示文本。

> TextDirection：设置文本显示方向。

> ContextMenuStrip：设置工具栏所指向的弹出菜单。

> AllowItemReorder：是否允许改变子项在工具栏中的顺序。

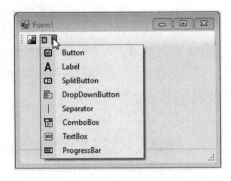

图 7-38　ToolStrip 控件

工具栏的设计也很简单，当把 ToolStrip 控件拖放到窗体中后，将可以通过图 7-38 的方式在工具栏控件中添加子控件。

或者也可以在属性窗口中，单击 Items 后的按钮将打开"项集合编辑器"对话框，在该对话框中也可以设置子控件及其属性。

ToolStrip 的子控件类型可以为 ToolStripButton、ToolStripComboBox、ToolStripSplit-Button、ToolStripLabel、ToolStripSeparator、ToolStripDropDownButton、ToolStripProgressBar 和 ToolStripTextBox 等。其中 ToolStripSeparator 控件主要提供一个间隔。

子控件的常用属性如下。

> Name：子项名称。

> Text：子项显示文本。

> ToolTipText：将鼠标放在子项上时显示的提示文本。要使用这个属性，必须将工具栏的 ShowItemToolTips 属性设置为 true。

> ImageIndex：子项使用的图标。

ToolStrip 控件的常用事件如下。

> ItemClicked：单击工具栏上的一个子项时触发执行。

> Click：单击工具栏本身时执行。

> DoubleClick：双击工具栏时执行。

其使用比较简单，完全以可视化的操作方式即可完成，故不再赘述。

7.5.4　StatusStrip

StatusStrip 控件由 StatusStrip 类封装。状态栏一般位于窗体的底部，用于显示系统的一些状态，比如当前程序状态、当前鼠标位置处控件的功能描述、日期时间等。在状态栏中可以包含文本、图像、下拉框、按钮等子项。

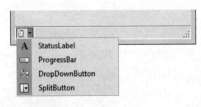

图 7-39　StatusStrip 控件

当把 StatusStrip 控件添加到窗体中时，它将默认在窗体的最下方。其设计也很简单，与 ToolStrip 控件很类似，如图 7-39 所示。

当然也可以使用类似 ToolStrip 的添加方式。在属性窗口中，通过 Items 属性后的按钮，打开 Items Collection Editor 对话框，然后在此设置。

StatusStip 中常用的子项有 StatusLabel、SplitButton、DropDownButton 和 Progress-Bar 等。

StatusStip 常用的属性和事件类似于工具栏。此处不再赘述。

7.6 对 话 框

7.6.1 OpenFileDialog

OpenFileDialog 控件即常用的打开文件对话框。

OpenFileDialog 控件的常用属性如下。

➢ Title：获取或设置对话框标题，默认值为空字符串("")。如果标题为空字符串，则系统将使用默认标题（这个默认字符串跟操作系统语言相关）。

➢ Filter：获取或设置当前文件名筛选器字符串，该字符串决定对话框的"文件类型"框中出现的选择内容。对于每个筛选选项，筛选器字符串都包含筛选器说明、垂直线条(|)和筛选器模式。不同筛选选项的字符串由垂直线条隔开，例如："文本文件(*.txt)|*.txt|所有文件(*.*)|*.*"。还可以通过用分号来分隔各种文件类型，可以将多个筛选器模式添加到筛选器中，例如："图像文件(*.BMP;*.JPG;*.GIF)|*.BMP;*.JPG;*.GIF|所有文件(*.*)|*.*"。

➢ FilterIndex：获取或设置"文件"对话框中当前选定筛选器的索引。第一个筛选器的索引为 1，默认值为 1。

➢ FileName：获取在"打开"文件对话框中选定的文件名。文件名既包含文件路径也包含文件扩展名。如果未选定文件，该属性将返回空字符串("")。

➢ InitialDirectory：获取或设置文件对话框显示的初始目录，默认值为空字符串("")。

➢ ShowReadOnly：获取或设置一个值，该值指示对话框是否包含"只读"复选框。如果对话框包含"只读"复选框，则属性值为 true，否则属性值为 false。默认值为 false。

➢ ReadOnlyChecked：获取或设置一个值，该值指示是否选中"只读"复选框。如果选中"只读"复选框，则属性值为 true；反之，属性值为 false。默认值为 false。

➢ Multiselect：获取或设置一个值，该值指示对话框是否允许选择多个文件。如果对话框允许同时选择多个文件，则该属性值为 true；反之，属性值为 false。默认值为 false。

➢ FileNames：获取对话框中所有选定文件的文件名。每个文件名都既包含文件路径又包含文件扩展名。如果未选定文件，该方法将返回空数组。

➢ RestoreDirectory：获取或设置一个值，该值指示对话框在关闭前是否还原当前目录。假设用户在搜索文件的过程中更改了目录，且该属性值为 true，那么对话框会将当前目录还原为初始值；若该属性值为 false，则不还原成初始值。默认值为 false。不过该属性与操作系统版本有关，例如在 Windows 7 下，上述描述不再成立。

OpenFileDialog 控件的常用方法即 ShowDialog()方法,其作用是显示"打开"对话框。下面即将介绍的其他几个对话框与此类似,都是通过该方法来打开相应的对话框。

通用对话框运行时,如果单击对话框中的"确定"按钮,则返回值为 DialogResult.OK;否则返回值为 DialogResult.Cancel。

示例:

本示例将使用一个 Button 控件、一个 ListBox 控件、一个 OpenFileDialog 控件。当用户单击 Button 时,打开对话框,获取用户所选择的文件,并添加到 ListBox 中。界面参考运行截图。代码如下:

```csharp
private void button1_Click(object sender, EventArgs e)
{
    openFileDialog1.Multiselect = true;              //允许多选
    openFileDialog1.Filter = "图像文件|*.jpg;*.gif;*.png;|所有文件|*.*";
    openFileDialog1.FilterIndex = 1;
    DialogResult dlgResult = openFileDialog1.ShowDialog();
    if (dlgResult == DialogResult.OK)
    {
        string[] sFiles = openFileDialog1.FileNames; //获取所有被选择文件
        foreach (string s in sFiles)                 //遍历每个文件,逐个添加至列表框中
            listBox1.Items.Add(s);
    }
}
```

程序的执行结果如图 7-40 所示。

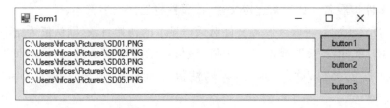

图 7-40　OpenFileDialog 控件演示

7.6.2　SaveFileDialog

SaveFileDialog 控件又称"保存文件"对话框,主要用来打开 Windows 中标准的"保存文件"对话框。其属性及方法都与 OpenFileDialog 控件相同,不再赘述。

7.6.3　FontDialog

FontDialog 控件又称"字体"对话框,主要用来打开 Windows 中标准的"字体"对话框。"字体"对话框的作用是显示当前安装在系统中的字体列表,供用户进行选择。

FontDialog 控件的主要属性如下。

➢ Font:该属性是"字体"对话框的最重要属性,通过它可以设定或获取字体信息。

➢ Color:设定或获取字符的颜色。

➤ MaxSize：获取或设置用户可选择的最大磅值。

➤ MinSize：获取或设置用户可选择的最小磅值。

➤ ShowColor：获取或设置一个值，该值指示对话框是否显示"颜色"选择框。如果对话框显示"颜色"选择框，属性值为 true；反之，属性值为 false。默认值为 false。

➤ ShowEffects：获取或设置一个值，该值指示对话框是否包含允许用户指定删除线、下画线和文本颜色选项的控件。如果对话框包含设置删除线、下画线和文本颜色选项的控件，属性值为 true；反之，属性值为 false。默认值为 true。

示例：

本示例使用一个 RichTextBox 控件和两个 Button 控件。代码如下：

```
private void button3_Click(object sender, EventArgs e)
{
    fontDialog1.ShowColor = true;
    fontDialog1.ShowEffects = true;
    DialogResult dlgResult = fontDialog1.ShowDialog();
    if (dlgResult == DialogResult.OK)
    {
        richTextBox1.Font = fontDialog1.Font;
        richTextBox1.ForeColor = fontDialog1.Color;
    }
}
```

程序的执行结果如图 7-41 所示。

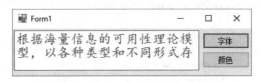

图 7-41　FontDialog 控件演示

7.6.4　ColorDialog

ColorDialog 控件又称"颜色"对话框，主要用来打开 Windows 中标准的"颜色"对话框。"颜色"对话框的作用是供用户选择一种颜色，并用 Color 属性记录用户选择的颜色值。

ColorDialog 控件的主要属性如下。

➤ AllowFullOpen：获取或设置一个值，该值指示用户是否可以使用该对话框定义自定义颜色。如果允许用户自定义颜色，属性值为 true(默认值)，否则为 false。

➤ FullOpen：获取或设置一个值，该值指示用于创建自定义颜色的控件在对话框打开时是否可见。值为 true 时可见，值为 false 时不可见。

➤ AnyColor：用来获取或设置一个值，该值指示对话框是否显示基本颜色集中可用的所有颜色。值为 true 时，显示所有颜色，否则不显示所有颜色。

➤ Color：用来获取或设置用户选定的颜色。

216

示例：

本示例在 7.6.3 中的示例的基础上进行。代码如下：

```
private void button4_Click(object sender, EventArgs e)
{
    colorDialog1.AllowFullOpen = true;
    DialogResult dlgResult = colorDialog1.ShowDialog();
    if (dlgResult == DialogResult.OK)
        richTextBox1.ForeColor = colorDialog1.Color;
}
```

程序运行后将只有字体颜色被改变。

7.6.5　FolderBrowserDialog

FolderBrowserDialog 控件即"目录选择"对话框，用于选择一个目录，而不是文件。
其常用属性如下。

➤ SelectedPath：返回或设置用户通过 FolderBrowserDialog 控件选择的目录。

➤ ShowNewFolderButton：返回或设置是否在打开的"目录选择"对话框中显示 Make New Folder(新建文件夹)按钮。

示例：

本示例使用一个 Label 控件、一个 TextBox 控件和一个 Button 控件。界面参考运行截图。代码如下：

```
private void button1_Click(object sender, EventArgs e)
{
    folderBrowserDialog1.ShowNewFolderButton = true;
    DialogResult dlgResult = folderBrowserDialog1.ShowDialog();
    if (dlgResult == DialogResult.OK)
        textBox1.Text = folderBrowserDialog1.SelectedPath;
}
```

程序的执行结果如图 7-42 所示。

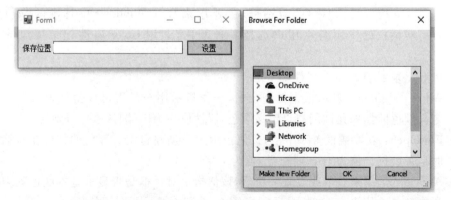

图 7-42　FolderBrowserDialog 演示

7.7　高级控件

本节所涉及的控件相对较为复杂，功能也较多，限于篇幅，本书不可能讲解太详细，想要更深入地了解这些控件的用法，请参照相关手册。

7.7.1　RichTextBox 控件

RichTextBox 控件是一种文字处理控件，与 TextBox 控件相比，其文字处理功能更加丰富。除了可以打开 ASCII 文本格式文件及 Unicode 编码格式的文件，更重要的是，还可以打开、编辑和存储.rtf 格式文件。

7.3.5 节介绍了 TextBox 控件的属性，RichTextBox 控件诸多属性都与 TextBox 控件相同，除此之外，该控件还具有一些其他常用属性。

- ➢ RightMargin：设置或获取右侧空白的大小，单位是像素。通过该属性可以设置右侧空白。
- ➢ Rtf：获取或设置 RichTextBox 控件中的文本，包括所有.rtf 格式代码。可以使用此属性将.rtf 格式文本放到控件中以进行显示，或提取控件中的.rtf 格式文本。此属性通常用于在 RichTextBox 控件和其他 RTF 源（如 MicrosoftWord 或 Windows 写字板）之间交换信息。
- ➢ SelectedRtf：获取或设置控件中当前选定的.rtf 格式的格式文本。此属性使用户得以获取控件中的选定文本，并附带格式信息。如果当前未选定任何文本，给该属性赋值将把所赋的文本插入到插入点处。如果选定了文本，则给该属性所赋的文本值将替换掉选定文本。
- ➢ SelectionColor：获取或设置当前选定文本或插入点处的文本颜色。
- ➢ SelectionFont：获取或设置当前选定文本或插入点处的字体。

7.3.5 节所介绍的 TextBox 控件的事件，RichTextBox 控件基本上都具有。除此之外，该控件还具有一些其他常用方法。

- ➢ Redo()：重做上次被撤销的操作。调用格式为：RichTextBox1.Redo()。
- ➢ Find()：从 RichTextBox 控件中查找指定的字符串。调用格式为：
  - ■ RichTextBox1.Find(str)：在指定的 RichTextBox 控件中查找文本，并返回搜索文本的第一个字符在控件内的位置。如果未找到搜索字符串或者 str 参数指定的搜索字符串为空，则返回值为−1。
  - ■ RichTextBox1.Find(str,RichTextBoxFinds)：在 RichTextBox 指定的文本框中搜索 str 参数中指定的文本，并返回文本的第一个字符在控件内的位置。如果返回负值，则表明未找到所搜索的文本字符串。还可以使用此方法搜索特定格式的文本。参数 RichTextBoxFinds 指定如何在控件中执行文本搜索。
  - ■ RichTextBox1.Find(str,start,RichTextBoxFinds)：这里 Find()方法与前面的格式 2 基本类似，不同的只是通过设置控件文本内的搜索起始位置来缩小文本搜索范围，start 参数表示开始搜索的位置。此功能使用户得以避开可能已搜索过的文本或已经知道不包含要搜索的特定文本的文本。如果在 RichTextBoxFinds 参数中指定了 RichTextBoxFinds. Reverse 值，则 start 参数的值将指示反向搜索结束的位置，因为搜索是从文档底部开始的。

- ➤ SaveFile()：把 RichTextBox 中的信息保存到指定的文件中。其调用格式为：
  - RichTextBox1. SaveFile(文件名)：将 RichTextBox 控件中的内容保存为 . rtf 格式文件中。
  - RichTextBox1. SaveFile(文件名，文件类型)：将 RichTextBox 控件中的内容保存为"文件类型"指定的格式文件中。
  - RichTextBox1. SaveFile(数据流，数据流类型)：将 RichTextBox 控件中的内容保存为"数据流类型"指定的数据流中。
- ➤ LoadFile()：使用该方法可以将文本文件、. rtf 文件装入 RichTextBox 控件。调用格式为：
  - RichTextBox1. LoadFile(文件名)：将 . rtf 格式文件或标准 ASCII 文本文件加载到 RichTextBox 控件中。
  - RichTextBox1. LoadFile(数据流，数据流类型)：将现有数据流的内容加载到 RichTextBox 控件中。
  - RichTextBox1. LoadFile(文件名，文件类型)：将特定类型的文件加载到 RichTextBox 控件中。

示例：

本示例使用了 5 个 Button 控件和一个 RichTextBox 控件（AcceptsTab 设为 true），控件命名方式采用默认，程序界面参照运行结果。代码如下：

```
private void button1_Click(object sender, EventArgs e)
{
    richTextBox1.Copy();
}
private void button2_Click(object sender, EventArgs e)
{
    richTextBox1.Paste();
}
private void button3_Click(object sender, EventArgs e)
{
    richTextBox1.SelectionFont = new Font("隶书", richTextBox1.Font.Size);
}
private void button4_Click(object sender, EventArgs e)
{
    richTextBox1.SelectionColor = Color.Red;
}
private void button5_Click(object sender, EventArgs e)
{
    richTextBox1.WordWrap = !richTextBox1.WordWrap;
}
```

程序的执行结果如图 7-43 所示。

✍ 课堂练习：请在上述示例的基础上，对照 Windows 附带的"记事本"程序或者"写字板"程序，完成相应的其他功能。

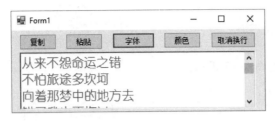

图 7-43　RichTextBox 示例

7.7.2　CheckedListBox 控件

CheckedListBox 控件即复选列表框,它扩展了 ListBox 控件,在保持 ListBox 控件功能的同时,融入了 CheckBox 控件。它几乎能完成列表框可以完成的所有任务,并且还可以在列表项旁边显示复选标记。两种控件间的其他差异在于,复选列表框只支持 DrawMode. Normal,并且复选列表框中至多只能有一项被选定(深色突出显示,例如图 7-44 中的"广州"),但可以有多项被同时选中(即项前面的复选标记被勾选,例如图 7-44 中的"昆明"和"温州")。

CheckedListBox 控件除具有 ListBox 控件的全部属性外,还具有以下特有属性。

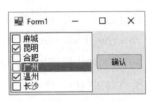

图 7-44　CheckedListbox 控件

- ➢ CheckOnClick:获取或设置一个值,该值指示当某项被选定时是否应切换左侧的复选框。如果立即切换选中标记,则该属性值为 true;否则为 false。默认值为 false。当该值设置为 false 时,即默认状态下,操作不大方便,即选中一个项时需要完成两次单击动作,故一般推荐将该值设定为 true。
- ➢ CheckedItems:该属性是复选列表框中选中项的集合,只代表处于 CheckState. Checked 或 CheckState. Indeterminate 状态的那些项。该集合中的索引按升序排列。
- ➢ CheckedIndices:该属性代表选中项(处于选中状态或中间状态的那些项)索引的集合。与上述 CheckedItems 属性对应。

示例:

本示例演示上述两属性获取选中项的代码,下面两段代码的效果相同。代码如下:

```
private void button1_Click(object sender, EventArgs e)
{
    string sSelected = null;
    for (int i = 0; i < checkedListBox1.CheckedIndices.Count; i++)
        sSelected += checkedListBox1.Items[checkedListBox1.CheckedIndices[i]].ToString() +
"\n";
    MessageBox.Show(sSelected);
    sSelected = null;
    foreach (string s in checkedListBox1.CheckedItems)
        sSelected += s + "\n";
```

```
        MessageBox.Show(sSelected);
    }
```

程序的执行结果如图 7-45 所示。

图 7-45　CheckedListBox 控件演示

7.7.3　TabControl 控件

TabControl 控件由 TabControl 类封装。在这个控件中,在上部有一些标签供选择,每个标签对应一个选项卡页面 TabPage。每个标签页(TabPage)都是一个容纳其他控件的容器。通过这个方式,可以把大量的控件放在多个选项卡中,通过选项卡标签迅速切换。典型的如 Internet Explorer 的"工具"菜单下的选项菜单。

TabControl 控件的常用属性如下。

➢ Alignment:指定选项卡的标签位于控件的什么位置,是一个 TabAlignment 枚举类型,有 Top(默认)、Bottom、Left 和 Right 4 个值。

➢ Appearance:指定标签的外观,有 3 种风格:Buttons、FlatButtons、Normal(默认)。只有当标签位于顶部时,才可以设置 FlatButtons 风格;位于其他位置时,将显示为 Buttons 风格。

➢ ImageList:对应着一个 ImageList 组件,通过该组件为各个 TabPage 提供小图标。

➢ ItemSize:指定标签的大小。

➢ MultiLine:指定是否可以显示多行标签。默认情况为单行显示,在标签超出选项卡可视范围时自动使用箭头按钮来滚动标签(类似于很多多窗口浏览器的标签)。

➢ HotTrack:如果这个属性设置为 true,则当鼠标指针滑过控件上的标签时,其外观就会改变。

➢ RowCount:返回当前显示的标签行数。

➢ SizeMode:指定标签是否自动调整大小来填充标签行。取值为 TabSizeMode 枚举。
　　■ Normal:根据每个标签内容调整标签的宽度。
　　■ Fixed:所有标签宽度相同。
　　■ FillToRight:调整标签宽度,使其填充标签行(只有在多行标签的情况下进行调整)。

➢ TabPages:一个选项卡页面的集合,可以通过它对选项卡的标签项进行管理,这也是该控件最重要的一个属性。在属性窗口中单击 TabPages 属性右边的按钮,打开 TabPage Collection Editor 对话框,通过它来添加、删除选项卡页面和设置页面属性。要为添加后的特定页面添加控件，通过选项卡控件的标签切换到相应页面，再选中该页面，然后把控件拖动到页面中。此外，也可以通过程序来动态为 TabPages 添加成员。

➢ TabCount：指定控件中所包含的标签的数量。

➢ SelectedIndex：当前所选中标签的索引。若没有选中项，返回−1。

➢ SelectedTab：当前所选中标签的引用。若没有选中项，返回 null。

下面介绍针对 TabPages 属性的常用方法。

➢ 添加 TabPage 对象：Add() 或者 AddRange() 方法。

➢ 删除 TabPage 对象：有两种方式。

    ■ Remove(TabPage 对象)，如 tabControl1. Remove(tabControl)；

    ■ Remove(索引值)，如 tabControl1. RemoveAt(0)；

➢ 清除 TabPage 对象：tabControl1. Clear() 方法。

➢ 访问 TabPage：通过索引访问，如 tabControl1. TabPages[0]. Text = "常规"；其中 Text 属性是 TabPage 最常用的属性，用于指定标签页的标题文本。

该控件最常用的事件即 SelectedIndexChanged 事件，当改变当前选择的标签时触发。可以在该事件的处理中根据程序状态来激活或禁止相应页面的某些控件。

示例：

本示例使用一个 TabControl 控件，其中包含 3 个 TabPage，各个 TabPage 的 Text 属性请参照运行截图设置。其中第 3 个 TabPage 中仅有一个名为 label3 的 Label 控件。代码如下：

```
private void tabControl1_SelectedIndexChanged(object sender, EventArgs e)
{
    if (tabControl1.SelectedIndex == 2)
    {
        if (textBox1.Text.Equals(string.Empty))
            label3.Text = "本产品还未注册,请及时注册!";
        else
            label3.Text = "本产品已注册给: " + textBox1.Text + "\n\n" + "产品授权码: " +
textBox2.Text;
    }
}
```

程序的执行结果如图 7-46 所示。

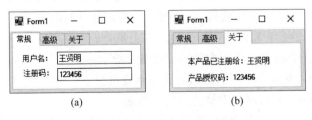

(a)   (b)

图 7-46　TabControl 演示

7.7.4 ListView 控件

ListView 控件(列表视图控件)以列表的形式显示信息,每一条数据都是一个 ListItem 对象。它使用 ListView 类封装,与列表框类似,都是显示一些项列表的控件,但功能更强大。

列表视图通常用于显示数据,用户可以对这些数据和显示方式进行某些控制,可以把包含在控件中的数据显示为列和行,或者显示为一列,或者显示为图标形式。其主要属性如下。

> View:指定列表视图的显示模式,属性值在枚举类型 View 中指定。其枚举值有如下。
   - LargeIcons:显示大图标,并在图标的下面显示标题。
   - SmallIcons:显示小图标,并在图标的右边显示标题。
   - List:每项包含一个小图标和一个标题,并使用列来组织列表项,每列都没有表头。
   - Details:使用报表的形式显示列表项,每项占一行。最左边的一列显示该项的小图标和标题,其他列显示该项的子项。这种方式还可以包含一个表头,显示每列的标题,可以在运行时通过表头来改变列的宽度。

> HeaderStyle:在 Details 模式下,列表视图会显示表头。使用这个属性来设置表头的不同风格,取值由枚举类型 ColumnHeaderStyle 设定。取值如下。
   - Clickable:显示表头,并且它可以响应单击事件(如排序)。
   - Nonclickable:显示表头,但它不响应单击事件。
   - None:不显示表头。

> LargeImageList 和 SmallImageList。
   - 在大图标模式下,显示 LargeImageList 中的图像列表。
   - 在其他三个模式下,显示 SmallImageList 中的图像列表。

> MultiSelect:设置列表视图是否可以选择多行选择。默认为只能选择一行。

> Sorting:指定是否对列表项进行排序。

> Scrollable:指定是否显示滚动条。

> Items:包含列表视图中的所有项。可以对其使用索引访问,得到其中的单个项,也可以用于向列表视图中添加和移除项。
   - 每个列表项具有 SubItems 属性来访问它的各个子项。例如:listView1. Items[0]. SubItems[0]。
   - 在插入列表项时,列表项本身对应列表视图的第一列,它的子项对应视图的其他各列。除了 Details 模式外,其他的显示模式都只显示第一列。

> SelectedIndices:获取当前选择的项的索引集合。

> SelectedItems:包含控件中当前选定项的集合。

> CheckBoxes:表示各个项的旁边是否显示复选框。

> CheckedItems:表示控件中被选中的项的集合。

> FullRowSelect:单击某项时,是只选择该项,还是应选该项所在的整行。默认值为

false。该属性需要在 View 属性设置为 Details 时才起作用。

- ➤ GridLines：指定在包含控件中项及其子项的行和列之间是否显示网格线。默认值为 false。View 属性需要设置为 Details，否则 GridLines 属性无效。
- ➤ LabelEdit：设置在运行时是否可以改变列表项的标题。
- ➤ Columns：表示控件中出现的所有列标题的集合，即首行的各个列的列标题，列标题中各列都是一个 ColumnHeader。如果 ListView 控件没有没有任何列标题，并且 View 属性设置为 Details，则 ListView 控件不显示任何项。列标题要显示出来，需要将 View 属性设置为 Details 才可以。

其常用方法如下。

- ➤ BeginUpdate()：调用该方法，将告诉列表视图停止更新，直到调用 EndUpdate() 方法为止。当一次插入多个选项时使用该方法很有用，因为它会禁止视图闪烁，大大提高速度。
- ➤ EndUpdate()：在调用 BeginUpdate() 之后调用该方法。在调用该方法时，列表视图会显示出其所有的选项。
- ➤ Clear()：彻底清除列表视图，删除所有的选项和列。
- ➤ GetItemAt()：返回指定位置(x,y)的列表项。

其常用事件如下。

- ➤ AfterLabelEdit：当用户编辑项的标签时触发。
- ➤ BeforeLabelEdit：当用户开始编辑项的标签时触发。
- ➤ ColumnClick：单击列表头时触发这个事件。可以在这个事件的处理过程中编写代码对列表视图进行排序。
- ➤ SelectedIndexChanged：当列表视图中项的选择发生改变时触发这个事件。

示例：增加列标题

由于 ListView 的所有列标题存储于 ListView. Columns 集合中，故只需要往该集合中添加项即可。并且，由于列标题集合中的各列标题都是一个 ColumnHeader 对象，故也可以先创建一个 ColumnHeader 对象，然后将该对象添加到 ListView. Columns 集合中，或者直接采用 ListView. Columns. Add() 方法的其他重载也可以，此时不需要创建 ColumnHeader 对象。操作步骤如下。

拖入一个 ListView 控件，此时该控件将显示为一个空白区域。添加一个 Button 控件，在 Button 控件中输入如下代码：

```
private void button1_Click(object sender, EventArgs e)
{
    listView1.View = View.Details;                    //一定要记得这一句,不然不会有任何显示
    //方式一: 先创建 ColumnHeader 对象
    ColumnHeader header = new ColumnHeader();
    header.Text = "姓名";
    header.TextAlign = HorizontalAlignment.Center; //居中对齐
    header.Width = 80;                               //列宽度
    listView1.Columns.Add(header);
    //方式二: listView1.Columns.Add()
```

```
        listView1.Columns.Add("年龄", 80, HorizontalAlignment.Center);
    listView1.Columns.Add("性别", 80, HorizontalAlignment.Center);
    }
```

程序的执行结果如图 7-47 所示。

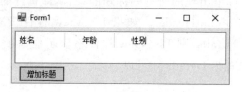

图 7-47　增加列标题

💣 如果需要移除某些列标题，则只需要调用 listView1.Columns.RemoveAt()或者 listView1.Columns.Remove()方法即可。

💣 除了可以使用代码来动态添加列外，还可以在属性窗口通过 Columns 右侧的小按钮来添加。

示例：增加数据

常用的数据增加方式也有两种方式，具体如下。

方式一：通过数组来准备各列内容，然后以此数组来实例化 ListViewItem。

方式二：直接实例化 ListViewItem 对象 lvi，然后通过 lvi.Text = "赵一"指定第一列的显示内容，其他列的内容通过 lvi.SubItems.Add()方式添加，最后执行 listView1.Items.Add(lvi)。

下面的代码演示了这两种方式的使用，代码如下：

```
private void button2_Click(object sender, EventArgs e)
{
    //方式一：增加前三项
    string[] sItem1 = {"赵一","20","男"};
    string[] sItem2 = { "钱二", "40", "女" };
    string[] sItem3 = { "孙三", "30", "男" };

    ListViewItem lvi = new ListViewItem(sItem1);
    listView1.Items.Add(lvi);
    lvi = new ListViewItem(sItem2);
    listView1.Items.Add(lvi);
    lvi = new ListViewItem(sItem3);
    listView1.Items.Add(lvi);

    //方式二：增加后两项
    lvi = new ListViewItem();
    lvi.Text = "李四";
    lvi.SubItems.Add("10");
    lvi.SubItems.Add("男");
    listView1.Items.Add(lvi);

    lvi = new ListViewItem();
    lvi.Text = "周五";
```

```
        lvi.SubItems.Add("50");
        lvi.SubItems.Add("女");
        listView1.Items.Add(lvi);
}

//如下代码实现单击项时弹出该项的前两列内容
private void listView1_Click(object sender, EventArgs e)
{
        MessageBox.Show( listView1.SelectedItems[0].Text + " " + listView1.SelectedItems[0].
SubItems[1].Text) ;
}
```

程序的执行结果如图 7-48 所示。

图 7-48　ListView 数据项的添加

🔴❋listView1.SelectedItems[0]表明取得选中项中的第一项。

🔴❋listView1.SelectedItems[0].SubItems[]与一项数据的各列依次对应,0 对应第一列,1 对应第二列,依此类推。

🔴❋除了可以使用上述代码来完成项的添加,还可以使用属性窗口的 Items 属性右侧的小按钮来添加。

🔴❋如果需要删除项,则只需要使用 listView1.Items.RemoveAt()或者 listView1.Items.Remove()方法即可。

7.7.5　TreeView 控件

TreeView 控件(树视图控件)用 TreeView 类封装,用于显示层次结构的信息,例如磁盘目录、文件和数据库结构等。常见的是在 Windows 操作系统的资源管理器的左窗格中显示文件和文件夹,如图 7-49 所示。

图 7-49　TreeView 示例

树视图中的各个节点都可以包含子节点,用户可以按展开或折叠的方式显示父节点或包含子节点的节点,并且每个节点都可以包含标题和图标。

TreeView 控件的常用属性如表 7-10 所示。

表 7-10　TreeView 控件的常用属性

属　　性	说　　明
ImageList	TreeView 控件所使用的小图标的来源
ImageIndex	树节点显示的图像在图像列表中的索引
Indent	各级节点之间的缩进
ShowLines	是否显示树节点之间的连线
ShowRootLines	是否显示根处的树节点之间的连线
ShowPlusMinus	是否在包含子树节点的树节点旁显示加号(＋)和减号(一)按钮
Nodes	树节点集合,这是该控件最重要的属性
SelectedNode	控件中当前选中的节点
TopNode	表示该控件的第一个完全可见的树节点
PathSeperator	树节点路径所使用的分割字符
LabelEdit	指示是否可以编辑树节点的文本

TreeView 节点的一些常用属性如表 7-11 所示。

表 7-11　TreeView 节点的属性

属　　性	说　　明
FirstNode	返回该节点的第一个节点
FullPath	返回从根节点到该节点的完整路径
Index	返回该节点在其父节点中的索引
IsExpanded	指定该节点是否处于展开状态
IsSelected	指定该节点是否处于选择状态
IsVisible	指定该节点是否可见
LastNode	返回该节点最后一个子节点
NextNode	返回该节点的下一个兄弟节点
Nodes	该节点的所有子节点的集合
Parent	返回该节点的父节点
PreNode	返回该节点的前一个兄弟节点
Text	指定该节点的标题
TreeView	返回包含该节点的树视图

TreeView 控件的常用事件如下。

➤ BeforeCollaspe:当要收起节点时触发该事件。

➤ AfterCollaspe:当节点收起后触发该事件。

➤ BeforeExpand:展开一个节点时触发该事件。

➤ AfterExpand:节点展开后触发该事件。

➤ BeforeSelect:选择一个节点时触发该事件。

➤ AfterSelect:节点被选择后触发该事件。

➤ Click:单击事件。

➤ DoubleClick：双击事件。

TreeView 控件相关（既有控件的，也有节点的）的常用方法如下。

➤ Add()：添加节点。

➤ Collaspe()和 Expand()：收起或展开节点。

➤ CollaspeAll()和 ExpandAll()：收起或展开树视图的所有节点。

➤ GetNodeCount()：可以返回根节点或所有节点的数目。

➤ Remove()：在树视图中删除该节点及其子节点。

下面通过示例来演示其典型操作。

示例：节点的添加

```
private void button1_Click(object sender, EventArgs e)
{
    treeView1.Nodes.Add("父节点 0");
    treeView1.Nodes[0].Nodes.Add("父节点 0 的子节点 0");
    treeView1.Nodes[0].Nodes[0].Nodes.Add("父节点 0 的字节点 0 的孙节点 0 ");
    treeView1.Nodes[0].Nodes[0].Nodes.Add("父节点 0 的字节点 0 的孙节点 1");
    treeView1.Nodes[0].Nodes.Add("父节点 0 的子节点 1");
    treeView1.Nodes.Add("父节点 1");
    treeView1.Nodes[1].Nodes.Add("父节点 1 的子节点 0");
}
```

程序的执行结果如图 7-50 所示（本图是手工展开所有节点后的效果）。

而在实际应用中，往往会根据用户当前所选则的节点，来决定在哪个节点下面添加子节点。此时的代码如下：

```
if (treeView1.SelectedNode != null)
    treeView1.SelectedNode.Nodes.Add("根据所选择的节点来增加子节点!");
```

如果是给选中的节点增加兄弟节点，则代码如下：

```
if (treeView1.SelectedNode != null)
    treeView1.SelectedNode.Parent.Nodes.Add("根据所选择的节点来增加兄弟节点!");
```

增加子节点的程序执行结果如图 7-51 所示。

图 7-50　TreeView 节点的添加

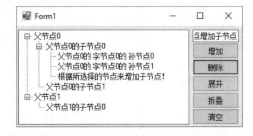

图 7-51　给 TreeView 指定的节点增加子节点

💣✳ 给 TreeView 增加节点，也可以手工通过属性窗口的 Nodes 属性旁的按钮来增加，打开 TreeNodeEditor 对话框。在其中单击 Add Root 按钮添加一个根节点；选中树中已有的一个节点,单击 Add Child 按钮可以为这个节点添加一个子节点;"删除"按钮用来删除选择的节点。

示例:节点的展开与折叠

若希望展开所有节点,则可以简单地调用如下语句:

```
treeView1.ExpandAll();
```

若希望展开指定节点的字节点,则需要先获取选中的节点,然后再调用该节点对象的 ExpandAll()或者 Expand()方法。若希望展开选中节点的各级子节点,则调用 ExpandAll()方法即可;而若只希望展开选中节点的直接下级子节点,则调用 Expand()方法即可。例如:

```
if (treeView1.SelectedNode != null)
{
    //treeView1.SelectedNode.Expand();        //仅展开儿子级别的子节点,而不管更低级别的
    treeView1.SelectedNode.ExpandAll();        //展开所有级别的子节点
}
```

要完成折叠,使用如下代码即可。

```
//treeView1.CollapseAll();                   //折叠所有的节点
if (treeView1.SelectedNode != null)
    treeView1.SelectedNode.Collapse();         //折叠选中节点的所有子节点
```

示例:节点的删除及清空

节点的清空很简单,代码如下:

```
treeView1.Nodes.Clear();
```

而节点的删除则相对复杂些。首先要获取用户待删的节点,当然也可以通过索引等方式来引用需要删除的节点。示例代码如下:

```
treeView1.Nodes.RemoveAt(0);                 //删除父节点 0
treeView1.Nodes[0].Nodes[0].Remove();        //删除父节点 0 下的子节点 0 及子节点 0 下的所有子节点
treeView1.SelectedNode.Remove();             //删除选中节点及选中节点下的子节点
```

7.7.6 WebBrowser 控件

本节讲解的是 WebBrowser 控件,虽然也有相应的 COM 版本,不过已经封装好了,在工具箱中就可以轻松找到它。该控件的事件很多且复杂,使用该控件可以开发出较为不错的浏览器软件。图 7-52 所示就是使用 WebBrowser 控件开发的一个简单的多窗口浏览器。

本书限于篇幅,此处仅给出最简单的使用方式,仅需要一行代码即可工作。界面设计参

图 7-52　使用 WebBrowser 控件开发的简单多窗口浏览器

考运行截图,代码如下:

```
private void button1_Click(object sender, EventArgs e)
{
    webBrowser1.Navigate(textBox1.Text);  //仅此一句就可以让该控件工作
}
```

程序的执行结果如图 7-53 所示。

图 7-53　WebBrowser 控件演示

7.8　COM 组件

本节涉及两个 COM 组件,这几个组件比较复杂,功能强大,限于篇幅,本书不可能讲解太详细,想要更深入了解这些组件的用法,请参照相关手册。其中,Shockwave Flash Object 用于 Flash 动画的播放,而 Windows Media Player 则用于常见多媒体影音格式的播放。

7.8.1　Shockwave Flash Object 组件

几年之前,Flash 曾经红遍半边天。虽然如今风光不再,不过却也是处处可见。要实现

Flash 的播放,只需要使用 Shockwave Flash Object 组件即可。要使用它,首先需要将它添加进来。操作步骤如下。

(1) 在工具箱的空白处右击,在弹出的快捷菜单中选择 Chose Items,如图 7-54 所示。

(2) 在打开的对话框中切换到 COM Components 选项卡,如图 7-55 所示,找到相应复选项并勾选,然后单击 OK 按钮。

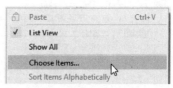

图 7-54　选择项

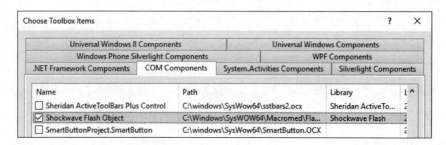

图 7-55　勾选 Shockwave Flash Object

(3) 该 COM 组件被添加到工具箱中,如图 7-56 所示。

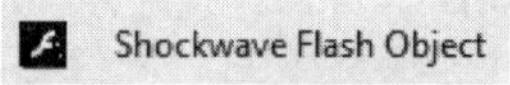

此后可以把它当作普通控件使用。

其常用属性如下。

➢ Movie:该属性指定需要播放的 Flash 文件。

➢ Playing:该属性指示是否正在播放。

其常用方法如下。

图 7-56　Shockwave Flash Object 添加到工具箱的效果

➢ Play():开始或者继续播放 Flash 文件。

➢ Stop():暂停播放 Flash 文件。

示例:Flash 播放器

程序界面参考运行截图设计,所有控件都采取默认命名方式。代码如下:

```csharp
private void button1_Click(object sender, EventArgs e)
{
    DialogResult dr = openFileDialog1.ShowDialog();
    if (dr == DialogResult.OK)
        axShockwaveFlash1.Movie = openFileDialog1.FileName;
}
private void button2_Click(object sender, EventArgs e)
{
    axShockwaveFlash1.Play();
}
private void button3_Click(object sender, EventArgs e)
{
    if(axShockwaveFlash1.Playing)
        axShockwaveFlash1.Stop();
}
```

程序的执行结果如图 7-57 所示(素材取自网络,版权属版权所有人)。

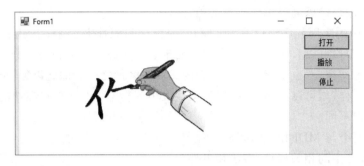

图 7-57　Flash 播放器

7.8.2　Windows Media Player 组件

该组件的使用方式类似 Shockwave Flash Object,只需勾选 Windows Media Player 即可,故此处不再赘述。添加到工具箱的效果如图 7-58 所示。

其常用属性如下。

URL:该属性指定需要播放的影音文件。

该组件的属性和方法很多,不过由于该组件默认就有控制功能,故不用写控制代码即可完成简单的播放功能,仅需要一个打开功能用于选择要播放的文件即可。代码如下:

```
private void button1_Click(object sender, EventArgs e)
{
    DialogResult dr = openFileDialog1.ShowDialog();
    if (dr == DialogResult.OK)
        axWindowsMediaPlayer1.URL = openFileDialog1.FileName;
}
```

程序的执行结果如图 7-59 所示(素材取自网络,版权属版权所有人)。

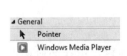

图 7-58　Windows Media Player 组件　　　　图 7-59　Windows Media Player 控件演示

7.9　MDI

MDI 应用程序即多文档界面应用程序。在前面的章节中,所创建的都是单文档界面(SDI)应用程序。SDI 应用程序(如记事本)一次仅支持打开一个窗口或文档。如果需要编辑多个文档，必须创建 SDI 应用程序的多个实例。而使用 MDI 程序（如 Word 和 Photoshop）时，用户可以同时编辑多个文档。

　　MDI 程序中的应用程序窗口称为父窗口，且父窗口只能有一个；应用程序内部的窗口称为子窗口，子窗口可以有多个，但某个时刻处于活动状态的子窗口最大数目是 1。子窗口本身不能再成为父窗口，也不能移动到它们的父窗口区域之外。除此以外，子窗口的行为与任何其他窗口一样（如可以关闭、最小化和调整大小等），但一个子窗口在功能上可能与父窗口的其他子窗口不同。

　　下面介绍两个与 MDI 相关的问题。

1. MDI 设计中的相关属性、方法和事件

MDI 父窗体常用属性如下。

➢ ActiveMdiChild：表示当前活动的 MDI 子窗口，如果当前没有子窗口，则返回 null。

➢ IsMdiContainer：获取或设置一个值，该值指示窗体是否为 MDI 子窗体的容器，即 MDI 父窗体。值为 true 时，表示是父窗体，否则不是父窗体。

➢ MdiChildren：以数组形式返回 MDI 子窗体，每个数组元素对应一个 MDI 子窗体。

MDI 子窗体的常用属性如下。

➢ IsMdiChild：获取一个值，该值指示该窗体是否为 MDI 的子窗体。值为 true 时，表示是子窗体；值为 false 时，表示不是子窗体。

➢ MdiParent：指定该子窗体的 MDI 父窗体。

在 MDI 应用程序设计中，最常用方法即父窗体的 LayoutMdi()方法调用格式如下：

```
MDIForm.LayoutMdi(Value);
```

　　该方法用来在 MDI 父窗体中排列 MDI 子窗体，以便导航和操作 MDI 子窗体。参数 Value 决定排列方式。其取值如下。

➢ MdiLayout. ArrangeIcons（所有 MDI 子窗体以图标的形式排列在 MDI 父窗体工作区内）。

➢ MdiLayout. TileHorizontal（所有 MDI 子窗口均水平平铺在 MDI 父窗体工作区内）。

➢ MdiLayout. TileVertical（所有 MDI 子窗口均垂直平铺在 MDI 父窗体工作区内）。

➢ MdiLayout. Cascade（所有 MDI 子窗口均层叠在 MDI 父窗体工作区内）。

　　在 MDI 应用程序设计中，最常用的 MDI 父窗体的事件是 MdiChildActivate，当激活或关闭一个 MDI 子窗体时将发生该事件。

2. 菜单合并

　　父窗体和子窗体可以使用不同的菜单，这些菜单会在选择子窗体的时候合并。如果需要指定菜单的合并方式，程序编写人员可以设置每个菜单项的 MergeAction 属性。

　　MergeAction：用来决定采用何种方式进行合并，其取值如下。

■ MatchOnly。

■ Append。

■ Insert。

■ Replace。

■ Remove。

💣※要完成菜单的合并,需要保证菜单控件的 AllowMerge 属性为 true,该属性默认为 true。

示例：MDI 记事本

本示例实现一个 MDI 记事本,由于操作相对麻烦,故分步骤介绍。下面涉及的控件若没有特殊交待,所有控件命名保持默认。具体操作步骤如下。

(1) 新建 WinForm 项目,向其中添加两个窗体。其中 Form1 的 IsMdiContainer 设置为 true。

(2) 为 Form1 添加一个 OpenFileDialog,一个 MenuStrip,设置两个菜单项:文件、布局。其中"文件"菜单设置如图 7-35 所示,"布局"菜单设置如图 7-60 所示,并将该 MenuStrip 的 MdiWindowListItem 设置为布局菜单。

图 7-60　MDI 窗体"布局"菜单

(3) 为 Form2 添加一个 RichTextBox,一个 SaveFileDialog,另添加一个 MenuStrip,设置两个菜单项:文件、编辑。注意,需要将该 MenuStrip 控件的 Visible 设置为 false,否则经菜单合并后会不大好看。其中,"文件"菜单设置如图 7-61 所示。"编辑"菜单设置如图 7-62 所示。

图 7-61　MDI 子窗体"文件"菜单

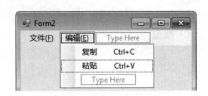

图 7-62　MDI 子窗体"编辑"菜单

双击 Form1 中菜单项的"新建",输入如下代码:

```
private void 新建ToolStripMenuItem_Click(object sender, EventArgs e)
{
    Form2 childForm = new Form2();
    childForm.Text = "新建文档.txt＊";    //文件名后面带＊号表明该文件没有保存
    childForm.MdiParent = this;
    childForm.Show();
}
```

程序的执行结果如图 7-63 所示。

可以看到,虽然子窗体和父窗体的菜单合并了,但却并不是所希望的。现在有两个文件菜单,而且还可以发现当前所打开的文档全部显示在"布局"菜单的最下面,这正是属性 MdiWindowListItem 的功劳。

(4) 为了解决上步的文件菜单的问题,将 Form2 中的 MenuStrip 中的"文件"菜单的 MergeAction 设置为 MatchOnly。运行程序,结果如图 7-64 所示。

233

第7章

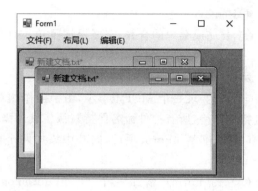

图 7-63　MDI 程序初步运行　　　　　图 7-64　MDI 程序中菜单合并

（5）完成子窗体的功能。代码如下：

```
//通过这种方式在两个窗体直接传递数据
public Form2(string filePath) : this()
{
    richTextBox1.LoadFile(filePath, RichTextBoxStreamType.PlainText);
    this.Text = filePath;
}
private void 另存为ToolStripMenuItem_Click(object sender, EventArgs e)
{
    saveFileDialog1.Filter = "文本文件( * .txt)| * .txt";
    if (saveFileDialog1.ShowDialog() == DialogResult.OK)
    {
        richTextBox1.SaveFile(saveFileDialog1.FileName, RichTextBoxStreamType.PlainText);
        this.Text = saveFileDialog1.FileName;
    }
}
private void 复制ToolStripMenuItem_Click(object sender, EventArgs e)
{
    richTextBox1.Copy();
}
private void 粘贴ToolStripMenuItem_Click(object sender, EventArgs e)
{
    richTextBox1.Paste();
}
```

（6）完成父窗体的功能。代码如下：

```
private void 全部最大化ToolStripMenuItem_Click(object sender, EventArgs e)
{
    foreach (Form childForm in MdiChildren)
        childForm.WindowState = FormWindowState.Maximized;
}
private void 新建ToolStripMenuItem_Click(object sender, EventArgs e)
{
    Form2 childForm = new Form2();
    childForm.Text = "新建文档.txt * ";   //文件名后面带 * 号表明该文件没有保存
    childForm.MdiParent = this;
    childForm.Show();
```

```
}
private void 打开 OToolStripMenuItem_Click(object sender, EventArgs e)
{
    openFileDialog1.Filter = "文本文档( * .txt)| * .txt";

    if (openFileDialog1.ShowDialog() == DialogResult.OK)
    {
        Form2 childForm = new Form2(openFileDialog1.FileName);
        childForm.MdiParent = this;
        childForm.Show();
    }
}
private void 水平布局 ToolStripMenuItem_Click(object sender, EventArgs e)
{
    LayoutMdi(MdiLayout.TileHorizontal);
}
private void 层叠 ToolStripMenuItem_Click(object sender, EventArgs e)
{
    LayoutMdi(MdiLayout.Cascade);
}
private void 全部最小化 ToolStripMenuItem_Click(object sender, EventArgs e)
{
    foreach (Form childForm in MdiChildren)
        childForm.WindowState = FormWindowState.Minimized;
}
```

（7）运行上述程序，则可以正常工作了，一个完整的 MDI 应用程序就完成了。

7.10 问 与 答

7.10.1 键盘事件 KeyDown、KeyUp 和 KeyPress 有何关系

✌ 这几个事件虽然都是键盘事件，但是却可以细分为两类：KeyDown 和 KeyUp 可以分为一类，它们传递的事件参数类型为 KeyEventArgs，而 KeyPress 事件传递的参数类型为 KeyPressEventArgs。通俗地说，KeyDown 和 KeyUp 可以监测的按键更多，KeyPress 用于监测常用的按键，例如数字、字母、Enter、Space 键、BackSpace 键等。而 KeyDown 和 KeyUp 除了可以监测前述按键外，还可以监测包括 Ctrl、Alt、Shift、Fn 等功能键在内的所有键盘按键。另外，从触发时机上来说，KeyDown 在最前，KeyUp 在最后，而 KeyPress 在中间。例如下面的示例代码：

```
private void textBox1_KeyDown(object sender, KeyEventArgs e)
{
    textBox2.AppendText( "KeyDown\n");
}
private void textBox1_KeyPress(object sender, KeyPressEventArgs e)
{
    textBox2.AppendText( "KeyPress\n");
}
```

```
private void textBox1_KeyUp(object sender, KeyEventArgs e)
{
    textBox2.AppendText(  "KeyUp\n");
}
```

程序的执行结果如图 7-65 所示。

1	KeyDown KeyPress KeyUp

图 7-65　键盘事件

7.10.2　Click 和 MouseClick 有何关系

✌ 这两个事件都和单击动作相关,且从触发时机上来讲,Click 在前而 MouseClick 在后。但是更大的不同在于 MouseClick 仅在鼠标单击时触发,而 Click 在鼠标单击、Space 键(有焦点的情况下)、Enter 键(有焦点的情况下)也可以触发。

7.10.3　多种鼠标事件有何关系

✌ 鼠标事件可以分为两类:鼠标移动类和鼠标单击类。鼠标移动类的事件有 MouseEnter、MouseHover、MouseLeave、MouseMove;而鼠标单击类的事件有 MouseClick、MouseDoubleClick、MouseDown、MouseUp。各鼠标事件简要解释如下。

➢ MouseClick:单击鼠标时触发。

➢ MouseDoubleClick:双击鼠标时触发。

➢ MouseDown:鼠标按下时触发。

➢ MouseUp:鼠标弹起时触发。

➢ MouseEnter:鼠标进入控件区域时触发。

➢ MouseHover:鼠标悬停于按钮上时触发,注意仅触发一次,与 MouseMove 不同。

➢ MouseLeave:鼠标离开控件区域时触发。

➢ MouseMove:鼠标在控件区域移动时触发,这是一个会触发多次的鼠标事件。

另外,这些鼠标事件的触发顺序也不一样。

示例:

```
private void button1_Click(object sender, EventArgs e)
{
    textBox1.AppendText("Click\n");
}
private void button1_MouseClick(object sender, MouseEventArgs e)
{
    textBox1.AppendText("MouseClick\n");
}
private void button1_MouseDown(object sender, MouseEventArgs e)
{
    textBox1.AppendText("MouseDown\n");
}
```

```
    }
    private void button1_MouseEnter(object sender, EventArgs e)
    {
        textBox1.AppendText("MouseEnter\n");
    }
    private void button1_MouseHover(object sender, EventArgs e)
    {
        textBox1.AppendText("MouseHover\n");
    }
    private void button1_MouseLeave(object sender, EventArgs e)
    {
        textBox1.AppendText("MouseLeave\n");
    }
    private void button1_MouseMove(object sender, MouseEventArgs e)
    {
        textBox1.AppendText("MouseMove\n");
    }
    private void button1_MouseUp(object sender, MouseEventArgs e)
    {
        textBox1.AppendText("MouseUp\n");
    }
```

程序的执行结果如图 7-66 所示。

从上述运行效果可见,鼠标事件的触发顺序从前往后依次是 MouseEnter、MouseMove、MouseHover、MouseDown、Click、MouseClick、MouseUp、MouseLeave。并且在这些事件中,MouseMove 事件是可以多次触发的,而其他事件在这么一个过程中仅会触发一次。

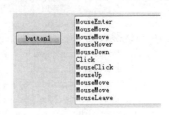

图 7-66　鼠标事件的触发顺序

7.10.4　如何获取应用程序的运行环境信息

☝ 应用程序运行环境的相关信息,可以通过 Environment 来获取。该类具有很多有用的属性或者方法,其中常用方法如表 7-12 所示,常用属性如表 7-13 所示。

表 7-12　Environment 类的常用方法

方　　法	说　　　明
GetLogicalDrives()	获取逻辑驱动器
GetFolderPath()	获取特殊的目录,与枚举 Environment. SpecialFolder 一起使用

表 7-13　Environment 类的常用属性

属　　性	说　　明	属　　性	说　　明
CurrentDirectory	当前工组目录,并不一定是当前程序所在目录	ProcessorCount	处理器个数
		SpecialFolder	特殊文件夹,是一个枚举
Is64BitOperatingSystem	是否 64 位操作系统	SystemDirectory	系统目录
Is64BitProcess	是否 64 位进程	TickCount	开机时长
MachineName	机器名	UserName	用户名
OSVersion	操作系统版本	Version	CLR 版本

下面通过一个简单的示例演示其用法。新建 WinForm 项目，将下面的代码放到 Load 事件中，且在窗体上放置一个 ListBox 即可。

```
string[] drives = Environment.GetLogicalDrives();
string drivesString = "";
foreach (string drive in drives)
    drivesString += drive + ",";
drivesString = drivesString.TrimEnd(' ', ',');
listBox1.Items.Add("驱动器列表：          \t" + drivesString);

OperatingSystem os = Environment.OSVersion;
PlatformID OSid = os.Platform;
listBox1.Items.Add("计算机的名称：        \t" + Environment.MachineName);
listBox1.Items.Add("用户名称：        \t" + Environment.UserName);
listBox1.Items.Add("操作系统版本信息：  \t" + Environment.OSVersion);
listBox1.Items.Add("操作系统 ID：        \t" + OSid);
listBox1.Items.Add("CLR 的版本信息：      \t" + Environment.Version);
listBox1.Items.Add("是否 64 位操作系统：     \t" + Environment.Is64BitOperatingSystem);
listBox1.Items.Add("是否 64 位进程：      \t" + Environment.Is64BitProcess);
listBox1.Items.Add("处理器个数：      \t" + Environment.ProcessorCount);
listBox1.Items.Add("开机时长：      \t\t" + Environment.TickCount);

listBox1.Items.Add("当前工作目录：         \t" + Environment.CurrentDirectory);
listBox1.Items.Add("Program Files：        \t" + Environment.GetFolderPath(Environment.
SpecialFolder.ProgramFiles));
listBox1.Items.Add("Program Files：            \t" + Environment.SpecialFolder.
ProgramFiles);
listBox1.Items.Add("系统目录：         \t" + Environment.SystemDirectory);
listBox1.Items.Add("系统目录：         \t" + Environment.GetFolderPath(Environment.
SpecialFolder.System));
listBox1.Items.Add("开始菜单位置：         \t" + Environment.SpecialFolder.StartMenu);
listBox1.Items.Add("启动目录：         \t" + Environment.SpecialFolder.Startup);
listBox1.Items.Add("Cookies 位置：         \t" + Environment.SpecialFolder.Cookies);
```

程序的执行结果如图 7-67 所示。

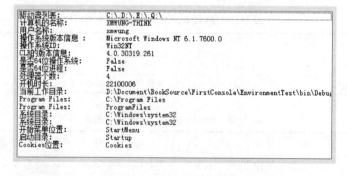

图 7-67　Environment 类演示

7.10.5　如何获取应用程序的运行目录

✌ 获取应用程序的运行目录是一个使用极其频繁的功能。很多人喜欢用 Environment.

CurrentDirectory;来获取,其实这是一个不可靠的方法。读者可以自行在窗体放置一个 OpenFileDialog 控件,然后使用该控件来打开不同路径下的文件,然后观察 Environment. CurrentDirectory 的值(请在 Windows XP 下测试)。正确的方法是采用 Application. StartupPath(WinForm)来获取。

7.10.6 如何实现拖放

✌ 拖放技术是一个很有用的技术,在某些情况下可以加速用户操作,给用户提供良好的用户体验。首先看一下拖放相关的事件,如表 7-14 所示。

表 7-14 拖放相关事件

事　件	说　明
DragEnter	对象拖至对象边界触发
DragOver	对象托至对象边界内触发
DragDrop	完成拖放时触发
DragLeave	对象拖出控件边界触发
GiveFeedback	拖放期间触发,用于在拖放期间给用户可视化的提示
QueryContinueDrag	拖放期间触发,允许拖动源确定是否取消拖放
ItemDrag	拖动 ListView 或 TreeView 上的项时触发

除了需要了解拖放相关的事件,更为重要的是需要了解一个相关的参数类型——DragEventArgs。

➢ 该参数是 DragEnter、DragDrop 等事件中的重要参数,也是实现拖放数据的基础。

➢ 该参数最重要的属性 Data,其中包含所要拖放的数据。

- Bool GetDataPresent(DataFormats. xxx):用于检测 Data 对象中存储的数据是否为指定格式。

- Object GetData(DataFormats. xxx):用于返回所指定的格式数据。

💣 接受数据的控件的 AllowDrop 属性必须设置为 true。

下面以从资源管理器往窗体上的 ListBox 拖放数据为例来说明拖放技术的使用。

新建 WinForm 项目,在窗体上放置一个 ListBox 控件命名 listBox1,其 AllowDrop 设置为 true(必不可少,否则无法实现拖放),然后给 listBox1 添加如下事件处理代码。

```
private void listBox1_DragEnter(object sender, DragEventArgs e)
{
    e.Effect = DragDropEffects.All;      //拖放的目的,读者可以尝试更改看看效果如何
}
private void listBox1_DragDrop(object sender, DragEventArgs e)
{
    if (e.Data.GetDataPresent(DataFormats.FileDrop))
    {
        string[] files = (string[])e.Data.GetData(DataFormats.FileDrop);
        foreach (string file in files)
            listBox1.Items.Add(file);
    }
}
```

程序的执行结果如图 7-68 和图 7-69 所示。

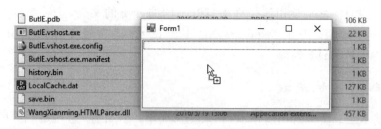

图 7-68　拖放时的效果

7.10.7　关于剪贴板

图 7-69　拖放结束后的效果

✌ 剪贴板是一个 Windows 应用共享的空间,可以借助于剪贴板,实现应用程序之间的数据共享和通信。剪贴板对应的类是 Clipboard。关于剪贴板的操作主要有如下几种。

➢ 投放数据至剪贴板。

➢ 获取剪贴板数据类型。

➢ 访问剪贴板数据。

下面分别介绍。

1. 数据投放

剪贴板的数据投放主要通过一类 Set() 方法来实现,这些方法如下。

➢ SetAudio()。

➢ SetData()。

➢ SetDataObject()。

■ 可以通过参数控制应用程序退出后是否仍然在剪贴板中保留数据。

■ 实现了 IDataList 接口,以实现从剪贴板获得各种数据。

➢ SetFileDropList()。

➢ SetImage()。

➢ SetText()。

2. 获取剪贴板数据类型

数据类型的获取主要依赖一类 Contains() 方法来实现,这些方法如下。

➢ ContainsAudio()。

➢ ContainsData()。

➢ ContainsFileDropList()。

➢ ContainsImage()。

➢ ContainsText()。

3. 获取剪贴板数据

剪贴板数据的获取主要依赖于一类 Get() 方法来实现,这些方法如下。

➢ GetAudioStream()。

- ➢ GetData()。
- ➢ GetDataObject()。
- ➢ GetFileDropList()。
- ➢ GetImage()。
- ➢ GetText()。

通过上述方法获取数据后得到 IDataObject 类型的实例,然后通过该实例的 GetDataPresent()或者 GetFormat()来获取数据格式。

✌✲GetDataObject()是从剪贴板检索数据,并作为 IDataObject 接口的实例返回,以实现数据无关的传递机制。GetFormat()返回的是数组,包含是多种格式,不能指望通过该方法的返回值与 DataFormats.xxx 比较来决定是否为某种格式。例如:

```
//投放数据
Clipboard.SetDataObject(textbox1.selectedText)
//取数据
IDataObject data = Clipboard.GetDataObject();
if (data.GetDataPresent(DataFormats.Text))
    TextBox2.Text = data.GetData(DataFormats.Text).ToString();
```

7.10.8 如何动态构建控件树

✌ 这里以一个小示例来加以说明,最终要实现的效果就是,动态创建如下对象:一个窗体,一个 GroupBox,一个 Button。其三者的关系是,Button 在 GroupBox 中,GroupBox 在 Form 中。这里有两种构建方式。

从父到子的方式:Form→GroupBox→Button。

从子到父的方式:Button→GroupBox→Form。

其中,从父到子的方式会导致控件的多次重绘,效率不佳。正确的是采用从子到父的方式构建。核心演示代码如下:

```
Button btn = new Button();
GroupBox gbx = new GroupBox();
gbx.Controls.Add(btn);
Form frm = new Form();
frm.Controls.Add(gbx);
```

7.10.9 如何实现窗体间的数据交互

✌ 实现窗体间数据交互的方法多种多样,此处仅介绍 3 种最为简单常见的方法。

假设有两个窗体 Form1、Form2,需要在 Form2 中访问 Form1 中的数据,下面看看实现方法。

1. 构造函数方法

Form2 中的关键代码如下:

```
private Form1 f1;
public Form2( Form1 form1)
```

```
{
    InitializeComponent();
    this.f1 = form1;
}
```

而在 Form1 中的核心代码如下：

```
Form2 f2 = new Form2(this);
```

则实例化 f2 时，将 this 传入，亦即 Form1 中的数据可以在 Form 中通过 f1 来访问了。

2. 属性方法

Form2 的核心代码如下：

```
private string sProp;
public string SProp
{
    get
    {
        return sProp;
    }
    set
    {
        sProp = value;
    }
}
```

则 Form1 中可以通过 Form2 的 SProp 属性将相关的数据通过该属性传到 Form2 中，从而实现了 Form2 对 Form1 中数据的访问。

3. Owner 属性

先看 Form1 中关于实例化 Form2 的代码：

```
Form2 f2 = new Form2();
f2.Owner = this;
```

则在 Form2 中代码如下：

```
Form1 f1 = this.Owner;        //则通过 f1 即可访问 Form1 中的数据
```

💣※上述方法 1 和方法 3 注意要将适当的成员定义为 public。

7.11　思考与练习

（1）如何实现类似播放器列表中的列表项的上移、下移功能（请用按钮单击事件来完成，不需要使用拖放技术）？

（2）请结合字符串的相关知识，实现网页文件（htm 文件）的超链接提取，超链接保存到 ListBox 中，仅保存不重复的超链接。

（3）请设计一个倒计时器（例如毕业倒计时器，显示"离毕业还有 x 年 y 月 z 天 u 时 v 分 w 秒"字样）。

（4）请设计一个渐显渐隐的启动窗体，当软件启动时，启动界面逐渐显示出来，完全显示出来后暂停 1s，然后又开始逐渐隐去。

（5）完成一个小学生加减乘法训练软件。具体要求如下。

➢ 界面自行设计。

➢ 程序运行时，随机生成 5 道题目，5 道题目的运算应该为加、减、乘、除中任意之一（即随机处理）。

➢ 当用户做完题目提交时，应统计用户得分，每道题 20 分。

➢ 当用户提交后，若用户答案正确，则在用户给出的答案后打上对勾，否则打叉，且用红色加粗格式显示正确答案。

7.12　实　战　任　务

开发一个类似 Word 的文字编辑处理软件，要求：

➢ 有菜单栏。

➢ 有工具栏。

➢ 有状态栏（至于显示什么，读者自行确定）。

具体功能要求如下：新建、打开、保存、另存为（可以指定编码）、打印、打印预览、剪切、复制、粘贴、全选、查找、替换、选中文字的字体颜色、字体大小、字体名称、字体样式等的调整、文章各种字符统计、当前鼠标行列显示、是否自动换行、定时自动保存。

第8章   文   件

　　文件系统的常用操作包括文件夹的创建、删除、移动，文件的常用操作包括文件的读、写、删、移动等，其中，文件又根据其类型可以分为多种情况，不同的文件类型的操作有其自身特点。本章将围绕上述这些问题进行介绍。

8.1　文　件　系　统

　　本节将介绍与驱动器、目录、文件、路径这几个概念相关的类，它们是 DriveInfo、DirectoryInfo、Directory、FileInfo、File、Path、FileSystemInfo 等。其中 DriveInfo、File、Directory、Path 继承于 object，而 DirectoryInfo 和 FileInfo 则继承于 FileSystemInfo。其中，File、Directory、Path 这 3 个类在使用中不需要实例化。

8.1.1　驱动器访问

　　驱动器的访问需要借助于 DriveInfo 类来实现，它是密封类。其常用属性如表 8-1 所示。

表 8-1　DriveInfo 类的常用属性

属　　性	说　　明
AvailableFreeSpace	只读属性，用于确定驱动器上的可用空间大小。它返回一个考虑了用户的磁盘空间配额的情况下的可用空间大小
DriveType	用于确定驱动器的类型，例如 CD-ROM 或网络驱动器。该属性为只读，其值为一个 DriveType 枚举，取值如下。 ➢ CDRom：表示 CD-ROM 驱动器。 ➢ Fixed：表示一个不可随意移除的固定硬盘。 ➢ Network：表示一个网络驱动器。 ➢ NoRootDirectory：表示一个没有根目录的驱动器。 ➢ Ram：表示一个 RAM 驱动器。RAM 驱动器代表一个已分配空间的 RAM，通常用于提高性能。 ➢ Removable：表示一个可移除的驱动器，例如 ZIP 驱动器或外部硬盘。 ➢ Unknown：表示一个未知的驱动器类型
DriveFormat	只读属性，用于确定驱动器上的文件系统格式类型，例如 NTFS、FAT 和 FAT32
Name	只读属性，用于获得驱动器的名称
TotalFreeSpace	只读属性，用于确定磁盘上的总可用空间量，它没有考虑用户的空间配额
TotalSize	用于确定驱动器上的总空间量

其常用方法主要是 GetDrives()，该方法用于获得所有可用驱动器的列表。例如：

```
//列出驱动器信息
public static void ListDrive()
{
    try
    {
        DriveInfo[] drives = DriveInfo.GetDrives();
        // 遍历 DriveInfo 数组输出驱动器信息
        Console.WriteLine("磁盘卷标\t 驱动器名\t 类型\t 格式\t 总共空间\t 可用空间");
        foreach (DriveInfo di in drives)
            Console.WriteLine(string.Format("{0}\t\t{1}\t{2}\t{3}\t{4}\t{5}", di.
VolumeLabel, di.Name, di.DriveType, di.DriveFormat, di.TotalSize, di.TotalFreeSpace));
    }
    catch (Exception e)
    {
        Console.WriteLine("悲剧啊…出错了…" + e.Message);
    }
}
```

在执行上面的程序时，若磁盘没有准备好，或者机器上有虚拟磁盘等，可能会出现异常，所以上面利用 try…catch 来检测异常。

8.1.2 目录访问

目录的访问需要借助于 DirectoryInfo 和 Directory 类来实现。

Directory 类的常用方法如表 8-2 所示。

表 8-2　Directory 类的常用方法

方　　法	说　　明
CreateDirectory()	创建一个新目录
Delete()	删除一个目录
Exists()	确定目录是否存在。如果将目录路径传递给该方法，它会返回一个 bool 值以表明目录是否存在。这是 Directory 类中最常用的方法，并且通常和 if 语句配合使用
GetFiles()	获取目录中的文件的列表
GetDirectories()	获取目录中的子目录的列表
GetLogicalDrives()	获取本地计算机上的逻辑驱动器的列表
GetParent()	获取指定目录的父目录
Move()	将目录移动到另一个位置

而 DirectoryInfo 类的常用属性和方法分别如表 8-3 和表 8-4 所示。

表 8-3　DirectoryInfo 类的常用属性

属　　性	说　　明
Name	获取目录的名称
FullName	获取目录的名称以及完整路径

表 8-4　DirectoryInfo 类的常用方法

方　　法	说　　明
Create()	创建一个目录
CreateSubDirectory()	为当前目录创建子目录
GetDirectories()	获取当前目录中的子目录的列表
GetFiles()	获取当前目录中的文件的列表
MoveTo()	将目录移动到另一个位置
Delete()	删除一个目录

下面首先看文件夹的创建、存在性检测及删除。

```
string sDir = "D:\\xmwung\\";
Directory.CreateDirectory(sDir);                  //创建文件夹 D:\xmwung\
Console.WriteLine(sDir + "已经创建");
sDir = "D:\\wungxm\\";
Directory.CreateDirectory(sDir);                  //创建文件夹 D:\ wungxm \
Console.WriteLine(sDir + "已经创建");

if (Directory.Exists(sDir))
{
    Console.WriteLine(sDir + "经检测存在,即将删除之");
    Directory.Delete(sDir);
}
else
    Console.WriteLine(sDir + "经检测不存在");
```

文件夹下文件的遍历是个常见应用，比如播放器搜索指定目录下所有 mp3 文件、清除系统垃圾文件、文件搜索等功能都离不开文件的遍历。下面的代码演示了如何遍历 C 盘下的子文件夹及文件。

```
DirectoryInfo d = new DirectoryInfo("C:\\");
DirectoryInfo[] subd = d.GetDirectories();
Console.WriteLine("C:\\ 下的子文件夹有: ");
foreach (DirectoryInfo dd in subd)
{
    if (dd.Attributes == FileAttributes.Directory)
    {
        FileInfo[] f = dd.GetFiles();
        foreach (FileInfo fi in f)
            Console.WriteLine(fi.ToString());
    }
}
```

✍ 课堂练习：在上面的基础上，修改程序以完成 C:\下所有 exe 文件的遍历。

💣 如果想同时获取指定路径下的文件和文件夹，也可以使用 Directory.

GetFileSystemEntries()方法来获取,该方法返回的是一个字符串数组,其中既包含了文件,也包含了文件夹;或者使用 DirectoryInfo 实例的 GetFileSystemInfos()来实现,该方法返回的是 FileSystemInfo 数组。

✍ 请使用 Directory. GetFileSystemEntries()和 DirectoryInfo 实例的 GetFileSystemInfos()方法完成文件和文件夹的遍历。

8.1.3 文件访问

文件的访问需要借助于 FileInfo 和 File 类来实现。

File 类的常用方法如表 8-5 所示。

表 8-5　File 类的常用方法

方　　法	说　　明
Create()	创建一个文件
Copy()	复制一个文件
Delete()	删除一个文件
Exists()	确定文件是否存在。需要将文件路径传递给该方法,然后它将返回一个 bool 值以表明文件是否存在。这是 File 类中最常用的方法,并且通常和 if 语句一起使用
Move()	移动一个文件
Replace()	用另一个文件替换或改写某个文件
AppendText()	创建 StreamWriter 类,将该类配置为在指定的文件中追加文本
Open()	以 FileStream 打开指定的文件,然后,可以使用 FileStream 类的对象将文本写入该文件
ReadAllText()	打开文件,读取文件中的所有文本,将读取的文本存储到字符串变量中,然后关闭该文件
WriteAllText()	创建一个新文件或改写一个现有文件,将字符串变量的内容写入文件,然后关闭该文件
ReadAllLines()	打开文件,读取文件中的所有文本,将读取的文本存储到字符串数组中,然后关闭该文件
WriteAllLines()	创建一个新文件或改写一个现有文件,将字符串数组的内容写入文件,然后关闭该文件

FileInfo 类的常用属性如表 8-6 所示。

表 8-6　Fileinfo 类的常用属性

属　　性	说　　明
Directory	获取包含文件的目录
Length	获取文件的大小
Name	获取文件的名称

FileInfo 类的常用方法如表 8-7 所示。

表 8-7 FileInfo 类的常用方法

方　　法	说　　明
Create()	创建一个文件
AppendText()	创建 StreamWriter 类以向文件追加文本
Open()	打开一个文件
CopyTo()	将文件复制到一个新文件并且可以选择改写任何现有文件
Delete()	删除一个文件
MoveTo()	将文件移动到一个新目录。如果新目录中已经存在同名文件,则将引发一个异常
Replace()	用当前 FileInfo 指代的文件内容替换作为参数传入的文件

这两个类的使用与 Directory 和 DirectoryInfo 很接近,只是这里是针对文件的创建、删除、检测等操作而已。故此处仅给出读写文件的简单演示代码。

创建 WinForm 项目,在窗体上放置一个 RichTextBox 和两个 Button。两个 Button 的代码如下:

```
private void button1_Click(object sender, EventArgs e)
{
    string s = File.ReadAllText(@"c:\test.txt");
    richTextBox1.Text = s;
}
private void button2_Click(object sender, EventArgs e)
{
    File.WriteAllText(@"c:\test2.txt", richTextBox1.Text);
}
```

上述示例使用 File 类的两个方法可以完成简单的文本文件的读写操作。注意上述的 test.txt 文件应该保存为 Unicode 格式,否则会出现乱码。当然,也可以根据 test.txt 文件的真实编码来读取,只是此时应该使用 ReadAllText()方法的另外一种重载方式。假如 test.txt 编码为 gb2312,则读取的代码如下:

```
s = File.ReadAllText(@"c:\test.txt", Encoding.GetEncoding("gb2312"));
```

相应地,写文件的时候也可以选用另外一种重载形式实现以指定的编码存储文件。

同样,上述功能也可以通过 ReadAllLines 和 WriteAllLines 来实现。相应的代码如下:

```
private void button1_Click(object sender, EventArgs e)
{
    string [] sLines = File.ReadAllLines(@"c:\test.txt");
    richTextBox1.Lines = sLines;
}
private void button2_Click(object sender, EventArgs e)
{
    File.WriteAllLines(@"c:\test2.txt", richTextBox1.Lines);
}
```

在实际的文本文件读写过程中,究竟是使用 ReadAllText / WriteAllText 还是 ReadAllLines /WriteAllLines,可根据具体需求来选定：即操控的对象是文本还是数组。

8.1.4 路径

路径的操作处理是借助于 Path 类来完成的,其常用属性和方法分别如表 8-8 和表 8-9 所示。

表 8-8　Path 类的常用属性

属　　性	说　　明
PathSeparator	表示当多个路径字符串连接在一起时,用于分割每个文件或目录路径的字符。通常,当为搜索指定了多个路径时,使用该属性。Windows 使用的默认字符为分号(;)
InvalidPathChars	表示一个数组,它包含不能用于路径字符串的字符
DirectorySeparatorChar	表示用于分隔路径字符串的目录段的字符。Windows 使用的默认字符为反斜杠(\)
VolumeSeparatorChar	表示用于将驱动器盘符与字符串路径的其余部分进行分隔的字符。Windows 使用的默认字符为冒号(:)

表 8-9　Path 类的常用方法

方　　法	说　　明
GetDirectoryName()	从包括驱动器盘符或文件名的路径中检索目录段
GetExtension()	获取某个指定文件路径中的文件的扩展名。例如,可以使用该方法得到要检索的文件的类型,从而可以使用正确的应用程序将其打开
GetFileName()	获取某个指定文件路径中的文件名,包括扩展名
GetFullPath()	获取指定文件路径的绝对路径,包括驱动器盘符和目录段。如果仅向本方法传递文件名,则将在返回的文件名之前加上当前目录的驱动器盘符和目录段
GetRandomFileName()	获取一个强加密的随机名称,可把它用于目录或文件的命名
GetTempPath()	获取本地操作系统用于存储临时文件的目录路径

示例：

```
static void Main(string[] args)
{
    string pathString = @"C:\Program Files\ButSoft\Prince\Prince.exe";
    Console.WriteLine(Path.GetDirectoryName(pathString));
    Console.WriteLine(Path.GetExtension(pathString));
    Console.WriteLine(Path.GetFileName(pathString));
    Console.WriteLine(Path.GetRandomFileName());
    Console.WriteLine(Path.GetTempFileName());
    Console.WriteLine(Path.GetTempPath());
}
```

8.2　文件处理流

Stream 类支持在同一个流中既可以进行同步读写，也可以进行异步读写。该类是一个抽象类，它提供了 BeginRead()、BeginWrite()、EndRead()、EndWrite()、Read()、Write()、Seek()等成员方法，协同完成对流的读写操作。由于上述方法都是虚方法，故自己设计 Stream 类的派生类时，应该重载这些方法，并同时设计它们同步和异步的执行代码。BeginRead()、EndRead()、BeginWrite()和 EndWrite()方法默认提供了异步读写操作方式。Stream 类还提供了 ReadByte()和 WriteByte()方法用于一次读写一个字节。它们在默认情况下实际上是调用了 Read()和 Write()方法的同步操作。

在实际应用中，如下几个类的使用最为普遍：FileStream、StreamReader 与 StreamWriter、BinaryReader 与 BinaryWriter。

8.2.1　FileStream

FileStream 可以完成文件的读写操作，它是一个比较"底层"的流类，故可由 BinaryReader、StreamReader 等进行"包装"后，再完成对文件的操作。

FileStream 对象获取的常用方法有如下几种。

- 使用 File 类。
  - File.Create(fileName)。
  - File.OpenRead(fileName)。
  - File.Open()。
  - File.OpenWrite()。
- 使用 FileInfo。同上 File 的 4 种方法。
- 自身构造函数。

```
FileStream fs = new FileStream()
```

而 FileStream 的构造函数有多种，常见的有如下几种。

```
FileStream(string FilePath, FileMode)
FileStream(string FilePath, FileMode, FileAccess)
FileStream(string FilePath, FileMode, FileAccess, FileShare)
```

其中，FileMode、FileAccess 和 FileShare 都为枚举，其取值如表 8-10 所示。

FileStream 类的主要属性如下。

- CanRead。
- CanSeek。
- CanWrite。
- Length。
- Position。

表 8-10　FileMode、FileAccess 和 FileShare 枚举值

枚　　举	意　　义	典 型 取 值
FileMode	定义如何打开文件	Open：打开现有文件，不存在则引发异常 OpenOrCreate：打开现有文件，不存在则创建 Append：将新数据写到现有文件末尾 Create：创建文件，若已存在则删除文件内容 CreateNew：创建文件，若已存在则引发异常 Truncate：打开现有文件并删除其内容（不会删除文件本身），文件指针置于 0，不存在则引发异常
FileAccess	定义对文件进行访问时允许的操作	Read：流可以对文件进行读操作 Write：流可以对文件进行写操作 ReadWrite：流可以对文件进行读写操作
FileShare	定义在文件共享时的选项	None：除当前流，其他流不能对文件进行操作 Read：其他流可以对文件进行读操作 Write：其他流可以对文件进行写操作 ReadWrite：其他流可以对文件进行读写操作

FileStream 类的主要方法如下。

➤ Close()。

➤ Read()。

➤ ReadByte()。

➤ Write()。

➤ WriteByte()。

下面通过示例来学习 FileStream 的基本用法。

示例 1：FileStream 的写操作

FileStream 用于写操作时，其典型的一种重载形式是：

```
fs.Write(byteArray, startIndex, length);
```

其作用在于把 byteArray 字节数组中的数据写入 fs 流，其中 fs 为 FileStream 的实例。3 个参数的作用分别如下。

➤ 参数 1：数据源头，即为写操作提供数据的字节数组。

➤ 参数 2：从 byteArray 中的第 startIndex 个开始写，此前的 0，1，…，startIndex−1 都不会写入。如果参数 2 的值大于 byteArray 字节数组的长度则引发异常。

➤ 参数 3：代表写入多少个字节。如果参数 3 的值大于 byteArray 字节数组的长度则引发异常。

🕐 思考：除了参数 2、参数 3 的值各自大于 byteArray 字节长度会引发异常，如果你理解了这两个参数，你还能进一步总结出在什么条件下会引发同样的异常呢？请思考并动手验证。

为便于理解，给一个图示帮助理解，如图 8-1 所示。

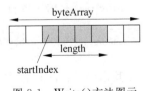

图 8-1　Write() 方法图示

```
string path = "e:\\test1.txt";
try
{
    if(File.Exists(path))
        File.Delete(path);
    FileStream fs = new FileStream(path,FileMode.OpenOrCreate,FileAccess.ReadWrite);
    string message = " 123456789abcdefg";
    byte[] info = new UTF8Encoding(true).GetBytes(message);          //注意此句
    //参数1要写入的字节数组 A[即数据提供方数据源]
    //参数2从 A 的哪个字节开始写
    //参数3要从 A 中写入的字节长度
    //如果参数2参数3的值大于 info 字节数组的长度,则引发异常
    //fs.Write(info, 2, 8);                                          //3456789a
    fs.Write(info, 5, 4);                                           //6789
    fs.Flush();
    fs.Close();
}
catch(Exception ex)
{
    Console.WriteLine(ex.ToString());
}
```

上面示例中输出文件的内容已经在注释当中。以"fs. Write(info，5，4);"为例,从第 5 个索引位置开始写,即从 6 开始(1 的索引为 0),写 4 个字节,故输出为 6789。

从这里可以看出,FileStream 可以以字节数组的方式操作数据,故很灵活,功能强大。然而它和后文介绍的其他几个类比起来,稍微要麻烦一些。

🕐 思考:上面为什么输出 6789? 上面的解释中还有很重要的一点没提,你能想通吗?

🕐 思考:如果将上面代码中的如下这句

```
byte[] info = new UTF8Encoding(true).GetBytes(message);          //注意此句
```

替换为:

```
byte[] info = new UnicodeEncoding().GetBytes(message);
```

你能写出上面的输出吗?

🕐 思考:在上步的替换完成后,下面两句的输出如下,想想为什么?

```
fs.Write(info, 5, 4);          // 4 5,注意 4 和 5 前面都有一点空白
fs.Write(info, 4, 4);          //34,注意 3 和 4 前都没空白
```

示例 2：FileStream 的读操作

FileStream 用于读操作时,其典型的一种重载形式是:

```
number = fs.Read(byteArray, writePos, n)
```

其作用是:将 fs 流中的数据读到 byteArray 中。其中,fs 为 FileStream 的实例。该方法执行完毕,返回一个 int,代表真实读取的字节数,因为待读取的数据有可能不足一次读取

的最大量 n,当待读取字节数据小于 n 时,此时 number＜n,否则 number＝n。另外,由于每次都将从 fs 流当中读取 n 字节的数据存储到 byteArray 中,因此 n 的值应该不大于 byteArray 的 Length 值,否则将引发异常,虽然 n 值可以取小于 byteArray 的 Length 值,但是一般习惯保持两个值相等,当 n 值小于 byteArray 的 Length 值时,不会引发异常,并且也基本可以正常完成读取,但是在每次读取的内容后面都会有若干个'\0',当作为字符串显示时,会显示为空格。

3 个参数的作用分别如下。

➢ 参数 1:读取的数据的临时存放区,读取流的存储缓冲。

➢ 参数 2:把从流 fs 中读取的数据从 byteArray 的第 writePos 个位置写入 byteArray 中。

➢ 参数 3:每次从 fs 中读取的字节数,但是不一定能读到这么多字节,有可能实际读取的字节数小于该参数,具体读取量由其返回值 number 确定。

参看如图 8-2 所示。

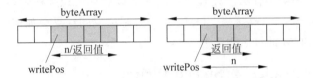

待读取的字节数据大于或等于n时　　待读取的字节数据小于n时

图 8-2　Read()方法图示

```
string path = "e:\\test1.txt"; //文件内容为 123456789abcdefg,为 UTF8 编码,且无 BOM
try
{
    if (!File.Exists(path))
        Console.WriteLine("文件不存在");
    else
    {
        int number;
        FileStream fs = new FileStream(path, FileMode.Open, FileAccess.Read);
        byte[] bb = new byte[8];
        //Read()从数据源当中读取字节数据,存储到缓冲区
        //参数 1 读取流的存储缓冲
        //参数 2 把读取的字节数据,存放到缓冲区时的偏移量
        //参数 3 读取多少个字节
        //该方法执行完毕返回一个 int,代表真实读取的字节数
        //这里参数 3 故意取 6,小于 bb 数组的 Length 值 8,不会有问题,但是一般取它们相等
        string sRead = string.Empty;
        while ((number = fs.Read(bb, 0, 6)) != 0)
        {
            Console.WriteLine("当前读取的开始位置: " + fs.Position );
            sRead = new UTF8Encoding(true).GetString(bb);
            //GetString 并不会自动去掉在字节数组中末尾为 0 的元素,显示为空格
            Console.WriteLine("本次读取了( -- 所夹杂的部分): -- " + sRead + " -- ");
            bb = new byte[6];                //bb = new byte[60];这样也行,但会导致空格
        }
```

```
            Console.ReadLine();
        }
    }
    catch (Exception ex)
    {
        Console.WriteLine(ex.ToString());
    }
```

程序的执行结果如图 8-3 所示。

图 8-3　FileStream 的读取操作

🕐 思考:你能解释为什么上述程序有两次的读取会出现空格吗?

🕐 思考:假如 test1.txt 为有 BOM 的文件,则读取的结果会如何?你能不运行而写出结果吗?(供熟悉 BOM 的读者思考)

8.2.2　StreamReader 与 StreamWriter

8.2.1 节所学的 FileStream 功能强大而灵活,然而操作稍显复杂。当要操作的文件为文本文件时,此时可以使用 StreamReader 和 StreamWriter 来进行文件的读写操作。

StreamReader 和 StreamWriter 的常用方法分别如表 8-11 和表 8-12 所示。

表 8-11　StreamReader 的常用方法

成　　员	说　　明
Close()	关闭 StreamReader 的对象和相应的流,并且释放与其对象相关的任何系统资源
Peek()	返回下一个可用的字符但不使用它
Read()	从流中读取下一个字符
ReadLine()	从当前流读取一行字符,并且返回数据为字符串
Seek()	允许在文件内移动读/写位置到任何地方

表 8-12　StreamWriter 的常用方法

成　　员	说　　明
Close()	关闭当前 StreamWriter 的对象和相应的流
Flush()	清除当前 writer 的所有缓冲,导致任何缓冲的数据被写入相应的流
Write()	写入流
WriteLine()	写入重载参数指定的某些数据,后跟行结束符

示例 1:写数据

```
FileStream fs = new FileStream("E:\\Test.txt", FileMode.Append, FileAccess.Write);
StreamWriter sw = new StreamWriter(fs);
Console.WriteLine("请输入一个字符串以供写入文件:");
```

```
string str = Console.ReadLine();
sw.Write(str);
sw.Flush();                    //不要也行
sw.Close();
fs.Close();
```

程序比较简单,不再解释。

示例 2:以追加的方式写数据

```
// 检测文件是否存在
string sFile = " E:\\Test.txt";
if (File.Exists(sFile))
{
    StreamWriter sw = File.AppendText(sFile);            //表明是追加方式写文件
    sw.WriteLine("人间四月天麻城看杜鹃");
    sw.WriteLine("美丽大罗山,浩荡楠溪江,漂亮高教园");
    sw.Write("浙江省");
    sw.Write("温州市茶山高教园区");
    sw.Close();                                          //关闭对象释放资源
}
```

程序简单,不再解释。

示例 3:文件读取

```
string sFile = " E:\\Test.txt";
if (File.Exists(sFile))
{
    FileStream fs = File.OpenRead(sFile);              //获取一个文件流对象用于读写文件
    StreamReader sr = new StreamReader(fs);            //获取一个指向文件的流读取器
    string data = sr.ReadToEnd();                      //读取所有文本
    sr.Close();                                        //关闭对象释放资源
    fs.Close();
    Console.WriteLine(string.Format("读取文件>> {0}", sFile));
    Console.WriteLine(data);
}
```

8.2.3 BinaryReader 与 BinaryWriter

FileStream 比较"底层",功能强大,但相应的操作稍微繁杂,为了方便读写,其他数据类型要完成与字节流的转换。本节介绍的 BinaryReader 与 BinaryWriter 可以在一定程度上弥补上述缺陷。BinaryReader 和 BinaryWriter 可以方便地完成对文件原始数据的读写,在使用这两者来进行数据读写时,都通过其构造函数传入一个 FileStream 对象。

BinaryReader 和 BinaryWriter 用于按二进制模式读写文件,而不是以人类可读的文本方式操作的。它们提供的一些读写方法是对称的,比如针对不同的数据结构,BinaryReader 提供了 ReadByte()、ReadBoolean()、ReadInt()、ReadInt16()、ReadDouble()、ReadString() 等,而 BinaryWriter 则提供了 Write() 方法的多种重载形式,以实现类似 WriteByte()、WriteBoolean()、WriteInt()、WriteInt16()、WriteDouble()、WriteString() 等功能。

💣※上述 Write 开头的方法是不存在的，只是为了读者能比较好理解读写操作的对称性，故这么写。例如 WriteBoolean()方法对应着 Write(bool b)。

下面先看利用这两个类来操作文本文件的示例。

```
private static void BSWrite()
{
    string fileName = "e:\\test.txt";                //写入目标
    FileStream fs = new FileStream(fileName, FileMode.OpenOrCreate, FileAccess.Write,
FileShare.None);
    BinaryWriter writer = new BinaryWriter(fs);    //在这个文件流上创建 BinaryWriter
    //向文件里写入原始数据
    writer.Write("1 星城的思念\r\n");
    writer.Write("2 春城的回忆\r\n");
    writer.Write("3 花城的感叹\r\n");
    writer.Close();
    fs.Close();
}
```

在此示例中，利用 BinaryWriter 以二进制的方式写入字符串数据，即操纵文本文件的写操作。相对 FileStream 而言，方便很多。

那这与 StreamWriter 操作文本文件有何区别呢？最直观的感觉是：可以使用两种方式往两个文件中写入相同的内容，然后打开这两个文件观察，会发现以 BinaryWriter 写的文件可能会有一些不期望看到甚至不认识的字符出现。而使用 StreamWriter 所写的文件则不会有上述情况出现。

```
private static void BSRead()
{
    string fileName = "e:\\test.txt";                      //打开的目标文件
    FileStream fs = new FileStream(fileName, FileMode.Open, FileAccess.Read, FileShare.
None);
    BinaryReader reader = new BinaryReader(fs);              //在这个文件上创建 BinaryReader
    //从流中读数据
    string str1 = reader.ReadString();
    string str2 = reader.ReadString();
    string str3 = reader.ReadString();
    Console.WriteLine(str1 + str2 + str3);
    //关闭流
    reader.Close();
    fs.Close();
}
```

本示例将上述示例所写的文件以二进制的方式进行读取。也许读者已经从代码上观察到了读写有一定的对称性。

下面再看两个对称性更明显的读写示例。

```
private static void BWrite()
{
    BinaryWriter bWrite;
    int i = 100;
```

```
double d = 999.99;
bool b = true;
try
{
    bWrite = new BinaryWriter(new FileStream(@"e:\test.bin", FileMode.Create));
}
catch (IOException e)
{
    Console.WriteLine(e.Message + "\n打开文件失败");
    return;
}
try
{
    Console.WriteLine("write" + i);
    bWrite.Write(i);
    Console.WriteLine("write" + d);
    bWrite.Write(d);
    Console.WriteLine("write" + b);
    bWrite.Write(b);
}
catch (IOException e)
{
    Console.WriteLine(e.Message + "\n写的过程中发生异常");
}
    bWrite.Close();
}
```

在上面的示例中,依次写入了 int、double、bool 三种数据类型,请注意下面读取的顺序。

```
private static void BRead()
{
    BinaryReader bRead = null;
    int i;
    double d;
    bool b;
    try
    {
        bRead = new BinaryReader(new FileStream(@"e:\test.bin", FileMode.Open));
    }
    catch (IOException e)
    {
        Console.WriteLine(e.Message + "\n打开文件失败");
        return;
    }
    try
    {
        d = bRead.ReadDouble();
        Console.WriteLine("Read" + d);
        i = bRead.ReadInt32();
        Console.WriteLine("Read" + i);
        b = bRead.ReadBoolean();
```

```
            Console.WriteLine("Read" + b);
        }
        catch (IOException e)
        {
            Console.WriteLine(e.Message + "读取错误!");
        }
        Console.ReadLine();
        bRead.Close();
    }
```

对比上下的程序,很明显发现读和写是对称的,如果将下面三句完成读的代码调换顺序,看看还能读成功吗?

8.3 问 与 答

8.3.1 如何创建临时文件

✌ 这是一个容易被忽视的问题。虽然可以按照自己的方法来创建,不过其实已经有了现成的方案,就是利用 Path 的 GetTempFileName() 方法,该方法返回一个唯一的临时文件名,并且该临时文件存储在系统所设置的临时文件夹中。取得临时文件名之后,后续的操作就与平时操作文件一样了。

8.3.2 如何比较两个文件是否一样

✌ "思考与练习"部分有一道练习题即完成此功能。此处给出核心代码。要比较两个文件是否一样,目前市面上的软件使用的方法很多,这里给出一个最本质的方法,那就是在文件大小一样的情况下,逐字节比较,不过该方法的速度也相对慢很多。核心代码如下:

```
private static bool CompareFile(string file1, string file2)
{
    int fileLen1 = 0, fileLen2 = 0;
    FileStream fs1 = new FileStream(file1, FileMode.Open);
    FileStream fs2 = new FileStream(file2, FileMode.Open);
    //先比较大小,大小不同的文件肯定不同,而且可以避免后续的逐字节比较
    if (fs1.Length != fs2.Length)
    {
        fs1.Close();
        fs2.Close();
        return false;
    }
    //逐字节比较,直到发现有不匹配的字符(表明不等)或者到达文件末尾为止(表明相等)
    do
    {
        //分别读取一个字节
        fileLen1 = fs1.ReadByte();
        fileLen2 = fs2.ReadByte();
    }
```

```
    while ((fileLen1 == fileLen2) && (fileLen1 != -1));
    fs1.Close();
    fs2.Close();
    return ((fileLen1 - fileLen2) == 0);
}
```

8.4 思考与练习

(1) 编程实现文本文件切割器,程序按照用户指定的段落数或者字符数将一个大的文本文件切割为若干个小文件。详细要求如下。

➤ 可以按照字符数切割(遇到英文时,要保证单词完整性,字符会稍有出入)。

➤ 可以按照段落数切割(空段落不应计入段落数)。

➤ 可以按照块数分割(即用户不用设置上述参数,只需要输入希望分割为多少块,应该根据该值自动完成切割,切割的各个分块应该大小大致相等,同时要求保持英文单词完整性)。

(2) 编写一个重复文件检测程序,程序可以实现重复文件检测(即将整个硬盘上的重复文件以分组的形式显示出来,例如:有 1. doc、2. doc、3. doc 完全一样,则这三个应该放一组;而 a. exe、b. exe 完全一样,则这两个应该放到一组,依此类推)。

注:分组显示功能可以通过颜色,或者在项前面加标记。或者其他自己认为可行的方式。

8.5 实战任务

(1) 随机叫号(随机点名),具体要求如下。

➤ 主界面可参考图 8-4。

图 8-4 随机叫号器

➤ 对于参与叫号的人员,可以增删保存。

➤ 提供对显示区域的字体大小、字体颜色(红绿蓝)控制。

➤ 单击"叫号"按钮,开始倒计时,倒计时结束显示被选中的人员。

(2) 编写一个二进制文件切割合并程序,具体功能如下。

➤ 程序按照用户指定的分块数或者字节数将一个大的文件切割为若干个小文件。

➤ 实现把小文件合并还原为大文件。

(3) 参考图 8-5,开发搜索助手,具体要求如下。

➢ 可以根据指定的文件名、或者文件内容等关键词,或者通配符 ∗,?,然后根据限定条件(如文件大小、创建时间等),在指定的搜索路径下,搜出指定的文件或者文件夹。

➢ 搜索结果部分,最低要求显示 4 项:文件名、大小、最近访问时间、所在位置。

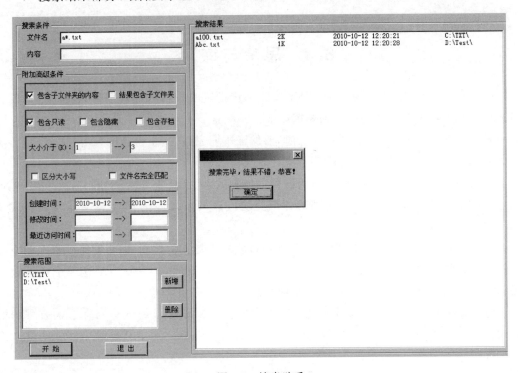

图 8-5　搜索助手

提示:

```
//递归查找文件参数:文件夹
public void SerachFiles(string strDirectory)
{
    DirectoryInfo strDir = new DirectoryInfo(strDirectory);
    FileSystemInfo[] fsis = strDir.GetFileSystemInfos();
    foreach (FileSystemInfo fsi in fsis)
    {
        Application.DoEvents();
        if (fsi is DirectoryInfo)
            SerachFiles(fsi.FullName);        //递归
        else
        {
            FileInfo fin = new FileInfo(fsi.FullName);
            //TODO
        }
    }
}
```

第9章   集   合

数组是用来存储一组数据类型相同的数据,然后通过索引来访问这些数据。集合与数组有类似之处,但比数组使用更为灵活。例如,数组在使用之前应该预知其大小,而集合则不需要。集合类有一个 ToArray()方法,借助该方法,可以实现集合向数组的转换。

集合有两大类:普通集合和泛型集合。

9.1 普 通 集 合

常用的普通集合类有 ArrayList、Queue、Stack、SortedList、Hashtable 等。它们各自的特点及举例如表 9-1 所示。

表 9-1 常用普通集合类

类	特　　点	举 例 说 明
ArrayList	有序的对象列表、大小不固定、按照索引访问	可在任何位置插入删除元素,其使用频率高
Queue	先进先出的对象集合(FIFO)	排队买票,火车过隧道
Stack	先进后出的对象集合(LIFO)	一叠书
SortedList	键/值对的集合,存入的元素会自动按照键排序,可以按照键或者索引访问	
Hashtable	(key,object) 元素的集合,按照键的哈希代码组织,通过 key 可以访问到指定的元素	通过书籍的 ISBN 码搜书,其使用频率高

上述类都实现了 ICollection 接口,而该接口具有如下属性和方法。

➢ Count 属性,返回集合元素数量。

➢ CopyTo(Array array,int index)方法,将集合中特定索引之后的元素复制到指定数组中。

因此,所有的集合类都将具有如上属性和方法。

另外,所有的集合类都实现了 IEnumerable 接口,这也就意味着对所有集合类型都可以使用 foreach 循环对集合中的元素进行遍历。

在使用上述集合时,应该引用 System.Collections 命名空间,即

```
using System.Collections;
```

9.1.1 ArrayList

ArrayList 与数组十分类似,但是 ArrayList 类具有一个很好的优点:它没有固定大小,可以根据需要不断增长。其默认大小为 0 个元素(注:不同的环境下有可能不一样),当存储容量不足时,按照 2 的幂次规律扩容。例如:当添加第 5 个元素时会自动扩展到 8 个。当然也可以显式地指定其容量。ArrayList 的另一个优点在于:它可以存储不同类型的元素,因为所有 ArrayList 中的元素都是对象(System.Object)。

ArrayList 的典型构造方法如下。

```
ArrayList list = new ArrayList();              //按照默认容量实例化一个 ArrayList 实例
ArrayList list = new ArrayList(n);             //按照指定容量实例化一个 ArrayList 实例
ArrayList list = new ArrayList(otherCollection); //从其他集合创建一个 ArrayList 实例
```

ArrayList 集合的常用方法如表 9-2 所示。

表 9-2　ArrayList 集合的常用方法

方　　法	使 用 举 例	功　　能
Add()	al.Add(1)	将对象添加到 ArrayList 的末尾
Remove()	al.Remove(obj)	从 ArrayList 中除去第一个匹配的项
RemoveAt()	al.RemoveAt(1)	删除指定索引的项
Clear()	al.Clear()	从 ArrayList 中除去所有元素
Insert()	al.Insert(8,1)	将元素插入到指定索引的 ArrayList
TrimToSize()	al.TrimToSize()	设置 ArrayList 中元素实际数的大小
Sort()	al.Sort()	对 ArrayList 中的元素进行排序
Reverse()	al.Reverse()	对 ArrayList 中的元素进行倒转
ToArray()	al.ToArray() al.ToArray(typeof(Int32))	将 ArrayList 集合转换为 Array

示例:ArrayList 的元素添加及遍历

```
ArrayList list = new ArrayList();
Console.WriteLine("Capacity:{0} ; Count:{1}", list.Capacity, list.Count);
list.Add(100);
list.Add(200);
list.Add(300);
Console.WriteLine("使用 foreach 对集合元素进行遍历: ");
foreach (int num in list)
    Console.Write(num + " ");
Console.WriteLine("\n Capacity:{0} ; Count:{1}", list.Capacity, list.Count);

for (int i = 1; i < 15; i++)
    list.Add(i);
Console.WriteLine("使用 for 循环和索引对集合元素进行遍历: ");
for(int i = 0;i < list.Count;i++)
    Console.Write(list[i] + " ");
Console.WriteLine("\n Capacity:{0} ; Count:{1}", list.Capacity, list.Count); }
```

程序的执行结果如图 9-1 所示。

图 9-1　ArrayList 集合使用演示

从上述示例可见：

➢ ArrayList 集合的默认容量为 0。

➢ ArrayList 集合的容量可以自动扩展，其扩展是按照 2 的幂次递增的。

➢ ArrayList 的 Capacity 属性表示容量，而 Count 属性表示其中容纳元素的实际数目。

➢ 对 ArrayList 元素的遍历，既可以使用 foreach 循环，也可以使用 for 循环和索引来进行访问。

➢ ArrayList 集合比数组的使用更为灵活。

下面演示 ArrayList 集合常用方法的使用。

```
ArrayList list = new ArrayList();
list.Add("GuJone");
list.Add("HuiHui");
list.Add(" - 8℃ ");
foreach (string s in list)
    Console.Write("    {0}", s);
Console.WriteLine();
if (list.Contains("HuiHui"))
    Console.WriteLine("Contains 检测结果: 字符串 HuiHui 在 list 中");

list.Insert(1, "浮云梦");
Console.WriteLine("Insert 执行后 list 中元素有: ");
foreach (string s in list)
    Console.Write("    {0}", s);

list.RemoveAt(1);
Console.WriteLine("\n RemoveAt(1)方法执行后 list 中元素有: ");
foreach (string s in list)
    Console.Write("    {0}", s);

list.TrimToSize();
Console.WriteLine("\n TrimToSize()方法执行后 list 的容量是: ");
Console.WriteLine(list.Capacity);
list.Clear();
Console.WriteLine("Clear()方法执行后 list 中元素个数为: ");
Console.WriteLine(list.Count);
```

程序的执行结果如图 9-2 所示。

此外，集合还具备存储各种数据类型的能力，不过需要注意的是，当往集合中存储的数据类型不一致时，从集合读取数据时，需要完成适当的转换动作，即拆箱操作，否则会导致异常。如以下示例所示。

图 9-2　ArrayList 集合常用方法演示

示例：集合中不同数据类型的元素的存储与读取

```csharp
int i = 100;
double d = 250.25;
DateTime dt = DateTime.Now;
string s = "集合真是个好东东!";
char [] c = new char[]{'L','o','v','e'};
Program p = new Program();
p.Description = "类实例存储到集合中";
Console.WriteLine("不同数据类型添加到集合中...");
ArrayList list = new ArrayList(7);
list.Add(i);
list.Add(d);
list.Add(dt);
list.Add(s);
list.Add(c);
list.Add(p);
Console.WriteLine("Capacity:{0} ; Count:{1}", list.Capacity, list.Count);

Console.WriteLine("不同数据类型添加到集合成功,下面开始读取它们");
Console.WriteLine("由于数据类型各不相同,故读取时需要注意正确拆箱");
//读取第一个元素
Console.WriteLine("第 1 个元素是：{0}", (int)list[0]);
Console.WriteLine("第 2 个元素是：{0}", (double)list[1]);
Console.WriteLine("第 3 个元素是：{0}", ((DateTime)list[2]).ToString());
Console.WriteLine("第 4 个元素是：{0}", (string)list[3]);

char[] cs = (char[])list[4];
Console.WriteLine("第 5 个元素是字符数组,存储的字符是：");
foreach (char ch in cs)
    Console.Write(ch + "\t");

Console.WriteLine("\n 第 6 个元素是 Program 类的实例：");
Program p1 = (Program)list[5];
Console.WriteLine(p1.ToString());
Console.WriteLine("p1 的属性 Description 为：" + p1.Description);
```

程序的执行结果如图 9-3 所示。

上例中，往集合中添加了 int、double、DateTime、string、数组、类实例等多种数据类型，并且又成功地从集合中读取了所存入的各种数据类型。

从本例可以看到：

➢ 可以显示指定 ArrayList 集合的容量，此时其容量将不再具有 2 的幂次的规律。

➤ ArrayList 中可以添加各种数据的类型。

➤ ArrayList 中存放的数据类型若不相同,则读取时需要进行拆箱操作。

图 9-3 集合中不同数据类型的元素的存储与读取

排序问题是一个经典的问题,ArrayList 已经有内置的 Sort()方法供使用以进行排序。例如:

```
ArrayList list = new ArrayList();
list.Add("b");
list.Add("a");
list.Add("c");
list.Add("B");
list.Add("A");
list.Add("C");
Console.WriteLine("排序前: ");
for (int i = 0; i < list.Count; i++)
    Console.Write(list[i] + "\t");
list.Sort();        //无参的排序方法
Console.WriteLine("\n 排序后: ");
for (int i = 0; i < list.Count; i++)
    Console.Write(list[i] + "\t");
```

程序的执行结果如图 9-4 所示。

图 9-4 内置 Sort()方法排序

9.1.2 Queue

Queue(队列)具备如下特点。

➤ 对象按照先进先出,先来先服务的原则。

➤ 当队列缓冲区空间不足时,按 2 的幂次增长规律创建一个新的缓冲区,并将现有对象复制到新缓冲区中(开销大)。

Queue 的常用方法如下。

➤ Enqueue():入队。

➤ Dequeue():出队。

> Peek()：取队头而不删。
> Clear()：清空队列。
> Contains()：检测队列是否包含指定元素。
> GetEnumerator()：获取一个能够循环访问队列枚举数的 IEnumerator 接口实例,如果 Queue 内容没有改变,可以通过该接口实例的 Reset()方法实现多次遍历,当 Queue 内容发生变化时,需要重新获取该接口实例。
> ToArray()：将队列转换为 Array。

其实例化方式有如下几种。

```
Queue queue = new Queue();                    //空队列
Queue queue = new Queue(n);                   //数量初始化为 n 的队列
Queue queue = new Queue(otherCollection);     //使用其他集合初始化队列
```

示例

```
Queue q = new Queue();
q.Enqueue("you");
q.Enqueue("and");
q.Enqueue("me");

IEnumerator myEnumerator = q.GetEnumerator();      //获取能循环访问队列枚举数的
IEnumerator 接口实例
Console.WriteLine("该队列中的元素如下: ");
while (myEnumerator.MoveNext())                     //循环枚举队列元素
    Console.Write(myEnumerator.Current + " ");

object oRead = q.Peek();                            //取队列的第一个元素,但不删除第一个元素
Console.WriteLine("\n 调用 Peek()取出的元素为: " + oRead.ToString());
Console.WriteLine("调用 Peek()后队列中的元素如下: ");
//由于调用 Peek()并不会改变队列的内容,故可以调用 Reset()方法使得再次使用
//myEnumerator 来遍历,若不调用 Reset(),下述循环将取不到任何元素
myEnumerator.Reset();

while (myEnumerator.MoveNext())                     //循环枚举队列元素
    Console.Write(myEnumerator.Current + " ");

oRead = q.Dequeue();
Console.WriteLine("\n 调用 Dequeue()取出的元素为: " + oRead.ToString());
Console.WriteLine("调用 Dequeue()后队列中的元素如下: ");

//由于调用 Dequeue()方法后,队列内容有变,故此处只能重新获取 IEnumerator 接口实例
//myEnumerator.Reset();               //由于队列内容发生了变化,此句不再起作用,且导致异常
IEnumerator myEnumerator1 = q.GetEnumerator();
while (myEnumerator1.MoveNext())
    Console.Write(myEnumerator1.Current + " ");
if (q.Contains("you") == true)                     //查询队列中是否包含 you 元素
    Console.WriteLine("\n 该队列包含元素: you");
else
    Console.WriteLine("\n 该队列不包含元素: you");
```

```
q.Clear();                //删除队列中的所有元素
Console.WriteLine(" 调用 Clear()方法后,队列中元素总数为: " + q.Count);
```

程序的执行结果如图 9-5 所示。

从本例可以看出:

> 元素 you 是最先被 Enqueue()方法添加 进队列的,所以通过 Dequeue()取元素 时,you 也是最先出队列的,此即先进 先出。

图 9-5　Queue 使用演示

> Peek()和 Dequeue()都可以用来获取队 列的第一个元素,即最先入列的那个元 素,不同之处在于: Peek()仅读取队列 首个元素,而不会删除之;而 Dequeue()在读取队首元素的同时,会删除之。

> 通过队列实例的 GetEnumerator()方法可以获取一个枚举器实现对队列内容的遍历 访问。但是该枚举器只能用来遍历一次,如果要多次用,每次使用前应该调用其 Reset()方法。

> 一旦队列的内容发生变化,则只能重新获取一个枚举器,不能通过 Reset()方法来 处理。

此外,除了上述所使用的 GetEnumerator()方法来实现对队列元素的遍历,还可以通过 普通的循环来遍历访问。例如:

```
Queue queue = new Queue();
queue.Enqueue(1);
queue.Enqueue(2);
queue.Enqueue(3);
while (queue.Count != 0)
{
    Console.WriteLine(queue.Dequeue());
}
```

不过需要注意的是:此种遍历方式会导致当遍历完毕时,队列里面不再有元素。这是 由于 Dequeue()方法的特性所致。

9.1.3　Stack

Stack(栈)与 Queue(队列)比较类似。其特性是:元素遵从后进先出的原则,即最后插 入的对象位于栈的顶端,将会最先出来。

Stack 的常用方法如下。

> Push():进栈。

> Pop():出栈。

> Peek():取栈尾而不删。

> Clear():清空栈。

> Contains():检测栈中是否包含某个元素。

> GetEnumerator()：获取一个能够循环访问队列枚举数的 IEnumerator 接口实例，如果 Queue 内容没有改变，可以通过该接口实例的 Reset()方法实现多次遍历，当 Queue 内容发生变化时，需要重新获取该接口实例。

> ToArray()：将队列转换为 Array。

其常用的实例化方式如下。

```
Stack stack = new Stack();                        //空栈
Stack stack = new Stack(n);                       //规定栈容量
Stack stack = new Stack(otherCollection);         //从其他集合来实例化
```

首先看一下栈的基本操作。

```
Stack stack = new Stack();
stack.Push(100);
stack.Push(200);
stack.Push(300);
Console.WriteLine("执行 Peek 操作之前栈中元素总数是：{0}", stack.Count);
Console.WriteLine("最后一个进栈的元素是：{0}", stack.Peek());
Console.WriteLine("执行 Peek 操作之后栈中元素总数是：{0}", stack.Count);

Console.WriteLine("执行 Pop 操作之前栈中元素总数是：{0}", stack.Count);
Console.WriteLine("最后一个进栈的元素是：{0}", stack.Pop());
Console.WriteLine("执行 Pop 操作之后栈中元素总数是：{0}", stack.Count);
```

图 9-6 Stack 常用方法演示

程序的执行结果如图 9-6 所示。

从上例可见：Peek()只读不删，而 Pop()在读的同时就删除了所读的元素。请与 Queue 的相关方法对比学习。

再来看栈的循环遍历示例。

```
Stack st = new Stack();
st.Push('a');
st.Push('b');
st.Push('c');
st.Push('d');
st.Push('e');
IEnumerator myEnumerator = st.GetEnumerator();      //获取能遍历访问堆栈中所有元素的
                                                    //IEnumerator 接口的实例
Console.WriteLine("堆栈中的元素如下：");
while (myEnumerator.MoveNext())
    Console.Write( myEnumerator.Current + " ");

st.Pop();                                           //将第一个元素弹出栈
IEnumerator myEnumerator1 = st.GetEnumerator();     //栈元素有所变动重新获取枚举器
Console.WriteLine("\n 堆栈中的剩余元素如下：");
while (myEnumerator1.MoveNext())
    Console.Write(myEnumerator1.Current + " ");
```

程序的执行结果如图 9-7 所示。

通过上例可以看到：后入栈的元素将会先出栈。另外其循环遍历的注意事项同 Queue，不再赘述。

与队列的循环遍历一样，可以使用普通循环来实现对栈 图 9-7 栈中元素的循环遍历
的遍历访问。代码如下：

```
Stack stack = new Stack();
stack.Push(2);
stack.Push(4);
stack.Push(6);
while (stack.Count != 0)
    Console.WriteLine(stack.Pop());
```

注意：这种遍历方式执行完毕时，栈不再具有任何元素。

9.1.4 Hashtable

Hashtable(哈希表)是一种使用频率很高的数据结构，它是由一对(key，value)类型的元素组成的集合，每个元素都是一个键值对，元素类型为 DictionaryEntry。其所有元素的 key 必须唯一，key→value 是一对一的映射，即根据 key 就可以在集合中找到对应的元素，故从 Hashtable 中读取值的速度很快。

其实例化方式如下。

```
Hashtable ht = new Hashtable();
Hashtable ht = new Hashtable(n);
Hashtable ht = new Hashtable(otherCollection);
```

Hashtable 的常用属性如下。
➢ Count：获取包含在 Hashtable 中的键值对的数目。
➢ Keys：获取包含 Hashtable 中的键的 Collection。
➢ Values：获取包含 Hashtable 中的值的 Collection。
Hashtable 的常用方法如下。
➢ Add()：将指定键和值的元素添加到 Hashtable 中。
➢ Remove()：从 Hashtable 中移除带有指定键的元素。
➢ Clear()：清空 Hashtable。
➢ ContainsValue()：用于检索集合中是否存在指定的值元素，返回值为 bool 型。
➢ ContainsKey()：用于检索集合中是否存在指定的键元素，返回值为 bool 型。
下面通过一个比较大的示例来演示 Hashtable 的一些特性及常用操作，下面代码虽长，不过却很简单，请耐心阅读。演示的内容包括：
➢ 元素的添加。
➢ 元素的修改。
➢ 元素的删除。
➢ 元素的单个读取。

➢ 元素键的循环读取。

➢ 元素值的循环读取。

➢ 键的存在性检测。

➢ 值的存在性检测。

➢ 不同的键、值类型。

➢ 元素的键或值类型不一致时的读取。

示例

```
Hashtable ht = new Hashtable(8);
//向 ht 中添加数据
ht.Add("Item01", "麻城市");
ht.Add("Item02", "昆明市");
ht.Add("Item03", "合肥市");
ht.Add("Item04", "广州市");
ht.Add("Item05", "温州市");
Console.WriteLine("ht 中元素个数为: " + ht.Count);


//循环输出 ht 中的键元素
Console.WriteLine("输出 Hashtable 集合中的键: ");
foreach (string key in ht.Keys)
    Console.Write(key + "\t");
//输出 ht 中的值元素
Console.WriteLine("\n 输出 Hashtable 集合中的值: ");
foreach (string value in ht.Values)
    Console.Write(value + "\t");


//下面演示读取单个元素
Console.WriteLine("\nHashtable 集合中 Item01 的值: " + ht["Item01"]);


//ht.Add("Item01","黄冈市");        //此句不能执行成功,即已经存在的键不能再 Add
//如果要更改某个键的值,可以使用如下方法
ht["Item01"] = "黄冈市";
//输出 ht 中的值元素
Console.WriteLine("\n 更改元素后 Hashtable 集合中的值: ");
foreach (string value in ht.Values)
    Console.Write(value + "\t");


ht.Remove("Item01");
ht.Remove("Item07");                    //虽然 Item07 不存在,但是不会有异常
//输出 ht 中的值元素
Console.WriteLine("\n 删除元素后 Hashtable 集合中的值: ");
foreach (string value in ht.Values)
    Console.Write(value + "\t");


ht.Add(1, "长沙市");
ht.Add(2, "沧州市");
ht.Add(3, "深圳市");
ht.Add(4, "北京市");
ht.Add(5,8848);
Console.WriteLine("ht 中元素个数为: " + ht.Count);
```

```
//循环输出 ht 中的键元素
Console.WriteLine("输出 Hashtable 集合中的键：");
//由于现在 ht 中的键不仅有字符串,也有数字 5,故此处要用 object 修饰 key,否则异常
foreach (object key in ht.Keys)
    Console.Write(key.ToString() + "\t");

//输出 ht 中的值元素
Console.WriteLine("\n 输出 Hashtable 集合中的值：");
//由于现在 ht 中的值不仅有字符串,也有数字 8848,故此处要用 object 修饰 value,否则异常
foreach (object value in ht.Values)
    Console.Write(value.ToString() + "\t");

Console.WriteLine("\nht 中包含键 Item01: " + ht.ContainsKey("Item01"));
Console.WriteLine("ht 中包含键 2: " + ht.ContainsKey(2));
Console.WriteLine("ht 中包含键 \"2\": " + ht.ContainsKey("2"));

Console.WriteLine("ht 中包含值麻城市: " + ht.ContainsValue("麻城市"));
Console.WriteLine("ht 中包含值黄冈市: " + ht.ContainsValue("黄冈市"));
Console.WriteLine("ht 中包含值 \"8848\": " + ht.ContainsValue("8848"));
Console.WriteLine("ht 中包含值 8848: " + ht.ContainsValue(8848));
```

程序的执行结果如图 9-8 所示。

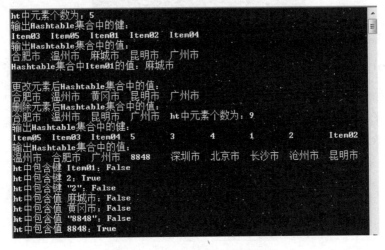

图 9-8　Hashtable 常用操作演示

从上面的示例可以看出：

➢ 当 Hashtable 中已经存在某个键时,将不能再添加相同的键。

➢ 需要修改 Hashtable 中的元素值时,通过键操作即可。

➢ 如果想单独访问所有的键,可以借助属性 Keys。

➢ 如果想单独访问所有的值,可以借助属性 Values。

➢ 如果想检测某个键是否存在,应该使用 ContainsKey()方法。

➢ 如果想检测某个值是否存在,应该使用 ContainsValue()方法。

➢ Hashtable 中的键和值都可以是任意类型,不要求相同。

➢ 若键或者值的类型不一致时,循环遍历的时候注意要进行适当的拆箱操作。

在上面的示例中演示了如何分别循环遍历 Hashtable 的键和值,有些情况下希望同时获得键和值。此时可以根据 Hashtable 的元素类型为 DictionaryEntry,使用 foreach 循环来实现键和值的同时获取。示例代码如下:

```
Hashtable ht = new Hashtable();
ht.Add("zhangsan", "北京");
ht.Add("lisi", "温州");
ht.Add("wangwu", "广州");
Console.WriteLine("\t姓名(键)        \t地区(值)");
foreach(DictionaryEntry de in ht)
    Console.WriteLine("\t{0}           \t{1}",de.Key,de.Value);
ht.Remove("lisi");
Console.WriteLine("将键(姓名)为 lisi 的元素从哈希表中移除后");
foreach (DictionaryEntry de in ht)
    Console.WriteLine("\t{0}           \t{1}", de.Key, de.Value);
```

程序的执行结果如图 9-9 所示。

图 9-9　Hashtable 的遍历

9.1.5　SortedList

SortedList 与 Hashtable 类似,表示键值对的集合,也可以使用键来访问。不同点在于 SortedList 集合的元素根据对应的键进行了排序,可以对集合中的元素使用整型数值进行索引,类似于数组。所以对于 SortedList,具备键和索引两种访问方式。

其实例化方式如下。

```
SortedList sl = new SortedList ();
SortedList sl = new SortedList (n);
SortedList sl = new SortedList (otherCollection);
```

SortedList 的常用属性如下。

➤ Capacity:获取或设置 SortedList 的容量。

➤ Count:获取 SortedList 中包含的元素数量。

➤ Keys:以数组形式返回 SortedList 集合中所有键(Key)。

➤ Values:以数组形式返回 SortedList 集合中所有元素值(Value)。

SortedList 的常用方法如下。

➤ Add(object key,object value):向 SortedList 集全中添加新的元素(键-值对应的形式)。

➤ Clear():从 SortedList 集合中移除所有的元素。

➤ ContainsKey(object key):返回布尔类型的值,表明 SortedList 集合中是否包含指

定键值的元素。

> ContainsValue(object value)：返回布尔类型的值，表明 SortedList 集合中是否包含指定键值的元素。
> GetKey(int index)：获取 SortedList 的指定索引处的键。
> GetByIndex(int index)：返回指定索引的元素值。
> GetKeyList()：获取 SortedList 中的键。
> GetValueList()：获取 SortedList 中的值。
> InfexOfKey(object key)：返回指定键在 SortedList 集合中的索引值，索引值是从 0 开始计数的，即集合第一个元素的索引值是 0。
> IndexofValue(object key)：返回指定元素值在 SortedList 集合中的索引值；
> Remove(object key)：从 SortedList 集合中移除指定键值的元素。
> RemoveAt(int index)：从 SortedList 集合中移除指定索引值的元素。

由于其不少属性或者方法与 Hashtable 类似，故此处不再详述，下面通过简单示例，了解 SortedList 的特性及常用操作。

```
SortedList sl = new SortedList();                                //创建 SortedList 可排序数组
Console.WriteLine("容量:" + sl.Capacity);
sl.Add(1, "you");                                               //向 SortedList 添加键和值
sl.Add(2, "me");
sl.Add(3, "him");
sl.Add(16, "C#");
sl.Add(5, "VB.NET");
sl.Add(32, "Java");
sl.Add(12, "C++");
Console.WriteLine("SortedList 里的元素共{0}个", sl.Count);        //输出元素个数
Console.WriteLine("容量:" + sl.Capacity);
//遍历输出 SortedList 所有的键及其对应的值
Console.WriteLine("\t-键-\t-值-");
for (int i = 0; i < sl.Count; i++)
    Console.WriteLine("\t{0}:\t{1}", sl.GetKey(i), sl.GetByIndex(i));    //获取每个键值对
```

程序的执行结果如图 9-10 所示。

图 9-10　SortedList 集合演示

此处不再过多解释，请对比 Hashtable 进行较深入的探究学习。

9.1.6　BitArray

该类实现了一个位结构，用于表示二进制位的集合，即用来存储 true 和 false 值。若需

要大量的记录项且每项都只有两种状态即可使用之，该结构中所有元素默认为 false。

此处仅举个例子简单说明其用法和特性。

```
BitArray ba = new BitArray(4);
ba.Set(0, true);
ba.Set(1, false);
ba.Set(2, true);
Console.WriteLine(ba.Count);
ba.Length = 5;
ba.Set(4, true);
Console.WriteLine("第 4 个元素值: " + ba.Get(3));
foreach (bool b in ba)
    Console.Write(b + "\t");
//Console.WriteLine(ba.Get(10));          //此句会导致异常
```

图 9-11　BitArray 集合的使用演示

程序的执行结果如图 9-11 所示。

从本示例可以看出，实例化时使用 BitArray ba = new BitArray(4) 开辟了 4 个位置，但该句后续的代码只给前 3 个元素赋值，执行结果显示第 4 个元素虽然没有显式赋值，但被自动赋了默认值 false。另外，从上面的执行结果也可以看出，BitArray 具备自动扩容的能力。

9.2　泛　　型

泛型是 .NET Framework 2.0 开始引入的一个新功能，泛型将类型参数的概念引入到 .NET Framework 中。可以利用泛型创建特殊的类、方法、结构、接口、委托等，这些类和方法将一个或多个类型的指定推迟到客户端代码声明并实例化该类或方法的时候。

可以让类、结构、接口、委托和方法按它们存储和操作的数据类型进行参数化。泛型很有用，因为它们能提供更强的编译时类型检查，减少数据类型之间的显式转换，以及装箱操作和运行时的类型检查。

在泛型出现之前，凡是遇到类型不确定的场合都会通过使用类型 object 来实现任意数据类型的存储，这样就不可避免地导致装箱和拆箱操作。通过泛型可以定义类型安全的数据结构，而无须使用实际的数据类型。这能够显著提高性能并得到更高质量的代码，因为可以重用数据处理算法。

💣 属性、运算符、索引器、事件不能是泛型对象。

泛型类和泛型方法是泛型的两种最常见应用。下面的讨论将主要围绕这两方面展开。

泛型类的定义形式如下：

```
class ClassName<T>
{
    //
}
```

其中，T 是类型形参，外带<>，是一个占位符，T 将在创建类的实例时确定，此后使用真正的类型取代它。T 可以在类内部修饰局部变量、作为方法参数或者作为方法返回值。另外，T 并不是强制使用的，可以使用其他任何有效的标识，如 V，TValue，TKey 等，不过习惯以 T 来表达，这是约定俗成的表达方式。

下面看看泛型类的定义示例：

```
class GClass<T>
{
    T field;                    //T用于定义局部变量
    public GClass(T value)      //T用于定义构造方法参数
    {
        field = value;
    }
    public T GetValue()         //T用作方法的返回值修饰
    {
        return field;
    }
}
```

从上面的例子可以看到泛型类的定义与普通类的定义不同之处主要在于类名后面会跟 <T> 标记，表明该类是泛型类。另外，与普通类的不同之处在于，T 可以用于在类内部定义局部变量、用作方法参数和方法的返回值类型。

上面定义了一个简单的泛型类，那么如何使用该类呢？看下面的例子。

示例：泛型世界的 2012 和 HELLO WORLD

```
GClass<int> iGClass = new GClass<int>(2012);
int i = iGClass.GetValue();
Console.WriteLine("iGClass 的 GetValue()调用结果：" + i + "\n");

GClass<DateTime> dtGClass = new GClass<DateTime>(DateTime.Now);
DateTime dt = dtGClass.GetValue();
Console.WriteLine("dtGClass 的 GetValue()调用结果：" + dt + "\n");

GClass<string> sGClass = new GClass<string>("Hello World!");
string s = sGClass.GetValue();
Console.WriteLine("sGClass 的 GetValue()调用结果：" + s + "\n");
```

程序的执行结果如图 9-12 所示。

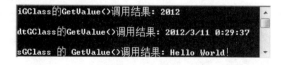

图 9-12　泛型世界的 2012 和 Hello World

从上面的示例可以大概领略泛型的神奇之处。我们所定义的类像一个万能类型接受类一样，传什么类型的参数都没有问题，最主要的是，每次传的都是一个确定的类型，例如 int、DateTime 等。所有这一切，都归功于 <T>。当然这个 <T> 只是个表象，幕后操作者就是 .NET Framework 框架。

🕐 思考：如果没有泛型，用以前所学的知识，要想实现该程序所示效果，该如何做？

现在通过几个小实验来更好的理解泛型。

实验1：一个妈妈的孩子为啥水火不相容

从上面的代码可以看到，iGClass、dtGClass、sGClass 都是泛型类 GClass＜T＞的实例对象，依据前面的经验，很自然的，下面的代码应该不会有问题：

```
iGClass = dtGClass;
iGClass = sGClass;
dtGClass = sGClass;
```

读者可以在上述示例的基础上，输入此处3句代码，就可以发现完美的理想总有不幸的结局。这是个很让初学者迷惑的地方。

要弄清这个问题的根源，先看下面这个例子。

首先定义泛型类：

```
class GClass＜T＞
{
    public string GetInfo(T t)
    {
        return "类型：" + t.GetType().ToString() + "; 值：" + t.ToString();
    }
}
```

测试代码如下：

```
GClass＜int＞ iGClass = new GClass＜int＞();
GClass＜DateTime＞ dtGClass = new GClass＜DateTime＞();
GClass＜string＞ sGClass = new GClass＜string＞();
Console.WriteLine( iGClass.GetInfo(2012));
Console.WriteLine(dtGClass.GetInfo(DateTime.Now));
Console.WriteLine(sGClass.GetInfo("Hello World!"));
```

程序的执行结果如图 9-13 所示。

图 9-13　泛型实验一

它们虽然来自于一个类，但却是该类的不同泛型版本，故它们是不同类型的引用，即不能互相赋值。

实验2：泛型类的实例化计数器

前面的章节中曾经安排过一个思考练习，即：如何统计一个类被实例化了多少次？不知道读者是否有勤于动手去实践过，下面给出一段参考代码：

```
class Counter
{
```

```
        static int i = 0;
        public Counter()
        {
            i++;
        }
        public static int GetCounter()
        {
            return i;
        }
    }
```

如下调用演示代码：

```
class Program
{
    static void Main(string[] args)
    {
        Counter c1 = new Counter();
        Console.WriteLine("已实例化次数: " + Counter.GetCounter());
        Counter c2 = new Counter();
        Counter c3 = new Counter();
        Counter c4 = new Counter();
        Console.WriteLine("已实例化次数: " + Counter.GetCounter());
        Console.Read();
    }
}
```

程序的执行结果如图 9-14 所示。

可以看到该功能正常工作，能够统计出当前类被实例
化的次数。

下面再来看，如果将上述功能改造后应用于泛型类，看
看有何效果。

先将测试类改造为泛型类。

图 9-14　常规类实例化计数器

```
public class GCounter<T>
{
    private static int i = 0;
    public GCounter()
    {
        i++;
    }
    public static int GetCounter()
    {
        return i;
    }
}
```

然后在调用类中输入如下代码：

```
class Program
{
```

```
        static void Main(string[] args)
        {
            GCounter < int > mySiCounter = new GCounter < int >();
            GCounter < int > mySiCounter2 = new GCounter < int >();
            GCounter < double > mySdCounter = new GCounter < double >();
            GCounter < Program > mySPCounter = new GCounter < Program >();

            Console.WriteLine("GCounter < int >已被实例化次数：" + GCounter < int >.GetCounter());
            Console.WriteLine("GCounter < int >已被实例化次数：" + GCounter < int >.GetCounter());
            Console.WriteLine("GCounter < double >已被实例化次数：" + GCounter < double >.
GetCounter());
            Console.WriteLine("GCounter < Program >已被实例化次数：" + GCounter < Program >.
GetCounter());
            mySPCounter = new GCounter < Program >();
            Console.WriteLine("GCounter < Program >已被实例化次数：" + GCounter < Program >.
GetCounter());
        }
    }
```

图 9-15　泛型类的实例化计数器

程序的执行结果如图 9-15 所示。

可以看到，虽然是使用同一个泛型类，但是该泛型类的各个版本之间互不干扰，泛型类的同一个版本之间是共享计数器的，不同版本各自计数。

其实，上述泛型版本的实例，也可以像下面这么改造。下面仅给出代码，不再过多解释。代码如下：

```
    public class GCounter < T >
    {
        private static int i = 0;
        public GCounter()
        {
            i++;
        }
        public int GetCounter()
        {
            return i;
        }
    }
    //调用代码
    class Program
    {
        static void Main(string[] args)
        {
            GCounter < int > myOiCounter = new GCounter < int >();
            GCounter < int > myOiCounter2 = new GCounter < int >();
            GCounter < double > myOdCounter = new GCounter < double >();
            GCounter < Program > myOPCounter = new GCounter < Program >();

            Console.WriteLine("GCounter < int >已被实例化次数：" + myOiCounter.GetCounter());
            Console.WriteLine("GCounter < int >已被实例化次数：" + myOiCounter2.GetCounter());
```

```
        Console.WriteLine("GCounter<double>已被实例化次数: " + myOdCounter.GetCounter());
        Console.WriteLine("GCounter<Program>已被实例化次数: " + myOPCounter.GetCounter());
        Console.WriteLine("GCounter<Program>已被实例化次数: " + new GCounter<Program>().
GetCounter());
    }
}
```

实验 3：泛型的前辈——object 参数

本章前面提到过,在泛型出现之前,object 经常被当作万能工具。而泛型一出现,object 就不再被用到各种情况了。现在用 object 来实现本节的第一个示例,来比较 object 版本和泛型版本的不同之处,借此来体会泛型的优势。

首先看前述示例的非泛型版本的调用测试类:

```
class NGClass
{
    object field;
    public NGClass(object value)
    {
        field = value;
    }
    public object GetValue()
    {
        return field;
    }
}
```

下面是调用类的代码:

```
NGClass ni = new NGClass(2012);
int i = (int)ni.GetValue();
Console.WriteLine("ni 的 GetValue()调用结果: " + i + "\n");
NGClass ns = new NGClass("Hello World!");
String s = (string)ns.GetValue();
Console.WriteLine("ns 的 GetValue()调用结果: " + s + "\n");
ni = ns;                    // 语法对,故可以通过编译
i = (int)ni.GetValue();     // 运行时错误 ni 现在引用的是一个字符串
```

在 VS 的编辑状态下查看如上代码的最后两句,状态如图 9-16 所示。

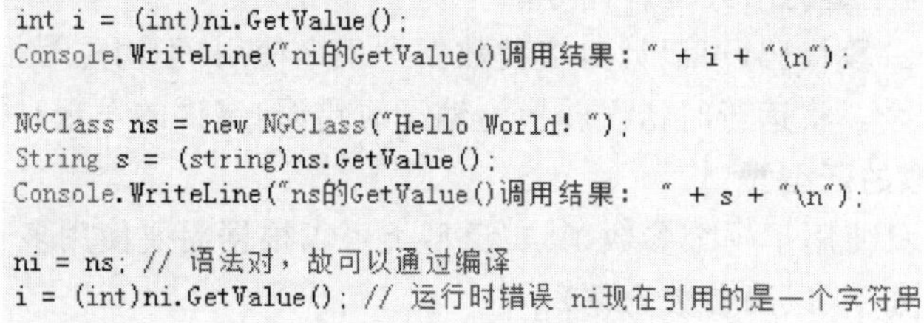

```
NGClass ni = new NGClass(2012);
int i = (int)ni.GetValue();
Console.WriteLine("ni的GetValue()调用结果: " + i + "\n");

NGClass ns = new NGClass("Hello World! ");
String s = (string)ns.GetValue();
Console.WriteLine("ns的GetValue()调用结果: " + s + "\n");

ni = ns; // 语法对,故可以通过编译
i = (int)ni.GetValue(); // 运行时错误 ni现在引用的是一个字符串
```

图 9-16　错误语句在 VS 编辑状态下正常

可见最后两句没有任何问题。运行程序,结果如图 9-17 所示。

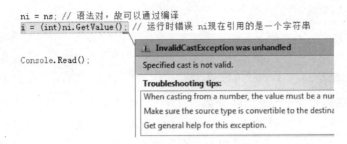

图 9-17　错误语句在运行环境下出现异常

也就是说,使用非泛型版本时,逻辑上有问题的代码,在编辑状态时没法检测出错误,只有在运行时才能够检测出来。

该问题可以利用泛型来解决。在本章的第一个示例的调用代码部分输入如下语句:

```
iGClass = sGClass;
i = (int)iGClass.GetValue();
```

现在查看在 VS 编辑器下的状态,如图 9-18 所示。

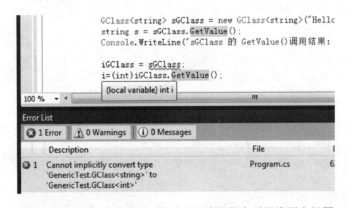

图 9-18　泛型版本的错误语句在 VS 编辑状态下即检测出问题

可以看到,泛型完美地解决了前述问题。这个特点也就是在本章开始所指出的:可以利用泛型创建特殊的类、方法、结构、接口、委托等,这些类和方法将一个或多个类型的指定推迟到客户端代码声明并实例化该类或方法的时候。

至此,可以得到泛型的两大显著优势。

➢ 代码重用。一段代码,可以针对多种数据类型来使用,不用重写相似代码。

➢ 提高类型安全。将运行时错误转换为编译时错误,错误的发现时机前移。

实验 4：多参数的泛型类

上面的泛型类只使用了一个参数,其实泛型类可以根据需要使用多于一个的参数,多参数的泛型声明形式如下(以两参数为例):

```
class ClassName<T,V>
{
```

```
        //…
    }
```

看下面的示例,首先定义泛型测试类:

```
class GClass2Para<T,V>
{
    T f1; V f2;
    public GClass2Para(T value1, V value2)
    {
        f1 = value1;
        f2 = value2;
    }
    public T GetValue1()
    {
        return f1;
    }
    public V GetValue2()
    {
        return f2;
    }
}
```

然后看调用类:

```
GClass2Para<int, string> twoPara = new GClass2Para<int, string>(2012, "Hello");
int i = twoPara.GetValue1();
Console.WriteLine("value1 的值: " + i);
string s = twoPara.GetValue2();
Console.WriteLine("value2 的值: " + s);
```

程序的执行结果如图 9-19 所示。

上面演示了两参数的泛型类,同理,如果声明如下变量,同样可以正常工作:

图 9-19　多参数的泛型类演示

```
GClass2Para<int, DateTime> twoPara1 = new GClass2Para<int,DateTime>(2012, DateTime.
Now);
```

甚至,将 T 和 V 传入同一类型也不会有问题。代码如下:

```
GClass2Para<int, int> twoPara2 = new GClass2Para<int,int>(2012, 2020);
```

✍ 课堂练习:现要求随机产生若干个类型相同的数值(比如都为 int 或者都为 float 等),然后写方法分别求出该 int 序列中的最大值和最小值。请使用泛型实现,体会泛型的使用及优势。

下面来看泛型方法。泛型方法分为两种:一种是存在于泛型类、泛型结构等中的泛型方法；另一种则是存在于非泛型类中的泛型方法。泛型方法使用频率很高。

泛型类中的< T >在类名之后，与之相似，泛型方法的< T >在方法名之后。例如：

```
public void DoIt < T >(T t)
{
    // …
}
```

下面以实现两个数交换的经典示例来讲解泛型方法的使用。为了对比，下面先给出一个传统版本，该版本仅处理整型数据。代码如下：

```
//int 型版本
public void swap(ref int a, ref int b)
{
    int c ;
    c = a;
    a = b;
    b = c;
}
static void Main(string[ ] args)
{
    test t = new test();
    int a = 3, b = 4;
    t. swap(ref a, ref b);
    Console. WriteLine("{0},{1}",a,b);
}
```

而一个可能的泛型版本如下：

```
public void swap < T >(ref T a , ref T b)
{
    T c;
    c = a;
    a = b;
    b = c;
}
static void Main(string[ ] args)
{
    test t = new test();
    int a = 3, b = 4;
    t. swap < int >(ref a, ref b);
    Console. WriteLine("{0},{1}",a,b);
}
```

上面的泛型示例仅仅以 int 型为例，当然泛型版本不仅仅可以处理 int 型数据，读者可以尝试其他数据类型。

🕐 思考：如下泛型方法可行吗？

```
public T Add(T opnum1, T opnum2)
{
    return opnum1 + opnum2;
}
```

关于泛型约束、泛型结构、泛型接口、泛型委托等本书不再涉及，读者可以参考相关资料。

9.3 泛 型 集 合

在前面的章节中已经学习过集合，体会到了集合的方便灵活之处。在使用集合时，一个很方便的地方，就是可以把任何东西都往里面放，比如 int 型数据、double 数据、DateTime 数据，甚至数组、对象等都可以放进去。不过这一点却也带来了一系列的问题。最主要的问题就是该过程中存在装箱和拆箱操作，效率低下，更重要的问题是，它有可能导致不安全问题。

那么如何既能利用集合的优点，而又能避免上述不足呢？这就是泛型集合。

在使用泛型集合时，需要引用如下命名空间，即：

```
using System.Collections.Generic;
```

典型的普通集合和泛型集合如表 9-3 所示。

表 9-3　普通集合和泛型集合

普通集合	泛型集合	普通集合	泛型集合
ArrayList	List < T >	Hashtable	Dictionary < K, V >
Queue	Queue < T >	DictionaryEntry	KeyValuePair < K, V >
Stack	Stack < T >	Comparer	Comparer < T >

其中，使用最广泛的泛型集合就是 List < T >。下面介绍几个常用的泛型集合。

9.3.1　List < T >

使用泛型 List 类型（即 List < T >），可以创建兼具泛型优势和 ArrayList 优势的泛型集合，它可以通过定义时限定数据类型，使得该集合既拥有 ArrayList 的功能，类型又明确，无需强制转换，它具有类型安全的特性。另外，使用 List.Enumerator 结构可以枚举泛型集合中的元素。

这里以两个简单示例来演示 List < T >与 ArrayList 的异同。

示例 1（ArrayList 版本）：种什么都得 object

```
ArrayList list = new ArrayList();
list.Add(1);
list.Add(2);
list.Add(3);
int count = 0;
```

```
for (int i = 0; i < list.Count; i++)
    count += (int)list[i];          //若不强制转换则错误
Console.WriteLine(count);
```

上面的程序首先往 ArrayList 里中存入 3 个整数，然而当从 ArrayList 中取值时，得到的却是 object 类型，不再是数值，所以为了完成求和功能，不得不对取出的内容作强制转换。这就是所谓的"种什么都得 object"。

而泛型版本则能够实现"种瓜得瓜"。看示例一的泛型版本。

示例 2（List＜T＞版本）：种瓜得瓜

```
List < int > list = new List < int >();
list.Add(1);
list.Add(2);
list.Add(3);
int count = 0;
for (int i = 0; i < list.Count; i++)
    count += list[i];        //由于种瓜得瓜，当初存入的数值，所以取出的也是数值，无须转换
Console.WriteLine(count);
```

此泛型版本仍然首先存入 3 个数值到 list 中，然后取出元素值求和。但是与上述普通版本不同的是，使用泛型版本时，当初存入的是 int 型，读取出来的仍然是 int 型，所以不必转换，即没有拆箱操作，此即"种瓜得瓜"。

下面再看一个示例，通过此示例再次认识一下泛型集合的优势。

示例 3（ArrayList 版本）

```
ArrayList al = new ArrayList();
al.Add(1);
al.Add(2);
al.Add(3.0);
int total = 0;
foreach (int val in al)
    total = total + val;
Console.WriteLine("元素的总和为：{0}", total);
```

该程序在 VS 编辑环境下，一切良好，但运行时将出现问题，如图 9-20 所示。

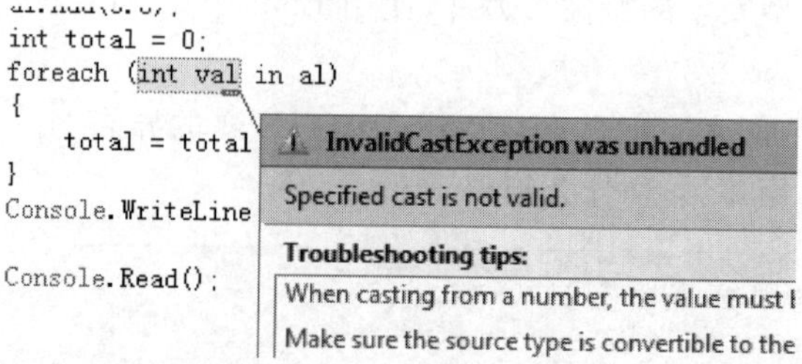

图 9-20　普通版本在运行时发生无效转换的异常

示例 4（List＜T＞版本）

```
List < int > list = new List < int >();
list.Add(1);
list.Add(2);
list.Add(3.0);
int total = 0;
foreach (int val in list)
    total = total + val;
Console.WriteLine("元素的总和为: {0}", total);
```

此版本无须运行,在编辑视图下即出现如图 9-21 所示异常。

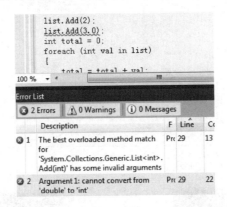

图 9-21　泛型版本在编辑视图下即检测出异常

可见,泛型集合同样具备泛型的特点,即将普通集合的运行时错误转换为编译时错误。

9.3.2　Queue＜T＞和 Stack＜T＞

Queue＜T＞类与非泛型 Queue 类相同,但泛型 Queue＜T＞类包含特定数据类型的元素,使用时不存在装箱和拆箱操作,效率更佳,而且更安全。同样,Stack＜T＞类的功能和非泛型 Stack 类相似,但泛型 Stack＜T＞类包含特定数据类型的元素,使用时不存在装箱和拆箱操作,效率更佳,而且更安全。

下面看两个小示例。

示例 1：Queue＜T＞

```
Queue < string > cities = new Queue < string >();
cities.Enqueue("麻城");
cities.Enqueue("昆明");
cities.Enqueue("合肥");
cities.Enqueue("广州");
cities.Enqueue("温州");
Console.WriteLine("集合中元素个数: " + cities.Count);
Console.WriteLine("Peeking '{0}'", cities.Peek());
Console.WriteLine("集合中元素个数: " + cities.Count);
int count = cities.Count;
for (int i = 0; i < count; i++)
```

```
        Console.WriteLine("Dequeuing '{0}'", cities.Dequeue());
        Console.WriteLine("集合中元素个数: " + cities.Count);
```

程序的执行结果如图 9-22 所示。

由于与普通的 Queue 没有太大差别,不再解释。

示例 2:Stack ＜ T ＞

```
Stack＜string＞ cities = new Stack＜string＞();
cities.Push("麻城");
cities.Push("昆明");
cities.Push("合肥");
cities.Push("广州");
cities.Push("温州");
Console.WriteLine("集合中元素个数: " + cities.Count);
Console.WriteLine("Peeking '{0}'", cities.Peek());
Console.WriteLine("集合中元素个数: " + cities.Count);
int count = cities.Count;
for (int i = 0; i＜count; i++)
    Console.WriteLine("Popping '{0}'", cities.Pop());
Console.WriteLine("集合中元素个数: " + cities.Count);
```

程序的执行结果如图 9-23 所示。

图 9-22　Queue＜T＞演示　　　　图 9-23　Stack＜T＞演示

9.3.3　Dictionary ＜ K,V ＞和 KeyValuePair ＜ K，V ＞

泛型集合 Dictionary ＜ K,V ＞是与普通集合 Hashtable 对应的版本,用于存储键值对型数据。其中,键的取值一般以整型和字符串型较为常见,且键一定不能有重复;值的取值则非常广泛,可以是简单的值类型,也可以内置引用类型,还可以是自定义类型。

Dictionary ＜ K,V ＞中的元素操作涉及增加、删除、修改、查找遍历等操作。其中遍历又分为值的遍历、键的遍历、键值对元素遍历。键值对元素同时遍历时,需要借助 KeyValuePair ＜ K，V ＞来实现,KeyValuePair ＜ K，V ＞表达的正好就是一个键值对元素,与 Hashtable 中元素遍历时的 DictionaryEntry 对应。

由于 Dictionary ＜ K,V ＞在属性和方法以及使用上都与 Hashtable 极为相似甚至相同,故此处不再展开讲述,以下仅通过一个从 9.1.4 节示例改造而来的例子演示其常用操作。

```
Dictionary＜string, string＞ dic = new Dictionary＜string, string＞();
//向 dic 中添加数据
dic.Add("Item01", "麻城市");
```

```
dic.Add("Item02", "昆明市");
dic.Add("Item03", "合肥市");
dic.Add("Item04", "广州市");
dic.Add("Item05", "温州市");

Console.WriteLine("dic 中元素个数为: " + dic.Count);
Console.WriteLine("\n 输出 dic 集合中的键: ");
foreach (string key in dic.Keys)                    //遍历 dic 中的值元素
    Console.Write(key + "\t");

Console.WriteLine("\n\n 输出 dic 集合中的值: ");
foreach (string value in dic.Values)                //遍历 dic 中的键元素
    Console.Write(value + "\t");

Console.WriteLine("\n\n 输出 dic 集合中的所有键值对: ");
foreach (KeyValuePair < string, string > kv in dic)//同时遍历键和值
    Console.WriteLine(kv.Key + "\t" + kv.Value);

//存在性检测与修改
if (dic.ContainsKey("Item05"))                       //存在性检测
    dic["Item05"] = "北京市";                         //修改
else
    dic.Add("Item05", "北京市");

Console.WriteLine("\n 输出 dic 集合中的所有键值对 -- 修改后: ");
foreach (KeyValuePair < string, string > kv in dic)
    Console.WriteLine(kv.Key + "\t" + kv.Value);

dic.Remove("Item05");                                //删除
Console.WriteLine("\n 输出 dic 集合中的所有键值对 -- 删除后: ");
foreach (KeyValuePair < string, string > kv in dic)
    Console.WriteLine(kv.Key + "\t" + kv.Value);
Console.ReadLine();
```

程序的执行结果如图 9-24 所示。

9.3.4　SortedList < K, V >

SortedList < K, V >是 SortedList 的泛型版本。它仍然具有普通 SortedList 的特性和
行为。例如,会自动对其中的元素按照索引进行排序等。示例如下:

```
SortedList < int, string > sl = new SortedList < int, string >();
sl.Add(100, "广州");
sl.Add(10, "温州");
sl.Add(1, "麻城");
sl.Add(0, "合肥");
Console.WriteLine("集合中元素存放顺序是: ");
Console.WriteLine("\t Key \t\t Value");
Console.WriteLine("\t === \t\t ===== ");
for (int i = 0; i < sl.Count; i++)
    Console.WriteLine("\t {0} \t\t {1}", sl.Keys[i].ToString(), sl.Values[i].ToString());
```

程序的执行结果如图 9-25 所示。

由于与 SortedList 没有太大差别,此处不再详述。

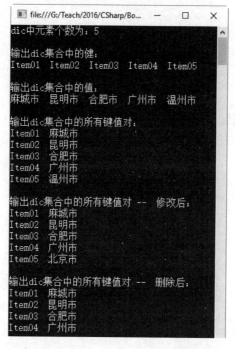

图 9-24　Dictionary<K,V>示例运行结果

图 9-25　SortedList<K,V>演示

9.3.5　HashSet<T>

这是一个泛型集合,但是与前面讲过的几种泛型集合相比,一个最大的不同是:HashSet<T>里的元素具有唯一性,即不会重复。其容量也具有自动扩充的特性,当元素个数增加时,其容量自行扩充至与元素个数相等。其最重要的属性就是 Count 属性,可以通过该属性获取集合中的元素个数。

此外,该泛型集合能完成集合运算的功能,即求并集(UnionWith)、交集(IntersectWith)、差集(ExceptWith)、对称差集(SymmetricExceptWith)等。

HashSet<T>的主要方法如表 9-4 所示。

表 9-4　HashSet<T>的主要方法

方　　法	说　　明
Add()	将指定元素添加到集合中
Remove()	移除指定元素,当指定元素不存在时不会引发异常,当成功移除掉指定的元素时,则 Count 值减 1
RemoveWhere()	移除符合条件的所有元素
Clear()	移除所有元素
Contains()	检测集合中是否包含指定的元素
UnionWith()	将当前集合与指定集合执行并集运算
IntersectWith()	将当前集合与指定集合执行交集运算

方　　法	说　　明
SymmetricExceptWith()	对称差集运算,即将两个集合求并集,然后将两个集合求交集,然后用并集的结果与交集的结果做差集即可,可以参看本章的"问与答"部分的"集合的运算"
ExceptWith()	将当前集合与指定集合执行差集运算,即当前集合中属于指定集合的元素都去除
IsProperSubsetOf()	判断当前集合是否为指定集合的真子集
IsProperSupersetOf()	判断当前集合是否为指定集合的真超集
IsSubsetOf()	判断当前集合是否为指定集合的子集
IsSupersetOf()	判断当前集合是否为指定集合的超集,如 A. IsSupersetOf(B),当 A 为 B 的超集,亦即 B 为 A 的子集时返回 true,否则 false
Overlaps()	判断当前集合是否与指定的集合重叠,即两个集合有一个元素相同即返回 true,也即交集非空则返回 true
SetEquals()	判断当前集合是否与指定的集合包含完全相同的元素,两个集合的元素个数要相同,有一个不同则返回 false,但与顺序无关
CopyTo()	将当前集合中的元素复制到指定的数组中

💣 真子集与子集有区别的。例如集合 A 的元素为 1,2;集合 B 的元素为 2,1,集合 C 的元素为 1,则集合 A 与集合 B 相等。此时可以认为 A 是 B 的子集,即 B 是 A 的超集,当然反过来也可以认为 B 是 A 的子集,但不能认为 A 是 B 的真子集。C 是 A 的真子集,即 A 是 C 的真超集。所以子集与真子集的差别就在于是否能包含相等这个关系,不包含相等关系的才可以称为"真"。

下面将对上面的一些主要方法进行讲解。

演示:批量删除具备某个特征的元素

虽然使用 Remove()配合循环来进行删除也基本可以应对各种情况,但是在某些时候使用 RemoveWhere()也是个不错的选择。例如希望删除集合中所有及格(>60)的元素,则可以参考如下代码。

```
static void Main(string[ ] args)
{
    HashSet < int > hsNum = new HashSet < int >();
    int j;
    for (int i = 1; i <= 50; i++)
    {
        j = new Random(). Next(0,101);
        hsNum. Add(j);
        Console. Write(j + "\t");
        System. Threading. Thread. Sleep(20);
    }
    hsNum. RemoveWhere(isBigThan60);
    Console. WriteLine("\n 删除>60 的值后");
    foreach (int i in hsNum)
        Console. Write(i + "\t");
}
```

如下方法定义了删除规则。

```
private static bool isBigThan60(int val)
{
    return val > 60;
}
```

程序的执行结果如图 9-26 所示。

图 9-26　RemoveWhere()方法

🔥 RemoveWhere()方法的参数是个委托类型,具体内容读者可以参考第 5 章"问与答"的"如何查找数组中具有特定特征的元素"部分。

示例:集合常见方法

```
static void Main(string[] args)
{
    HashSet < int > hsNum = new HashSet < int >();
    HashSet < int > hs1 = new HashSet < int >();
    HashSet < int > hs2 = new HashSet < int >();
    hs1.Add(1);
    hs1.Add(2);
    hs2.Add(2);
    hs2.Add(1);

    hsNum.Add(2);
    hsNum.Add(7);
    hsNum.Add(3);
    hsNum.Add(5);
    Console.WriteLine("hsNum 包含元素 5: " + hsNum.Contains(5));
    Console.WriteLine("hs1 等于 hsNum: " + hs1.SetEquals(hsNum));
    Console.WriteLine("hs1 等于 hs2: " + hs1.SetEquals(hs2));

    hs2.Remove(2);
    Console.WriteLine("hs2 元素个数: " + hs2.Count);
    Console.WriteLine("hs1 等于 hs2: " + hs1.SetEquals(hs2));
    Console.WriteLine("hs1 等于 hsNum 有重叠: " + hs1.Overlaps(hsNum));

    Console.WriteLine("hs1 是 hsNum 的子集: " + hs1.IsSubsetOf(hsNum));
    Console.WriteLine("hs1 是 hsNum 的真子集: " + hs1.IsSupersetOf(hsNum));
    Console.WriteLine("hs1 是 hs2 的子集: " + hs1.IsSubsetOf(hs2));
    Console.WriteLine("hs1 是 hs2 的真子集: " + hs1.IsSupersetOf(hs2));
}
```

程序的执行结果如图 9-27 所示。

图 9-27　集合常见方法

关于集合的运算规则，不熟悉的读者可以参看本章"问与答"的"集合的运算"。示例代码如下：

```csharp
static void Main(string[] args)
{
    HashSet < int > hsNum = new HashSet < int >();
    HashSet < int > hs1 = new HashSet < int >();
    HashSet < int > hs2 = new HashSet < int >();
    hs1.Add(1);
    hs1.Add(2);
    hs2.Add(2);
    hs2.Add(1);
    hsNum.Add(2);
    hsNum.Add(7);
    hsNum.Add(3);
    hsNum.Add(5);

    hs1.UnionWith(hsNum);                    //并集运算
    Console.WriteLine("与 hsNum 并集运算后 hs1 的元素");
    foreach (int i in hs1)
        Console.Write(i + "\t");
    hsNum.IntersectWith(hs2);                //交集运算
    Console.WriteLine("\nhsNum 与 hs2 交集运算后 hsNum 的元素");
    foreach (int i in hsNum)
        Console.Write(i + "\t");

    hs1.Clear();
    hs2.Clear();
    hsNum.Clear();
    hs1.Add(1);
    hs1.Add(2);
    hs2.Add(3);
    hs2.Add(1);
    hs2.Add(5);
    hsNum.Add(2);
    hsNum.Add(7);
    hsNum.Add(3);
    hsNum.Add(5);

    hsNum.ExceptWith(hs1);
    Console.WriteLine("\n 与 hs1 差集运算后 hsNum 的元素");
```

```
        foreach (int i in hsNum)
            Console.Write(i + "\t");

        hsNum.SymmetricExceptWith(hs2);
        Console.WriteLine("\n 与 hs2 作对称差集运算后 hsNum 的元素");
        foreach (int i in hsNum)
            Console.Write(i + "\t");
    }
```

程序的执行结果如图 9-28 所示。

图 9-28　集合运算

9.4　问　与　答

9.4.1　集合中的元素应该如何正确删除

✌集合元素删除是个常见的操作,当采用循环的方式删除集合元素时,很容易出错。为了演示该问题,下面首先准备一个 ArrayList 集合。代码如下:

```
ArrayList ListTest = new ArrayList();
ListTest.Add("中国");
ListTest.Add("美国");
ListTest.Add("日本");
ListTest.Add("俄罗斯");
ListTest.Add("法国");
for (int i = 0; i < ListTest.Count; i++)          //循环遍历输出
    Console.WriteLine(ListTest[i]);
```

如上代码可以正常运行,也不会出现问题。现在假设需要使用循环删除其中的所有元素,很自然的一种思路可能如下:

```
for (int i = 0; i < ListTest.Count; i++)
    ListTest.RemoveAt(i);

//为了验证删除是否成功,简单地加入下面的检查代码
Console.WriteLine("剩余元素数: " + ListTest.Count);
Console.WriteLine("它们是: ");
for (int i = 0; i < ListTest.Count; i++)          //循环遍历输出,看看还剩下哪几个没有删掉
    Console.WriteLine(ListTest[i]);
```

程序的执行结果如图 9-29 所示。

从图 9-29 中可以看出，"美国"和"俄罗斯"竟然没有被删除掉，这是怎么回事呢？导致这个问题的原因在于：集合元素在删除的过程中，该集合的元素数目（ListTest.Count）也在不停变化，例如当删除 0 号元素时，以前的 1 号元素会成为当前的 0 号元素，此时循环变量为 1，将会删除 1 号元素，可现在的 1 号元素却是曾经的 2 号元素。而现在的 0 号元素，也就是早期的 1 号元素（对本例也就是"美国"）就成为漏网之鱼。请自行加断点来分析该问题。

图 9-29　删除集合元素方案一

那究竟应该如何删除呢？鉴于上面的分析，有人认为，既然删除的时候，每删除一个元素，所有的元素都往前移一位，那不停地删除 0 号元素，不就可以了吗？代码如下：

```
for ( int i = 0; i < ListTest.Count; i++)
    ListTest.RemoveAt(0);                //将这里更改为 0,即在循环中反复删除 0 号元素
```

运行上面的代码，运行结果与图 9-29 相同。究其原因，除了每删除一个元素后面的元素会自动前移这个原因外，这个方案没有考虑到另外一个原因，即集合中元素的数目也是在不断发生变化的。

所以，经过这两个问题，如果把集合中元素的数目固定下来，然后不停地删除 0 号元素，那不就成功了吗？不错，该思路可行，可以很方便地得到如下方案。

```
int iCount = ListTest.Count;
for ( int i = 0; i < iCount; i++)
    ListTest.RemoveAt(0);                //将这里更改为 0,即在循环中反复删除 0 号元素
```

如上代码可以正确删除所有元素。

另外，经过上面的分析，倘若循环删除时，不要从集合前面的元素开始删除，而是改为从后面开始删除即可。代码如下：

```
for ( int i = ListTest.Count - 1; i >= 0; i -- )
    ListTest.RemoveAt(i);
```

9.4.2　如何使用内置排序器来实现 ArrayList 排序——IComparer

ArrayList 的 Sort() 方法除了具备前文所述重载方式，其实还有其他重载形式，可以利用该方法的另外一种重载来排序。其重载方式如下：

```
void Sort(IComparer comparer)
```

通过这个 IComparer 参数，可以传入一个实现了 IComparer 接口的自定义类，并在此类中使用系统内置排序器来重新定义排序规则。示例如下：

```
//首先实现接口 IComparer,实现 Compare()方法
public class MyComparer : IComparer
```

```
{
    int IComparer.Compare(Object x, Object y)
        return ((new CaseInsensitiveComparer()).Compare(y, x));
}
ArrayList list = new ArrayList();
list.Add("b");
list.Add("a");
list.Add("c");
list.Add("B");
list.Add("A");
list.Add("C");
Console.WriteLine("排序前: ");
for (int i = 0; i < list.Count; i++)
    Console.Write(list[i] + "\t");
list.Sort(new MyComparer());          //有参的排序方法
Console.WriteLine("\n排序后: ");
for (int i = 0; i < list.Count; i++)
    Console.Write(list[i] + "\t");
```

程序的执行结果如图 9-30 所示。

可以看到,使用内置排序器后,的确改变了默认的排序规则。

图 9-30　使用内置排序器来排序

不过,当读者看到上述两个示例的排序结果,可能都并非所期望的,与平时所认可的排序规则不一致。那怎么办呢? 不用急,其实还可以使用完全自定义的排序规则来改变这一不理想的状况。

9.4.3　如何完全自定义排序规则来排序

自定义排序仍然需要实现 IComparer 接口,在 Compare()方法中定义自己的排序规则,实现自定义排序逻辑的 Compare()方法。

首先实现自定义的排序规则,这里以日期对象的排序为例来说明。代码如下:

```
//这里以日期对象的排序来说明,可以根据自己的需要自行定义合适的方法
public class CustomerComparer : IComparer
{
    int IComparer.Compare(Object x, Object y)
    {
        DateTime dt1 = (DateTime)x;
        DateTime dt2 = (DateTime)y;
        if (dt1.Day > dt2.Day)        //在这里可以随便定义比较规则,例如可以比较年
            return 1;
        else
            return 0;
    }
}
```

然后调用该自定义排序规则来排序。代码如下：

```
ArrayList list = new ArrayList();
list.Add(new DateTime(2030, 2, 10));
list.Add(new DateTime(2020, 9, 2));
list.Add(new DateTime(2050,7, 3));
Console.WriteLine("排序前: ");
for (int i = 0; i < list.Count; i++)
    Console.Write(list[i] + "\t");
list.Sort();
Console.WriteLine("\n 使用内置排序规则排序后: ");
for (int i = 0; i < list.Count; i++)
    Console.Write(list[i] + "\t");

list.Sort(new CustomerComparer());
Console.WriteLine("\n 使用自定义排序规则排序后: ");
for (int i = 0; i < list.Count; i++)
    Console.Write(list[i] + "\t");
```

程序的执行结果如图 9-31 所示。

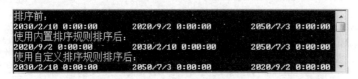

图 9-31　完全自定义排序规则来排序

由于在自定义排序规则中，是按照日期中的 Day 来降序来排序，故输出结果中，日期的
Day 最大的排在最前面。

✍ 课堂练习：请实现按照月的升序来排序。

✍ 课堂练习：请实现按照年的降序、月降序、日升序的规律来排序。排序时以年的优
先级最高，以日最低。

9.4.4　IEnumerable 和 IEnumerator 有什么作用和特性

✌ 通俗地说，只要某个类实现了 IEnumerable 接口，就可以对该类的实例使用 foreach
循环进行遍历。而这个 IEnumerable 接口中仅定义了一个方法，那就是 GetEnumerator()，
该方法的返回值类型是 IEnumerator。接口 IEnumerator 中有一个重要的公有属性和两个
重要的公有方法。

➤ Current 属性：返回数组或者集合的当前元素，为 object 类型。

➤ MoveNext()方法：返回值为 bool 类型，把当前位置的下一个元素设为新的当前元
素，若成功的更改了当前选定元素，则返回 true 值，否则返回 false 值。首次调用本
方法，将选定数组或集合的第一个元素，只有调用此方法后才可以访问 Current
属性。

➤ Reset()：为 void 类型，该方法重置 IEnumerator 接口对象，此时再调用 MoveNext()方
法将重新选定数组或者集合的第一个元素。

示例：

```
//定义继承 IEnumerable 接口的 MyList 类
class MyList : IEnumerable
{
    static string[] stars = { "MengTingWei", "HuangRiHua", "WengMeiLing", "LiXiaoLong","
YangYuYing","ABao" };                              //静态数组存放明星名字

    //实现接口的 GetEnumerator()方法
    public IEnumerator GetEnumerator()
    {
        return new MyEnumerator();
    }
    //定义继承 IEnumerator 接口的 MyEnumerator 私有类
    private class MyEnumerator : IEnumerator
    {
        int index = - 1;
        //定义 Current 属性
        public object Current
        {
            get { return stars[index]; }
        }
        //定义 MyEnumerator 类的成员方法
        public bool MoveNext()
        {
            if (++ index > = stars. Length)      //判断 index 的值
                return false;
            else
                return true;
        }
        public void Reset()
        {
            index = - 1;
        }
    }
}
//演示调用
class Program
{
    static void Main(string[] args)
    {
        MyList myList = new MyList();
        foreach (string name in myList)
            Console.WriteLine(name);
    }
}
```

程序的执行结果如图 9-32 所示。

9.4.5　什么是可空类型

✌在介绍可空类型(Nullable)前,读者可以思考这么一个问题:如何判断一个数值类型的变量是否曾经被赋过值呢? 例如

图 9-32　IEnumerable 演示

如何判断一个 int 型变量 i 是否曾经被赋过值呢？

看似一个简单的问题，解决起来还是比较麻烦的。不过自从 C♯ 引入可空类型后，这个问题便迎刃而解。Nullable 本质上是一种泛型结构。其定义方式有如下两种：

```
类型? 变量;             //通用表达, 下面是示例
int? i;
```

```
Nullable<类型> 变量 = new Nullable<类型>(value);
Nullable < int > j = new Nullable < int >(3);        //示例
```

可空类型有 3 个重要属性，分别如下：

➢ Value：取值。

➢ HasValue：判断是否有非空值。

➢ GetValueOrDefault：取值或默认值。当未曾赋值时该方法会返回相应类型的默认值。

示例：

```
int? num = null;
num = 100; //可以通过注释此句来观察程序的不同输出
if (num.HasValue == true)
    Console.WriteLine("num = " + num.Value);
else
    Console.WriteLine("num = null");
Console.WriteLine(num.GetValueOrDefault());
```

不注释和注释 num＝100，这两种情况下的输出如图 9-33 所示。

💣若为 null 值，当直接取 Value 时，会引起错误，所以取值时应该首先通过 HasValue 判断是否有值。

Nullable 类型和非 Nullable 类型之间是可以转换的，其转换遵从如下规则。

图 9-33　Nullable 的取值

➢ 非 Nullable 类型可以隐式转换为 Nullable 类型。

➢ Nullable 类型转换为非 Nullable 时需要显式转换。

示例：

```
int? num = null;
int a = 100, b = 0;
num = a;                    //非 Nullable 类型可以隐式转换为 Nullable 类型
num = 20;
b = (int) num;              //Nullable 类型必须显式才可以转换为非 Nullable 类型
```

上面的示例演示了 Nullable 类型变量的使用，其实不止变量可以定义为 Nullable 类型，属性等也可以定义为 Nullable 类型。例如下面定义了一个 Nullable 类型的属性 A。

```
class Test
{
```

```
        private int? a;
        public int? A
        {
            get { return a; }
            set { a = value; }
        }
        public void PrintInfo()
        {
            if (a.HasValue == false)
                Console.Write("属性值为 null");
            else
                Console.Write("属性值为 " + a);
        }
    }
    //调用代码
    static void Main(string[ ] args)
    {
        Test test = new Test();
        test.A = null;
        //test.A = 100;            //可以通过注释或者不注释这句来观察程序的输出
        test.PrintInfo();
        Console.ReadLine();
    }
```

在前面的代码中发现，由于 Nullable 类型需要显式转换才能向非 Nullable 转换，而要读取 Nullable 类型中存储的值，往往需要通过 HasValue 属性来判断，相信读者也感觉步骤比较烦琐。其实还有一个操作符可以方便地实现从 Nullable 类型向非 Nullable 类型赋值，该操作符就是"??"。其一般形式如下：

```
NullVariant??DefaultValue;
```

该表达式的值有两种可能：当 Nullable 类型变量 NullVariant 的值为 null 时，则整个表达式的值是 DefaultValue 变量的值，否则整个表达式的值就是 NullVariant 的值。例如：

```
int? i = null;
int j = i ?? 100;
System.Console.WriteLine(j);            //输出 100
```

由于 i 为 null，因为整个表达式的值为 100，从而 j＝100。
再看如下代码：

```
int? i = 10;
int j = i ?? 100;
System.Console.WriteLine(j);            //输出 10
```

在该例中，由于 i＝10，不为 null，故整个表达式的值为 10，从而 j＝10。
💣※ Nullable 的代价比较高，若非必须，不推荐使用。

9.4.6 什么是 Tuple

✌ 所谓 Tuple,是一种基于泛型的组合数据结构,它是一个静态类,有两个版本:普通版本和泛型版本。Tuple 在 C♯4.0 之前的版本是没有的,故涉及到 Tuple 内容时需要在 VS 2010 及以后版本中编写和练习。

Tuple 类共有 8 种具体的类型,此处不一一列举,感兴趣的读者可以参阅其他书籍,本书仅给出一个二元 Tuple 的示例来说明其使用。二元 Tuple 的一般定义形式如下:

```
Tuple<T1,T2> t = new Tuple<T1,T2>(T1 Item1,T2 Item2);
```

其中,t 即代表着一个类似平面坐标系点的二元结构(Item1,Item2)。需要注意的是,其两个分量 Item1 和 Item2 都是在创建时指定的,此后不再能更改。

下面的示例程序完成简单的两个 int 数值的求和作差功能。代码如下:

```
class Program
{
    static void Main(string[] args)
    {
        //Tuple<T1,T2> t = new Tuple<T1,T2>(T1 i,T2 j);
        Tuple<int, int> a = new Tuple<int, int>(100, 200);
        Tuple<int, int> b = MathCal(a);
        Console.WriteLine(b);
        Console.ReadLine();
    }
    public static Tuple<int, int> MathCal(Tuple<int, int> t)
    {
        int i = t.Item1 + t.Item2;
        int j = t.Item1 - t.Item2;
        return new Tuple<int, int>(i, j);
    }
}
```

在上面的程序中,定义了一个静态方法,该方法的参数和返回类型都是二元 Tuple 类型,通过参数的两个分量传入待求和作差的两个整数,而和值和差值这两个数值又作为返回值的两个分量返回。

程序的执行结果如图 9-34 所示。

🕐 思考:若要求实现一个方法,方法的参数为数值数组或者集合,在方法内实现对该数组或者集合元素的求和、求最大值、最小值,要求强制使用 Tuple 来实现,应该将方法的返回值类型确定为几元 Tuple? 具体如何实现?

图 9-34 二元 Tuple

9.4.7 泛型变量的默认值是多少

✌ 在使用泛型时,若希望给某个泛型赋一个初始值,不知道其真正的类型,是无法给予泛型变量一个确切的初始值的。幸好,C♯ 中有一个很聪明的东西——default。其使用形式如下:

```
t = default(T);
```

其聪明之处在于,能够根据 T 的不同类型而自动赋予 t 一个合理的值,不用再担心 T 究竟是什么类型了。请读者自行验证之。

9.4.8 针对如下泛型方法,下面的调用代码可行吗

```
class Test
{
    public static T DoIt < T >() where T:new()
    {
        return new T();
    }
}


//如下调用代码可行不?
t = Test.DoIt();
```

✌ 由于无法从上面的方法调用推断出 T 的类型,故上述代码不行,应该修改如下:

```
t = Test.DoIt <类>();                 //即调用时不能忽略了泛型 T 的指定
```

9.4.9 泛型的比较问题

✌ 下面的代码正确吗?

```
public static bool isEqual < T >(T n1, T n2)
{
    if (n1 == n2) return true;
        return false;
}
```

因为 T 为泛型,编译器无法知道如何比较它们,即 == 和 != 不能用在泛型类型比较的场合。如果的确要比较,应该使用约束,例如约束为实现接口 Icomparable。类似地,也无法使用类似的方式进行泛型类型的加减等运算。

9.4.10 HashSet < T >的扩展方法

✌ 除了前文所介绍的 HashSet < T >的方法,此外 HashSet < T >还具有大量的扩展方法。这些扩展方法针对不同的泛型版本也不尽相同,如 HashSet < int > 与 HashSet < double >对应的这些方法也不完全相同。例如,针对 int 类型,HashSet < T >有实现求最大值、最小值、平均值、和等功能。

当然,并不仅仅 HashSet < T >才有这些扩展方法。前文所述的 List < T >、Queue < T >、数组等都有该特性。

9.4.11 集合的运算

✌ 这里针对前文提到的并集运算、交集运算、差集运算、对称差集运算来做说明。假如

参与运算的两个集合分别为 M、N,为了方便读者理解,以图 9-35 为例来讲解集合的几种运算。

在图 9-35 中,左边的圆代表集合 N,而右边的圆代表集合 M,两者交叉的部分记为集合 C,集合 N 中除掉 C 部分剩余的部分记为集合 B,而集合 M 中除掉 C 部分剩余的部分记为集合 A,则有如下结果。

图 9-35　集合运算示意图

M 与 N 的并集:A+B+C。

M 与 N 的交集:C。

M 与 N 的差集:A。

M 与 N 的对称差集:A+B。

9.5　思考与练习

(1) 请总结集合中元素删除的正确方法,并总结容易出问题的几种方式。

(2) 比较使用泛型与 object 参数的优劣,并以实例说明之。

(3) 请设计一个程序,比较 ArrayList 和 List<string>两者的速度差异。

(4) 请使用泛型和非泛型实现两个数值的交换。

9.6　实　战　任　务

编程实现猜字符游戏(完成两个版本:WinForm 版本和控制台版本)。具体功能如下。

➤ 用集合类(选择其中一至两种)和 Array 类实现猜字符游戏。

➤ 从 26 个大写字母中随机产生 13 个字母(不重复)、26 个小写字母中随机产生 15 个字母(不重复)、10 个数字中随机产生 7 个数字(不重复),共计 35 个存入集合或者数组中。

➤ 对上述所存入的元素进行排序(自己写排序代码实现)。

➤ 排序后,每次从上述 35 个字母中随机产生一个字符,让后让用户猜此字母。根据用户的输入,判断用户输入的类型是否合乎要求、是大还是小,并给出相应的提示,帮助用户猜到正确答案。例如:当前程序产生的随机字母为 A,那么若用户输入 a,则提示用户应输入大写字母;下次用户若输入 C,则提示用户猜的太大了,或者太小之类的提示。

➤ 如果用控制台实现,则要求循环处理(即只有给定特殊指令后才退出游戏)。

第 10 章　GDI＋

10.1　概　　述

图像处理是一个其乐无穷而又经常接触的一个领域。例如每天访问网站所看到的各式各样的验证码,还有经常用到的 Windows 操作系统附带的画图工具、Photoshop 等,不胜枚举。

作为普通的计算机用户,能使用现成的图像处理软件将图片按需求进行处理即可。然而作为学习程序的人,自己动手才会更有乐趣和成就感。

GDI＋,即 Graphics Device Interface Plus,它提供了各种丰富的图形图像处理功能。在.Net Framework 中,GDI＋被封装在如下几个命名空间中。

> System.Drawing：提供了对 GDI＋基本图形功能的访问,主要有 Graphics 类、Bitmap 类、从 Brush 类继承的类、Font 类、Icon 类、Image 类、Pen 类、Color 类等。

> System.Drawing.Drawing2D：提供了高级的二维和矢量图形功能,主要有梯度型画刷、Matrix 类(用于定义几何变换)和 GraphicsPath 类等。

> System.Drawing.Imaging：提供了高级 GDI＋图像处理功能。

> System.Drawing.Text：提供了高级 GDI＋字体和文本排版功能。

在 C♯.NET 中,使用 GDI＋处理二维(2D)的图形和图像,使用 DirectX 处理三维(3D)的图形图像。

本章将学习一些简单的用于编程处理图像的内置类,并学习几个简单的图像特效处理算法,了解图像处理的基本内容。在这之前,有必要了解几个基本概念。

1. 图形坐标系统

在 C♯程序中,默认以绘图对象的左上角为坐标系统的原点(0,0),以水平向右为 X 轴正方向,垂直向下为 Y 轴正方向,如图 10-1 所示。

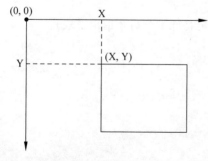

图 10-1　图形坐标系统

2. 像素

计算机监视器是在一个点的矩形数组上创建其显示,这些点被称为图片元素或像素。例如通常所说的分辨率 800×600,即指在 X 轴上有 800 个像素,而在 Y 轴上有 600 个像素。而进行图像处理编程时的坐标即建立在该像素点阵上的。

3. 直线

我们在几何课上早已学过：两点确定一条直线。可是在计算机中,除了水平直线和竖直直线外,直线并非想象的那么直，只不过在分辨率不太高的情况下肉眼无法分辨而已。当了解计算机中"直线不直"的原理后，以后画图时出现锯齿就知道其中的原因了。

例如，可以打开 Windows 附带的画图工具，画一条非水平非竖直的线，如图 10-2 所示。观察看看是不是有点锯齿的感觉？

如果还是看不清楚，可以在 Photoshop 中将刚才画的图打开，并且将放大倍数，尽可能放大，此时效果如图 10-3 所示。

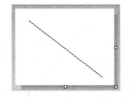

图 10-2　在画图工具中画的斜直线

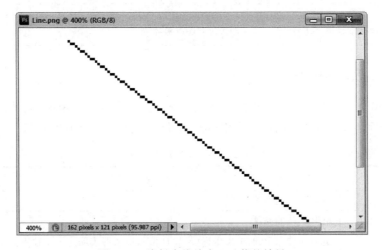

图 10-3　将斜直线放大 400 倍的效果

4. 位图

位图是位的数组，指定了像素矩阵中各像素的颜色。它用于单个像素的位数，决定了可分配到该像素的颜色数。一个像素所占的位数越多，表现出来的图形颜色越丰富逼真。

10.2　辅助绘图对象

写字离不开笔，吃饭离不开筷子（或刀叉），画图离不开纸笔。同样，编程绘图也离不开"纸"和"笔"。本节将介绍图像处理所需要的基本知识。

在图像处理中，除了坐标系统外，还有一些对象是绘图时必须使用到的，包括绘图位置控制对象 Point、Size、Rectangle 和颜色控制对象 Color 等。

10.2.1　Point 结构

Point 是一种简单的结构。代表着坐标系统中的一个点。使用该结构时，往往需要先实例化获得一个实例化的对象，然后通过此对象来指定该点的横纵坐标值。例如：

```
Point p = new Point();
p.X = 100;
p.Y = 200;
```

当然,也可以不必这么麻烦,Point 具有多种重载形式,例如下面的代码也可以。

```
Point p1 = new Point(100, 200);          //效果与上面的代码一样
Size size = new Size(10, 20);
Point p2 = new Point(size);
```

10.2.2　Size 结构

Size 是另一种简单结构,代表一个矩形区域的尺寸,使用方式与 Point 类似。例如:

```
Size size1 = new Size(10, 20);
Size size2 = new Size(p);               //p 为 Point 对象
```

10.2.3　Rectangle 结构

Rectangle 也是一种结构,顾名思义,它与矩形相关,代表一个矩形,但是其包含的含义远不止一个矩形。Rectangle 结构的常用属性和方法分别如表 10-1 和表 10-2 所示。

表 10-1　Rectangle 的常用属性

属　　性	说　　明
Width	矩形区域的宽度
Height	矩形区域的高度
Left	矩形区域左上角的 X 坐标(X 属性值),该值即表明左上角顶点离 Graphics 对象的左边框的距离
Right	矩形区域的右边框的 X 坐标,即矩形右下角顶点的 X 坐标
Top	矩形区域左上角的 Y 坐标(Y 属性值),该值即表明左上角顶点离 Graphics 对象的上边框的距离
Bottom	矩形下边框的位置 Y 坐标,即矩形右下角顶点的 Y 坐标
X	矩形区域左上角的 X 坐标
Y	矩形区域左上角的 Y 坐标
Location	矩形区域左上角的 X 和 Y 坐标
Size	矩形区域的大小

表 10-2　Rectangle 的常用方法

方　　法	说　　明
FromLTRB()	通过使用 4 个位置 LTRB 绘制矩形。LTRB 表示将要绘制的矩形的左端、顶端、右端和底端
Inflate()	根据指定量来放大矩形
Contains()	用于确定一个点是否在矩形边框内

💣※PointF、RectangleF 和 SizeF 为 Point、Rectangle 和 Size 等对象所对应的浮点型类型,这些结构对象的用法与 Point、Rectangle 和 Size 相同,只不过它们可以接受单精度浮点型参数,而 Point、Rectangle 和 Size 只能接受整型参数。

10.2.4　Color 结构

颜色是进行图形操作的基本要素。任何一种颜色都可以由 4 个分量决定,每个分量占据一个字节。

➢ R:红色,取值范围 0～255,255 为饱和红色。

➢ G:绿色,取值范围 0～255,255 为饱和绿色。

➢ B:蓝色,取值范围 0～255,255 为饱和蓝色。

➢ A:Alpha 值,即透明度。取值范围 0～255,0 为完全透明,255 为完全不透明。

Color 结构正是表达这个概念的一种结构,它在 System.Drawing 下。Color 结构的常用属性和方法如表 10-3 和表 10-4 所示。

表 10-3　Color 结构的常用属性

属　　性	说　　明
A	返回 Color 类对象字节值的 Alpha 分量。只读属性
R	返回 Color 类对象字节值的 red 分量。只读属性
G	返回 Color 类对象字节值的 green 分量。只读属性
B	返回 Color 类对象字节值的 blue 分量。只读属性

表 10-4　Color 结构的常用方法

方　　法	说　　明
FromArgb()	用于创建基于 Alpha、红色、绿色和蓝色的 Color 结构。具有多种重载形式
FromKnownColor()	创建基于已知的颜色的 Color 结构
FromName()	通过使用颜色名称来创建 Color 结构。如果对于指定颜色名称没有相应的 Color 结构,则 Color 的 4 个组分 Alpha、红色、绿色和蓝色将都等于 0
GetHue()	返回 Color 结构的"色度-饱和度-亮度"(hue)值
ToArgb()	返回 32 位 ARGB 整数值
ToKnownColor	返回一个基于某个 Color 结构的已知颜色值

获取颜色的方法多种多样。例如下面的方法都是可行的,实际应用中可以根据具体情况选择。

➢ 使用 Color 下的诸多颜色常量。

➢ 使用 Color.FromArgb() 方法,该方法具有多种重载形式。

➢ 使用 Color.FromKnowColor() 方法,从系统颜色中创建。

➢ 使用 Color.FromName() 方法,从颜色名称创建。

➢ 使用 SystemColors 下的诸多颜色常量。

例如:

```
Color c1 = Color.Black;
Color c2 = Color.FromArgb(128, 128, 128);
Color c3 = Color.FromKnownColor(KnownColor.ActiveCaptionText);
Color c4 = Color.FromName("Red");
Color c5 = SystemColors.ButtonFace;
```

10.2.5 Font 类

Font 类也是图像处理中一个重要而又基础的元素。用于指示绘制过程中所使用的字体。其常用属性如表 10-5 所示。

表 10-5　Font 的常用属性

属　　性	说　　明
Bold	返回字体是否加粗,只读
Height	返回字体行高,只读
Italic	字体是否倾斜
Name	字体名称
Strikeout	返回字体是否有删除线
Underline	返回字体是否有下画线
Unit	返回字体单位
Size	返回字体的尺寸,单位为 Unit 指示的单位
SizeInPoints	返回以 point 为单位的字体大小
Style	返回字体样式,为 FontStyle 枚举类型

要获取 Font 对象,主要采用 Font 的多种构造函数或者 SystemFonts 下的多种字体。例如:

```
Font font = SystemFonts.DefaultFont;
font = new Font("隶书", 20);
font = new Font(FontFamily.GenericSerif, 20);
font = new Font(FontFamily.GenericSansSerif, 20, FontStyle.Bold);
font = new Font(FontFamily.GenericMonospace, 20, GraphicsUnit.Pixel);
font = new Font("微软雅黑", 20, FontStyle.Underline, GraphicsUnit.Millimeter);
```

10.2.6 Graphics 类

Graphics 类位于 System. Drawing 命名空间。图形对象 Graphics 必须与一个具体的"图形设备上下文"相关联,"图形设备上下文"代表一个绘图表面,它通常是一个控件或窗体的表面。要进行图形处理,必须首先创建 Graphics 对象,然后才能利用它进行各种画图操作。Graphics 就像手工画图时所使用的纸,而 Pen、Brush 就是所使用的笔。

创建 Graphics 对象的常见形式如下。

➢ 在窗体或控件的 Paint 事件中,通过事件的 PaintEventArgs 参数引用 Graphics 对象。

➢ 重写 Control 基类的 OnPaint()方法。

➢ 从当前窗体获取对 Graphics 对象的引用。

➢ 通过 Graphics 类的几个静态方法。

例如:在做简单演示时,经常会在 Form_Paint 事件中通过如下代码获得一个 Graphics。

```
Private void Form_Paint(object sender, System.Windows.Forms.PaintEventArgs e)
{
    Graphics g = e.Graphics;
    …
    //该 g 对象无须 Dispose
}
```

如果要从当前窗体获取 Graphics 对象的引用,则可以使用如下代码:

```
Graphics g = this.CreateGraphics();
```

而在实际编程进行图像处理时,通过 Graphics 类的静态方法来获取 Graphics 对象最为常见。例如:

```
Graphics g = Graphics.FromImage(Bitmap.FromFile(@"c:\1.jpg"));
```

另外,通过重写窗体或者控件的事件也可以获得 Graphics 对象。例如:

```
protected override void OnPaint(PaintEventArgs e)
{
    Graphics g = e.Graphics;
    //…
    //无须 Dispose
}
```

Graphics 具有很多方法,用于画直线、绘制文字、画弧线、画椭圆、画矩形等。此外 Graphics 也具有一些常用的属性,例如属性 SmoothingMode 即可用于提高绘制的平滑度,达到较好的视觉效果。

Graphics 对象的常用方法如表 10-6 所示。

表 10-6　Graphics 对象的常用方法

方　　法	说　　明	常 见 形 式
DrawLine()	绘制直线	DrawLine(Pen pen,Point pt1,Point pt2) DrawLine(Pen pen,int x1,int y1,int x2,int y2)
DrawLines()	一次绘制多条直线	DrawLines(Pen pen,Point[] points)
DrawRectangle()	绘制矩形	DrawRectangle(Pen pen, Rectangle rect) DrawRectangle(Pen pen, int x, int y, int width, int height)
DrawRectangles()	一次绘制多个矩形	DrawRectangles(Pen pen, Rectangle[] rects)
DrawPolygon()	绘制多边形	DrawPolygon(Pen pen,Point[] points)
FillPolygon()	填充多边形封闭区域	FillPolygon(Brush brush,Point[] points)
DrawCurve()	绘制自定义曲线	DrawCurve(Pen pen, Point[] points) DrawCurve(Pen pen, Point[] points, float tension)
DrawClosedCurve()	绘制封闭曲线	DrawClosedCurve(Pen pen,Point[] points)
DrawBezier()	绘制贝塞尔曲线	DrawBezier(Pen pen, Point pt1, Point pt2, Point pt3, Point pt4)

方　　法	说　　明	常 见 形 式
DrawBeziers()	绘制贝塞尔曲线	DrawBezier(Pen pen, Point[] points)
DrawEllipse()	绘制椭圆	DrawEllipse(Pen pen, Rectangle rect) DrawEllipse(Pen pen, int x, int y, int width, int height)
FillEllipse()	填充椭圆	FillEllipse(Pen pen, Rectangle rect) FillEllipse(Pen pen, int x, int y, int width, int height)
DrawImage()	绘制图像	DrawImage(Image image, int x, int y, int width, int height)
DrawString()	绘制文本	DrawString(string s, Font font, Brush brush, PointF pointf)

部分常用方法的使用请参见本章后文内容。此处仅演示两个简单的小例子。

示例 1：文本绘制

```csharp
private void Form1_Paint(object sender, PaintEventArgs e)
{
    Font f = SystemFonts.DefaultFont;
    Graphics g = this.CreateGraphics();
    g.DrawString("你是疯儿我是傻!", f, Brushes.Red, 10, 10);
    f = new Font("隶书", 20);
    g.DrawString("你是疯儿我是傻!", f, Brushes.Red, 10, 30);
    f.Dispose();
    g.Dispose();
}
```

该示例中，首先通过当前窗体的 this.CreateGraphics() 获得一个 Graphics 对象 g，然后调用其 DrawString() 方法完成文字的绘制。第一次绘制采用 SystemFonts.DefaultFont 获得系统的默认字体；第二次采用 Font 的构造函数来获取一种新的字体来完成文字的绘制。

上述 DrawString() 方法的第一个参数是待绘制的文本；第二个参数为绘制时所使用的字体；第三个参数为绘制时所使用的画刷，这里使用 Brushes 下的红色画刷，后文将介绍更多的画刷；第四、五个参数分别为绘制起点的横、纵坐标值。

程序的执行结果如图 10-4 所示。

图 10-4　Graphics 绘制文字

示例 2：直线绘制

```csharp
private void Form1_Paint(object sender, PaintEventArgs e)
{
    Graphics g = this.CreateGraphics();
    Pen p = new Pen(Color.Blue);
    g.DrawLine(p, 10, 10, 300, 10);
    p.Color = Color.BurlyWood;
    p.Width = 3;
    g.DrawLine(p, 10, 10, 300, 30);
    p.Dispose();
    g.Dispose();
}
```

在本示例中,第一次准备了一只蓝色的 Pen 并分别以(10,10),(300,10)为起点和终点坐标绘制了一条直线。第二次则更改了 Pen 的颜色和宽度,并以(10,10)和(300,30)为起点和终点绘制了第二条直线。

程序的执行结果如图 10-5 所示。

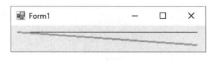

图 10-5　Graphics 绘制直线

10.3　基本绘图工具

用于绘图的基本工具有两个,一个是 Pen(笔),另一个是 Brush(画刷),其中画刷又可以分为多种。

在 GDI+中,可使用笔对象和画笔对象呈现图形、文本和图像。笔是 Pen 类的实例,用于绘制线条和空心形状;而画笔是从 Brush 类派生的任何类的实例,用于填充形状或绘制文本。

10.3.1　Pen

笔可用于绘制绘制具有指定宽度和样式的线条、曲线以及勾勒形状轮廓。Pen 类的常用属性如表 10-7 所示。

表 10-7　Pen 类的常用属性

属　　性	说　　明
Color	获取或设置通过 Pen 类的对象绘制的直线的颜色。可以将颜色值传递给 Pen 类或 Brush 类的构造函数
DashStyle	获取或设置通过 Pen 类的对象绘制的虚线的样式。默认值为 Solid,但也可为 DashDot、DashDotDot 或 Custom。如果它为 Custom,则还需要设置 DashPattern 属性
DashPattern	获取或设置对自定义虚线的空白区域和长度进行定义的浮点值数组。如要让此属性生效,必须将 DashStyle 属性设置为 Custom
EndCap	获取或设置 LineCap 枚举值,该值指定了通过 Pen 类对象绘制的直线的终点样式。此属性的默认值为 Flat。LineCap 枚举具有如下值: AnchorMask　　　　Custom RoundAnchor　　　DiamondAnchor Square　　　　　　Flat SquareAnchor　　　NoAnchor Triangle　　　　　Round ArrowAnchor
PenType	此属性为只读属性,该属性检索通过 Pen 类对象绘制的直线的样式。此属性的值取决于给 Pen 类的对象还是 Brush 类的对象传递了颜色值。此属性的默认值为 SolidColor

属　　性	说　　明
StartCap	此属性获取或设置 LineCap 枚举值，该值指定了通过 Pen 类对象绘制的直线的起点样式。此属性的默认值为 Flat。LineCap 枚举具有如下值： AnchorMask　　　NoAnchor ArrowAnchor　　　Round Custom　　　　　RoundAnchor DiamondAnchor　　Square Flat　　　　　　SquareAnchor 　　　　　　　　Triangle

下面的示例演示如何创建一支基本的黑色笔：

```
Pen myPen = new Pen(Color.Black);
Pen myPen = new Pen(Color.Black, 5);
```

也可以从画笔对象创建笔。例如：

```
SolidBrush myBrush = new SolidBrush(Color.Red);
Pen myPen = new Pen(myBrush);
Pen myPen = new Pen(myBrush, 5);
```

下面看一个示例，来了解 Pen 的属性及 Graphics 的使用（该示例来自于网络的某个课件，不记得原出处，在此多谢原作者）。代码如下：

```
private void Form1_Paint(object sender, PaintEventArgs e)
{
    Graphics g = e.Graphics;
    Pen pen = new Pen(Color.Green, 10f);
    g.DrawString("绿色,宽度 10", this.Font, new SolidBrush(Color.Black), 5, 5);
    g.DrawLine(pen, new Point(110, 10), new Point(380, 10));

    pen.Width = 2;
    pen.Color = Color.Red;
    g.DrawString("红色,宽度 2", this.Font, new SolidBrush(Color.Black), 5, 25);
    g.DrawLine(pen, new Point(110, 30), new Point(380, 30));

    pen.StartCap = LineCap.DiamondAnchor;
    pen.EndCap = LineCap.ArrowAnchor;
    pen.Width = 9;
    g.DrawString("红色箭头线", this.Font, new SolidBrush(Color.Black), 5, 45);
    g.DrawLine(pen, new Point(110, 50), new Point(380, 50));

    pen.DashStyle = DashStyle.Custom;
    pen.DashPattern = new float[] { 2, 2 };
    pen.Width = 2;
    pen.EndCap = LineCap.NoAnchor;
    pen.Color = Color.Blue;
    g.DrawString("自定义虚线", this.Font, new SolidBrush(Color.Black), 5, 65);
```

```
        g.DrawLine(pen, new Point(110, 40), new Point(380, 70));

        pen.DashStyle = DashStyle.Dot;
        g.DrawString("点划线", this.Font, new SolidBrush(Color.Black), 5, 85);
        g.DrawLine(pen, new Point(110, 90), new Point(380, 90));
    }
```

程序的执行结果如图 10-6 所示。

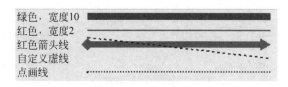

图 10-6　Pen 的使用演示

程序中涉及了即将要介绍的 Brush，其他没有过多需要解释的内容，相关属性请参照表 10-7，也可以尝试着更改部分属性，看看有何变化。

10.3.2　Brush

画刷可以分为如下几种。

➢ SolidBrush：画刷最简单的形式，用纯色进行绘制，即只支持单色。

➢ HatchBrush：类似于 SolidBrush，但是可以利用该类从大量预设的图案中选择绘制时要使用的图案，而不是纯色。

➢ TextureBrush：使用纹理（如图像）进行绘制。

➢ LinearGradientBrush：使用沿渐变混合的两种颜色进行绘制。

➢ PathGradientBrush：基于编程者定义的唯一路径，使用复杂的混合色渐变进行绘制。

示例 1：Brush

```
private void Form1_Paint(object sender, System.Windows.Forms.PaintEventArgs e)
{
    Graphics g = e.Graphics;
    SolidBrush myBrush = new SolidBrush(Color.Red);
    g.FillEllipse(myBrush, this.ClientRectangle);        //画当前窗体的内切红色椭圆
}
```

程序的执行结果如图 10-7 所示。

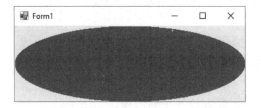

图 10-7　SolidBrush 演示

示例 2：HatchBrush

该画刷是使用大量系统内置画刷样式来进行绘制，同时可以选择前景色和背景色。其常用重载形式是：

```
HatchBrush(HatchStyle hatchStyle,Color foreColor,Color backColor)
```

其中第一个参数即为画刷样式，为枚举类型；并且还可以通过样式选择前景色和背景色的百分比。

```
private void Form1_Paint(object sender,System.Windows.Forms.PaintEventArgs e)
{
    Graphics g = e.Graphics;
    HatchBrush hatchBrush = new HatchBrush(HatchStyle.Percent50, Color.White, Color.Black);
    //hatchBrush = new HatchBrush(HatchStyle.Percent80, Color.White, Color.Black);
    //hatchBrush = new HatchBrush(HatchStyle.Wave, Color.White, Color.Black);
    g.FillEllipse(hatchBrush, this.ClientRectangle);
}
```

程序的执行结果如图 10-8 所示。

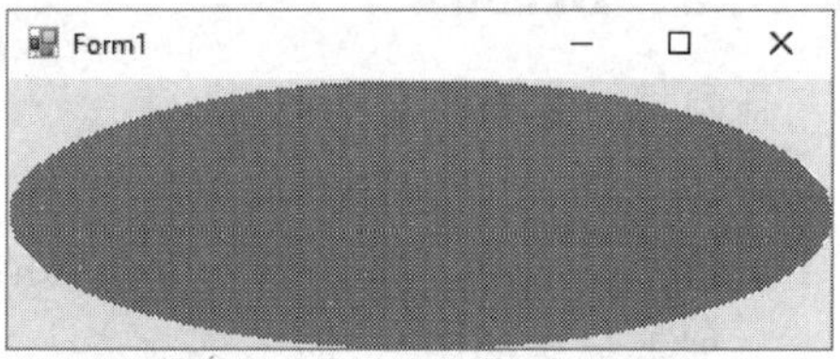

示例 3：TextureBrush

TextureBrush 类是个很好玩的画刷，它允许使用一幅图像作为填充的样式。TextureBrush 类有如下 3 个属性。

图 10-8　HatchBrush 演示

➤ Image：Image 类型，与画笔关联的图像对象。

➤ Transform：Matrix 类型，画笔的变换矩阵。

➤ WrapMode：WrapMode 枚举成员，指定图像的排布方式。

该类提供了 5 个重载的构造函数：

```
public TextureBrush(Image)
public TextureBrush(Image,Rectangle)
public TextureBrush(Image,WrapMode)
public TextureBrush(Image,Rectangle,ImageAttributes)
public TextureBrush(Image,WrapMode,Rectangle)
```

其中：

➤ Image：Image 对象用于指定画笔的填充图案。

➤ Rectangle：Rectangle 对象用于指定图像上用于画笔的矩形区域，其位置不能超越图像的范围。

➤ WrapMode：WrapMode 枚举成员用于指定如何排布图像。其取值如下。

  ■ Clamp：完全由绘制对象的边框决定。

  ■ Tile：平铺。

  ■ TileFlipX：水平方向翻转并平铺图像。

  ■ TileFlipY：垂直方向翻转并平铺图像。

- TileFlipXY：水平和垂直方向翻转并平铺图像。
- ImageAttributes：ImageAttributes 对象用于指定图像的附加特性参数。

例如：

```
private void Form1_Paint(object sender,System.Windows.Forms.PaintEventArgs e)
{
    Graphics g = e.Graphics;
    TextureBrush myBrush = new TextureBrush(new Bitmap(@"E:\Pictures\dj.jpg"));
    g.FillEllipse(myBrush, this.ClientRectangle);
}
```

程序的执行结果如图 10-9 所示。

示例 4：LinearGradientBrush

该类用于定义线性渐变画笔，可以是双色渐变，也可以是多色渐变。默认情况下，渐变由起始颜色沿着水平方向平均过渡到终止颜色，若要定义多色渐变，需要使用 InterpolationColors 属性。例如：

```
private void Form1_Paint(object sender, System.Windows.Forms.PaintEventArgs e)
{
    Graphics g = e.Graphics;
    LinearGradientBrush myBrush = new LinearGradientBrush(
this.ClientRectangle, Color.White, Color.Blue,LinearGradientMode.Vertical);
    g.FillRectangle(myBrush, this.ClientRectangle);
}
```

程序的执行结果如图 10-10 所示。

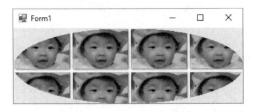

图 10-9　TextureBrush 演示

图 10-10　LinearGradientBrush 演示

示例 5：PathGradientBrush

在 GDI＋中，把一个或多个图形组成的形体称作路径。可以使用 GraphicsPath 类定义路径，使用 PathGradientBrush 类定义路径内部的渐变色画笔。渐变色从路径内部的中心点逐渐过渡到路径的外边界边缘。

PathGradientBrush 类有 3 种形式的构造函数，其形式之一是：

```
public PathGradientBrush(GraphicsPath path)
```

其中，GraphicsPath 定义画笔填充的区域。例如：

```
private void Form1_Paint(object sender, System.Windows.Forms.PaintEventArgs e)
{
```

```
Graphics g = this.CreateGraphics();
GraphicsPath path = new GraphicsPath();
//path.AddEllipse(0, 0, this.Width, this.Height);
path.AddEllipse(10, 10, 160, 160);
Region region = new Region(path);
//SolidBrush brush = new SolidBrush(Color.Red);

PathGradientBrush brush = new PathGradientBrush(path);
//指定路径中心点
brush.CenterPoint = new PointF(this.Width / 2, this.Height / 2);
brush.CenterPoint = new PointF(90,90);
//指定路径中心点的颜色
brush.CenterColor = Color.Red;
//Color 类型的数组指定与路径上每个顶点对应的颜色
//brush.SurroundColors = new Color[] { Color.AliceBlue, Color.Plum ,Color.Green};
brush.SurroundColors = new Color[] { Color.YellowGreen };
g.FillRegion(brush, region);
}
```

程序的执行结果如图 10-11 所示。

图 10-11　PathGradientBrush 演示

10.4　图像处理

Graphics 是图像处理必不可少的核心。所有绘制图形的方法都位于 Graphics 中,使用 Graphics 可以方便地绘制常见形状,例如直线、矩形、曲线、多边形、椭圆等。

关于 Graphics 的常见方法及其重载形式等可以参看表 10-6,故此处不再赘述,仅略举几个示例帮助读者熟悉该类的使用。

10.4.1　绘制直线

关于直线绘制,前文已经简单演示过 DrawLine()的使用,它有多种重载形式,请读者在前文示例的基础上自行试验多种重载的使用。此处仅给出一个使用 DrawLines()的使用示例。DrawLines()的一种声明形式如下:

```
public void DrawLines(Pen pen, Point[] points)
```

该形式用于绘制一系列连接一组点的线条,数组中的前两个点指定第一条线,每个附加点指定一个线段的终结点,该线段的起始点是前一条线段的结束点。例如:

```
private void Form1_Paint(object sender,System.Windows.Forms.PaintEventArgs e)
{
    Graphics g = e.Graphics;
    Pen pen = new Pen(Color.Blue, 5);
    Point[] points = {new Point( 20, 20), new Point( 20, 100),new Point(200, 100), new Point
(100, 80) };
    g.DrawLines(pen, points);
}
```

程序的执行结果如图 10-12 所示。

10.4.2 绘制矩形

由于矩形具有轮廓和封闭区域,因此 C♯ 提供了两类绘制
矩形的方法:一类用于绘制矩形的轮廓,另一类用于填充矩形
的封闭区域。具有类似情况的还有多边形、椭圆等。

图 10-12 DrawLines()演示

与绘制直线一样,绘制矩形可以一次绘制一个,也可以一次绘制若干个,相应的方法分
别是 DrawRectangle()、DrawRectangles()和 FillRectangle()、FillRectangles()。例如:

```
private void Form1_Paint(object sender,System.Windows.Forms.PaintEventArgs e)
{
    //使用一种重载
    Graphics g = e.Graphics;
    Pen pen = new Pen(Color.Blue, 5);
    Rectangle rect = new Rectangle( 50, 50, 200, 100);
    g.DrawRectangle(pen, rect);

    //使用另一种重载
    Pen pen = new Pen(Color.Red,4);
    g.DrawRectangle(pen, 20,20,200,100);

    //一次绘制多个矩形
    pen = new Pen(Color.Black, 2);
    Rectangle[] rects = { new Rectangle(0,0,100,200), new Rectangle(100,180,220,60), new
Rectangle(250,0,50,100) };
    g.DrawRectangles(pen, rects);
}
```

10.4.3 绘制多边形

由于多边形也是封闭的,因此 C♯ 中也有两种绘制方法:使用 DrawPolygon()方法绘
制多边形轮廓,使用 FillPolygon()方法填充多边形的封闭区域。例如:

```
private void Form1_Paint(object sender,System.Windows.Forms.PaintEventArgs e)
{
    Graphics g = e.Graphics;
    Pen pen = new Pen(Color.Red);
```

```
    Point[] points = { new Point(20,20), new Point(100,100), new Point(50,150), new Point
(20,120), new Point(0,100)};
        g.DrawPolygon(pen, points);

        points = new Point[]{ new Point(250,50), new Point(300,100), new Point(250,150), new
Point(220,150), new Point(200,100)};
        g.FillPolygon(Brushes.Chocolate, points);
}
```

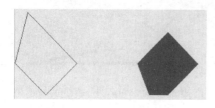

图 10-13　DrawPolygon()和
FillPolygon()演示

程序的执行结果如图 10-13 所示。

10.4.4　绘制曲线

这里的曲线,既有普通的自定义曲线,也有应用广泛的贝塞尔曲线。这里仅演示普通曲线的绘制。曲线也有封闭曲线和非封闭曲线,这里仅演示 DrawCurve()方法的简单使用。该方法用光滑的曲线把给定的点连接起来,常用形式有:

```
public void DrawCurve(Pen pen, Point[] points)
```

其中,Point 结构类型的数组中指明各节点,默认弯曲强度为 0.5。注意,数组中至少要有 4 个元素。

```
public void DrawCurve(Pen pen, Point[] points, float tension)
```

其中,tension 指定弯曲强度,该值范围为 0.0f～1.0f,超出此范围会产生异常,当弯曲强度为零时,就是直线。例如:

```
private void Form1_Paint(object sender, System.Windows.Forms.PaintEventArgs e)
{
    Graphics g = e.Graphics;
    Pen pen = new Pen(Color.Blue, 2);
    Point[] curvePoints =
    {
        new Point( 50, 80),
        new Point(50, 25),
        new Point(100, 120),
        new Point(150, 50),
        new Point(200, 75),
        new Point(250, 130),
        new Point(300, 100),
        new Point(200, 20)
    };
    g.DrawCurve(pen, curvePoints);
}
```

程序的执行结果如图 10-14 所示。

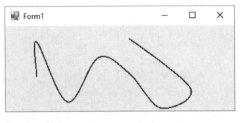

图 10-14　DrawCurve()演示

10.4.5　绘制椭圆

椭圆是一种特殊的封闭曲线。Graphics 类专门提供了绘制椭圆的两种方法：DrawEllipse()方法和 FillEllipse()方法，分别用于绘制空心椭圆和实心椭圆。其常用形式有：

```
public void DrawEllipse(Pen pen, Rectangle rect)
```

其中，rect 为 Rectangle 结构，用于确定椭圆的边界。

```
public void DrawEllipse(Pen pen, int x, int y, int width, int height)
```

其中，x、y 为椭圆左上角的坐标，width 定义椭圆的宽度，height 定义椭圆的高度。

```
public void FillEllipse(Pen pen, Rectangle rect)
```

填充椭圆的内部区域。其中，rect 为 Rectangle 结构，用于确定椭圆的边界。

```
public void FillEllipse(Pen pen, int x, int y, int width, int height)
```

填充椭圆的内部区域。其中，x、y 为椭圆左上角的坐标，width 定义椭圆的宽度，height 定义椭圆的高度。

例如，下面的代码绘制一个窗体区域的内切空心椭圆。

```
private void Form1_Paint(object sender,System.Windows.Forms.PaintEventArgs e)
{
    Graphics g = e.Graphics;
    Pen pen = new Pen(Color.Red,2);
    Rectangle rect = this.ClientRectangle;
    g.DrawEllipse(pen, rect);
}
```

程序的执行结果如图 10-15 所示。

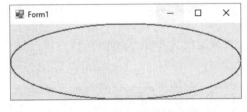

图 10-15　DrawEllipse()演示

下面看一个相对综合的小示例。利用前述矩形和椭圆绘制的方法，并且利用随机数类 Random 来实现一个比较酷的效果。代码如下：

```
Color c;
Pen p = null;
Rectangle rt;
g.SmoothingMode = SmoothingMode.HighQuality;  //防止锯齿现象,使得图像平滑
//在下面的循环中,随机产生颜色,并以该颜色为 Pen 的颜色.另外得到的矩形也是逐渐变化的
for (int i = 0; i < 256; i++)
{
    c = Color.FromArgb(255 - i, new Random().Next(0, 256), i);
    p = new Pen(c);
    rt = new Rectangle(255 - i, 255 - i, 2 * i, 2 * i);      //不断变化的矩形
    g.DrawEllipse(p, rt);                                    //画椭圆
    System.Threading.Thread.Sleep(10);                       //延时
}
p.Dispose();
```

程序的执行结果请自行观察,并仔细分析上述代码。

10.4.6 绘制图像

可以使用 GDI+显示以文件形式存在的图像。图像文件可以是 BMP、JPEG、GIF、TIFF、PNG 等。图像的显示即依靠绘制图像的 DrawImage()方法实现。实现步骤如下。

(1) 创建一个 Bitmap 对象,指明要显示的图像文件。

(2) 创建一个 Graphics 对象,表示要使用的绘图平面。

(3) 调用 Graphics 对象的 DrawImage 方法显示图像。

Bitmap 类有很多重载的构造函数,其中之一是:

```
public Bitmap(string filename)
```

可以利用该构造函数创建 Bitmap 对象。例如:

```
Bitmap bitmap = new Bitmap("test.jpg");
```

Graphics 类的 DrawImage()方法用于在指定位置显示原始图像或者缩放后的图像。该方法的重载形式非常多,其中之一为:

```
public void DrawImage(Image image, int x, int y, int width, int height)
```

该方法在 x,y 坐标处按指定的大小显示图像。利用该方法可以直接显示缩放后的图像。例如:

```
//将下面的代码放到 Button 的 Click 事件中即可
Bitmap bitmap = new Bitmap(@"E:\Pictures\gh.gif");
Graphics g = this.CreateGraphics();
g.DrawImage(bitmap, 3, 10, 100, 200);
g.DrawImage(bitmap, 120, 10, 50, 50);
g.DrawImage(bitmap, 180, 10, bitmap.Width / 4, bitmap.Height /4);
```

程序的执行结果如图 10-16 所示。

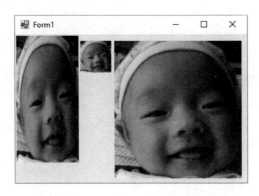

图 10-16　DrawImage( )演示

从上面的示例可以看出，DrawImage( )方法不仅可以用于绘制图像，还可以通过调整参数来实现图像的放大与缩小。典型的应用如用于缩略图的批量制作。

💣※ 如果需要对处理过的绘制图像进行保存，可以使用 Bitmap 实例的 Save( )方法实现。

✍ 课堂练习：请使用上面所学的知识编写一个缩略图批量制作软件。

10.5　常见应用

图像处理的常见应用很多，比如图像格式转换、验证码的生成、缩略图制作、水印效果及诸多的图像处理特效，例如 Photoshop 中的很多滤镜效果等。本节列举几个简单的常见应用，帮助读者体会图像处理的乐趣。

10.5.1　格式转换

格式转换是个很有用的功能，网络上也有不少这种功能的小工具软件。在 C♯ 中开发这样的小工具非常简单。

要实现转换，有以下几个关键点。

➢ 将需要转换的图片通过构造函数传给某个 Bitmap 对象。

➢ 调用 Bitmap 对象的 Save( )方法。

➢ 在 Save( )方法中选择合适的目标图片格式。图片格式由类 System. Drawing. Imaging. ImageFormat 来指定，支持的典型格式如下。

- ■ ImageFormat. Bmp。
- ■ ImageFormat. Gif。
- ■ ImageFormat. Png。
- ■ ImageFormat. Icon。
- ■ ImageFormat. Wmf。
- ■ ImageFormat. Emf。
- ■ ImageFormat. Exif。

■ ImageFormat. Tiff。

下面假设需要将 E:\1. bmp 转换为 E:\1. png,核心代码如下:

```
//将下面的代码可以放到 Button 的 Click 事件中
Bitmap bitmap = new Bitmap("E:\\1.bmp");
bitmap.Save("E:\\1.png",System.Drawing.Imaging.ImageFormat.png);
bitmap.Dispose();
```

💣※若需要保存为 jpg 格式,请使用 SaveJpegQualityCodecsInfo( )方法,该方法还可以在转换的过程中设置压缩比例。

10.5.2 水印

要实现水印效果,其实非常简单,只需要使用 DrawString 即可完成,但是需要注意,用于绘制文本的 Brush 的颜色一定要调整 Alpha 为透明,否则看不到透明的水印效果。核心代码如下:

```
private void button1_Click(object sender, EventArgs e)
{
    Bitmap bitmap = new Bitmap(@"E:\Pictures\dj.jpg");
    Graphics g = Graphics.FromImage(bitmap);
//产生水印的关键在于下面的颜色控制,Alpha 一定要传入,且要合理,可以通过调整 Alpha 参数来
达到不同的透明度
    SolidBrush brush = new SolidBrush(Color.FromArgb(128,Color.Red));
    g.DrawString(textBox1.Text, new Font("隶书", 18), brush,5, 5);
    pictureBox1.Image = bitmap;
    g.Dispose();
}
```

图 10-17 水印效果

程序的执行结果如图 10-17 所示。

10.5.3 灰化

在图像处理领域,有一种效率低下,但是通用性强的图像处理思想,那就是逐像素扫描处理。其核心思想在于首先通过适当的方法获得一个图像的 Bitmap 对象引用,然后通过 Bitmap 对象的 Width 和 Height 属性进行逐像素的循环遍历处理,这样就可以实现各种各样的特效。例如图片的灰化、图像黑白化、图像浮雕、图片反色(照片底片效果)等。

而在逐像素处理过程中,需要用到 Bitmap 对象的两个方法,分别是获取坐标(i,j)处像素点颜色的 GetPixel(i,j)方法和给坐标(i,j)处像素点设置颜色的 SetPixel(i,j,color)方法。

总结起来,其一般性代码大概如下:

```
Bitmap bitmapSrc = ...;                    //获取源图像
//根据源图像创建一个等宽等高的目标 Bitmap 对象
```

```
Bitmap bitmapDes = new Bitmap(bitmapSrc.Width, bitmapSrc.Height);
Color c1,c2;                        //用于存储获取的像素点颜色和经过算法运算得到的新颜色
int r, g, b;
//开始逐点处理
for (int i = 0; i < bitmapSrc.Height; i++)
{
    for (int j = 0; j < bitmapSrc.Width; j++)
    {
        c1 = bitmapSrc.GetPixel(j,i);
        c2 = f(c1);                 //此处 f 代表某种算法函数,根据某种算法,由 c1 来计算得到 c2
        bitmapDes.SetPixel(j,i,c2);  //将根据算法计算得来的 c2 设置给目标上指定的点
    }
}
//下面将 bitmapDes 保存到本地磁盘或者交给 PictureBox 控件显示均可
```

请好好研习如上代码,理解如上代码,就可以完成很多很酷的效果,例如图片的百叶窗效果、上下左右拉伸效果、图像剪切等。

先看灰化的处理。代码如下:

```
Bitmap bitmapSrc = (Bitmap)pictureBox1.Image;
Bitmap bitmapDes = new Bitmap(bitmapSrc.Width, bitmapSrc.Height);
Color c1, c2;
int r, g, b;
//开始逐点处理
for (int i = 0; i < bitmapSrc.Height; i++)
{
    for (int j = 0; j < bitmapSrc.Width; j++)
    {
        c1 = bitmapSrc.GetPixel(j,i);
        r = Convert.ToInt32(0.11 * c1.R + 0.59 * c1.G + 0.3 * c1.B);
        bitmapDes.SetPixel(j,i, Color.FromArgb(r, r, r));
    }
}
pictureBox2.Image = bitmapDes;
```

其中:

```
r = Convert.ToInt32(0.11 * c1.R + 0.59 * c1.G + 0.3 * c1.B);
```

就是灰化处理的核心算法,根据源像素的颜色 3 个分量按照某种固定的比例来算出一个新值 r,然后根据 r 值来得到一个 3 个分量均为 r 的新颜色值,由于 3 个分量相等,因此自然是灰色。其实灰化处理的算法比较多,此处不一一介绍。

程序的执行结果如图 10-18 所示。

✎ 课堂练习:你能根据上述程序,完成图像黑白化效果(二值化)的处理吗?

10.5.4 底片

底片效果的算法思路是:取得源像素点的颜色,然后将该颜色的 3 个分量取反(即按和值 255 来算),即类似如下代码:

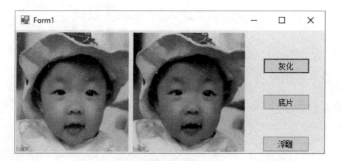

图 10-18　图像灰化

```
r = (byte)255 - c1.R;
g = (byte)255 - c1.G;
b = (byte)255 - c1.B;
```

所以自然可以得到底片效果的代码，具体如下：

```
Bitmap bitmapSrc = (Bitmap)pictureBox1.Image;
Bitmap bitmapDes = new Bitmap(bitmapSrc.Width, bitmapSrc.Height);
Color c1, c2;
int r, g, b;
//开始逐点处理
for (int i = 0; i < bitmapSrc.Height; i++)
{
    for (int j = 0; j < bitmapSrc.Width; j++)
    {
        c1 = bitmapSrc.GetPixel(j,i);
        r = (byte)255 - c1.R;
        g = (byte)255 - c1.G;
        b = (byte)255 - c1.B;
        c2 = Color.FromArgb(r, g, b);
        bitmapDes.SetPixel(j, i, c2);
    }
}
pictureBox2.Image = bitmapDes;
```

程序的执行结果如图 10-19 所示。

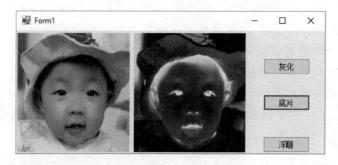

图 10-19　底片效果

10.5.5 浮雕

浮雕效果的算法稍微有点麻烦,此处不再介绍。感兴趣的读者可以自行查阅相关材料,本书仅给出代码,具体如下:

```
Bitmap bitmapSrc = (Bitmap)pictureBox1.Image;
Bitmap bitmapDes = new Bitmap(bitmapSrc.Width, bitmapSrc.Height);
Color pixel1, pixel2;
for (int x = 0; x < bitmapSrc.Width - 1; x++)
{
    for (int y = 0; y < bitmapSrc.Height - 1; y++)
    {
        int r = 0, g = 0, b = 0;
        pixel1 = bitmapSrc.GetPixel(x, y);
        pixel2 = bitmapSrc.GetPixel(x + 1, y + 1);
        r = Math.Abs(pixel1.R - pixel2.R + 128);
        g = Math.Abs(pixel1.G - pixel2.G + 128);
        b = Math.Abs(pixel1.B - pixel2.B + 128);

        if (r > 255)
            r = 255;
        if (r < 0)
            r = 0;
        if (g > 255)
            g = 255;
        if (g < 0)
            g = 0;
        if (b > 255)
            b = 255;
        if (b < 0)
            b = 0;
        bitmapDes.SetPixel(x, y, Color.FromArgb(r, g, b));
    }
}
this.pictureBox2.Image = bitmapDes;
```

程序的执行结果如图 10-20 所示。

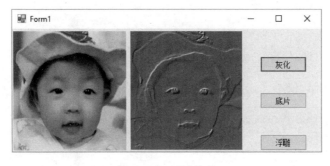

图 10-20　浮雕效果

10.5.6 文本打印

打印是一个很常规的功能,实际应用中的各种系统,打印是必不可少的一个功能。C#中打印功能的实现,主要依赖的就是 Graphics。

下面以一个小例子来演示如何实现文本的打印。在此示例中,需要用到几个与打印相关的控件:PrintDialog、PrintDocument、PrintPreviewDialog。示例共用到 6 个控件,6 个控件的 Name 属性设置如表 10-8 所示。

表 10-8　打印示例控件 Name 属性设置

控　件	Name 属性值	控　件	Name 属性值
PrintDocument	prtDoc	Button	btnPrint
PrintDialog	prtDiag	Button	btnPreview
PrintPreviewDialog	prtPre	RichTextBox	richContent

程序界面设计如图 10-21 所示。

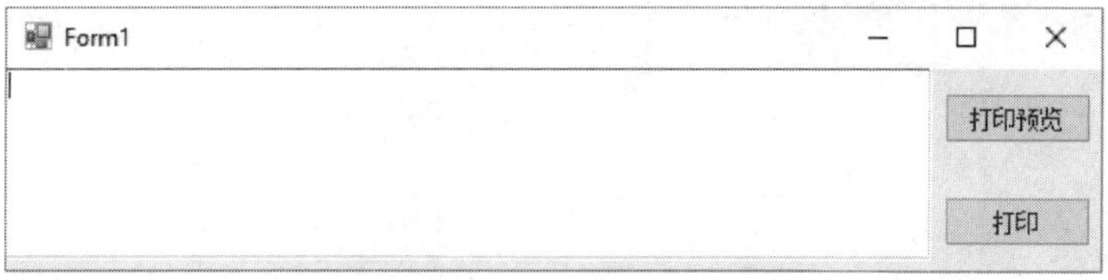

图 10-21　打印示例界面

"打印预览"按钮的代码如下:

```
private void btnPreview_Click(object sender, EventArgs e)
{
    prtPre.Document = prtDoc;
    prtPre.ShowDialog();
}
```

"打印"按钮的代码如下:

```
private void btnPrint_Click(object sender, EventArgs e)
{
    DialogResult dr = prtDiag.ShowDialog();
    if (dr == DialogResult.OK)
        prtDoc.Print();
}
```

有了上面的代码,根本无法实现打印及打印预览功能,最重要的是下面的代码:

```
private void prtDoc_PrintPage(object sender, System.Drawing.Printing.PrintPageEventArgs e)
{
    Graphics g = e.Graphics;
    char[] c = { '\n' };
    string[] line = richContent.Text.Split(c); //先获取待打印内容的每一行内容
```

```
    int i = 0;
    foreach (string s in line)
    {
        g.DrawString( line[i], this.Font, new SolidBrush(richContent.ForeColor), new
    PointF(100, 80 + richContent.Font.Height * i) ); //逐行打印
        i++;
    }
}
```

从这里可以看出,实现打印功能的核心就在于 Graphics 的 DrawString()方法,本示例
中打印时使用的颜色是 richeTextBox 控件的前景色。

程序的执行结果如图 10-22 所示。

图 10-22　打印示例运行

打印预览的效果如图 10-23 所示。

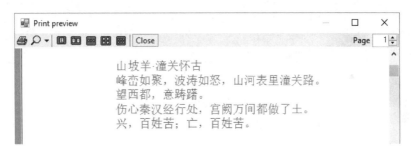

图 10-23　打印预览

打印的效果如图 10-24 所示(以下为虚拟打印的效果)。

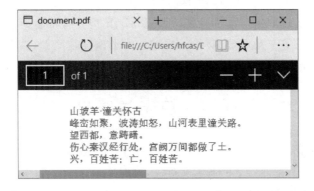

图 10-24　打印效果

10.6 问 与 答

10.6.1 如何实现网页颜色与 Color 的转换

ColorTranslator 类可用于将网页颜色转换为 Color 结构。常用方法如表 10-9 所示。

表 10-9 ColorTranslator 类的常用方法

方　　法	说　　明
FromHtml()	将 HTML 颜色值转换为 Color 结构
FromOle()	将 OLE 颜色值转换为 Color 结构
FromWin32()	将 Windows 颜色转换为 Color 结构
ToHtml()	将指定的 Color 结构转换为 HTML 颜色值
ToOle()	将指定的 Color 结构转换为 OLE 颜色值
ToWin32()	将指定的 Color 结构转换为 Windows 颜色

其使用也很简单,示例如下:

```
string sResult = string.Empty;
Color c = ColorTranslator.FromHtml("＃FF0000");
sResult = "网页颜色＃FF0000 的三个分量是: " + c.R + " " + c.G + " " + c.B;
c = Color.FromArgb(100, 150, 200);
sColor = ColorTranslator.ToHtml(c);
sResult = sResult + "\nColor.FromArgb(100, 150, 200)对应的网页颜色是: " + sColor;
MessageBox.Show(sResult);
```

程序的执行结果如图 10-25 所示。

顺便提一下,由于本例的 string 使用次数不太多,因此使用了 string,假如是量很大的场合,请使用 StringBuilder。

10.6.2 Math 类

图 10-25 ColorTranslator 使用演示

本章实现浮雕效果时,曾经使用过

Math.Abs()方法来实现取绝对值的功能。其实 Math 类下有很多所熟知的数学函数。例如取整函数、正弦余弦等三角函数、对数函数等。由于该类较简单,涉及的函数读者基本都在初高中学过,此处不再赘述,请读者自行钻研。

10.7 思考与练习

(1) 编程练习:请参照图 10-26,开发一个批量图片格式转换软件。用户可以选择单个文件或者批量添加某个文件夹下的所有文件夹(同时应该包含子文件夹),设定好保存路径、目标图像格式,单击转换则完成转换。读者可以在图 10-26 的基础上加入进度条提示转换进度。

图 10-26　批量图片格式转换软件

（2）编程练习：请在 10.4.5 节最后一个示例的基础上，完成类似如图 10-27 所示的效果。

图 10-27　炫彩效果

（3）编程练习：请使用所学知识，完成一个验证码生成工具。功能如下。

➢ 根据要求完成验证码生成程序。

➢ 要求可以设定验证码的组成：数字、字母、数字＋字母。

➢ 要求可以设定干扰线的条数。

➢ 要求可以设定干扰线的颜色。

➢ 要求可以设定验证码文本的字体和颜色。

界面参考图 10-28。

图 10-28　验证码生成器

(4) 编程实现图片的批量添加水印功能,具体要求如下。

➢ 提供水印文字的字体名称、大小、样式(加粗、倾斜等)、字体颜色、水印位置等的控制。

➢ 要求使用进度条控件显示处理进度。

➢ 要求提供保存位置的设置。

➢ 要求把需要处理的文件都放到一个 ListBox 中。

➢ 要求可以一次选择一个文件到 ListBox 中,也可以一次选择多个,同时还可以一次性添加一个目录下的所有合法文件。

➢ 要求提供一个选项,以使用户决定是否在添加水印完毕仍然保留原始文件。

10.8 实 战 任 务

批量图片处理助手,具体功能如下。

➢ 单个和批量图像格式转换(jpg、gif、png、bmp)。

➢ 单个和批量图像尺寸统一(缩略图制作)。

➢ 批量水印。

➢ 单个或批量图像灰化(指定 3 个分量的加权值)。

➢ 单个或批量图像浮雕效果。

➢ 自动全盘搜索所有图像文件。

➢ 图片轮换显示(特效显示)。

第11章　　　　　　　　　　　　多　线　程

　　单线程程序在用户体验方面往往表现的差强人意,所以多线程程序才得以大行其道。Windows 下的常用程序几乎无一例外都是多线程。不过,在 .NET 的世界里,目前已经不再重视传统的多线程了。从 .NET Framework 4 开始,以及目前的 .NET Framework 4.5,都将重心放在并行开发上面。虽说不学习多线程而直接学习并行开发并无不妥,不过了解多线程的相关基础知识,对于学习并行开发将大有裨益。但多线程本身的内容十分丰富,开发调试难度较大,极易出现各种不期望出现的情况。基于此,本章将简单介绍多线程的一些基本知识,对多线程开发感兴趣的读者可以参阅其他书籍进行深入的学习。

11.1　进　　程

　　进程是指一个程序(若干静态指令序列)的动态执行过程,当一个程序开始运行时,它就是一个进程,进程包括运行中的程序和程序所使用到的内存和系统资源。一个进程最少包含一个默认线程,该默认线程即主线程。除主线程,进程往往还含有其他线程,称为辅助线程。当程序执行过程中始终只有一个线程时,称为单线程程序,否则称为多线程程序。线程是程序中的一个执行流,每个线程都有自己的专有寄存器,例如程序计数器等,但代码区是共享的,即不同的线程可以执行同样的函数。线程是 CPU 调度执行的最小单元。

　　在 .Net Framework 中,进程相关的最重要类是 Process,而线程相关最重要的类是 Thread。本节简要介绍进程类 Process。其常用属性和方法分别如表 11-1 和表 11-2 所示。

表 11-1　**Process 的常用属性**

属　　性	说　　明
ProcessName	获取进程名,不包含扩展名和路径
StartInfo	获取或者设置待启动进程的文件名及启动参数
Id	获取进程的 ID
Modules	获取进程相关的加载模块,即加载到特定进程的 dll 或 exe 文件
Threads	获取进程中的线程
MainModule	获取主模块
TotalProcessorTime	获取进程的总的处理器时间
HasExited	获取进程是否已终止

表 11-2　Process 的常用方法

方　　法	说　　明
GetProcessById()	通过进程 ID 获取进程，ID 具有唯一性
GetProcesses()	获取所有执行进程
GetProcessByName()	通过进程名称获取进程，进程名不具有唯一性
Start()	启动进程
Kill()	强行终止进程，常配合 WaitForExit 使用
Refresh()	重新获取进程信息
Close()	释放相关资源
WaitForExit()	常与 Kill 配合使用

💣 使用进程类时应该引用命名空间 System. Diagnostics，而使用线程类时应该引用命名空间 System. Threading。

下面通过几个简单的示例来加深理解。

如下示例首先将启动多个画图进程，然后又关闭这些画图进程。

示例 1：启动及终止指定进程

```
class ProcessDemo
{
    public void StartPaint(int n)
    {
        Process p;
        for(int i = 0;i < n;i++)
            p = Process.Start("mspaint.exe"); //根据传入的 n 来启动 n 个画图进程
        Console.WriteLine("已运行{0}个画图进程",n);
    }
    public void KillAllPaints()
    {
        //取得当前所有正在运行的画图进程,并逐个调用 Kill()方法强制结束它们
        Process[] ps = Process.GetProcessesByName("mspaint");
        foreach (Process p in ps)
        {
            Console.Write("请回车以结束一个画图进程");
            Console.ReadLine();
            p.Kill();
        }
    }
}
```

演示调用代码如下：

```
static void Main(string[] args)
{
    ProcessDemo pDemo = new ProcessDemo();
    pDemo.StartPaint(2);
    pDemo.KillAllPaints();
}
```

本示例利用了 Process 的 Start() 方法来启动指定的进程,然后又通过 GetProcessesByName() 方法获取当前正在运行的指定进程,进而调用 Kill() 方法逐个强行终止这些进程。

✍课堂练习:请设计一个 WinForm 程序,在窗体模拟出超链接的效果,且单击超链时打开某个指定的网站。

示例 2:获取当前所有运行中的进程

```
Process[] pAll = Process.GetProcesses();
Console.WriteLine("当前有{0}个进程正在运行,它们是:", pAll.Length);
foreach (Process p in pAll)
    Console.WriteLine(p.ProcessName);
```

该示例主要使用 GetProcesses() 方法获取所有正在运行的进程,然后遍历输出这些进程的名字。

运行截图如图 11-1 所示。

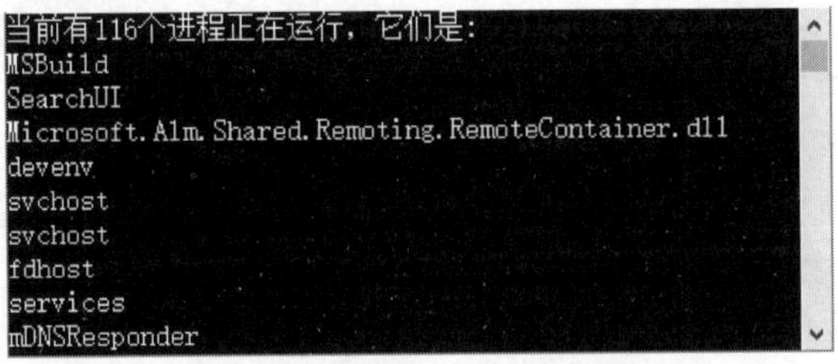

图 11-1 获取当前所有进程列表

示例 3:获取当前进程的信息

```
Process p = Process.GetCurrentProcess();         //获取当前进程.
Console.WriteLine("当前进程 ID:{0},进程名:{1},处理器时间:{2}", p.Id, p.ProcessName, p.
TotalProcessorTime);
Console.WriteLine("主模块名称:{0}", p.MainModule.ModuleName);

Console.WriteLine("模块数:{0},它们分别是: ", p.Modules.Count);
foreach (ProcessModule pm in p.Modules)
    Console.WriteLine("模块名:{0}",pm.ModuleName);
```

本示例演示如何获取当前进程及当前进程的一些信息。程序的执行结果如图 11-2 所示。

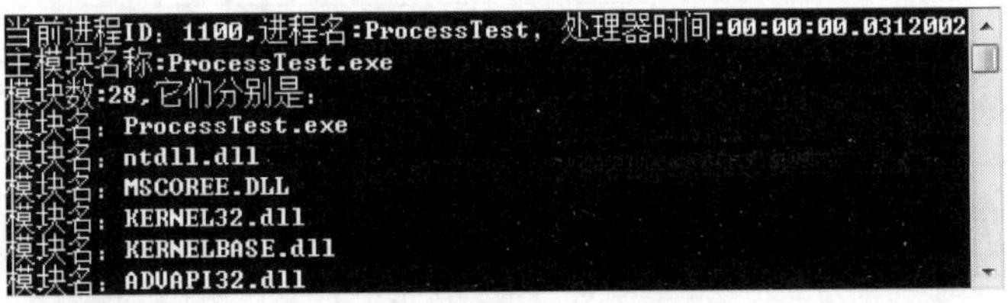

图 11-2 获取当前进程信息

11.2 多线程基础操作

为什么需要多线程？虽然有多进程可供选择,不过进程间通信的消耗远远大于线程间通信,故多线程程序十分普遍。为了体会单线程的不足,读者可以把7.3.6节中的最后一个课堂练习再做一遍,并体验运行后的效果。

多线程是指程序中包含多个执行流,这若干个执行流可以执行各自不同的任务,并且并行执行。

计算机的CPU运算速度很快,而大多数I/O设备(网络端口、磁盘驱动器、键盘)运行速度很慢,两者的不合拍导致CPU的大量执行时间浪费在等待I/O设备上。利用多线程,可以在等待的间隙里,充分利用CPU来完成其他必需的操作,例如程序正在向网络接收或者发送数据时,可以开启另外一个线程来处理用户的键盘输入,也可以在此期间将下次需要发送的内容放到缓冲区等。典型的生活中的例子也枚不胜举:可以在炖肉时把青菜等都洗干净,而不必在炖肉时盯着它,等炖好了再来洗青菜。虽然无论哪种方式都做了同样的事情,但是如果几件事情同时做,最终耗时会少很多。不过有优点自然也有代价,代价就是多线程程序开发难度较大,调试困难,易出现Bug,且线程太多时,操作系统管理调度各个线程本身的消耗也不可小觑。

线程分为两类:前台线程和后台线程。这两类线程的唯一区别是,当进程的所有前台线程都停止时,后台线程将自动终止。

与线程相关最重要的类就是Thread类,其常用属性和方法分别如表11-3和表11-4所示。

表 11-3 Thread 类的常用属性

属　　性	说　　明
CurrentThread	获取当前正在运行的线程
IsAlive	指示当前线程的执行状态
Name	获取或设置线程的名称
Priority	获取或设置线程的优先级
CurrentContext	获取线程其中执行的当前上下文
IsBackground	指示线程是否为后台线程
ThreadState	获取或设置线程的当前状态

表 11-4 Thread 类的常用方法

方　　法	说　　明
Sleep()	将当前线程阻塞指定的毫秒数
Abort()	终止线程,该方法调用总会导致异常
Join()	阻塞调用线程,直到某个线程终止时为止
Resume()	继续已挂起的线程,不推荐使用
Start()	启动线程
Suspend()	挂起线程,不推荐使用
GetDomain()	返回当前线程正在其中运行的当前域
Interrupt()	中断处于WaitSleepJoin线程状态的线程
ResetAbort()	取消为当前线程请求的Abort

线程的优先级 Priority 是枚举类型，它具有如下取值。

➢ ThreadPriority. AboveNormal：高于普通。

➢ ThreadPriority. BelowNormal：低于普通。

➢ ThreadPriority. Highest：最高。

➢ ThreadPriority. Lowest：最低。

➢ ThreadPriority. Normal：普通。

线程的状态 ThreadState 是枚举类型，它具有如下取值。

➢ ThreadState. Aborted：已终止。

➢ ThreadState. AbortRequested：正在请求终止。

➢ ThreadState. Background：在后台运行。

➢ ThreadState. Running：正在运行。

➢ ThreadState. Stopped：已停止。

➢ ThreadState. StopRequested：正在请求停止。

➢ ThreadState. Suspended：已挂起。

➢ ThreadState. SuspendRequested：正在请求挂起。

➢ ThreadState. Unstarted：还未启动。

➢ ThreadState. WaitSleepJoin：等待中。

线程状态的转换较为复杂，感兴趣的读者可以自行查阅其他材料深入学习。其中不少线程状态可以通过表 11-4 中的方法实现转换。

无论是否创建一个线程，程序都会默认至少有一个线程，即主线程。看下面的示例：

```
static void Main(string[] args)
{
    Thread.CurrentThread.Name = "这个就是默认的主线程";
    Console. WriteLine ( Thread. CurrentThread. Name + " 当前线程状态:" + Thread.
CurrentThread. ThreadState);
    Console.ReadLine();
}
```

上面的示例并没有使用 Thread 创建线程，但 CurrentThread 并不为空，这说明的确存在着一个默认的主线程。通过给线程指定 Name 属性，可以区分不同的线程。

程序的执行结果如图 11-3 所示。

这个就是默认的主线程 当前线程状态:Running

图 11-3　默认的主线程

💣线程的 Name 属性很有用，例如可以方便多线程的调试。

针对线程的操作较多，下面学习常见的线程操作。

11.2.1　创建线程

线程的创建是使用 Thread 类的构造函数来完成的。如下是两个常用的重载形式：

```
public Thread(ThreadStart start)
public Thread(ParameterizedThreadStart start)
```

两个参数对应的委托声明形式如下：

```
public delegate void ThreadStart();
public delegate void ParameterizedThreadStart(object obj);
```

很明显，据此可知，倘若线程方法不需要参数传递时，可以选用第一种重载形式；而若需要传递参数时，只能使用第二种重载形式；当然，不需要参数时也可以使用第二种重载形式，只是参数被认为是 null。并且从两个委托的声明也可以看到，线程所关联的方法是不能有返回值的。

🕐 思考：根据上面的重载形式可知，最多也只能向线程方法传递一个 object 参数，如果希望传递多个参数如何办呢？

根据前面所学过的委托知识以及上述解说，不难得到线程的创建方法。下面先定义两个方法。

```
class ThreadTest
{
    //无参方法
    public void M1()
    {
        for (int i = 0; i < 100; i++)
            Console.Write(1);
    }
    //有参方法
    public void M2(object o)
    {
        for (int i = 0; i < 100; i++)
            Console.Write(o);
    }
}
```

然后利用上面的两个委托完成创建线程的准备工作。

```
ThreadTest tt = new ThreadTest();
ThreadStart ts = new ThreadStart(tt.M1);
ParameterizedThreadStart pts = new ParameterizedThreadStart(tt.M2);
```

一切准备就绪，剩下就是利用两个构造函数创建线程。

```
Thread t = new Thread(ts);
Thread tp = new Thread(pts);
```

经过上面的准备工作，以后只要启动线程，就会自动去执行与线程关联的方法。

💣 其实，从 .NET 2.0 开始，支持一种简单的线程创建方式。即：

```
Thread t = new Thread(方法名称);
```

即不需要声明 ThreadStart，直接传入一个方法名即可。

💣 还可以结合匿名方法或者 Lambda 表达式来创建线程，请参见本章"问与答"。

💣 线程被创建时，线程并未进入启动状态，其状态为 Unstarted。

💣 上述示例中，线程方法都是使用实例方法，同样可以使用静态方法。

11.2.2 启动线程

线程的启动很简单，只需要调用线程实例的 Start() 方法即可。将上面的代码片段融入一个完成的程序，代码如下：

```
static void Main(string[] args)
{
    Console.WriteLine("这是主线程,即将创建两个辅助线程");
    ThreadTest tt = new ThreadTest();
    ThreadStart ts = new ThreadStart(tt.M1);
    Thread t = new Thread(ts);
    ParameterizedThreadStart pts = new ParameterizedThreadStart(tt.M2);
    Thread tp = new Thread(pts);

    //Thread t1 = new Thread(tt.M1);
    Console.WriteLine("两个辅助线程创建完毕,即将开启运行");
    t.Start();
    tp.Start(2);
    Console.WriteLine("两个辅助线程已开启运行");
}
```

程序的执行结果如图 11-4 所示。

图 11-4　多线程演示

从执行结果可见，两个线程的确都执行了，且使用第二种重载形式创建的线程，其参数也传递成功。两个线程是交替（即平时所说的并行，其实并不是真正的并行）执行的。

✎ 课堂练习：请使用多线程的知识，再次完成 7.3.6 节中的最后一个课堂练习，并与非多线程版本的程序做比较，体会多线程的好处。

💣 其实若多次运行，有时会发现 1 或者 2 在"两个辅助线程已开启运行"这句提示之前输出。或者有的读者第一次运行就会发现这个问题。这是因为多线程的程序运行机制较为复杂，主要由操作系统的 CPU 分配来决定。

现在学会了基本的线程知识，下面来看一下几个相关的问题。

1. 线程优先级问题

虽然可以通过 Priority 属性来设置线程的优先级，不过却不能保证每次的执行结果都是所期望的。所能看到的结果可能只是：更多情况下，优先级高的线程比优先级低的线程先执行完。因为这与操作系统的调度算法相关。

下面给出一个演示示例,供参考。

```
class ThreadTest
{
    long m = 0, n = 0;
    public void M1()
    {
        for (int i = 0; i < 50000000; i++)
            m += i;
        Console.WriteLine(DateTime.Now.Ticks.ToString() + " " + Thread.CurrentThread.Name +
"已完成!");
    }
    public void M2()
    {
        for (int i = 0; i < 50000000; i++)
            n += i;
        Console.WriteLine(DateTime.Now.Ticks.ToString() + " " + Thread.CurrentThread.
Name + "已完成!");
    }
}
```

演示调用代码如下:

```
ThreadTest tt = new ThreadTest();
Thread t1 = new Thread(tt.M1);
Thread t2 = new Thread(tt.M2);
t1.Name = "线程1";
t2.Name = "线程2";
t1.Priority = ThreadPriority.Lowest;
t2.Priority = ThreadPriority.Highest;
t1.Start();
t2.Start();
```

多次执行上述程序,可以观察到线程2先执行完的次数会多一点,不过却不能保证每次都是线程2都比线程1先执行完。

2. 后台线程问题

在进程中,任何一个前台线程,如果它未执行完,进程便不会终止;只要所有的前台线程都退出,无论后台线程是否退出,进程都会自动终止。在进程眼里只有前台线程,而不会理会后台线程的感受。

看下面的示例代码:

```
class Program
{
    public static void M1()
    {
        Thread.Sleep(5);
    }

    static void Main(string[] args)
    {
```

```
        Thread t = new Thread(M1);
        t.IsBackground = false;
        //t.IsBackground = true;          //读者可以注释或者不注释此句观察运行结果
        t.Start();
    }
}
```

运行上面的程序,当 t 为前台线程时,将会等待 5s 后退出;而若 t 为后台线程,则会马上退出(一闪而过)。

💣 使用 Thread 创建的线程默认都是前台线程。

11.2.3 终止线程

对一个已经在执行的线程,有时由于某些原因需要终止其执行。常见的方法有两种:

➢ 设置一个公有的 bool 字段,在线程中循环判断该 bool 字段的值,只要该 bool 字段满足条件就退出线程。此时只需要在其他线程中通过给该 bool 字段赋予不同的值就可以终止该线程的执行。不过该方法的实现还需要借助于 Volatile 来实现。

➢ 调用 Thread 类的 Abort() 方法。不过由于该方法是强行结束线程,会导致线程异常终止,故总会引发 ThreadAbortException 异常。另外调用该方法后,线程并不会真的马上退出,为了能够比较圆满地结束线程,在主线程中往往要配合调用该子线程的 Join() 方法。

以本章 12.2.2 节的例子为例,将其中的 M1() 方法修改如下:

```
public void M1()
{
    for (int i = 0; i < 100; i++)
    {
        try
        {
            Console.Write(1);
            if (i % 10 == 9)
                Thread.CurrentThread.Abort();
        }
        catch (ThreadAbortException e)
        {
            Console.Write("M1()所在线程" + Thread.CurrentThread.Name + "异常终止.");
        }
    }
}
```

此时运行程序,可能看到如图 11-5 所示的结果。

图 11-5　Abort()方法

11.2.4　暂停线程

若在线程执行的过程中,希望它暂时停止一段时间,则可以借助 Sleep()方法实现,使得该语句所在的线程暂停指定的时间,这是一个使用频率非常高的方法。

💣 Sleep()方法的参数单位为 ms(毫秒,1s＝1000ms)。

11.2.5　合并线程

有时两个线程之间,其中一个线程(设为 t1)希望等待另外一个线程(设为 t2)执行完毕后再执行,此时可以在 t1 线程中调用 t2.Join(),这样 t1 将等待 t2 执行完毕后再接着执行。

不过上述方式有时会产生不希望的结果。例如,倘若 t2 由于某种原因根本无法结束或者要很久才能结束,那么 t1 也就被"卡死"在那里。为了避免该情况,可以给 Join()方法传递一个参数,指定等待多久,如果在这个指定的时间内 t2 还没有结束,t1 将继续执行自己的代码。

以本章 11.2.2 节的例子为例,假如希望在两个线程执行完毕后,在主线程中给出一个提示:"两个线程都已执行完毕",该如何做呢? 很明显,直接将这句写到最后是不行的。其实只需要利用本节所提供的 Join()方法即可实现。只需要在上面的程序最后加入如下 3 句即可。

```
t.Join();
tp.Join();
Console.WriteLine("两个辅助线程已运行完毕");
```

程序的执行结果如图 11-6 所示。

图 11-6　Join()方法

11.3　线 程 同 步

先看一个小例子,代码如下:

```
class ThreadTest
{
    public void M()
    {
        bool flag = false;
        if (!flag)
        {
            flag = true;
            Console.WriteLine("OK");
```

```
        }
    }
}
```

接着在 Main()方法中以两种方式执行该方法。代码如下：

```
static void Main(string[ ] args)
{
    ThreadTest tt = new ThreadTest();
    Thread t = new Thread(tt.M);
    t.Start();
    tt.M();
}
```

毫无疑问，程序执行的结果是输出两个 OK。因为这时 flag 变量的副本分别在两个线程各自的内存堆栈中创建，互不干扰。

现在对类 ThreadTest 稍做改动，代码如下：

```
class ThreadTest
{
    //bool flag;
    static bool flag;
    public void M()
    {
        if (!flag)
        {
            flag = true;
            Console.WriteLine("OK");
        }
    }
}
```

现在 flag 为两个线程的共享字段，所以当一个线程执行 M()方法后，将 flag 置为 true，并输出 OK；这样另外一个线程执行 M()方法时，由于 flag 为 true，将不会再次输出 OK。也就是说，此时再次执行上述调用代码，应该会输出一个 OK。

运行程序，可能的确会发现只输出了一个 OK。但事实果真如此吗？再次对类 ThreadTest 稍做改动，代码如下：

```
class ThreadTest
{
    //bool flag;
    static bool flag;
    public void M()
    {
        if (!flag)
        {
            Console.WriteLine("OK");
            flag = true;
```

```
        }
    }
}
```

按照上述说明,仍然有理由相信会输出一个 OK。但是再次运行程序,发现竟然输出了两个 OK。

是 flag 变量不被共享吗? 很明显不是。那问题究竟出在哪里呢? 仔细分析程序,倘若出现如下这么一种情形,就会输出两个 OK 了。当其中一个线程(记为线程 T1)执行 M()方法时,当执行到"Console. WriteLine("OK");"这句时,此时恰好另外一个线程(记为线程 T2)也在执行 M()方法,并且另外一个线程正在执行 if (!flag)。因为 T1 执行正在输出 OK,而还未给 flag 置 true,而此时 T2 在判断"!flag",很自然返回 true,所以也将执行后续的 OK 输出工作。此后当 T1 将 flag 置 true 时,但此时 T2 已经完成了 flag 的判断工作,进入 OK 的输出阶段。

那有没有办法实现这么一种效果呢? 当一个线程在执行 M()方法中的代码块的时候,只要该线程还没有执行完,就不再让其他线程来执行该段代码。这个问题就是线程的同步问题。同步问题的产生,主要是由于在高级语言的源代码中,很多看似是一条语句,但经编译器编译之后的汇编语言机器码中对应着多条语句,操作系统调度时可能会将这些语句划分到不同的时间片中。即高级语言中的很多语句不够"原子",还可以细分。

用于实现同步的各种方式、各种锁,其作用就是临时禁止掉多线程功能,以避免某些共享资源在多线程同时操作时导致意外情况。

实现线程同步的方法多种多样,本节将介绍如下几种常见的线程同步方式。

11.3.1 lock

lock 是用来进行同步的最简洁的方式之一,可以认为是 Monitor 的精简版。其使用方式很简单,只需要给该方法提供一个引用类型的变量,然后将需要锁定的代码放置在 lock 代码块中即可。哪些内容需要锁定呢? 就是各个线程共享的那些内容,并且这些内容的共同访问可能导致出现问题。

很多书籍或者其他材料都喜欢使用 lock(this){}来实现锁定,这其实是一个不太好的方式,因为 lock(this)意味着锁定的不仅是 lock 后面的代码块,而且把整个对象给锁定了,这可能导致不希望的问题出现。一个替代方案,可以专门定义引用类型变量即可。

对于上面的示例,很明显,问题的根源在于 flag 判断及后续的几条语句,所以只需要锁定它们即可。修改后的代码如下:

```
class ThreadTest
{
    object o = "这是用来做锁的引用型变量";
    bool flag;
    //static bool flag;
    public void M()
    {
        lock (o)
        {
```

```
            if (!flag)
            {
                Console.WriteLine("OK");
                flag = true;
            }
        }
    }
}
```

再次执行上述代码就不会输出两个 OK 了。因为此时一个线程执行 lock 语句块时，另外一个线程只能等待，不会再出现前文所述的情况，所以自然不会再输出两个 OK 了。

💣 对于本例，使用 lock(this)同样可以实现，并且不会导致什么问题。

11.3.2 Monitor

Monitor 的使用比 lock 稍微麻烦些，功能自然也更多些。该类的常用静态方法如表 11-5 所示。

表 11-5　Monitor 类的常用静态方法

方　　法	说　　明
Enter()	在指定对象上获取排他锁
TryEnter()	尝试获取指定对象的排他锁，可以通过返回值判断锁是否设置成功
Wait()	释放对象上的锁并阻塞当前线程，直到它重新获取该锁
Pulse()	通知等待队列中的线程锁定对象状态的改变
PulseAll()	通知所有的等待线程对象状态的改变
Exit()	释放指定对象上的排他锁

只需要利用其中的 Enter()方法和 Exit()方法即可完成 lock 的功能。使用 Monitor 修改上述代码为：

```
class ThreadTest
{
    object o = "这是用来做锁的引用型变量";
    bool flag;
    //static bool flag;
    public void M()
    {
        Monitor.Enter(o);
        {
            if (!flag)
            {
                Console.WriteLine("OK");
                flag = true;
            }
        }
        Monitor.Exit(o);
    }
}
```

Monitor 的 Enter()方法在指定对象上设置排他锁,当执行完代码后,再通过 Exit()方法释放排他锁。在调用 Exit()方法释放排他锁前,此时若有其他线程也希望获取该锁,则这些线程将进入一个等待队列,直到有线程通过调用 Pulse()或者 PulseAll()方法通知等待线程为止。

由于获取排他锁并不能保证一定成功,因此可以借助 TryEnter()方法来解决该问题。其使用形式如下:

```
if(Monitor.TryEnter(o))
{
    //待锁定的代码
    Monitor.Exit(o);
}
```

💣 使用 Monitor 时,需要防止在锁定代码块中出现异常导致 Monitor.Exit()方法没有获得执行机会从而导致死锁问题,所以需要注意此种异常的处理。可以在异常处理的 finally 代码块中释放排他锁。使用 lock 则无须考虑该问题。

11.3.3　Mutex

可以利用 Mutex 来创建一个互斥对象。互斥对象,就是指一个时刻只可能被某一个线程所拥有的对象,所以利用互斥对象也可以达到同步的效果。

其具体操作方式是:使用 Mutex 定义一个对象,然后在需要锁定的代码块前面调用该对象的 WaitOne()方法,而在需要释放互斥时的调用该对象的 ReleaseMutex()方法即可。相应的代码如下:

```
class ThreadTest
{
    Mutex mtx = new Mutex();
    bool flag;
    //static bool flag;
    public void M()
    {
        mtx.WaitOne();
        {
            if (!flag)
            {
                Console.WriteLine("OK");
                flag = true;
            }
        }
        mtx.ReleaseMutex();
    }
}
```

💣 Mutex 的强大之处在于:它还可以用于进程间同步。

11.3.4　ContextBoundObject

ContextBoundObject 的特性在于,只要某个类从它继承,并且加上[Synchronization()]

特性,则此后创建 ThreadTest 对象时,便会自动具备同步功能。基于此种方式的代码如下:

```
[Synchronization()]
class ThreadTest:ContextBoundObject
{
    bool flag;
    //static bool flag;
    public void M1()
    {
        if (!flag)
        {
            Console.WriteLine("OK");
            flag = true;
        }
    }
}
```

💣 使用特性[Synchronization()],需要引用 System. Runtime. Remoting. Contexts。

💣 由于该方式较耗资源,故一般不采用该方式。该方式比较适合于对象的所有成员都有同步需求的情形。

11.3.5 ManualResetEvent

该类通过在线程之间收发信号进行通信,从而实现同步处理,该种方式称为同步事件。该类的对象实例具有两种状态,即有信号和无信号。

要想给该类的对象设置状态,可以借助以下方式:

```
//构造函数, t 和 f 分别代表的是 true 和 false
ManualResetEvent mre = new ManualResetEvent(t/f)
//方法调用
mre.Set();
mre.Reset();
```

为了实现同步,除了上面所列举的 Set()方法和 Reset()方法,还需要另外一种方法,即 WaitOne()方法。该方法的工作原理是:当 mre 对象处于无信号状态时,倘若在哪个线程内调用了 mre. WaitOne()方法,则该线程将暂停运行,直至 mre 变为有信号状态才继续运行。

那么如何通过这两种状态和上述 3 种方法来实现同步功能呢? 其实现原理是这样的,假设有两个线程 t1、t2,两个线程都需要访问某个共享数据,设其应该的访问顺序是 t1 先而 t2 后,则可以这么来实现同步:首先通过构造函数实例化 mre,并将其置为无信号状态;其次由于希望 t1 在前而 t2 在后,故在 t2 中调用 mre. WaitOne()方法使得 t2 暂停执行,而在 t1 中,一般在需要锁定的代码前面调用 mre. Reset()方法,当锁定的代码执行完毕时,调用 mre. Set()方法使得 mre 变为有信号状态,此时 t2 中将接收到该信号,并继续执行,从而实现了 t1 先而 t2 后的目的,即完成了线程的同步。

下面通过"妈妈做饭喊儿子回家吃饭"的例子来说明同步事件的用法。先看下面一段代码:

```
class ThreadTest
{
    bool flag = false;              //妈妈是否做好了饭
    public void M1()
    {
        if (flag == false)
        {
            Console.WriteLine("妈妈开始做饭");
            Thread.Sleep(50);
            Console.WriteLine("妈妈饭做好了,妈妈喊儿子回家吃饭");
            flag = true;
        }
    }
    public void M2()
    {
        if (flag == true)
            Console.WriteLine("儿子开始吃饭");
    }
}
```

上面代码的意图是这样的:通过一个 bool 变量 flag 来记录妈妈的饭是否做好了,当做好了时则将 flag 置为 true,而儿子是否开始吃饭也是依据此变量判断的,只有当 flag 为 true 时才去吃饭。逻辑上似乎没有什么问题。

演示调用代码如下:

```
static void Main(string[] args)
{
    ThreadTest tt = new ThreadTest();
    Thread t1 = new Thread(tt.M1);
    Thread t2 = new Thread(tt.M2);
    t1.Start();
    t2.Start();
    Console.ReadLine();
}
```

程序的执行结果如图 11-7 所示。

妈妈开始做饭
妈妈饭做好了,妈妈喊儿子回家吃饭

图 11-7 传统版的"妈妈喊儿子回家吃饭"

从执行结果可以看到,妈妈虽然喊了儿子回家吃饭,儿子却没有半点理会。其实理由很简单,t1、t2 两个线程执行的间隔很小,当 M2()执行时,M1()中由于饭还没有做好,因此此时 flag 还是 false,自然吃不了饭,吃不了饭,自然 t2 线程就结束了。所以当 M1()中妈妈做好饭把 flag 置为 true 时,此时 t2 早已终止多时,自然毫无反应。

现在通过手动同步事件来解决该问题。按照上文所讲述的原理,修改后的代码如下:

```
class ThreadTest1
{
    ManualResetEvent mre = new ManualResetEvent(false);
    public void M1()
```

```
        {
            mre.Reset();
            Console.WriteLine("妈妈开始做饭");
            Thread.Sleep(50);
            Console.WriteLine("妈妈饭做好了,妈妈喊儿子回家吃饭");
            mre.Set();
        }
        public void M2()
        {
            mre.WaitOne();
            Console.WriteLine("儿子开始吃饭");
        }
    }
```

演示调用代码维持不变,再次运行程序,效果如图 11-8 所示。

在该例中,在 M2()中调用了 mre.WaitOne(),所以
该线程被阻止,而不会退出。当 M1()中妈妈做好了饭,
调用 mre.Set()后,mre 变为有信号状态,此时 M2()中由
于收到信号,继续执行,从而输出"儿子开始吃饭"。

图 11-8　手动同步事件版的"妈妈喊
儿子回家吃饭"

🕐 思考:在上例的基础上,假如再加入一个方法,该
方法内容为爸爸做菜,只有爸爸妈妈的饭菜都做好了,才能让儿子吃饭,该如何做呢(不必考
虑是妈妈先做好饭还是爸爸先做好菜,只需要做饭和做菜都在儿子吃饭之前即可)?

💣 一个 ManualResetEvent 对象只能给一个线程加锁,倘若需要为多个线程加锁,则
需要借助多个 ManualResetEvent 对象。感兴趣的读者请参看本章的"问与答"。

💣 此种同步方式属于同步事件,除了本节所介绍的手动重置事件,下节将会介绍自动
重置事件。

11.3.6　AutoResetEvent

该类是自动同步事件,当用于锁定多个线程时,使用上较 12.3.5 节的手动同步事件稍
微简单些。它只需要一个 AutoResetEvent 类的对象即可完成多个线程的锁定,其关键在
于:每调用一次 Set()方法时,仅一个 WaitOne()能够接收到该信号,其他的 WaitOne()是
无法接收到该信号的。所以基于这一点,凡是需要锁定的线程中的代码,都置于 Reset()和
Set()之间,而在需要等待的线程中写上数量相等的 WaitOne()即可。

下面以"爸妈做饭菜,儿子吃饭"为例来说明自动同步事件的用法。代码如下:

```
class ThreadTest
{
    AutoResetEvent are = new AutoResetEvent(false);
    public void M1()
    {
        are.Reset();
        Console.WriteLine("妈妈开始做饭");
        Thread.Sleep(50);
        Console.WriteLine("妈妈饭做好了");
        are.Set();
```

```
        }
        public void M3()
        {
            are.Reset();
            Console.WriteLine("爸爸开始做菜");
            Thread.Sleep(50);
            Console.WriteLine("爸爸菜做好了");
            are.Set();
        }
        public void M2()
        {
            //由于要等待两个线程完毕才吃饭,故在此处有两个 WaitOne
            are.WaitOne();
            are.WaitOne();
            Console.WriteLine("儿子开始吃饭");
        }
    }
```

调用演示代码如下：

```
static void Main(string[] args)
{
    ThreadTest tt = new ThreadTest();
    Thread t1 = new Thread(tt.M1);
    Thread t2 = new Thread(tt.M2);
    Thread t3 = new Thread(tt.M3);
    t1.Start();
    t2.Start();
    t3.Start();
}
```

图 11-9　自动同步事件

程序的执行结果如图 11-9 所示。

至此,介绍了几种常见的线程同步方法。虽然线程同步很重要,不过在同步的过程中,在对象上设置锁及解锁时都会带来额外的系统开销,且由于锁的存在,会导致很多其他线程的等待,从而也就妨碍了很多资源的即时释放。故不是必需的情况下,可以尽量不用或者少用线程的同步。

💣※除了上面介绍的几种实现线程同步的方式,此外还有不少其他方法,请感兴趣的读者自行查阅其他材料进行学习。

11.4　线　程　池

线程池是用于在后台执行多个任务的线程集合。多线程技术的利用大大提高了 CPU 的吞吐能力,然而大量线程频繁的创建、销毁等操作将耗费很多宝贵资源,影响系统的性能。基于此,可以利用线程池来解决该问题。当有任务到达时,将从线程池中分配一个线程来完成新的任务,当这个任务完成时,该线程重新回归线程池等待下次调用,而不会被销毁。这样就节约了大量的线程创建和销毁所消耗的资源,同时保留了多线程的优势。不过该优势仅在需要完成多个执行时间短的任务时适用,若每个任务耗时很多,此时线程的创建、销毁等操作所耗的资源相对于任务本身所耗资源,是小巫见大巫。

每个进程都有一个线程池,线程池的大小默认为 25 线程/处理器。线程池对应的类为 ThreadPool,该类是一个静态类,故不能创建其实例,只能调用其方法,其常用方法如表 11-6 所示。

表 11-6　ThreadPool 类的常用方法

方　　法	说　　明
GetAvailableThreads()	返回线程池中当前可用线程数
GetMaxThreads()	返回最大线程数,当任务数大于该值时,任务将排队
QueueUserWorkItem()	将方法排队等待执行,方法在有空闲线程时执行
SetMaxThreads()	设置最大线程数
RegisterWaitForSingleObject()	注册一个委托等待 WaitHandle

其中,最重要的方法是 QueueUserWorkItem(),它具有两种重载形式:

```
public static bool QueueUserWorkItem(WaitCallback callBack)
public static bool QueueUserWorkItem(WaitCallback callBack, object state)
```

WaitCallback()是个委托,其形式为:

```
public delegate void WaitCallback(object state)
```

参数 callBack 包装了要完成的任务,当运行时线程池会自动为每个任务分配一个线程,无须显式创建线程。而利用第二种重载的 state 参数则可以实现向 callBack 所关联的方法传递参数的功能。

💣线程池中的线程都是后台线程。

下面举一个简单示例来说明其使用方法。

```
class Program
{
    public static void M1(object p)
    {
        if (p == null)
            Console.WriteLine("采用的是 QueueUserWorkItem 的第一种重载");
        else
            Console.WriteLine("采用的是 QueueUserWorkItem 的第二种重载,参数为: " + p.
ToString());
    }
    static void Main(string[] args)
    {
        ThreadPool.QueueUserWorkItem(new WaitCallback(M1));
        ThreadPool.QueueUserWorkItem(new WaitCallback(M1),"传入参数");
        Console.ReadLine();
    }
}
```

程序的执行结果如图 11-10 所示。

采用的是QueueUserWorkItem的第一种重载
采用的是QueueUserWorkItem的第二种重载,参数为：传入参数

图 11-10   ThreadPool 演示

从结果可见,采用第二种重载时,传入的参数的确成功了。

11.5   跨线程的控件访问

在 WinForm 程序中,经常会需要在子线程中访问 UI 线程中创建的控件。但是很明显,不允许一个线程访问在另外一个线程中创建的对象。那该怎么办呢? 这里提供两种最简单的方法。

➤ 设置控件的 CheckForIllegalCrossThreadCalls 为 false,不过该方法不推荐。

➤ 通过委托和控件的 Invoke() 方法。

第一种方法很简单,而且也不是推荐的方法。故此处仅介绍第二种方法。

新建 WinForm 工程,在窗体上面放置一个 Button 控件和一个 ListBox 控件,命名保持默认,代码如下:

```
//首先定义委托
public delegate void delegateAddItem();
//根据委托写好方法,该方法即完成对控件的访问
private void AddItem()
{
    for (int i = 0; i < 10; i++)
    {
        this.listBox1.Items.Add(DateTime.Now.ToString());
        Thread.Sleep(1000);
    }
}
```

然后在 button1 的 Click 中输入如下代码:

```
private void button1_Click(object sender, EventArgs e)
{
    if (!listBox1.InvokeRequired)          //如果在主线程操作 ListBox,则直接操作
        AddItem();
    else
        listBox1.Invoke(new delegateAddItem(AddItem));
}
```

程序的执行结果如图 11-11 所示。

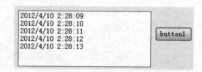

图 11-11   跨线程的控件访问

11.6 问 与 答

11.6.1 如何使用匿名方法来创建线程

✌ 匿名方法也是方法,故也可以用作线程方法。只需要将匿名方法拿来顶替本该放方法的位置即可。例如:

```
Thread t = new Thread(delegate() {Console.WriteLine("匿名方法用作线程方法");});
t.Start();
```

11.6.2 如何使用 Lambda 表达式来创建线程

✌ Lambda 表达式本质上即匿名方法,故自然也可以用作创建线程。例如:

```
Thread t = new Thread(() =>{Console.WriteLine("Lambda 表达式用作线程方法");});
t.Start();
```

11.6.3 如何向线程方法传递多个参数

✌ 要向线程方法传递多个参数,方法比较多。例如可以将要传递的参数都封装到一个类中,然后传递该类的实例即可。此处演示另外一种方法,利用对 Thread 类的封装来实现。对 Thread 封装的代码如下:

```
abstract class MulThread
{
    Thread t = null;
    public abstract void Do();
    public void Start()
    {
        if (t == null)
            t = new Thread(Do);
        t.Start();
    }
}
```

如何利用它来实现多参数传递呢? 看下面的代码。

```
class MyThread : MulThread
{
    //将需要传递的参数都可以定义到这里
    string name;
    int age;
    public MyThread(string name, int age)
    {
        this.name = name;
        this.age = age;
    }
```

```
public override void Do()
{
    //在这里即可访问上述定义的需要传递的参数了,如对 name 的访问
}
}
```

调用代码如下:

```
MyThread myT = new MyThread("zhangsan", 10);
myT.Start();
```

11.6.4 如何通过手动同步事件给多个线程加锁

本章前文提到过,一个手动同步事件只能给一个线程加锁。倘若需要给多个线程加锁,则需要借助多个手动同步事件。对前文的示例进行改造,现在让妈妈做饭,爸爸做菜,当爸爸妈妈的饭菜都做好了时,儿子才可以吃饭。很明显,此时妈妈做饭和爸爸做菜所在的两个线程都需要锁定(不考虑做饭与做菜的先后问题)。原理与前文所述一样,只是此时锁定两个线程而已,只需要使用两个手动同步事件即可。只是现在儿子吃饭所在的线程不能仅调用 WaitOne(),而是需要调用 WaitHandle.WaitAll()。代码如下:

```
class ThreadTest
{
    ManualResetEvent[] mre = new ManualResetEvent[2] { new ManualResetEvent(false), new
ManualResetEvent(false) };
    public void M1()
    {
        mre[0].Reset();
        Console.WriteLine("妈妈开始做饭");
        Thread.Sleep(50);
        Console.WriteLine("妈妈饭做好了");
        mre[0].Set();
    }
    public void M3()
    {
        mre[1].Reset();
        Console.WriteLine("爸爸开始做菜");
        Thread.Sleep(50);
        Console.WriteLine("爸爸菜做好了");
        mre[1].Set();
    }
    public void M2()
    {
        mre[0].WaitOne();
        mre[1].WaitOne();
        //WaitHandle.WaitAll(mre);        //如上两句可以使用这一句替代
        Console.WriteLine("儿子开始吃饭");
    }
}
```

演示调用代码如下：

```
static void Main(string[] args)
{
    ThreadTest tt = new ThreadTest();
    Thread t1 = new Thread(tt.M1);
    Thread t2 = new Thread(tt.M2);
    Thread t3 = new Thread(tt.M3);
    t1.Start();
    t2.Start();
    t3.Start();
}
```

程序的执行结果如图 11-12 所示（读者运行结果不一定与下面完全相同，不过儿子吃饭都会在最后面）。

图 11-12　手动同步事件锁定多个线程

11.7　思考与练习

（1）阅读下面的代码，并修改至合理。

```
class Meal
{
    public void Mama()
    {
        Console.WriteLine("妈妈做饭");
    }
    public void Son()
    {
        Console.WriteLine("儿子吃饭");
    }
}
```

调用代码：

```
static void Main(string[] args)
{
    Meal m = new Meal();
    Thread t2 = new Thread(m.Mama);
    Thread t3 = new Thread(m.Son);
    t2.Start();
    t3.Start();
}
```

运行程序，会发现：儿子有时会在妈妈做饭前就吃饭了，不合常理，请修改上述代码，确保姆妈先做饭,然后儿子才吃饭。

(2) 阅读下面的代码,你能写出程序的输出吗? 如果能则请写出,如果不能又是为什么? 请运行程序验证你的结论。

```csharp
class Program
{
    static void Main(string[] args)
    {
        Thread.CurrentThread.Name = " == 主线程 == ";
        Program p1 = new Program();
        Program p2 = new Program();
        Thread objThread = new Thread(new ThreadStart(p1.M));
        Thread objThread2 = new Thread(new ThreadStart(p2.M));
        objThread.Name = "子线程1";
        objThread2.Name = "子线程2";
        //启动子线程
        objThread.Start();
        objThread2.Start();
        Console.ReadLine();
    }
    void M()
    {
        lock (this)
        {
            for (int count = 1; count <= 5; count++)
                Console.WriteLine(count.ToString() + " 线程名:" + Thread.CurrentThread.
Name);
        }
    }
}
```

(3) 阅读下面的代码,你能写出程序的输出吗? 如果能则请写出,如果不能请说明为什么? 请运行程序验证你的结论。

```csharp
class ThreadPoolTest
{
    public void M1(object p)
    {
        Console.WriteLine("OK");
    }
}
class Program
{
    static void Main(string[] args)
    {
        ThreadPoolTest tpt = new ThreadPoolTest();
        ThreadPool.QueueUserWorkItem(new WaitCallback(tpt.M1));
        Console.WriteLine("主进程退出!");
        Console.ReadLine();
    }
}
```

🕐 思考：由于线程池中的线程都是后台的,因此若主线程结束,则所有的后台线程也将自动结束,但为什么读者能看到最后的一句输出呢? 原因在哪呢?

🕐 思考：上面的示例中,如何改造才能使得主线程在线程池中的任务都结束后才结束呢?

（4）请结合本章所学的知识,利用多线程完成一个模拟银行转账的操作,即将一定数额的钱从甲账户转到乙账户,并可以查询甲乙两账户的余额。

11.8　实　战　任　务

请结合多线程的知识重新开发 8.5 节中的"搜索助手"程序。

第12章 序　列　化

序列化是将对象的状态转换为适合保持或者传输的过程,序列化时将对象写入流。与序列化相对的是反序列化,它将流转换为对象。前面讲过,类是对数据以及对数据的操作的封装,而所谓对象的状态,就是指那些数据,也即成员字段、属性等,所以基于此,其实也可以说,类是对状态及行为动作的封装。序列化和反序列化两个过程结合可以实现对象的存储和对象的传输。例如,可以将一个 Hashtable 实例对象通过序列化的方式存入流或者文件,然后进行传输,当传输到目的地时,然后通过反序列化可以恢复当初的 Hashtable 实例对象。

.NET Framework 提供了以下 4 种序列化技术。

➢ 二进制序列化:序列化公共属性和字段,同时也序列化私有字段。可以保持类型不变,即可以在应用程序的不同调用之间保留对象的状态。

➢ SOAP 序列化:序列化公共属性和字段,同时也序列化私有字段,保存类型信息。

➢ XML 序列化:仅序列化公共属性和字段,不序列化私有字段,不保存类型。

➢ 自定义序列化

💣 SOAP 和 XML 序列化都将数据流格式化为 XML 存储,但后者比前者的 XML 格式要简化很多。

💣 序列化时,对象的方法和静态成员并不序列化。

12.1　二进制序列化

二进制序列化除了可以序列化公共属性和字段,还可以把私有成员字段序列化到流中去。此外,对象的类型信息,即对应的类和命名空间等信息也都一并被序列化到流中。这样在以后反序列化该对象时,可以创建原始对象的精确复本。

要使得一个对象能够被序列化,首先得给该类加上[Serializable],另外,如果该类有父类,则其父类也应该支持序列化,即也应该具备[Serializable]特性;同理,其父类的父类等都也应该支持序列化,否则会引发异常。示例代码如下:

```
public class A
{
}
[Serializable]
public class B:A
{
```

```
    }
[Serializable]
public class C
{
}
```

上面的示例中,仅有类 C 的对象可以被序列化。因为类 A 没有[Serializable]标记,而类 B 虽然有[Serializable]标记,但是·B 从 A 继承,所以 A 不支持序列化的话,B 的对象也无法序列化。

二进制序列化是通过 BinaryFormatter 实现,BinaryFormatter 对象有如下两种方法。

➤ void Serialize(Stream s, object o):将对象 o 序列化到流 s 中去。

➤ object Deserialize(Stream s):从流 s 中读取数据并反序列化成对象。

从上面的方法可以看到,序列化的参数是 object 类型,而 object 类型是个"老祖宗",所有的类都直接或者间接地从它继承而来,这也就意味着一切皆可被序列化。例如读者可以尝试将 Image 对象、数组、各种集合等序列化到流当中,或者存储到硬盘。

💣※要使用二进制序列化,需要引用 System. Runtime. Serialization. Formatters. Binary。

下面以 4.21 节的"父子年龄问题"为例来讲解序列化的知识。下面的代码比较烦琐且不合理,此处为演示序列化的各项特性而设计,不必太计较。由于代码比较简单,此处不再解释,下面仅给出参考代码。

为了使读者不至于被太长的代码吓到,这里先给出简单演示,使读者能够对序列化有所认识。

```
[Serializable]                    //一定需要,否则不可序列化
class DadAndSon
{
    //三个私有字段定义
    private int ageSon;
    private int ageDad;
    private int ageSubtration;
    //构造函数
    public DadAndSon(int ageDad, int ageSon)
    {
        this.ageDad = ageDad;
        this.ageSon = ageSon;
        Console.WriteLine("父子年龄都已在构造函数中指定\n");
    }
    //求父亲和儿子的年轻之差
    public int DoSubtration()
    {
        ageSubtration = ageDad - ageSon;
        return ageSubtration;
    }
}
```

演示调用代码如下:

```
static void Main(string[] args)
{
    int iDad = 30, iSon = 2;
    DadAndSon ds = new DadAndSon(iDad, iSon);
    Console.WriteLine("父子年龄目前差值(方法): " + ds.DoSubtration());

    //序列化代码开始
    BinaryFormatter formater = new BinaryFormatter();
    FileStream fs = new FileStream("e:\\DadAndSon.bin", FileMode.Create, FileAccess.Write,
FileShare.None);
    formater.Serialize(fs, ds);                              //序列化
    fs.Close();

    Console.WriteLine("序列化完毕,ds 的状态已经序列化存储到 e:\\DadAndSon.bin\n");
    Console.WriteLine("现在开始反序列化,即尝试从 e:\\DadAndSon.bin 恢复 ds 之前的状态\n");
    fs = new FileStream("e:\\DadAndSon.bin", FileMode.Open, FileAccess.Read, FileShare.Read);
    DadAndSon ds1 = (DadAndSon)formater.Deserialize(fs);    //反序列化
    fs.Close();

    Console.WriteLine(" ======= 下面的输出都是基于反序化之后的对象 ======= ");
    Console.WriteLine("父子年龄目前差值(方法): " + ds1.DoSubtration());
}
```

程序的执行结果如图 12-1 所示。

图 12-1　二进制序列化演示

从程序的结果可以看到,反序列化后恢复得到的对象是 ds1,调用 ds1.DoSubtration() 方法能够返回 28,而该方法又是依赖于私有字段 ageDad、ageSon 工作的,这充分说明私有字段也被序列化了。

另外,从程序执行结果也可以看出,"父子年龄都已在构造函数中指定"这句只被输出了一次,这说明构造函数在反序列化时是不会被执行的。反序列化后所恢复的对象,不依赖于构造函数做初始化工作,而是根据序列化时所保存的状态数据来工作。

从该例至少可以得到如下两个结论。

➢ 私有字段在二进制序列化方式下会被序列化。

➢ 构造函数在反序列化时是不会被执行的。

读者可能还是不确定私有字段究竟是否被序列化了,或者序列化后究竟得到什么,其实可以打开序列化后的文件来看个究竟。虽然不能完全看明白,但多少能看些端倪,如图 12-2 所示。

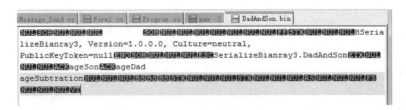

图 12-2　序列化后的数据

虽然看着不舒服,但是可发现里面至少记录了 4 项内容。

➤ 程序集信息(如版本等)。

➤ 命名空。

➤ 类名 DadAndSoon。

➤ 私有字段 ageSon、ageDad 和 ageSubtration。

可能仍有读者有疑问:虽然在这里看到了字段名,可没看到它们的值,还是半信半疑。

💣☀ 其实,如果使用的不是 int 字段,而是使用 string 字段,那么在序列化后的文件中甚至能看到所存储的值,读者可以自行试验,或者参看本章的"问与答"。

下面对上面的代码再稍做改动,让读者彻底清晰明白。改造方法就是利用标记[NonSerialized]。该特性的作用在于,如果某个字段成员不希望被序列化,那么将该标记放到那个成员的前面即可。

💣☀[NonSerialized]特性仅适用于字段成员,而不适用于属性。

改造后的代码如下:

```
[Serializable]                  //一定需要,否则不可序列化
class DadAndSon
{
    private int ageSon;
    [NonSerialized]             //注意该标记表明了后续的 ageDad 不会被序列化
    private int ageDad;
    private int ageSubtration;
    //下面的构造函数和方法与前面的示例相同
}
```

此时运行上述演示程序,结果如图 12-3 所示。

图 12-3　禁止字段序列化后的二进制序列化

从执行结果可以看到,输出的是－2,这充分说明 ageDad 没有被序列化,所以在调用 ds1.DoSubtration()方法时,ageDad 使用的默认值 0,而 ageSon 为 2。

🕐 思考:在上例中,如果只禁止 ageSon 被序列化,此时输出结果应该为多少? 为什

么？而如果只禁止 ageSubtration 被序列化，输出结果又为多少？为什么？

✍课堂练习：完成一个程序，实现把字体信息序列化到文件中。

💣读者可以打开序列化后的文件，可以观察到其中现在没有 ageDad 的踪影了。

💣上述代码可以采用如下方式精简，看下面的关键代码，其他同上。

```
BinaryFormatter formater = new BinaryFormatter();
//FileAccess.ReadWrite 后续才可以从 fs 来读进行反序列化,否则若为 FileAccess.Write,则该流
将不支持读取,即后续的反序列化会出现异常
FileStream fs = new FileStream("e:\\DadAndSon.bin", FileMode.Create, FileAccess.ReadWrite,
FileShare.None);
formater.Serialize(fs, ds);                    //序列化
fs.Position = 0;                               //注意此句
DadAndSon ds1 = (DadAndSon)formater.Deserialize(fs);  //反序列化
fs.Close();
```

有了前面的示例基础，下面再将问题深入拓广一下。看下面的示例：

```
[Serializable]
class DadAndSon
{
    private int ageSon;
    private int ageDad;
    private int ageSubtration;
    public int ageSpan;
    public DadAndSon(int ageDad, int ageSon)
    {
        this.ageDad = ageDad;
        this.ageSon = ageSon;
        Console.WriteLine("父子年龄都已在构造函数中指定\n");
    }
    //求父亲和儿子的年轻之差
    public int DoSubtration()
    {
        ageSubtration = ageDad - ageSon;
        return ageSubtration;
    }
    public int AgeSubtration
    {
        get {   return ageSubtration;   }
    }
    public int AgeSpan
    {
        get;
        set;
    }

    public int CalYears()
    {
        int i = 0;
        while(ageDad - ageSon * 2 != 0)
        {
            i++;
            ageSon++;
```

```
            ageDad++;
        }
        ageSpan = i;
        this.AgeSpan = i;
        return i;
    }
}
```

演示调用代码如下：

```
static void Main(string[] args)
{
    int iDad = 30, iSon = 2;
    DadAndSon ds = new DadAndSon(iDad, iSon);
    Console.WriteLine("父子年龄目前差值(方法): " + ds.DoSubtration());
    Console.WriteLine("父子年龄目前差值(属性): " + ds.AgeSubtration);
    Console.WriteLine("现在父亲年龄是儿子年龄的{0}倍", iDad / iSon);
    Console.WriteLine("方法: 再过{0}年,父亲年龄是儿子年龄的2倍", ds.CalYears());
    Console.WriteLine("字段: 再过{0}年,父亲年龄是儿子年龄的2倍", ds.ageSpan);
    Console.WriteLine("属性: 再过{0}年,父亲年龄是儿子年龄的2倍", ds.AgeSpan);

    BinaryFormatter formater = new BinaryFormatter();
    FileStream fs = new FileStream("e:\\DadAndSon.bin", FileMode.Create, FileAccess.Write,
FileShare.None);
    formater.Serialize(fs, ds);                        //序列化
    fs.Close();
    Console.WriteLine("序列化完毕,ds 的状态已经序列化存储到 e:\\DadAndSon.bin\n");
    Console.WriteLine("现在开始反序列化,即尝试从 e:\\DadAndSon.bin 恢复 ds 之前的状态\n");
    fs = new FileStream("e:\\DadAndSon.bin", FileMode.Open, FileAccess.Read, FileShare.Read);
    DadAndSon ds1 = (DadAndSon)formater.Deserialize(fs);     //反序列化
    fs.Close();

    Console.WriteLine(" ======下面的输出都是基于反序列化之后的对象====== ");
    //Console.WriteLine("父子年龄目前差值(方法): " + ds1.DoSubtration());
    Console.WriteLine("父子年龄目前差值(属性): " + ds1.AgeSubtration);
    //Console.WriteLine("方法: 再过{0}年,父亲年龄是儿子年龄的2倍", ds1.CalYears());
    Console.WriteLine("字段: 再过{0}年,父亲年龄是儿子年龄的2倍", ds1.ageSpan);
    Console.WriteLine("属性: 再过{0}年,父亲年龄是儿子年龄的2倍", ds1.AgeSpan);
}
```

程序的执行结果如图 12-4 所示。

图 12-4 二进制序列化下的字段、属性

从上述结果可见:属性 AgeSpan 没有显式的私有字段对应,但是其值仍然可以被序列化。至此可以得到结论:在二进制序列化下,所有的字段(无论私有公有),都会被序列化。

🕐 思考:上面演示代码中的下述语句为什么被注释掉了?

```
Console.WriteLine("方法:再过{0}年,父亲年龄是儿子年龄的 2 倍", ds1.CalYears());
```

如果不注释掉,上述程序的输出会是什么?

🕐 思考:从上面示例的运行结果能否说明,所有的属性也都被序列化了呢?为什么?请通过设计适当的程序来验证你的想法。

🕐 思考:上面示例运行后所得到的 DadAndSon.bin 文件中,ageSon 和 ageDad 的值分别为多少呢?为什么?

🕐 思考:给上面的 DadAndSon 类增加一个方法,用于显示出所有字段的值。并在该方法的基础上,从上面的示例中的 DadAndSon.bin 文件中,读取所有字段的值,与你想象的一致吗?这说明什么?

12.2 SOAP 序列化

SOAP 序列化使用的类是 SoapFormatter,其序列化和反序列化方法与二进制序列化基本一样,但是若希望使用 SOAP 序列化,需要添加相应的引用,如图 12-5 所示,并在程序开头添加 System.Runtime.Serialization.Formatters.Soap。

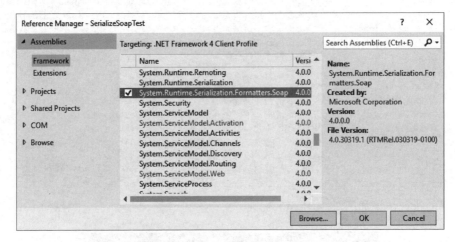

图 12-5　SOAP 序列化需要添加的引用

SOAP 序列化和反序列化一般用于将对象转换为网络中容易传输的格式,例如可以序列化一个对象,然后使用 HTTP 通过 Internet 在客户端和服务器之间传输该对象;而在另一端,通过反序列化重新构造对象。XML 序列化同样具备此特性,并且 XML 和 SOAP 序列化都可以得到 XML 格式的文件,只是两者所得序列化文件的繁杂程度不同而已。

与二进制序列化一样,使用特性[Serializable]标记一个类支持序列化,使用特性[NonSerialized]标记不序列化一个成员,且序列化和反序列化调用的方法分别是 Serialize()和 Deserialize()。只是 SOAP 序列化时所使用的类是 SoapFormatter,所以先要实例化一个

SoapFormatter 的实例对象即可。

下面的示例所使用的 DadAndSon 类代码同上例,演示代码与上面基本相同,仅有少量改动。核心代码如下:

```
SoapFormatter formater = new SoapFormatter();
FileStream fs = new FileStream("e:\\DadAndSon.soap", FileMode.Create, FileAccess.
ReadWrite, FileShare.None);
formater.Serialize(fs, ds);                          //序列化
Console.WriteLine("序列化完毕,ds 的状态已经序列化存储到 e:\\DadAndSon.soap\n 现在开始反
序列化");
fs.Position = 0;                                     //注意此句
DadAndSon ds1 = (DadAndSon)formater.Deserialize(fs); //反序列化
fs.Close();
```

程序的执行结果与前述二进制序列化方式相同。可见二进制序列化与 SOAP 序列化方式基本一样,无论是对序列化对象的要求方面,还是方法调用等方面都基本一样,只是数据的存储格式方面,一个存储的是二进制格式,一个存储的是 SOAP 格式(本质上也是XML 文件格式)。

打开 DadAndSon.soap 文件,其内容如下:

```
< SOAP - ENV:Envelope xmlns:xsi = "http://www.w3.org/2001/XMLSchema - instance" xmlns:xsd =
"http://www.w3.org/2001/XMLSchema" xmlns:SOAP - ENC = "http://schemas.xmlsoap.org/soap/
encoding/" xmlns:SOAP - ENV = "http://schemas.xmlsoap.org/soap/envelope/" xmlns:clr =
"http://schemas.microsoft.com/soap/encoding/clr/1.0" SOAP - ENV:encodingStyle = "http://
schemas.xmlsoap.org/soap/encoding/">
< SOAP - ENV:Body >
< a1:DadAndSon id = "ref - 1" xmlns:a1 = "http://schemas.microsoft.com/clr/nsassem/
SerializeSoapTest/SerializeSoapTest%2C%20Version%3D1.0.0.0%2C%20Culture%
3Dneutral%2C%20PublicKeyToken%3Dnull">
< ageSon > 28 </ageSon >
< ageDad > 56 </ageDad >
< ageSubtration > 28 </ageSubtration >
< ageSpan > 26 </ageSpan >
< _x003C_AgeSpan_x003E_k__BackingField > 26 </_x003C_AgeSpan_x003E_k__BackingField >
</a1:DadAndSon >
</SOAP - ENV:Body >
</SOAP - ENV:Envelope >
```

从这里再次印证了私有字段 ageSon、ageDad、ageSubtration 都被序列化了;而公有字段 ageSpan 也被序列化了,自动属性 AgeSpan 被序列化了。

🕐 思考:从上面的例子可以看出,属性 AgeSpan 被序列化了,而属性 AgeSubtration 却没有被序列化,你能总结属性在序列化时的规律吗?

💣※ SOAP(Simple Object Access Protocol,简单对象访问协议)是一种轻量的、简单的、基于 XML 的协议,它被设计成在 Web 上交换结构化和固化的信息,不过目前的 SOAP 早已超越了当初所赋予它的含义。

💣※ SOAP 可以和现存的许多因特网协议和格式结合使用,包括超文本传输协议(HTTP)、简单邮件传输协议(SMTP)和多用途网际邮件扩充协议(MIME)等。

12.3　XML 序列化

XML 序列化和反序列化一般用于将对象转换为网络中容易传输的格式,且生成的 XML 文件比 SOAP 序列化简洁得多。XML 序列化与前面两种序列化存在着诸多不同,主要的不同点有如下几方面。

➢ 支持序列化的类需要为 public。

➢ 支持序列化的类必须有无参构造函数。

➢ 只有公共字段、公共属性等才可以被序列化,私有数据成员无法被序列化。

➢ 特性[Serializable]和[NonSerialized]会被忽略,写上也不会报错,但也不会起作用。

💣 倘若某类没有任何构造函数,此时也是可以支持 XML 序列化的;但并不能说明没有无参构造函数也可以支持序列化,因为当没有任何构造函数时,会自动增加一个无参构造函数。

💣 根据上面这一点,也就是说,倘若为类增加了有参的构造函数,那么必须为类再增加一个无参构造函数,否则将不再支持 XML 序列化。因为一旦定义了有参构造函数,此时将不再自动提供无参构造函数,这一点在前文已交代过。

💣 若某个成员不希望被序列化,则对该成员使用[XmlIgnore]特性标记。

关于 XML 序列化,还有更多的情况需要说明,此处不再展开,感兴趣的读者可以参阅其他材料进行深入学习。

XML 序列化采用 XmlSerializer 类完成序列化和反序列化,其常用的构造函数版本如下:

```
XmlSerializer formater = new XmlSerializer(Type);
```

在实际使用中,Type 参数可以使用 typeof(类名)来得到。

实现序列化和反序列化的方法分别为 Serialize()、Deserialize(),但是比二进制序列化和 SOAP 序列化拥有更多的重载形式而已。

💣 要想使用 XML 序列化需要 using System. Xml. Serialization。

下面仅以前述的示例来说明,代码基本完全一样,只需要将如下两句替换一下:

```
SoapFormatter formater = new SoapFormatter();
FileStream fs = new FileStream ( "e:\\DadAndSon. soap", FileMode. Create, File-Access.
ReadWrite, FileShare. None);
```

将上面两句替换为下面两句:

```
XmlSerializer formater = new XmlSerializer(typeof(DadAndSon));
FileStream fs = new FileStream ( "e:\\DadAndSon. xml", FileMode. Create, File-Access.
ReadWrite, FileShare. None);
```

程序的执行结果如图 12-6 所示。

图 12-6　XML 序列化

从执行结果可以看出，仅公有字段 ageSpan 和属性 AgeSpan 被序列化了。打开生成的 DadAndSon. xml，文件内容如下：

```
<?xml version = "1.0"?>
< DadAndSon xmlns:xsi = " http://www.w3.org/2001/XMLSchema - instance" xmlns:xsd = "http://
www.w3.org/2001/XMLSchema">
  < ageSpan > 26 </ageSpan >
  < AgeSpan > 26 </AgeSpan >
</DadAndSon >
```

该文件内容比 SOAP 格式简洁很多。从这里也可以清晰地看到哪些成员被序列化了。

12.4　问　与　答

12.4.1　采用二进制序列化时，从序列化后的文件能看到什么

前文曾讲过，经二进制序列化后得到的文件，其中存储了程序集信息和私有字段名等信息，但是当时所举的例子没能让我们看到私有字段的值。如果改用 string 类型的私有字段，那么这个遗憾或许可以弥补一下。看下面的示例：

```
[Serializable]
public class myInfo
{
    private string name;
    public string Name
    {
        get { return name; }
        set { name = value; }
    }
}
```

演示代码如下：

```
static void Main(string[] args)
{
    myInfo user = new myInfo();
    user.Name = "xmwung";
    BinaryFormatter formater = new BinaryFormatter();
```

```
        FileStream fs = new FileStream("e:\\myInfo.bin", FileMode.Create, FileAccess.Write,
FileShare.None);
        formater.Serialize(fs, user);
        fs.Close();

        fs = new FileStream("e:\\myInfo.bin", FileMode.Open, FileAccess.Read, FileShare.Read);
        myInfo me = (myInfo)formater.Deserialize(fs);
        fs.Close();

        Console.WriteLine("反序列号之后姓名: {0}", me.Name);
        Console.ReadLine();
    }
```

程序的执行结果如图 12-7 所示。

反序列号之后姓名: xmwung

图 12-7 反序列化演示

我们更关心二进制序列化后的文件内容,打开文件内容如图 12-8 所示。

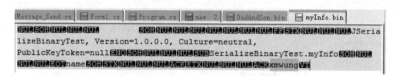

图 12-8 序列化后的文件中存储了私有字段值

从图 12-8 中可以清楚地看到私有字段的值。

12.4.2 如何序列化到内存流

✌ 只需要使用 MemoryStream 即可,仍以前文的示例为例说明,代码如下:

```
int iDad = 30;
int iSon = 2;
DadAndSon ds = new DadAndSon(iDad, iSon);
BinaryFormatter formater = new BinaryFormatter();
MemoryStream ms = new MemoryStream();
formater.Serialize(ms, ds);
ms.Position = 0;
DadAndSon ds1 = (DadAndSon)formater.Deserialize(ms);              //反序列化
ms.Close();
Console.WriteLine("父子年龄目前差值(方法): " + ds1.DoSubtration());
```

12.4.3 反序列化时想使用被禁止序列化的字段该如何办

✌ 这是个很怪的需求,意思就是说,不希望某个字段序列化,故会给该字段增加 [NonSerialized]标记,这样该字段就不会被序列化。但是在反序列化时却希望使用其值,该如何办呢? 只要实现一个接口 IDeserializationCallback 即可。该接口中只有一个方法:

```
void OnDeserialization(object sender)
```

只需要在该方法中计算其本该被序列化的值即可。示例如下,先看正常时的情形:

```
[Serializable]
class DadAndSon
{
    private int ageSon;
    private int ageDad;
    private int ageSubtration;
    //如下一个方法 DoSubtration()、一个属性 AgeSubtration 及构造函数,代码都同前
    ...
}
```

演示调用代码如下:

```
int iDad = 30;
int iSon = 2;
DadAndSon ds = new DadAndSon(iDad, iSon);
ds.DoSubtration();
BinaryFormatter formater = new BinaryFormatter();
MemoryStream ms = new MemoryStream();
formater.Serialize(ms, ds);
ms.Position = 0;
DadAndSon ds1 = (DadAndSon)formater.Deserialize(ms);              //反序列化
ms.Close();

Console.WriteLine("反序化之后");
Console.WriteLine("父子年龄目前差值(属性): " + ds1.AgeSubtration);  //输出 28
```

此时运行将输出 28。

下面修改 DadAndSon 类,仅修改如下一句即可。

```
[NonSerialized]
private int ageSubtration;
```

此时由于禁止了 ageSubtration 的序列化,故将输出 0。

下面利用接口 IDeserializationCallback 再次来改造上面的程序,改造代码如下:

```
[Serializable]//一定需要,否则不可序列化
class DadAndSon:IDeserializationCallback
{
    private int ageSon;
    private int ageDad;
    [NonSerialized]
    private int ageSubtration;
    //如下一个方法一个属性及一个构造函数,同上例
    //实现接口
    public void OnDeserialization(object sender)
    {
```

```
            ageSubtration = ageDad - ageSon;
    }
}
```

再次调用演示代码,可以发现再次输出 28,虽然 ageSubtration 没有被序列化,但是仍然可以使用其值。这就是 IDeserializationCallback 所实现的功能。

💣 不被序列化的字段的值由 OnDeserialization 所决定。

12.4.4　属性在序列化时遵从什么样的规律呢

二进制序列化是一种保真度较高的序列化方式。这里总结 XML 和 SOAP 序列化的特点。

➢ 在 XML 序列化方式下,被序列化是所有公共字段、可读可写的公有属性。而所有私有数据成员一概不序列化,只读或者只写的属性也不会被序列化。

➢ 在 SOAP 序列化方式下,被序列化的是所有私有字段,可读可写的属性(不分私有与公有)。即凡是有配套字段的属性一律不序列化。

12.5　思考与练习

(1) 结合本章所学的知识,设计一个简单换肤演示程序:皮肤涉及到背景图片、字体名称、字体颜色、字体大小等,设计两套皮肤即可。不必拘泥于皮肤是否好看,实现功能即可。

(2) 使用序列化的知识,完成对用户配置的记录,实现如下功能:每次退出时记录程序主窗体的位置和大小,当程序下次运行时,恢复上次退出时的大小和位置。

12.6　实战任务

序列化和继承,要求实现如下功能。

➢ 编写一个类 Person,其中包含属性 Name、Age(对应的变量分别为 name 和 age),包含一个虚方法 Introduce(),在该方法中输出所有关于自己的信息;且要求至少两个构造函数。

➢ 编写一个类 Star,继承于 Person,包含属性 Field(对应变量 field),此外还包含照片字段[声明为:public Image photo=new Bitmap("test.jpg")],至少一个构造函数;且要求重写 Person 的虚方法。

➢ 用 3 种序列化方式对上述 Star 类进行序列化和反序列化,写出相关演示部分代码。

➢ 反序列化之后要求把照片显示到一个图片框中。

➢ 使用 WinForm 项目实现。

注:XML 序列化方式不要求序列化照片。

压缩与解压

相信只要接触过计算机的人,肯定与压缩或解压打过交道。基本上没有哪台计算机上没有 rar 或者 zip 格式的压缩文件。作为一般的计算机使用者,能够知道如何压缩和解压就不错了;而高级一点的用户可能知道分卷压缩,知道给压缩包设置密码,知道何时该选用 rar 格式来压缩或者何时选用 zip 格式来压缩。但是作为与代码打交道的程序编写人员,能开发自己的压缩和解压工具,那才有成就感。

一般而言,压缩算法分为两种,无损压缩和有损压缩。例如,jpg 格式对应的算法是一种典型的有损压缩,有损压缩的结果是无法还原的,而无损压缩的结果可以还原其原貌。或者也可以这样理解:有损压缩是一种不可逆的压缩,而无损压缩是一种可逆的压缩,由于可逆,也就是存在着相应的解压算法。

本章主要介绍如何使用类库中的 GZipStream 和 DeflateStream 两个类来实现压缩和解压,这两种算法都是无损压缩,故可以用来解压。当然,这两种算法并无本质差别,且压缩率不甚理想(针对文本类型的压缩率还是可以接受的),网络上有很多更好的压缩和解压组件或者资源,感兴趣的读者可以自行查阅试验。

💣文件经过压缩后,不一定会变小,压缩后变得更大的情况时常会见到。

13.1 DeflateStream

Deflate 算法是无损文件压缩和解压缩的行业标准算法。DeflateStream 类中提供了使用 Deflate 算法来实现压缩和解压缩流的方法。

要使用该类实现压缩,需要借助前文所学的文件流等知识。实现压缩的大致思路如下。

➢ 准备源流(fsSrc)、目标流(fsDes)、压缩流(ds 或者 gzip)。
➢ 读取源文件流。
➢ 完成压缩流与目标流关联。
➢ 往压缩流中写入。
➢ 关闭流。

所谓源流,意思就是待压缩文件对应的文件流,而目标流自然指压缩后的文件对应的文件流,压缩流指 DeflateStream 流。

而实现解压的大致思路如下。

➢ 准备源流(fsSrc)、目标流(fsDes)、解压流(ds 或者 gzip)。
➢ 完成解压流与源流关联。
➢ 从解压流中读取。

> 往目标流中写入。
> 关闭流。

利用 DeflateStream 压缩和解压很方便简单。其常用的构造函数如下：

```
public DeflateStream(Stream stream, CompressionMode mode)
```

其中，第一个参数 stream 即待压缩或者解压的流，第二个参数 mode 是个枚举，取值 CompressionMode. Decompress 时，表明解压；而当取 CompressionMode. Compress 则表明是压缩。

而其完成压缩所依赖的方法为 Write()，声明如下：

```
public override void Write(byte[] array, int offset, int count)
```

该方法将 array 中的未压缩数据压缩后存储到压缩流相关的目标文件中。其中 array 存放的是待压缩的字节数据，至于这个字节数组的内容是否要全部压缩呢？这由后面两个参数来决定。offset 为偏移量，意思是 array 这个数组中从哪个字节开始要压缩，count 则指在 offset 所指定的位置开始算，往后数 count 个字节（offset 位置的字节被视为第一个字节），如图 13-1 所示。

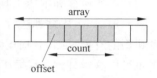

图 13-1　Write()方法图解

完成解压所依赖的方法为 Read()，声明如下：

```
public override int Read(byte[] array, int offset, int count);
```

该方法将与压缩流关联的待解压文件进行解压，解压后的数据临时存放在 array 中。那么如何存放？这是由后面的两个参数决定的。offset 决定了从 array 的第几个字节开始存放（整个 array 的头一个字节算第 0 个字节）。在读取过程中，每次准备读取多少呢？这由参数 count 来决定，但是真正读到了多少个字节？当剩余字节数据多于或等于 count 时，每次将读取 count 个字节数据，这也就意味着此时每次都从 offset 指定的位置开始算起，共存放 count 个字节；但是当剩余字节数据少于 count 时，此时虽然准备读取 count 个字节数据，但是其实读不了这么多，那么此时究竟读取了多少？这正是 Read()方法的返回值的意义所在。Read()方法的返回值即表明每次真实地读取到了多少个字节数据，如图 13-2 所示。

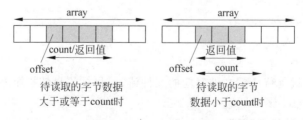

图 13-2　Read()方法图解

💣 参数 count 表示每次准备读取多少个字节，但实际上不一定真的读取了这么多。

💣 参数 count 并不是 array 数组的大小。

💣※如上两个方法的说明,读者也可以参见 8.2.1 节中的说明。

上述参数以及各个流的配置规则如下。

➤ 压缩时,构造函数 stream 对应 fsDes,mode 取 CompressionMode. Compress,调用 Write()方法完成压缩。

➤ 解压时,构造函数 stream 对应 fsSrc,mode 取 CompressionMode. Decompress,调用 Read()方法完成解压缩。

1. 压缩时的关键代码

现依具体实现时的逻辑顺序,对压缩时各步骤的关键代码进行解释。

1)准备源流,源流用于读取待压缩文件

```
FileStream fsSrc = new FileStream(sFile,FileMode.Open,FileAccess.Read);
```

其中 sFile 即待压缩的文件。

2)准备缓冲区,用于装载待压缩的数据字节

```
byte[ ] buffer = new byte[fsSrc.Length];
```

此处是一次读取整个待压缩文件,所以使用了 fsSrc.Length。一般而言,对于小文件可以这么做,对于大文件则不合适,应该循环读取,此方式留给读者自行试验。

3)使用源流完成读取

```
fsSrc.Read(buffer,0,buffer.Length);
```

一次性将待压缩文件读取到 buffer 中。

4)准备目标流

```
FileStream fsDes = new FileStream(dFile,FileMode.Create);
```

其中,dFile 即最终的压缩文件。

5)完成压缩流与目标流关联

```
DeflateStream ds = new DeflateStream(fsDes,CompressionMode.Compress);
```

由于目标是压缩,因此使用枚举 CompressionMode. Compress。

6)完成压缩

```
ds.Write(buffer,0,buffer.Length);
```

7)关闭流

下面通过一个小示例来演示如何通过上述零散语句完成单个文件的压缩。代码如下:

```
public static void CompressIt(string srcFile, string desFile)
{
    //准备源流
    FileStream fsSrc = new FileStream(srcFile, FileMode.Open, FileAccess.Read);
```

```
        //准备目标流
        FileStream fsDes = new FileStream(desFile, FileMode.Create);
        //压缩,关联目标流与压缩流
        DeflateStream ds = new DeflateStream(fsDes, CompressionMode.Compress);

        //准备缓存数组,缓存大小为文件大小,当文件较大时,不应采取此种方式
        byte[] buffer = new byte[fsSrc.Length];
        fsSrc.Read(buffer, 0, (int)fsSrc.Length);          //读取源文件
        ds.Write(buffer, 0, buffer.Length);                //完成压缩并写入
        ds.Close();                                        //关闭流
        fsSrc.Close();
        fsDes.Close();
}
```

演示调用代码如下:

```
Console.WriteLine("开始压缩");
CompressIt(@"E:\test1.txt", @"E:\test2.txt");
Console.WriteLine("压缩完毕");
```

执行程序,可以发现文件的确压缩成功。

💣※ 不能使用 DeflateStream 类来压缩大于 4GB 的文件。

2. 解压时的关键代码

解压是压缩的逆过程,依据实现时的逻辑顺序,对解压时各步的关键代码进行解释。

1) 准备源流,源流用于读取待压缩文件

```
FileStream fsSrc = new FileStream(sFile,FileMode.Open,FileAccess.Read);
```

其中 sFile 即待解压的文件。

2) 完成解压流与源流关联

```
DeflateStream ds = new DeflateStream(fsSrc,CompressionMode.Decompress);
```

由于目标是解压,因此使用枚举 CompressionMode.Decompress。

3) 准备目标流

```
FileStream fsDes = new FileStream(dFile,FileMode.Create);
```

其中 dFile 为解压后的文件。

4) 准备缓冲区,用于装载解压后的数据字节

```
byte[] buffer = new byte[n];
```

由于不可预知解压后将占据多大的空间,故此处只能开辟一个指定大小的缓冲区,利用该缓冲区实现循环读取解压数据,从而完成解压。

5）完成解压

```
int iRet = ds.Read(buffer,0,buffer.length);
fsDes.Write(buffer,0,iRet);
```

注意：上述语句会循环执行，直至完成解压。

6）关闭流

下面通过一个小示例来演示如何通过上述零散语句完成单个文件的解压。代码如下：

```
public static void DecompressIt(string srcFile, string desFile)
{
    //准备源流
    FileStream fsSrc = new FileStream(srcFile, FileMode.Open, FileAccess.Read);
    //准备目标流
    FileStream fsDes = new FileStream(desFile, FileMode.Create);
    //解压,关联源流与压缩流
    DeflateStream ds = new DeflateStream(fsSrc, CompressionMode.Decompress);

    byte[] buffer = new byte[1024];                    //准备缓存数组,大小 1KB
    int iRead = ds.Read(buffer, 0, buffer.Length);
    //循环读取,并写入到目标文件中
    while (iRead > 0)
    {
        fsDes.Write(buffer, 0, iRead);
        iRead = ds.Read(buffer, 0, buffer.Length);
    }
    ds.Close();                                        //关闭流
    fsSrc.Close();
    fsDes.Close();
}
```

调用演示代码如下：

```
Console.WriteLine("开始解压");
DecompressIt(@"E:\test2.txt", @"E:\test3.txt");
Console.WriteLine("解压完毕");
```

程序执行后，可以看到文件成功被解压，对比解压后的 test3.txt 和 test1.txt，发现两者完全一样。

✍ 课堂练习：请在上面示例的基础上，设计一个程序，完成单文件的压缩与解压，并且显示压缩比、压缩及解压所耗费的时间。

🕐 思考：你能自己设计一种实现多文件压缩解压的方案吗？

13.2　GZipStream

GZipStream 的用法与 DeflateStream 完全相同，该类不能用于解压缩大于 4GB 的文件，并且两个算法并无本质差别，只是使用 GZipStream 压缩后的文件总比 DeflateStream 稍微大若干个字节，这些字节用于记录一些额外的数据，而这些额外的数据主要用于错误验证和便于共享交换。此处不再赘述,下面仅给出一个小示例供参考。

为了避免和 13.1 节的内容重复,下面的示例将演示如何对字节数组数据进行压缩,并且返回压缩或者解压后的字节数组数据。压缩后的数据将不再存储到文件当中,而是存储在内存当中,所以此处需要使用到 MemoryStream 类,并且利用 MemoryStream 对象的 ToArray()方法完成向字节数组的转换。代码如下:

```csharp
// 压缩数据
static Byte[ ] CompressIt(Byte[ ] byteData)
{
    // 压缩到内存流
    using (MemoryStream msDes = new MemoryStream())
    {
        using (GZipStream gs = new GZipStream(msDes, CompressionMode.Compress, true))
        {
            gs.Write(byteData, 0, byteData.Length);          //把数据写入压缩流
        }
        return msDes.ToArray();                              //完成向字节数组的转换,并返回
    }
}
//解压数据
static Byte[ ] DeCompressIt(Byte[ ] byteData)
{
    using (MemoryStream msSrc = new MemoryStream())
    {
        using (GZipStream gs = new GZipStream(new MemoryStream(byteData), CompressionMode.Decompress, true))
        {
            byte[ ] bytes = new byte[1024];                  //定义缓冲区 1KB
            int n;
            while ((n = gs.Read(bytes, 0, bytes.Length)) != 0)
                msSrc.Write(bytes, 0, n);
        }
        return msSrc.ToArray();                              //完成向字节数组的转换,并返回
    }
}
```

演示调用代码如下:

```csharp
static void Main(string[ ] args)
{
    byte[ ] data = new byte[50];
    Console.WriteLine("压缩前的数据: ");
    for (int i = 0; i < data.Length; i++)
    {
        data[i] = (byte)(new Random().Next(0,100));
        Console.Write(data[i] + "\t");
        System.Threading.Thread.Sleep(100);     //此处不延时的话,则生成的随机数会一样
    }
    Console.WriteLine("开始压缩");
    byte[ ] bytRet = CompressIt(data);
    Console.WriteLine("压缩后的大小为:{0}", bytRet.Length);
```

```
        Console.WriteLine("开始解压");
        byte[] bytDes = DeCompressIt(bytRet);
        Console.WriteLine("解压后的大小为:{0}", bytDes.Length);
        Console.WriteLine("解压后的数据为: ");
        foreach (byte b in bytDes)
            Console.Write(b + "\t");
}
```

程序的执行结果如图 13-3 所示。

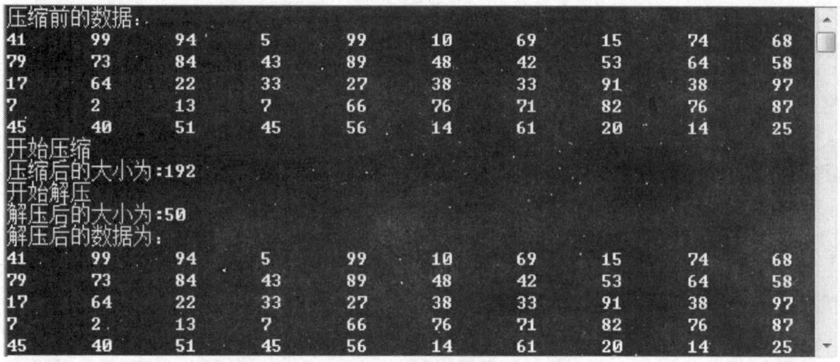

图 13-3　GZipStream

从执行结果可以看到：

➢ 压缩和解压都成功,解压后的数据与原始数据完全相同。

➢ 压缩算法并不总是将数据变小,也可能变大,如此例。

➢ 若希望在循环中生成随机数,则为了生成较好的随机数,应该在相邻两次生成之间加入延时。若要钻研详细原因,请参阅其他材料。

✍ 课堂练习：请读者将 13.1 节的程序改为使用 GZipStream 来实现。

13.3　问　与　答

13.3.1　using 的作用

✌ C♯ 下的 using 是个多用途的东东,简述如下。

1. 作为导入命名空间的指令

```
using System;
using System.IO;
```

2. 定义语句块,以自动释放资源

在做数据库、文件 IO 等相关操作时,经常设计到资源释放问题。例如

```
using (FileStream sourceStream = new FileStream(sourceFile, FileMode.Open, FileAccess.
Read, FileShare.Read))
{
    //TODO
}
```

更一般的形式是:

```
using (Class class = new Class())
{
}
```

它等价于

```
Class class = new Class();
try
{
    //功能性代码
}
catch()
{
    //异常处理
}
finally
{
    class.Disposable();
}
```

但是需要注意的是:这么使用的 class,要确保它实现了 IDisposable 接口。

3. 定义简短命名空间的别名

如在开发过程中某个命名空间过长,为了避免烦琐地写入,可以这样写:

```
using WordNS = Microsoft.Office.Interop.Word;
```

则此后就可以使用 WordNS 替代长长的 Microsoft.Office.Interop.Word 了,其实该方式可以归结到第一种应用中。

13.3.2 如何实现多文件的压缩解压

✌ 前面介绍了单个文件的压缩与解压,此处讨论下多文件的压缩与解压,并且所讨论的多文件压缩不包含目录压缩功能。当然要实现目录压缩功能也并非什么难事,留给读者思考练习,希望读者发挥自己的聪明才智,设计出效果更佳的目录压缩功能,也即实现和WinRAR 或者 WinZip 一样的压缩功能。

此处为了知识的融汇贯通,使用一个简单的方式实现多文件的压缩。可以思考这个问题:如果给一个文件或者一个流,利用前面的知识,自然马上会压缩了。现在的问题是要压缩多个文件,如果能够想办法将多个文件融合为一个整体,那再利用前面的知识不就行了吗?结合前面章节所学的知识,谁具备这个能力?当然是集合(因为可以把 object 放进集合),倘若把所有的文件内容都存到集合当中,这样不就得到一个对象了吗?然后借助序列化的知识,就可以完成整个过程。

该示例使用的知识非常多,是个综合性很强的示例,请读者好好体会,并亲自动手实践,且将其功能加强完善。

示例:多文件的压缩与解压

示例程序的界面设计如下,各个控件的 Name 属性标注如图 13-4 所示,此外该示例还用到了 FolderBrowserDialog、OpenFileDialog、SaveFileDialog 等主要控件,这些控件的命名保持默认。

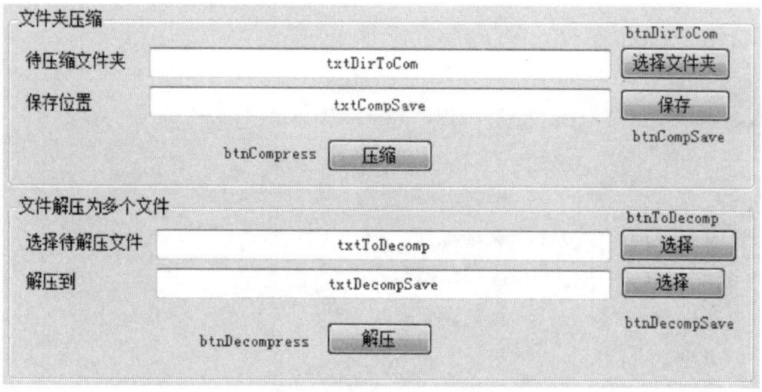

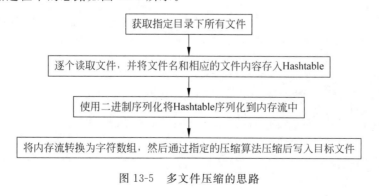

图 13-4　多文件的压缩与解压

下面针对几个关键处分别实现并讲解。

1）集合选择

虽然上文确定了使用集合来存放所有待压缩的文件,但是究竟用哪个呢?很明显,为了解压时能够知道原始文件的名称,需要记录文件名,且文件名和内容应该具有一一对应的关系,所以很自然地会想到 Hashtable。

2）文件夹下文件的获取

```
Directory.GetFiles(文件夹);
```

3）文件内容的读取

```
File.ReadAllBytes(文件名);
```

4）序列化方式的选择

由于操作过程中涉及到大量的二进制内容,故自然选择 BinaryFormatter。

5）流的选择

由于二进制序列化时,会将指定的对象序列化到流当中,那选择什么流合适呢?显然如果把压缩过程限制在内存中效率更高,所以自然选择内存流——MemoryStream。

6）整个压缩思路

整个压缩过程中的思路如图 13-5 所示。

获取指定目录下所有文件

↓

逐个读取文件,并将文件名和相应的文件内容存入Hashtable

↓

使用二进制序列化将Hashtable序列化到内存流中

↓

将内存流转换为字符数组,然后通过指定的压缩算法压缩后写入目标文件

图 13-5　多文件压缩的思路

375

第13章

压缩与解压

7) 压缩的代码

有了上面的基础,可以顺利成章地写出多文件的压缩代码。参考代码如下:

```
Hashtable ht = new Hashtable();
//压缩
private void btnCompress_Click(object sender, EventArgs e)
{
    //取所有文件
    string[] strFiles = Directory.GetFiles(txtDirToComp.Text);
    //遍历文件把文件放到 Hashtable 中
    foreach (string strFile in strFiles)
    {
        byte[] bytCnt = File.ReadAllBytes(strFile);
        ht.Add(Path.GetFileName(strFile), bytCnt);
    }

    //对 Hashtalbe 进行序列化
    MemoryStream ms = new MemoryStream();
    BinaryFormatter bf = new BinaryFormatter();
    bf.Serialize(ms, ht);
    byte[] buffer = ms.ToArray();
    ms.Close();

    //执行压缩
    FileStream fsDes = new FileStream(txtCompSave.Text, FileMode.Create);
    GZipStream gs = new GZipStream(fsDes, CompressionMode.Compress);
    gs.Write(buffer, 0, buffer.Length);
    gs.Close();
    fsDes.Close();
}
```

8) 解压缩的代码

由于解压是压缩的逆过程,故此处不再做过多的分析,直接给出参考代码如下:

```
//解压
private void btnDecompress_Click(object sender, EventArgs e)
{
    string sSavePath = txtDecompSave.Text;
    FileStream fsSrc = new FileStream(txtToDecomp.Text, FileMode.Open, FileAccess.Read);
    GZipStream gs = new GZipStream(fsSrc, CompressionMode.Decompress);

    MemoryStream ms = new MemoryStream();
    byte[] buffer = new byte[1024];
    int iRead;
    while ((iRead = gs.Read(buffer, 0, buffer.Length)) != 0)
        ms.Write(buffer, 0, iRead);
```

```
//反序列化
ms.Position = 0;
BinaryFormatter bf = new BinaryFormatter();
Hashtable ht1 = (Hashtable)bf.Deserialize(ms);

string strFile;
byte[] bytCnt;
//从 Hashtable 取出各个文件
foreach (DictionaryEntry de in ht1)
{
    strFile = (string)de.Key;              //取文件名字
    bytCnt = (byte[])de.Value;
    File.WriteAllBytes(sSavePath + "\\" + strFile, bytCnt);
}
fsSrc.Close();
gs.Close();
}
```

9）其他代码

为了代码的完整性，下面给出其他几个 Button 的代码如下：

```
private void btnDirToComp_Click(object sender, EventArgs e)
{
    folderBrowserDialog1.ShowDialog();
    txtDirToComp.Text = folderBrowserDialog1.SelectedPath;
}
private void btnToDecomp_Click(object sender, EventArgs e)
{
    openFileDialog1.ShowDialog();
    txtToDecomp.Text = openFileDialog1.FileName;
}

private void btnCompSave_Click(object sender, EventArgs e)
{
    saveFileDialog1.ShowDialog();
    txtCompSave.Text = saveFileDialog1.FileName;
}
private void btnDecompSave_Click(object sender, EventArgs e)
{
    folderBrowserDialog1.ShowDialog();
    txtDecompSave.Text = folderBrowserDialog1.SelectedPath;
}
```

由于代码比较简单，此处不再解释。

至此，程序主干写完了，当然程序仅为演示之用，考虑到篇幅问题，没有做更多的考虑，例如异常处理、用户使用习惯等，读者可以在上面代码的基础上自行修改。

程序的执行结果如图 13-6 所示。

执行压缩前后指定文件夹中的文件如图 13-7 所示。

377

第 13 章

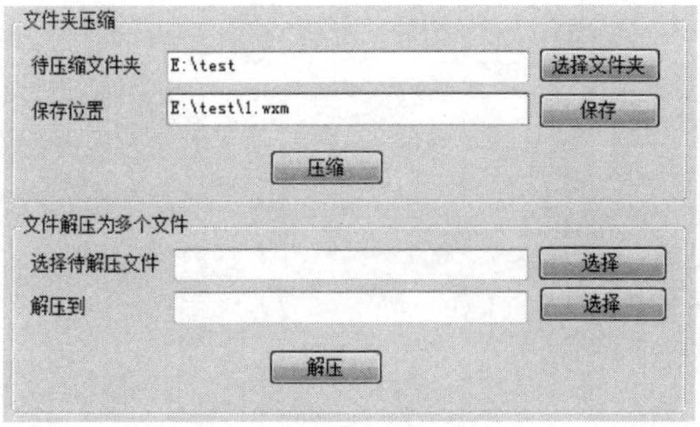

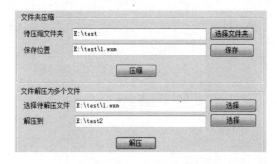

图 13-6　多文件压缩测试 　　　　　图 13-7　压缩前后对比

可见压缩成功,生成了 1. wxm 压缩文件。下面开始执行解压,结果如图 13-8 所示。解压后的结果如图 13-9 所示。

图 13-8　多文件压缩的解压测试 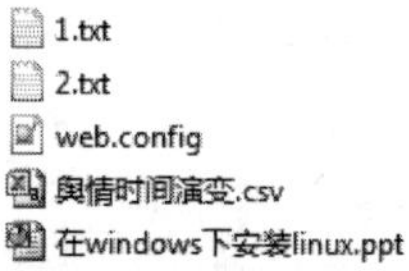　　　　　图 13-9　解压结果

从图 13-9 可见解压成功。

13.4　思考与练习

(1) 请使用 DeflateStream 和 GZipStream 两个类来压缩和解压同一个文件,对比压缩后的文件,并查阅资料了解两种算法有何异同,该差异的意义是什么?

(2) 请思考本章 13.2 节中示例的意义所在。

(3) 请使用 ArrayList 完成多文件的压缩,并体会其与 Hashtable 的不同之处。

(4) 请结合泛型集合的知识完成多文件的压缩。

13.5　实战任务

请在本章"问与答"中的"多文件的压缩与解压"的基础上,完成一个能够像 WinRAR 和 WinZip 的压缩软件,即能够随意添加多个文件和文件夹,并能够在解压时恢复其原始的目录结构。

第14章　　　　　　SQL

数据库即数据的仓库,SQL 是用于访问和处理数据库的标准计算机语言。SQL 包含 3 部分:数据定义语言、数据操作语言及数据控制语言。

数据定义语言(Data Definition Language,DDL),例如 Create、Drop、Alter 等语句。

数据操作语言(Data Manipulation Language,DML),例如 Insert、Update、Delete 等语句。

数据控制语言(Data Control Language,DCL),例如 Grant、Revoke、Commit、Rollback 等语句。

本书重点不在于 SQL,故下文将先讲述数据库的基本概念,然后讲述 SQL 基础,以便为第 15 章使用 ADO.NET 来操作数据库做准备。

💣目前市面上几乎所有的知名数据库产品,如 Oracle、DB2、MS SQL、MySQL 等都支持 SQL,只是存在着很多不同版本的 SQL,各个产品的 SQL 不尽相同。

💣SQL 中有多种数据类型,例如字符型、数值型、逻辑型、二进制类型和日期型等。

💣为了获得更好的学习效果,读者最好安装 Microsoft SQL Sever 2005/2008/2012/2014 其中的任意一个版本,且若能安装好 Microsoft SQL Server Management Studio 将更好。若的确不具备条件的读者,也可以使用 Microsoft Office 套件中的 Access 数据库进行学习,不过 Access 中支持的 SQL 和 MS SQL 中的不尽相同,读者应注意。

14.1　数据库基本概念

为了本章的学习,此处将简单的介绍几个数据库相关的概念,读者理解即可。

所谓数据库(Database)是指按照一定规则存储组织且可共享的数据集合。那么数据库如何让用户去管理操作? 这就是数据库管理系统(Database Management System,DBMS),平时所说的 Access、Microsoft SQL Server、Oracle 等更多情况下就是指该含义。通过数据库管理系统,可以创建与定义数据库,管理操作数据库,对数据库进行查询等各类操作。

数据库的种类很多,其中有一类很经典、使用很广的类型,即关系数据库。平时所接触到的数据库即关系数据库。在这类数据库中,通过二维表来存储数据,如表 14-1 所示。

在数据库领域,有几个常见术语,分别介绍如下。

表(Table):上述即一个表,在数据库中的表也是按照行和列来组织数据集合的一种结构。

记录(Record):在表中的每一行,即称为一条记录。

表 14-1　学生信息表

学号	姓名	年龄	性别	籍贯
12010101	张三	20	男	广东
12010102	李四	21	女	云南
12010103	王五	19	男	山东
12010104	赵六	22	男	辽宁

字段（Field）：在表中的每一列，即称为一个字段。

主键（Primary key）：各个字段往往不是完全地位相等的，例如上述各个字段中，很明显，学号的意义格外重要些，无论多少年，一个学校的学生的学号都不可能有重复；而其他字段都无法保证这一点，这种具有唯一性的字段往往会被设置为主键，即主键首先要保证该字段具有唯一性。

14.2　SQL 学习环境及基本操作

考虑到学习本课程的读者可能没有接触过 SQL 的编写环境，故为了本节的学习，先大概介绍如何使用 Microsoft SQL Server Management Studio，如何编写 SQL 语句，如何执行 SQL 语句。

14.2.1　Microsoft SQL Server Management Studio

由于使用可视化的操作来讲解数据库及表的创建比较烦琐，因此本节先讲解几个与创建数据库、数据表相关的 SQL 命令。首先打开 Microsoft SQL Server Management Studio，步骤如下。

（1）启动 Microsoft SQL Server Management Studio。

若读者机器上安装了 Microsoft SQL Server，则在"开始"菜单中找到并单击运行。

（2）连接服务器

一般在本机可以选择"Windows 身份验证"来登录，然后单击"连接"按钮，如图 14-1 所示。

图 14-1　连接服务器

（3）主控界面。

当连接数据库成功后，将看到如图 14-2 所示的界面。

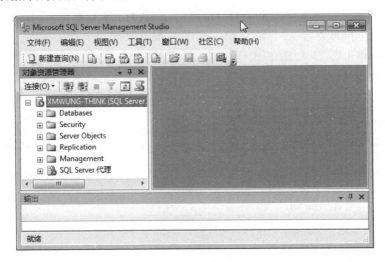

图 14-2　主控界面

（4）新建查询。

在图 14-2 中单击"新建查询"按钮，则显示如图 14-3 所示的效果。

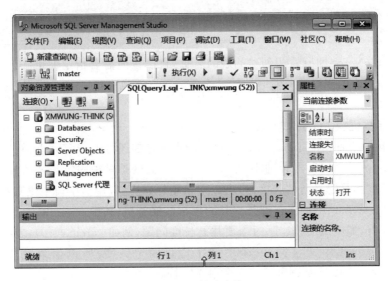

图 14-3　新建查询

至此，准备工作就绪。

14.2.2　数据库与表的基本 SQL 操作

现在开始学习几个简单而又重要的 SQL 命令。

（1）创建数据库。

创建数据库的语法如下：

```
create database DatabaseName
```

其中 DatabaseName 可以根据需要自己取,当然也不是随意取的,具体的不再展开。例如,创建一个学生信息数据库,命名为 StudentDB,按照如图 14-4 所示输入。

输入完毕,单击图 14-4 中的"执行"按钮,将会看到"命令已成功完成。"的消息,并且此时若展开左侧的数据库节点,将会看到刚刚所创建的数据库已经存在,如图 14-5 所示。

图 14-4　创建数据库

图 14-5　数据库创建成功

有了数据库,下面开始创建表。

(2) 创建表。

创建表的语法如下:

```
create table TableName
(
    fieldName1 type(大小) 其他特性,
    fieldName2 type(大小) 其他特性,
    ...
)
```

其中,TableName 即所希望创建的表的名称,自己按照需要指定即可。而 fieldName1、fieldName2 等即表的字段名,例如学号、姓名等。下面重点介绍 type 和其他特性。

① type。

type 即指数据类型,例如 integer、float、char、varchar、nvarchar 等。其中,integer 和 float 相信读者一见如故;而 char、varchar、nvarchar 等都还可以指定大小,例如 char(10)表明类型为 char,大小为 10,即容纳 10 个字符。char 类型是一种固定长度的数据类型,当所存储的数据长度不足定义时的长度时,会以空格填补,它一般用于字段中仅有数字和英文字符的字段。而 varchar、nvarchar 都是变长的字符数据类型,其中,nvarchar 更适合于数字和英文之外的字符,如中文字符。不过需要注意长度问题,例如 varchar(10),表明可以最多容纳 10 个字符,但对于中文字符,一个中文字符算两个长度,所以如果字段类型设置为 varchar(10),则该字段只能最多容纳 5 个中文字符。

💣※当然还有更多类型,且各个类型还有更深入的内容,读者可自行查阅其他书籍。

② 其他特性。

在定义每个字段时,对每个字段的要求会不一样,例如有些字段适合定义为主键,有些字段不适合留空(即强制填入内容),有些字段可以提供默认值等。这些针对字段的额外特性都可以在此处指定。下面列举几个常用的。

➢ 主键: primary key,若希望将某个字段设置为主键,则将其放到后面。

➢ 非空: not null,若某个字段为必填字段,则将其放到后面。

➢ 默认值: default(默认值),若希望给某个字段提供默认值,则使用该值。

有了上面的基础,现在可以创建表,SQL 代码如下:

```
use StudentDB  -- 如果当前数据库已经是 StudentDB,则此句也可以省去
create table StuInfo
(
    StuNo char(8) primary key not null,
    StuName varchar(8) not null,
    StuAge integer not null,
    StuSex varchar(2) default('男'),
    StuProvince varchar(20)
)
go
```

下面针对上面的 SQL 代码做简要的解释。

➤ create table StuInfo:表明创建表,表的名字为 StuInfo。

➤ StuNo char(8) primary key not null:字段名称为 StuNo,字段类型为 char,长度为 8
(因为前述表格中学号为数字,且长度为 8),且该字段为主键,属必填字段。

➤ StuName varchar(8) not null:字段名称为 StuName,字段类型为 varchar,长度为 8
(即最多容纳 4 个中文字符,一般中文姓名最多 4 个字,为以防万一,可以设置得更
大一些)。

➤ StuAge integer not null:字段名称为 StuAge,字段类型为 integer,必填项。

➤ StuSex varchar(2) default('男'):字段名称为 StuSex,字段内容为 varchar,长度为
2(男或女),默认为"男"。

➤ StuProvince varchar(20):省份字段,为以防万一,可以设置得更大些。

执行上面的代码,将会在数据库 StudentDB 中多一个表,如图 14-6 所示。

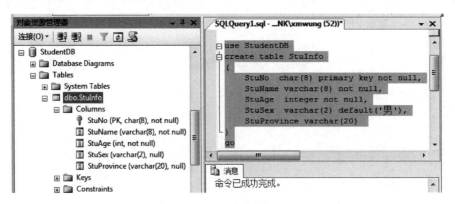

图 14-6　创建表

💣如何查看当前操作的数据库是哪个呢? 如图 14-7 所示。

图 14-7 中的 StudentDB 即表明当前数据库为
StudentDB,则可以不必写 use StudentDB。

在下面的几节中将学习针对数据库的常见操作,
即通常所说的增、删、改、查。增,就是往数据库的指
定的表中新增记录(每条记录往往有多个字段);删

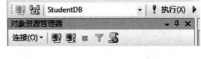

图 14-7　查看当前数据库

自然指删除记录了；改即指修改那些已经存在于数据表中的记录；而查就是指从数据库中查询满足指定条件的那些记录。增、删、改、查分别对应着 Insert、Delete、Update、Select。

下面的学习仍然使用上面的代码编写环境。

14.3　Insert

上面创建数据库、数据表的目的就是为了使用，不能让它们为空，所以第一个任务就是往表里面添加数据记录。

添加数据记录可使用如下语句：

```
insert into StuInfo(字段 1,字段 2,…,字段 n) values(字段 1 值,字段 2 值,…,字段 n 值);
```

需要注意的是，在指定值的时候，对于 char、varchar 类型，需要将值放到单引号之间；而对于 integer 则不必。

使用上述语句，字段和字段值是一一对应的，与顺序无关。例如：

```
insert into StuInfo(StuNo,StuName,StuAge,StuSex,StuProvince) values('12010101','张三',20,'男','广东');
```

当然下面的语句也是可以的，效果与上面一样。

```
insert into StuInfo(StuNo,StuName,StuAge, StuProvince ,StuSex) values('12010101','张三',20,'广东','男');
```

如果某个字段有默认值，或者可以为空，则此时可以同时省却字段及其值，例如由于姓名有默认值，而籍贯可以为空，所以下面的语句也是可以的：

```
insert into StuInfo(StuNo,StuName,StuAge) values('12010101','张三',20);
```

此时添加到数据库中，性别将取默认值：男，而籍贯留空。

另外，若给数据表中的每个字段都依次赋值，则也可以按照如下的简写方式：

```
insert into StuInfo values(字段 1 值,字段 2 值,…,字段 n 值);
```

执行下面代码将相关数据添加到 StuInfo 表中。

```
insert into StuInfo(StuNo,StuName,StuAge,StuSex,StuProvince) values('12010101','张三',20,'男','广东');
insert into StuInfo values('12010102','李四',21,'女','云南');
insert into StuInfo values('12010103','王五',19,'男','山东');
insert into StuInfo values('12010104','赵六',22,'男','辽宁');
insert into StuInfo values('12010105','钱七',120,'男','天堂');
insert into StuInfo values('12010106','孙八',22,'女','');
insert into StuInfo values('12010107','郑九',22,'女','');
```

执行上面的语句，将收到成功的提示。

💣 在有些场合，经常遇到需要批量地向表中新增数据，虽然可以通过循环来逐条添加实现，或者通过一次执行多条 SQL 语句等方式实现，但效率欠佳。自从 SQL Server 2008 以后，引入了一种新的用于批量数据处理的新方式——表值型参数（Table-Valued Parameters）。其基础是 SQL Server 2008 中的用户自定义表类型（User-Defined Table Types），注册后，自定义的表类型可以像本地变量一样用于批处理。更多详细内容请参见 https://msdn.microsoft.com/en-us/library/bb675163(v=vs.110).aspx。

如何查看新增的数据呢？这里有两种方式，不过其本质是一样的，此即下文即将要介绍的 Select 语句。

14.4 Select

14.4.1 查询数据

下面以两种方式来查看 14.3 节所增加的数据。首先介绍不需要写 SQL 语句的方式。

1. 手工方式

在表名称上面右击，在弹出的快捷菜单中选择如图 14-8 所示的命令。

此时将看到如图 14-9 所示的结果（下面显示的结果根据表中的内容不同而不同）。

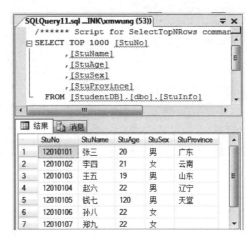

图 14-8 手工查看表中的数据   图 14-9 查询结果

从查询结果可以看到，所有记录都被查询出来；并且还有一个更大的发现，采用这种方式来查询，其本质原来也是使用 SQL 中的 Select，所使用的 Select 语句见上面的截图。那么 Select 语句具体该如何写呢？这就是下文方式二所要介绍的内容。

💣 select top n 字段列表 from 表名，其中的 top n 表明从指定的表中查询满足条件的前 n 条记录。

💣 不同的 SQL Server 版本，表名称上的右键菜单不一定完全一样，即看到的效果不一定与图 14-8 相同。

2. Select 语句

Select 语句的语法如下：

```
select 字段 1,字段 2,…,字段 n
from TableName
where 查询过滤条件
order by 字段名 ASC/DESC
```

其中：

- select 字段 1,字段 2,…,字段 n：在这里,可以把最终希望呈现的字段名写在 select 之后,当然若希望查询所有的字段,则写一个 * 即可。
- from TableName：表明针对哪个表进行查询。
- where 查询过滤条件：通过此处的查询过滤条件来过滤掉不希望呈现的结果,查询过滤条件可以是一个简单的条件,也可以是若干个简单条件通过 and、or 等连接起来的复杂逻辑条件；此外,在 where 中还支持使用 like,可以使用它来实现模糊匹配。
- order by 字段名 ASC/DESC：可以通过此处的设置,将查询结果按照指定的字段来升序或者降序排序,ASC 表明升序排序,而 DESC 表明降序排序,二者取其一。

select * from …表明查询出所有字段。

现在利用上面的知识来完成查询,看看新增的数据是不是真的存进去了。首先查询出所有的记录,所以使用如下语句即可：

```
select * from StuInfo
```

结果如图 14-10 所示。

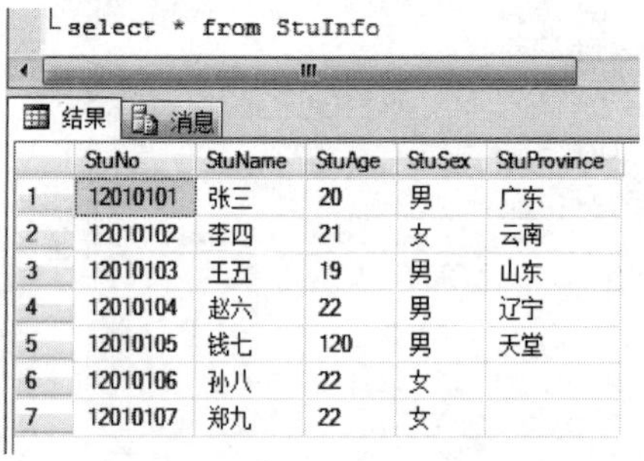

	StuNo	StuName	StuAge	StuSex	StuProvince
1	12010101	张三	20	男	广东
2	12010102	李四	21	女	云南
3	12010103	王五	19	男	山东
4	12010104	赵六	22	男	辽宁
5	12010105	钱七	120	男	天堂
6	12010106	孙八	22	女	
7	12010107	郑九	22	女	

图 14-10　Select 语句执行结果

现在稍微深入一点,分别完成如下几个查询。

- 查询所有结果,将结果按照年龄排序。
- 查询出所有的女生。
- 查询出所有山东的男生。
- 查询所有 22 岁的学生,且只显示姓名和性别两个字段。
- 查询所有籍贯名称中带有“东”的记录。
- 统计男女的人数。

下面将介绍几个知识点,读者在下面知识学习的基础上,看自己是否能独立完成上面的几个简单查询。

14.4.2　查询指定字段

在上面的查询中,都是将所有字段都显示出来,有的场合并不需要那么多信息,此时可以通过在 select 后面指定需要的字段来达到目的。例如,只需要姓名、年龄、性别 3 个字段,则相应的 SQL 语句和结果如图 14-11 所示。

14.4.3　排序

有时除了查询,还希望结果呈现时能按照某些字段排序,最典型的应用就是学生成绩的排名问题,往往在查询所有结果的同时,将总分按照从高到低排序,当然有时总分相同的情况下,又可能希望指定第二个排序字段。

这里以实现上面的"查询所有结果,将结果按照年龄排序"来讲解排序问题。要实现该要求,显然涉及排序问题,自然要使用 order by。相应的 SQL 语句和执行结果如图 14-12 所示。

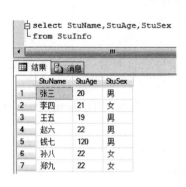

图 14-11　查询指定字段　　图 14-12　查询所有结果,将结果按照年龄排序

观察上述结果,可以看到,所有学生的信息都查询出来了,且年龄逐渐递增。不过有时当按某个字段排序后,还希望按另外一个字段排序,这个时候该如何处理呢?其实只需要在 order by 后面接着写即可。例如下面的例子,首先按照年龄升序排列,对那些年龄相同的学生再按照学号降序排列,则相应的 SQL 语句和结果如图 14-13 所示。

✍ 课堂练习:请查询出所有记录,并且记录首先按照性别排序,性别相同的按照年龄排序(升降自定即可)。

💣 其实这里按性别排序的功能,实际应用中还对应着另外一个常见的功能,即分组查询,详见 14.4.8 节内容。

14.4.4　过滤

所谓过滤,就是指最终只呈现那些满足指定条件的记录,不满足条件的记录不呈现给用户。这里以上面的"查询出所有的女生"来讲解过滤问题。该功能显然是要求过滤掉男生,所以自然要使用 where。完成该功能的 SQL 语句及结果如图 14-14 所示。

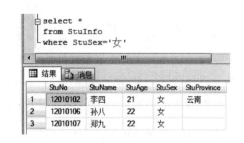

图 14-13　多字段排序　　图 14-14　查询出所有的女生

💣 也可以使用如下语句完成该功能：

```
select *
from StuInfo
where not(StuSex = '男')
```

✎ 课堂练习：查询所有男生，且结果按照年龄升序排列。

在上面还有个要求，即"查询出所有山东的男生"。容易知道，这仍然需要使用 where 来完成，只是过滤条件更严格。

在 where 子句中，可以使用 and、or 等对多个逻辑条件进行组合，以实现较为复杂的查询，当然也可以使用 not 对指定的逻辑条件取反。

上面首先要求结果中只能有男生，其次还要求籍贯只能为山东的，完成该功能的 SQL 语句及结果如图 14-15 所示。

结合前述知识和本节的过滤知识，不难完成"查询所有 22 岁的学生，且只显示姓名和性别两个字段"。相应的 SQL 语句和结果如图 14-16 所示。

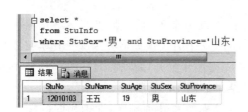

图 14-15　查询出所有山东的男生

图 14-16　查询所有 22 岁的学生，且只显示姓名和性别两个字段

✎ 课堂练习：查询所有属于山东或者广东的男生。

查询所有年龄在 20～22 岁之间的学生。

查询所有年龄在 20～22 岁之间的男生。

14.4.5　查询前 n 条记录

有时，当符合条件的数据记录条数太多时，可能只会返回前面的若干条记录或者将结果进行分页显示。要完成前 n 条记录的查询，只需要使用如下语句即可：

```
select top n from …
select top n percent from …
```

其中前一句表明呈现满足条件的前 n 条记录；而第二句则表明呈现满足条件的前 n% 条。例如，图 14-17 是实现查询前 3 条记录的 SQL 代码及结果。

14.4.6　模糊查询

模糊查询是通过在 where 子句中使用通配符 % 和

图 14-17　查询前 n 条记录

_来实现的。其中,%可以匹配任意的字符串,而_则用于匹配一个字符。

为了演示模糊查询,再往数据库中新增一条记录:

```
insert into StuInfo values('12010108','张三丰',23,'女','湖北');
```

现在需要从数据库中查询所有姓张的学生信息,SQL 代码和结果如图 14-18 所示。

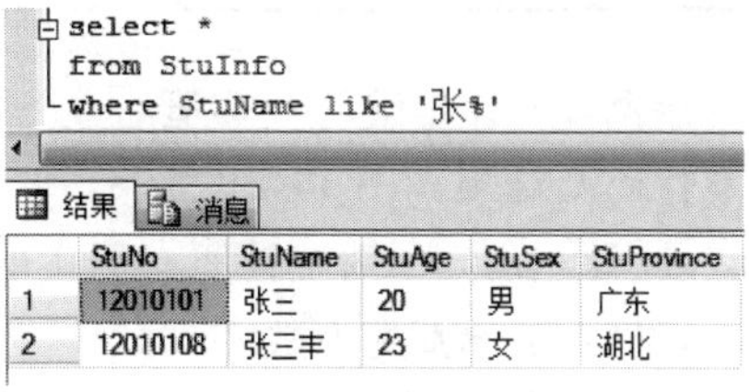

可见,%可以用于匹配任意个字符,现在将上例中的%替换为_,结果如图 14-19 所示。

从执行结果可见,_只能用于匹配一个字符。

通配符不仅可以用于字符类型字段,也可以用于非字符类字段,例如查询年龄在 20～29 岁之间的学生信息,虽然可以通过 where 子句加上两个逻辑判断来达到要求,但本示例演示另外一种方式,代码及结果如图 14-20 所示。

图 14-18　模糊查询之%

图 14-20　通配符用于非字符型字段

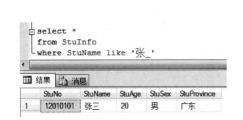

图 14-19　模糊查询之_

🕐 思考:倘若上例中使用如下语句合适吗?

```
select *
from StuInfo
where StuAge like '2%'
```

✎ 课堂练习 1:查询年龄中有 2 的所有学生信息。

✎ 课堂练习 2:查询所有籍贯名称中带有"东"的记录。

💣※当要查找的字段内容中本身含有通配符字符时,此时需要借助于转义符\和关键字 escape。

14.4.7　统计

SQL 中的常用统计函数如表 14-2 所示。

表 14-2　SQL 中的常用统计函数

函　　数	说　　明
sum()	返回一个数值列或者计算列的和值
avg()	返回一个数值列或者计算列的平均值

函　　数	说　　明
max()	返回一个数值列或者计算列的最大值
min()	返回一个数值列或者计算列的最小值
count()	返回满足条件的数据记录的条数

示例：统计年龄的平均值

代码及结果如图 14-21 所示。

✍课堂练习：请统计所有男生的年龄平均值。

示例：统计女生人数

代码及结果如图 14-22 所示。

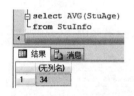

图 14-21　统计年龄的平均值　　　　　图 14-22　统计女生人数

14.4.8　分组

分组是使用 group by 来完成的,不过使用 group by 需要注意如下事项。

➢ 不支持使用列的别名来分组。

➢ 不支持任何使用统计函数的列。

➢ select 后面的列名,一定要出现在 group by 子句中。但使用统计函数的列除外。

示例 1：统计男女生人数

代码及结果如图 14-23 所示。

💣由于 select 后有字段 StuSex,故 group by 后一定也要有 StuSex;虽然 select 后有 COUNT(*),但是这个属于函数列,故不必在 group by 后出现。

示例 2：统计各个省的男女人数

代码及结果如图 14-24 所示。

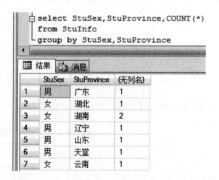

图 14-23　统计男女生人数　　　　　图 14-24　统计各个省的男女人数

💣※ 由于 select 后有字段 StuSex, StuProvince, 故 group by 后一定也要有 StuSex, StuProvince; 虽然 select 后有 COUNT(∗), 但是这个属于函数列, 故不必在 group by 后出现。

示例 3: 统计男女生的平均年龄

代码及结果如图 14-25 所示。

💣※ 由于 select 后有字段 StuSex, 故 group by 后一定也要有 StuSex; 虽然 select 后有 COUNT(∗), 但是这个属于函数列, 故不必在 group by 后出现。

示例 4: 查询 22 岁以上的学生, 并按性别分组

代码及结果如图 14-26 所示。

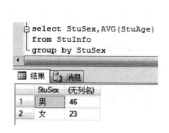

图 14-25　统计男女生的平均年龄　　　　图 14-26　查询 22 岁以上的学生, 并按性别分组

💣※ group by 后的字段顺序将影响分组, 例如将上例的 StuName、StuSex 调换顺序, 然后查看结果。

💣※ 若希望对结果进一步筛选, 则可以使用 having。读者可以自行查阅相关书籍。

14.4.9　空值查询

此处的空值并不是空字符串, 例如上例中的籍贯字段, 插入时的值为一对空引号, 则表示该字段的值为空字符串, 而不是 null。若需要查询字段为 null 的记录, 例如想筛选出数据库中不合法的为 null 记录, 则可以使用 null 来实现。例如:

```
select *
from StuInfo
where StuAge is null
```

14.5　Update

在向数据库中新增数据时, 可能会由于各种原因导致将错误的数据添加到数据库中, 例如, 钱七的年龄被录入为 120, 显然不是所期望的结果, 这就需要修改。在 SQL 中, 修改记录是通过 update 来完成的。其语法如下:

```
update StuInfo
set
```

```
字段 1 = 字段值 1,
字段 2 = 字段值 2,
…,
字段 n = 字段值 n,
where 更新条件
```

当更新条件匹配到的记录只有一条时,则只会更新一条。例如下面的 SQL 代码及执行后的结果如图 14-27 所示。

而当更新条件能够匹配到多条数据记录时,则会更新所有匹配到的记录。例如下面的 SQL 代码及执行后的结果如图 14-28 所示。

当然,也可以不需要 where 子句,即不要任何限定条件,则此时操作的记录是数据表中的所有记录,例如下面的代码将所有人的年龄都增加一岁,代码及结果如图 14-29 所示。

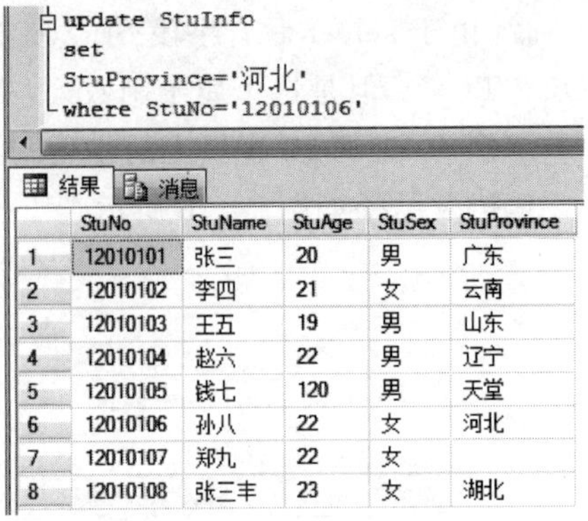

```
update StuInfo
set
StuProvince='河北'
where StuNo='12010106'
```

结果 消息

	StuNo	StuName	StuAge	StuSex	StuProvince
1	12010101	张三	20	男	广东
2	12010102	李四	21	女	云南
3	12010103	王五	19	男	山东
4	12010104	赵六	22	男	辽宁
5	12010105	钱七	120	男	天堂
6	12010106	孙八	22	女	河北
7	12010107	郑九	22	女	
8	12010108	张三丰	23	女	湖北

图 14-27　update 更新单条记录

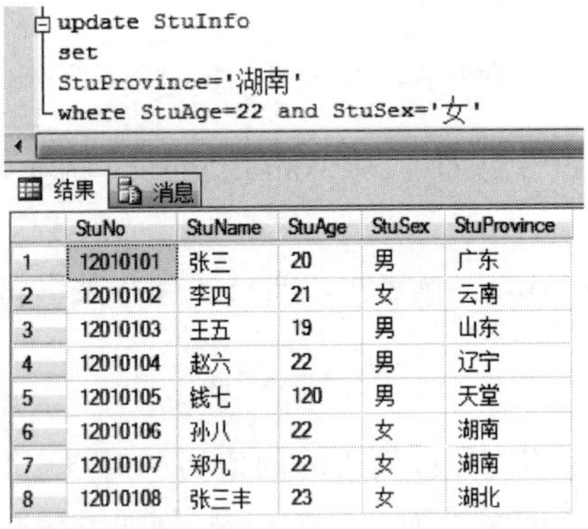

```
update StuInfo
set
StuProvince='湖南'
where StuAge=22 and StuSex='女'
```

结果 消息

	StuNo	StuName	StuAge	StuSex	StuProvince
1	12010101	张三	20	男	广东
2	12010102	李四	21	女	云南
3	12010103	王五	19	男	山东
4	12010104	赵六	22	男	辽宁
5	12010105	钱七	120	男	天堂
6	12010106	孙八	22	女	湖南
7	12010107	郑九	22	女	湖南
8	12010108	张三丰	23	女	湖北

图 14-28　update 更新多条记录

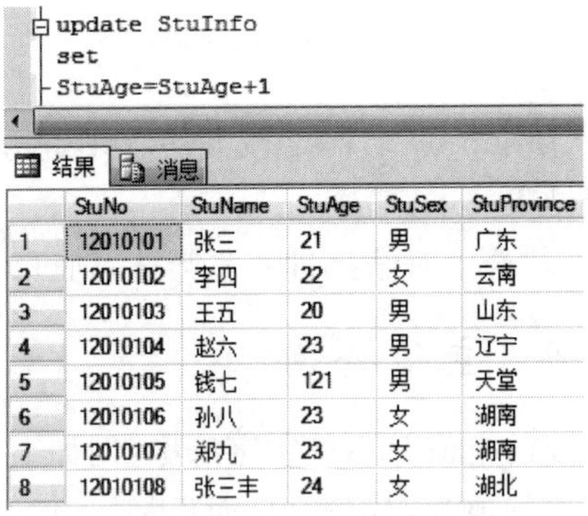

```
update StuInfo
set
StuAge=StuAge+1
```

结果 消息

	StuNo	StuName	StuAge	StuSex	StuProvince
1	12010101	张三	21	男	广东
2	12010102	李四	22	女	云南
3	12010103	王五	20	男	山东
4	12010104	赵六	23	男	辽宁
5	12010105	钱七	121	男	天堂
6	12010106	孙八	23	女	湖南
7	12010107	郑九	23	女	湖南
8	12010108	张三丰	24	女	湖北

图 14-29　无限定条件下的 update

14.6　Delete

该语句用于从数据表中删除部分或者全部记录,语法格式如下:

```
delete from TableName
delete from TableName where 删除条件
```

其中上面一句用于删除指定表中的所有记录,而下面一句则删除所有满足条件的记录。

例如,删除所有籍贯为空的记录,SQL 语句及执行后的结果如图 14-30 所示。

💣 如果是删除表,则应该使用 drop table TableName。

💣 delete 后的 from 也可以省去不写。

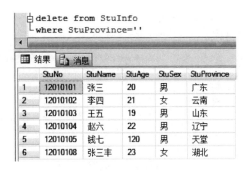

图 14-30　Delete 语句

14.7　问　与　答

14.7.1　如果表名或者字段名中有空格该如何办

✌一般应该避免出现这样的情况,若的确出现了,可以使用一对中括号[]将表名或者字段名括起来即可。

14.7.2　如何只返回不重复的记录

✌先看如图 14-31 所示的 SQL 语句及执行结果。

观察结果,不难看出有两条记录完全一样。那么如何避免这种情况呢? 可以借助 distinct 关键字来完成。代码及结果如图 14-32 所示。

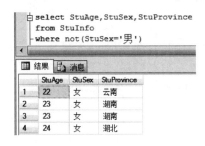

图 14-31　有重复记录

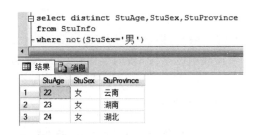

图 14-32　使用 distinct 避免重复的记录

14.7.3　如何指定结果的列名

✌若设计数据表的字段时使用了英文或者其他不便于显示给普通用户的字段名,则可以在结果呈现时将这些不人性化的字段替换为中文字段名。可以采用以下 3 种方式。

➢ select 字段名 as 字段别名
➢ select 字段别名＝字段名
➢ select 字段名'字段别名'(ansi 标准方法)

例如图 14-33 所示的 SQL 语句及结果。

💣不建议上述 3 种方式混用。

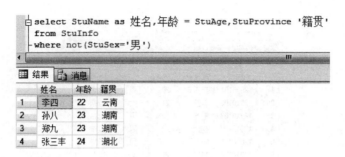

图 14-33　列名更改

14.7.4　如何对查询到的结果进行一定的组合或者运算后呈现

✌在 select 后面的各个字段,其实可以做很多变化,例如字符类型的字段可以做串接操作,而数值型字段可以做数值运算等。例如图 14-34 所示的 SQL 代码及其执行结果。

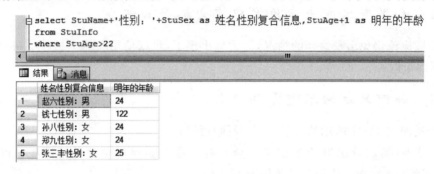

图 14-34　字段运算及处理

在上面的示例中:

➤ StuName+'性别: '+StuSex as 姓名性别复合信息:将 StuName 和 StuSex 串接起来形成新的字段,新的字段命名为"姓名性别复合信息"。

➤ StuAge+1 as 明年的年龄:将 StuAge 的值取出,并加 1,形成新的字段,新的字段命名为"明年的年龄"。

14.7.5　如何使用 between 关键字

✌当过滤条件为某个数值范围时,可以使用 and、or 等逻辑运算符,有时使用 between 也是可以的。其语法形式为:between A and B,表明介于 A 和 B 之间。例如要实现查找所有年龄为 23 和 24 岁的学生信息,SQL 代码及结果如图 14-35 所示。

14.7.6　如何使用 in 关键字

✌当需要查询满足某几个固定条件的记录时,可以使用 in 来简化代码,例如要查找张三、李四、王五的年龄和籍贯信息,可能的 SQL 语句如下:

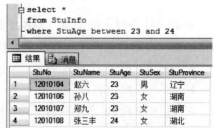

图 14-35　between…and…

```
select StuName,StuAge,StuProvince
from StuInfo
where StuName = '张三' or StuName = '李四' or StuName = '王五'
```

对于这类情形,条件被限定在某几个固定取值时,可以使用 in 来简化代码,代码及结果如图 14-36 所示。

反之,若希望查询除上述 3 人之外所有人的上述信息,则可以使用 not in 来完成。例如图 14-37 所示的代码及结果。

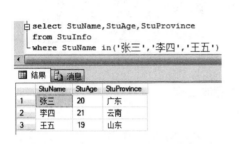

```
select StuName,StuAge,StuProvince
from StuInfo
where StuName in('张三','李四','王五')
```

结果 消息

	StuName	StuAge	StuProvince
1	张三	20	广东
2	李四	21	云南
3	王五	19	山东

图 14-36 in 关键字

```
select StuName,StuAge,StuProvince
from StuInfo
where StuName not in('张三','李四','王五')
```

结果 消息

	StuName	StuAge	StuProvince
1	赵六	22	辽宁
2	钱七	120	天堂
3	孙八	22	湖南
4	郑九	22	湖南
5	张三丰	23	湖北

图 14-37 not in

14.7.7 如何使用[]、[^]通配符

✌ []代表匹配其中的任意一个字符,其写法有以下 3 种。

- 将所有可能写在中括号中:[a3f]表明只匹配 a、3、f 之一。
- 使用"-"来限定一个范围:[c-g] [3-8]。
- 综合上述两种方式:[ad13-9] 表明匹配 a、d、1、3~9 中的任一字符。

例如,要查询年龄在 21~23 岁之间的学生,则可能的 SQL 语句及其结果如图 14-38 所示。

'2[0-24]'表示匹配那些年龄是 2 位,且第一位是 2,而第二位为 0、1、2、4 四者之一。

其实也可以使用中文,例如下面的 SQL 代码:

```
select *
from StuInfo
where StuName like '[张王]%'
```

该语句将查询所有姓张和姓王的学生信息。

💣 注意,上述[0-24]不要理解为 0~24,即 0,1,2,…,23,24。

而[^]则代表不匹配其中的任意一个字符,其写法同上。代码及结果如图 14-39 所示。

```
select *
from StuInfo
where StuAge like '2[0-24]'
```

结果 消息

	StuNo	StuName	StuAge	StuSex	StuProvince
1	12010101	张三	21	男	广东
2	12010102	李四	22	女	云南
3	12010103	王五	20	男	山东
4	12010108	张三丰	24	女	湖北

图 14-38 []通配符

```
select *
from StuInfo
where StuAge like '_[^03-4]'
```

结果 消息

	StuNo	StuName	StuAge	StuSex	StuProvince
1	12010101	张三	21	男	广东
2	12010102	李四	22	女	云南

图 14-39 [^]通配符

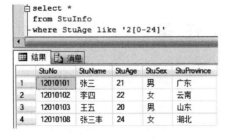

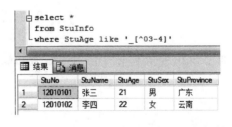

'_[^03-4]'表明结果应该为 2 位,其中第一位任意匹配,第二位为 0、3、4 之外的字符即可。

14.7.8　compute 子句如何使用

✌compute 子句使得可以在查询结果的同时,做一些初步的计算工作。例如如图 14-40 所示的示例。

上面示例中的语句在完成查询的同时,并对 StuAge 做了简单的求和计算。

💣此外还有 compute by,使用起来较为麻烦,与 compute 相差很大,此处不再赘述。

图 14-40　compute 子句

14.7.9　什么是联合查询

✌当所要查询的内容来自于多个表中,此时就涉及到多表查询,即联合查询。例如下面的语句:

```
select TableA.ID, TableB.Name
from TableA,TableB
where
TableA.ID = TableB.ID
```

限于篇幅不再赘述,请读者参阅相关的资料。

14.7.10　什么是嵌套查询

✌写 Select 语句时,from 子句除了可以从指定的表中提取数据,还可以从其他查询中获取数据。例如下面的语句:

```
select *
from (select filed1,field2 from TableA)
where …
```

像上面这样的一个 Select 语句中还有另外一个 Select 语句的情形,即称为嵌套查询。

14.8　思考与练习

自己独立完成 14.4.4 之前的几个查询。

14.9　实战任务

通过 SQL 完成数据的增、删、改、查功能。

第15章　ADO.NET

ADO.NET 是对 Microsoft ActiveX Data Objects(ADO)的一个重大改进,它提供了平台互用性和可伸缩的数据访问方式。利用 ADO.NET,可以较为轻松地实现对各种数据库的访问,并且访问方式几乎完全一样。在 ADO.NET 中采用 XML 格式表达数据。

与传统 ADO 最大的一个不同之处在于,ADO.NET 除了提供与早期相同的联机模式之外,还提供了一种离线访问模式。所谓的联机模式,是指应用程序与数据库将会一直保持连接,直至应用程序对数据库的操作完毕才会断开;而离线模式则是指在取得数据库的数据后,即断开与数据库的连接,取过来的数据被存到一个内存数据库中(即后文所要介绍的 DataSet),然后后续的操作就在该内存数据库中进行即可,当所有的操作执行完毕之后,再次连接数据库并将改动更新到数据库中。从此处也可以看到,当一个操作比较费时的时候,适宜采用离线模式,因为这样可以避免长期占用数据库连接,浪费了有限的宝贵资源。

与 ADO.NET 相关的几个命名空间的说明如下。

➤ System.Data 提供了 ADO.NET 的基本类。

➤ System.Data.Oledb 提供了为 OLE DB 数据源或 SQL Server 6.5 及更老版本数据库设计的数据存取类。

➤ System.Data.SqlClient 提供了为 SQL Server 7.0 及更新版本数据库设计的数据存取类。

➤ System.Data.ODBC 提供了用于访问 ODBC 数据源的数据存取类。

➤ System.Data.OracleClient 提供了用于访问 Oracle 数据源的数据存取类。

在 ADO.NET 中,数据访问的便利性是基于如下几个核心对象。

➤ Connection:建立与特定数据源的连接。

➤ Command:对数据源执行数据库命令,用于返回数据、修改数据、运行存储过程以及发送或检索参数信息等。

➤ DataReader:从数据源中读取只进且只读的数据流。

➤ DataAdapter:执行 SQL 命令并用数据源填充 DataSet。DataAdapter 提供连接 DataSet 对象和数据源的桥梁。DataAdapter 使用 Command 对象在数据源中执行 SQL 命令,以便将数据加载到 DataSet 中,并使得对 DataSet 中数据的更改与数据源保持一致。

➤ DataSet:此即通常所说的离线数据库。详见 15.5 节内容。

下面将简要介绍上述 5 个核心对象。

💣※需要说明的是,在 ADO.NET 中,是使用 Connection 对象连接到特定的数据源的。究竟使用哪种 Connection 对象,这取决于数据源的类型。

- ➤ OLE DB .NET Framework 数据提供程序包括一个 OleDbConnection 对象。
- ➤ ODBC .NET Framework 数据提供程序包括一个 OdbcConnection 对象。
- ➤ SQL Server .NET Framework 数据提供程序包括一个 SqlConnection 对象。
- ➤ Oracle .NET Framework 数据提供程序包括一个 OracleConnection 对象。

由于本章使用的是 Microsoft SQL Server，故下面的讲解是针对 SqlConnection 的，下面讲解过程中不再特别交待。所以本章程序都应当引入 using System. Data. SqlClient。

15.1 Connection

Connection 即数据连接对象，负责对数据源的连接。

Connection 对象有如下几个主要属性。

- ➤ ConnectionString：表示用于打开 SQL Server 数据库的字符串。
- ➤ State：表示 Connection 的状态，有 Closed 和 Open 两种状态。
- ➤ ConnectionTimeout：连接的超时时间。
- ➤ Database：获取当前使用的数据库的名称。
- ➤ DataSource：获取当前的 SQL Server 实例的名称。

Connection 对象有如下 3 种重要方法。

- ➤ Open()：打开数据库。
- ➤ Close()：关闭数据库。
- ➤ CreateCommand()：创建并返回一个与当前连接相关联的 Command 对象。

关于 Connection 对象，其 ConnectionString（连接字符串）有以下两种典型的写法：

```
Data Source = 服务器名;Initial Catalog = 数据库名;User ID = 账号;Password = 密码;
Data Source = 服务器名;Initial Catalog = 数据库名;Integrated Security = true;
```

其中，Integrated Security 为 false 时，则需要在连接中指定用户 ID 和密码。若为 true 时，将使用当前的 Windows 账户凭据进行身份验证。另外，Integrated Security＝true 等效于 Integrated Security＝SSPI。

有了数据库连接字符串，就可以用来创建数据库连接对象了。代码如下：

```
string strCon = "Data Source = 服务器名;Initial Catalog = 数据库名;Integrated Security =
True;";
SqlConnection conn = new SqlConnection(strCon);
conn. Open();          //打开连接
```

这与下面的方式等价：

```
SqlConnection conn = new SqlConnection();
conn. ConnectionString = strCon;
conn. Open();
```

💣 此外 Connection 对象还有一个 StateChange 事件，该事件在连接状态更改时触发。该事件的处理程序接收一个 StateChangeEventArgs 类型参数，该参数有两个重要属性：

CurrentState 和 OriginalState,一个代表当前状态,另外一个则代表原始状态,这两个属性都是 ConnectionState 枚举值。

💣 连接字符串不适宜于直接写到程序代码中,不过下面的演示程序中,都将连接字符串写到了程序代码中,那么如何解决该问题呢? 读者可以参阅本章"问与答"。

15.2　Command

Command 对象即数据库命令对象,主要执行包括添加、删除、修改及查询数据的操作的命令。该对象的主要属性如下。

➤ Connection:用于设置该 Command 对象所依赖的连接对象。

➤ CommandType 与 CommandText:这两个属性配合使用。

■ CommandType. Text(默认):此时 CommandText 为一个 SQL 语句。

■ CommandType. StoredProcedure:此时 CommandText 为存储过程。

■ CommandType. TableDirect:此时 CommandText 为表名。

➤ CommandTimeOut:用于设置或者返回终止执行命令之前需要等待的时间(s),默认为 30s。

➤ Parameters:这是一个很重要的属性,用于向命令传递参数。详见 15.6 节。

该对象的 3 个重要方法如下。

➤ ExecuteNonQuery():执行一个 SQL 语句,返回受影响的行数,这个方法主要用于对数据库执行增加、更新、删除操作;查询的时候并非调用此方法。

➤ ExecuteReader():执行一个查询的 SQL 语句,返回一个 SqlDataReader 对象。

➤ ExecuteScalar():从数据库检索单个值。这个方法主要用于统计操作。

构造函数主要有如下 3 种:

```
SqlCommand()                                //对象构建完毕,需要另行通过属性指定其他必须参数
SqlCommand(string cmdText)                  //对象构建完毕,仍需通过属性指定参数
SqlCommand(string cmdText,SqlConnection connection)                //此种方式使用方便
```

示例 1:构造函数演示

```
//方式一
SqlCommand cmd = new SqlCommand();
cmd.Connection = conn;
cmd.CommandText = sSQL;
```

如下方式更为简洁。

```
//方式二:
SqlCommand cmd = new SqlCommand(sSQL, conn);
```

💣 此外也可以使用 Connection 对象的 CreateCommand()方法来创建。例如

```
string sSQL = "select * from StuInfo";
SqlCommand cmd = con.CreateCommand();
cmd.CommandText = sSQL;
```

下面演示 ExecuteNonQuery()和 ExecuteScalar()方法的使用,ExecuteReader()的用法将在下节演示。

示例 2:ExecuteNonQuery()演示

由于该方法可以用于数据增加、更新、删除,这 3 种操作的结果都是返回受影响的行数。为了后文的诸多演示,此处新建一个 WinForm 项目,界面设计参考图 15-1。

程序代码如下:

```
private void button1_Click(object sender, EventArgs e)
{
    string strCon = "Data Source = . ;Initial Catalog = StudentDB;Integrated Security = True;";
                                                        //数据库连接字符串
    SqlConnection conn = new SqlConnection(strCon);     //得到连接对象

    string sSQL = "insert into StuInfo values('" + textBox1.Text + "','" + textBox2.Text
 + "'," + Convert.ToInt32(textBox3.Text) + ",'" + comboBox1.Text + "','" + textBox4.Text
 + "')";                                                //用于新增的 SQL
    SqlCommand cmd = new SqlCommand(sSQL, conn);        //实例化 Command 对象
    conn.Open();
    int iRet = cmd.ExecuteNonQuery();                   //执行方法 iRet = 1
    conn.Close();
}
```

程序的注释都已写在代码中,执行结果如图 15-1 所示。

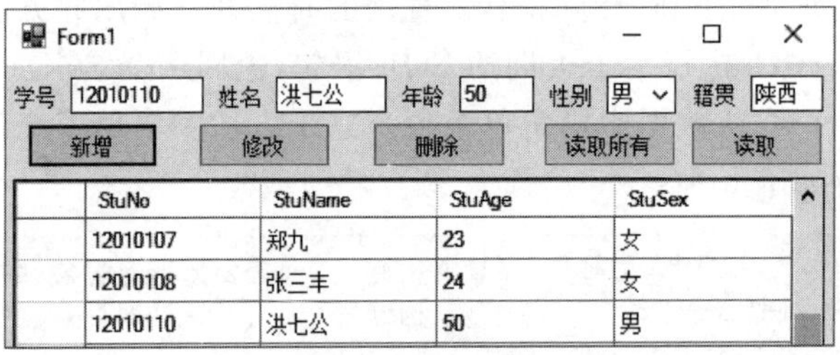

图 15-1　ExecuteNonQuery()演示

那么是否新增进去了呢?打开数据表,结果如图 15-2 所示。

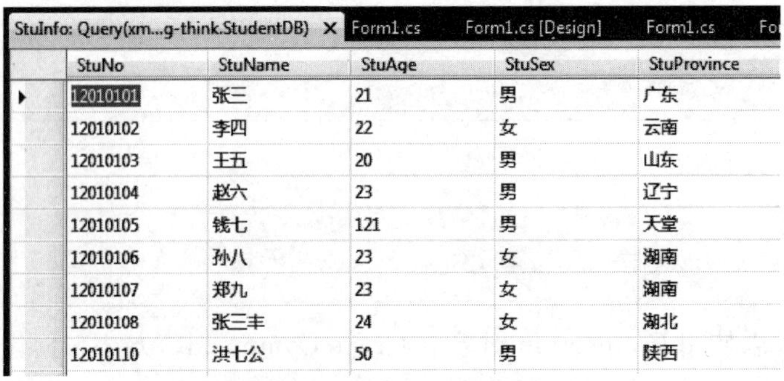

StuNo	StuName	StuAge	StuSex	StuProvince
12010101	张三	21	男	广东
12010102	李四	22	女	云南
12010103	王五	20	男	山东
12010104	赵六	23	男	辽宁
12010105	钱七	121	男	天堂
12010106	孙八	23	女	湖南
12010107	郑九	23	女	湖南
12010108	张三丰	24	女	湖北
12010110	洪七公	50	男	陕西

图 15-2　数据新增成功

✍ 课堂练习:请在上例的基础上,实现数据的更改和删除。

示例 3：ExecuteScalar()演示

由于该方法仅返回首行首列的数据，因此该方法更多地用于统计的场合，或者判断某记录是否存在的场合。下面实现统计女生人数的功能。代码如下：

```
private void button2_Click(object sender, EventArgs e)
{
    string strCon = "Data Source = .; Initial Catalog = StudentDB; Integrated Security =
True;";                                                      //数据库连接字符串
    SqlConnection conn = new SqlConnection(strCon);          //得到连接对象
    string sSQL = "select count( * ) from StuInfo where StuSex = '女'";//统计女生人数
    SqlCommand cmd = new SqlCommand(sSQL, conn);             //实例化 Command 对象
    conn.Open();
    int iRet = Convert.ToInt32( cmd.ExecuteScalar());        //执行方法 iRet = 4
    conn.Close();
    MessageBox.Show(iRet.ToString());
}
```

✎ 课堂练习：在上例的基础上，完成所有人员平均年龄的统计计算。

15.3　DataReader

DataReader 对象是只读的，且只能单向向前读取，每次读取一行，故绑定数据时比使用数据集(DataSet)方式性能要高。DataReader 对象不能直接实例化，必须借助于相关的 Command 对象来创建实例，例如用 SqlCommand 的实例的 ExecuteReader()方法可以创建 SqlDataReader 实例。

DataReader 的常用属性如下。

➢ FieldCount：字段的数目。

➢ IsClosed：返回 DataReader 对象是否已经关闭。

➢ HasRows：表明是否包含一条或多条数据。

DataReader 的常用方法如下。

➢ GetDataTypeName(i)：返回第 i 列(从 0 算起)的数据类型(返回值类型为 string)。

➢ GetFieldType(i)：返回指定列的数据类型(返回值类型为 Type)。

➢ GetName(i)：返回指定列的字段名称。

➢ GetOrdinal(name) 返回指定字段的字段索引(即指定的字段是第几个字段)。

➢ GetValue(i)：返回指定列的数据。

➢ GetValues(object[] arr)：返回指定行的所有字段内容，并存储在 arr 数组中。

➢ IsDBNull(i)：判断当前行的第 i 列是否为 Null。

➢ Read()：该方法是最重要的方法，用于将记录指针往后移一行，返回 false 则表明后面没有数据了。

DataReader 对象读取数据的方式多种多样，除了上述的 GetValue()和 GetValues()方法，下面列举其读取的另外 3 种方法(其中，reader 即 DataReader 的实例对象)。

➢ GetXXX(int i)：读取第 i 列的值并且转换为指定的类型，类型不匹配时会引发异常。

➢ reader［int i］：读取第 i 列的值；返回值是一个 object 类型,故不会出错。

➢ reader［"列名"］：读取列名所指定列的值,返回值是一个 object 类型,不会出错。

并且,使用 reader 来读取的时候,只能在循环中进行只进的读取,不能后退读取。所以使用 reader 来读取的大致思路如下：

```
while (reader.Read())
    reader.GetString(index)或 reader[index]或 reader["name"]
reader.Close();
```

其中 reader.Read() 返回一个 bool 值,该值表明是否还有数据供读取,当返回 true 时,表明仍有数据,所以循环继续,在循环中可以通过如上 3 种方式来读取。

示例 4：使用 DataReader 读取数据

```
private void button4_Click(object sender, EventArgs e)
{
    string strCon = "Data Source = .; Initial Catalog = StudentDB; Integrated Security =
True;";                                          //数据库连接字符串
    SqlConnection conn = new SqlConnection(strCon);   //得到连接对象
//查询 23 岁以上学生的姓名和性别
    string sSQL = "select StuName,StuAge,StuSex from StuInfo where StuAge > 23";
    SqlCommand cmd = new SqlCommand(sSQL, conn);       //实例化 Command 对象
    conn.Open();
    SqlDataReader reader = cmd.ExecuteReader();        //执行方法返回 DataReader
    string sCnt = null;
    //在如下循环中,读取当前记录的三个字段,以 \t 来分割,每条记录后面加入换行符
    while (reader.Read())
        sCnt += reader.GetString(0) + "\t" + reader[1].ToString() + "\t" + reader
["StuSex"].ToString() + Environment.NewLine;
    reader.Close();
    conn.Close();
    richTextBox1.Text = sCnt;
}
```

程序的执行结果如图 15-3 所示。

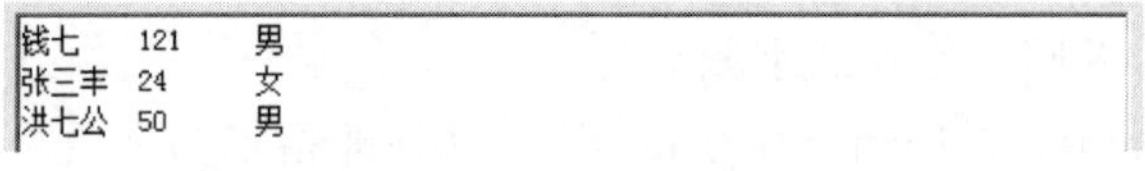

钱七	121	男
张三丰	24	女
洪七公	50	男

图 15-3　ExecuteReader()演示

💣 上面的程序中由于字段比较少,所以可以采取 reader[1]这样的写法,若使用 select ＊ from 这样的查询语句时,字段个数往往很多,此时很显然不适合此种写法,可以借助 reader.FieldCount 属性来对当前行所有字段的遍历。

💣 在关闭 DataReader 对象的同时自动关闭掉与之相关的 Connection 对象的方法。

```
SqlDataReader reader = command.ExecuteReader(CommandBehavior.CloseConnection);
```

15.4　DataAdapter

DataAdapter,即数据适配器。利用它,可以将使用 Command 规定的操作从数据源中检索出数据送往数据集对象(DataSet),或者将数据集中经过编辑后的数据送回数据源。

DataAdapter 的常用构造有如下 3 种方式。

➢ SqlDataAdapter SDA＝new SqlDataAdapter (Command cmd)。

➢ SqlDataAdapter SDA＝new SqlDataAdapter ("SQL 语句",Connection connection)。

➢ SqlDataAdapter SDA＝new SqlDataAdapter ("SQL 语句",string connection)。

DataAdapter 的常用属性如下。

➢ InsertCommand:获取或者设置一个 SQL 语句或者存储过程,以实现向数据源新增数据记录,需要通过调用 ExecuteNonQuery()来实现。

➢ DeleteCommand:获取或者设置一个 SQL 语句或者存储过程,以实现从数据源删除数据记录,需要通过调用 ExecuteNonQuery()来实现。

➢ UpdateCommand:获取或者设置一个 SQL 语句或者存储过程,以实现向数据源修改数据记录,需要通过调用 ExecuteNonQuery()来实现。

➢ SelectCommand:获取或者设置一个 SQL 语句或者存储过程,以实现从数据源获取符合条件的数据记录。

示例 1:DataAdapter 的属性使用

前面在"ExecuteNonQuery()演示"中演示了如何新增数据,下面使用 DataAdapter 的属性来完成这一功能。代码如下:

```
//前面的代码与示例"ExecuteNonQuery()演示"中相同
SqlCommand cmd = new SqlCommand(sSQL, conn);
SqlDataAdapter sda = new SqlDataAdapter();
sda.InsertCommand = cmd; //属性使用
conn.Open();
int iRet = sda.InsertCommand.ExecuteNonQuery();
conn.Close();
this.Text = "有 " + iRet.ToString() + " 条受影响";
```

💣SelectCommand 的使用及多字段的循环读取请参见 15.6 节内容。

✍ 课堂练习:请参照上面的程序练习 DeleteCommand 和 UpdateCommand 的使用。

DataAdapter 的重要方法有两个,即 Update()和 Fill()。

调用 Update()方法时,DataAdapter 将检查参数 DataSet 每一行的 RowState 属性,根据 RowState 属性来检查 DataSet 里的每行是否改变和改变的类型,并依次执行所需的 Insert、Update 或 Delete 语句,将改变提交到数据库中。该方法返回影响 DataSet 的行数。

Fill()方法有以下 3 种常用重载形式:

```
adapter.Fill(DataSet ds);                //填充 DataSet
adapter.Fill(DataTable dt);              //填充 DataTable
adapter.Fill(DataSet ds,string sTable);  //填充 DataSet 中指定名称的 DataTable
```

无论是填充到 DataSet,还是填充到 DataTable,数据都是被存储到一个 DataTable 中。其中,填充到 DataSet,其实是填充到其中的 Tables[0] 中;对 DataTable 中的数据读取,只需要逐行遍历即可。大致读取思路如下:

```
for (int i = 0;i < table. Rows. Count;i++)
   table. Rows[i]["fieldname"]. ToString();        //逐行读取,每行通过字段名字或者索引来访问
```

示例 2:数据填充的 3 种常见方式

```
//方式一
Datatable table = new Datatable();
adapter. Fill (table);                 //直接填充表
//方式二
DataSet ds1 = new DataSet();
adapter. Fill (ds1);                   //填充 ds1 的第 0 个表 DataTable table = ds1.Tables[0]
//方式三
DataSet ds2 = new DataSet();
adapter. Fill (ds2, "info");           //填充 ds2 的"info"表 DataTable table = ds2.Tables["info"]
```

关于 DataSet 和 DataTable 的阐述将在下文展开。

15.5　DataSet

DataSet,即数据集对象,用于表示那些储存在内存中的数据,相当于一个内存中的数据库,可以包括多个 DataTable 对象及 DataView 对象。DataSet 主要用于管理存储在内存中的数据以及对数据的离线操作。

.NET 平台下开发数据库应用程序,一般并不直接对数据库操作(直接在程序中调用存储过程等除外),而是先完成数据连接和通过数据适配器填充 DataSet 对象,然后客户端再通过读取 DataSet 来获得需要的数据。同样,更新数据库中的数据,也是首先更新 DataSet,然后再通过 DataSet 来更新数据库中对应的数据。

由于 DataSet 对象提供了一个离线的数据源,这样就减轻了数据库以及网络的负担,在设计程序的时候可以将 DataSet 对象作为程序的数据源。

由于 DataSet 相当于一个数据库,因此数据库中自然就有数据表(即 DataTable);有了数据表自然也有行(DataRow)与列(DataColumn)。下面介绍 DataSet 中这几个对象的常用操作。

1. 获取 DataSet 中的表

DataSet 中可以容纳多个表,这些表的获取支持以下两种方式。

➤ 索引方式:dataset. Tables[i]。

➤ 名称方式:dataset. Tables["TableName"]。

当需要获取所有表时,可以通过 Tables. Count 属性来遍历。

2. 读取 table 中的行

```
DataRow dr = table. Rows[i];              // i > = 0
```

当需要获取所有行时,可以通过 Rows. Count 属性来遍历。

3. 读取 table 中的列

```
dr.Columns["fieldname"].ToString();              //dr 即 DataRow 对象
dr.Columns[i].ToString();
```

当需要获取所有列时,可以通过 Columns. Count 属性来遍历。
当要获取整个表格数据时,使用行与列的双重循环即可。

4. 列的创建

```
DataColumn dc = new DataColumn("fieldname",typeof(type));    //实例化
table. Columns. Add(dc);                          //添加
```

5. 行的创建

```
DataRow row = table. NewRow();
table. Rows. Add(row);                   //table 即 DataTable 对象
```

示例:使用 SqlDataAdapter 和 DataSet 来读取数据

```
private void button5_Click(object sender, EventArgs e)
{
    string strCon = "Data Source = .; Initial Catalog = StudentDB; Integrated Security =
True;";                                      //数据库连接字符串
    SqlConnection conn = new SqlConnection(strCon);        //得到连接对象
//查询 22 岁以上学生的姓名和性别
    string sSQL = "select StuName,StuAge,StuSex from StuInfo where StuAge > 22";
    SqlCommand cmd = new SqlCommand(sSQL, conn);         //实例化 Command 对象
    SqlDataAdapter sda = new SqlDataAdapter(cmd);
    DataSet ds = new DataSet();
    sda.Fill(ds);                             //填充数据集,实质是填充 ds 中的第 0 个表

    string sCnt = null;
    DataTable dt = ds.Tables[0];
    for (int i = 0;i < dt. Rows. Count;i++)
        sCnt += dt. Rows[i][0].ToString() + "\t" + dt.Rows[i]["StuAge"].ToString() +
"\t" + dt.Rows[i][2].ToString() + Environment.NewLine;//逐行读取,通过字段名或索引
    richTextBox1.Text = sCnt;
}
```

程序的执行结果如图 15-4 所示。

图 15-4　使用 SqlDataAdapter 和 DataSet 来读取数据

ADO. NET

💣̈细心的读者可能发现了，上面没有使用 conn.Open()，也没有使用 conn.Close()，这主要基于如下特性：SqlDataAdapter 调用 Fill()方法时，若发现连接没有打开，则可以自动打开连接，使用完毕后会自动关闭。

15.6　参数化查询

先看一个简单的例子，完成指定年龄的学生信息查询。代码如下：

```
string strCon = "Data Source = . ; Initial Catalog = StudentDB; Integrated Security = True;";
SqlConnection conn = new SqlConnection(strCon);
string sSQL = "select * from StuInfo where StuAge = " + textBox3.Text;
SqlCommand cmd = new SqlCommand(sSQL, conn);
SqlDataAdapter sda = new SqlDataAdapter();
sda.SelectCommand = cmd;
conn.Open();

SqlDataReader sdr = sda.SelectCommand.ExecuteReader();
string sRet = null, sLine = null;
while (sdr.Read())
{
    for (int i = 0; i < sdr.FieldCount; i++)        //多字段读取
        sLine += sdr.GetValue(i).ToString() + "\t";
    sRet += sLine + Environment.NewLine;
    sLine = null;
}
conn.Close();
richTextBox1.Text = sRet;
```

程序的执行结果如图 15-5 所示。

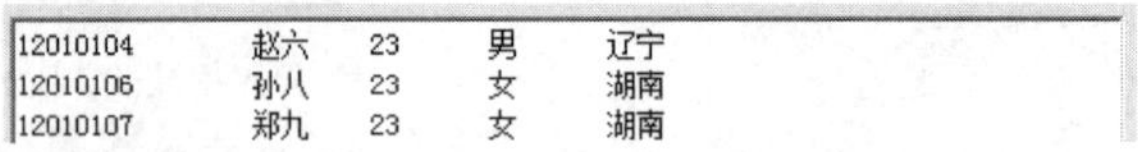

12010104	赵六	23	男	辽宁
12010106	孙八	23	女	湖南
12010107	郑九	23	女	湖南

图 15-5　SelectCommand 演示

💣̈本例也演示了多字段的读取方式。

除了上面的使用方法，还可以结合 Command 对象的 Parameters 属性来实现参数化的使用方式。其使用方式分如下步骤。

➢ 编写 SQL 语句，指定参数名称，一般都习惯使用"@字段名"的命名方式。

➢ 调用 Command 的 Parameters.Add()方法加入参数。

➢ 设置 Parameters 集合中各个参数的值。给参数赋值的时机应该在执行 Command 之前。

其中，Parameters.Add()方法有如下两种常用重载形式：

```
Parameters.Add(string parameterName, SqlDbType dbType);
Parameters.Add(string parameterName, SqlDbType dbType, int size);
```

以第二种重载形式为例，第一个参数指定参数的名字，即"@字段名"；第二个参数指定相应字段的类型，为枚举值；第三个参段指定相应字段的大小，应该根据数据库设计时的实际字段大小来设置，字段大小有时省却也可以。

而给 Parameters 集合中各个参数赋值时，可以使用如下两种方式：

```
Parameters[0].Value = 100;                      //索引方式
Parameters["@StuNo"].Value = textBox1.Text;     //参数名称方式
```

💣※给 Parameters 集合中的参数赋值时，一般无须再进行转换，例如年龄字段为 int，但赋值时却可以这么写：

```
Parameters["@StuAge"].Value = textBox3.Text;    //无须将右侧的值转为 int 类型
```

不过在调用 Parameters.Add()方法时应该通过第二个参数指定正确的类型。

示例 1：针对学号的参数化形式

```
string sSQL = "select * from StuInfo where StuNo = @StuNo";
SqlCommand cmd = new SqlCommand(sSQL, conn);
Parameters.Add("@StuNo", SqlDbType.Char,8);      //因为学号类型为 char,字段大小为 8
Parameters["@StuNo"].Value = textBox1.Text;
```

💣※上述写成 StuNo＝@ABC 也没关系，只需要下面相应的地方都调整为@ABC，不过不推荐这么写，推荐采用"@字段名"的方式。

示例 2：针对籍贯的参数化形式

```
string sSQL = "select * from StuInfo where StuProvince = @StuProvince";
SqlCommand cmd = new SqlCommand(sSQL, conn);
Parameters.Add("@StuProvince", SqlDbType.VarChar);     //因为籍贯为 VarChar
Parameters["@StuProvince"].Value = textBox1.Text;
```

示例 3：针对年龄的参数化形式

```
sSQL = "select * from StuInfo where StuAge = @StuNo";
sda.SelectCommand.Parameters.Add("@StuNo", SqlDbType.Int);
sda.SelectCommand.Parameters["@StuNo"].Value = textBox3.Text;
```

💣※上例故意写为 StuAge＝@StuNo，希望读者能够理解什么是本质，什么是表象。

有了上面的知识，现在来完成参数化查询的演示。

示例 4：DataAdapter 的 SelectCommand 属性及参数化查询

```
string strCon = "Data Source = .;Initial Catalog = StudentDB;Integrated Security = True;";
SqlConnection conn = new SqlConnection(strCon);
string sSQL = "select * from StuInfo where StuAge = @StuNo";
SqlCommand cmd = new SqlCommand(sSQL, conn);
SqlDataAdapter sda = new SqlDataAdapter();
sda.SelectCommand = cmd;
sda.SelectCommand.Parameters.Add("@StuNo", SqlDbType.Int); //添加参数并指定参数类型
conn.Open();
```

```
sda.SelectCommand.Parameters["@StuNo"].Value = textBox3.Text;   //指定参数值
SqlDataReader sdr = sda.SelectCommand.ExecuteReader();
string sRet = null, sLine = null;
while (sdr.Read())
{
    for (int i = 0; i < sdr.FieldCount; i++)
        sLine += sdr.GetValue(i).ToString() + "\t";
    sRet += sLine + Environment.NewLine;
    sLine = null;
}
conn.Close();
richTextBox1.Text = sRet;
```

程序的执行结果与本节第一个示例效果相同。

15.7　数据绑定

所谓数据绑定,通俗地说,就是通过某种设置,使得最终某些数据能够自动地显示到指定的控件的一种技术。在 C# 中,控件的数据绑定并不仅局限于传统的数据源,像数组、集合等也都可以绑定到控件。一般地,会把数据绑定到控件的显示属性上,例如 Text 属性,但也有例外,例如 ListBox 等,可以把数据绑定到非显示的属性上。

下面按照数值个数与控件的显示属性特性,将数据绑定分为简单控件绑定和复杂控件绑定。

15.7.1　相关控件与组件

本节仅大概提及,不做深入展开探讨。

1. DataGridView 控件

数据绑定相关的常用控件,除了早期学过的 ListBox 等,还有一个更常用的、功能也更加强大的,即 DataGridView 控件,该控件可以用于显示和编辑多行多列的数据。

该控件用于绑定时,常用到 DataSource 属性和 DataMember 属性。若 DataSource 为表(Table)级别的数据时,DataMember 属性可以略去,否则不可略去。例如若有:

```
sda.Fill(ds,"myTable");           //填充数据集,填充到 ds 中的 myTable 表
DataTable dt = ds.Tables[0];
```

则下面的两种绑定代码都是可以正常工作的。

```
//方式一
dataGridView1.DataSource = dt;
//方式二
dataGridView1.DataSource = ds;
dataGridView1.DataMember = "myTable";
```

💣※若直接写成下面这样是不会有任何显示的。

```
dataGridView1.DataSource = ds;
```

2. DataSet 组件

在 ADO.NET 中,支持两种数据集:类型化数据集和非类型化数据集。其中,类型化数据集使用起来更方便更安全,因为它派生于 System.Data.DataSet,且针对具体的数据源实现的。其方便和安全最直接的体现在:在类型化数据集下,表及表内的字段都是作为对象的属性对外公开,从而使得操作数据集就像操作常规的 C♯ 对象一样简单,且附带了类型检查等功能。

那么又如何得到一个类型化数据集呢?方法如下。

(1) 添加数据集。

右击项目名称,选择 Add→New Item 命令,在打开的对话框中选择 DataSet,如图 15-6 所示。

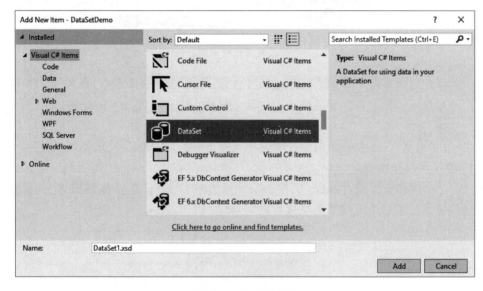

图 15-6 选择数据集

单击 Add 按钮,效果如图 15-7 所示。

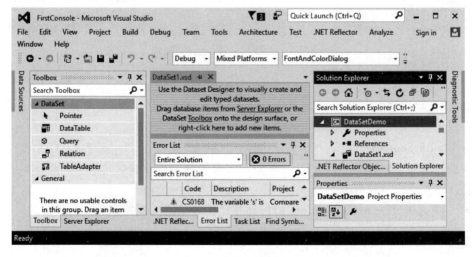

图 15-7 数据集添加完毕

（2）选择相应的数据表并拖放至数据集。

在图 15-7 的左侧展开待类型化的数据表并拖放到 DataSet1.xsd 区域，如图 15-8 所示。

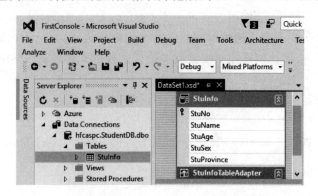

图 15-8　选择待类型化的数据表并拖放到右侧 DataSet1.xsd 区域

💣※可以在上面右图中的 StuInfo 或 StuInfoTableAdapter 处右击，在弹出的快捷菜单中选择"添加查询"，然后在后续的操作中自动生成诸多内容。此处不再详述。

（3）生成项目。

在项目名称上右击，在弹出的快捷菜单中选择 Build。如图 15-9 所示。

（4）测试类型化数据集。

生成完毕，回到窗体设计界面，现在从工具箱中将 DataSet 组件拖到窗体上，观察打开的对话框，可见已经自动生成了类型化数据集，如图 15-10 所示。

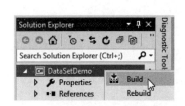

图 15-9　生成项目以得到类型化
　　　　　数据集

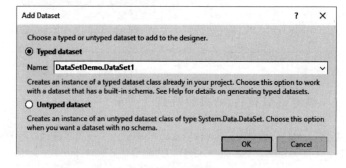

图 15-10　类型化数据集已经生成

💣※非类型化数据集是 System.Data.DataSet 的直接实例化对象，而类型化数据集则是 System.Data.DataSet 派生类的实例化。

3. BindingSource 组件

该组件用来对数据源进行封装，并可以与多种控件完成数据绑定功能。此处不再详述，请读者自行参阅专门的书籍。

💣※此外还有 BindingNavigator 控件，该控件主要用来实现数据导航的功能。

15.7.2　简单控件绑定

所谓简单控件绑定，是指将单个值赋予控件的某个属性，而这个属性也往往属于简单数据类型,如 string,典型的如很多控件的 Text 属性等。在该类绑定下,往往是将某个单条记录的某个字段绑定到某个简单控件。

1. 简单控件的的数据绑定——设计时绑定

该种绑定是利用属性窗口中的 DataBindings 属性来实现绑定的。下面以 Label 控件为例讲解其操作过程。

首先选中 Label,然后在属性窗口展开其 DataBindings 属性,如图 15-11 所示。

其中 Text 属性用于设置将何数据绑定到 Label 控件的 Text 属性,Tag 属性用于设置将何数据绑定到 Label 控件的 Tag 属性。当希望把数据绑定到这两个属性之外的其他属性时,可以利用 Advanced 属性后的小按钮来实现,单击该小按钮,效果如图 15-12 所示。

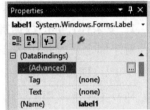

图 15-11　DataBindings 属性

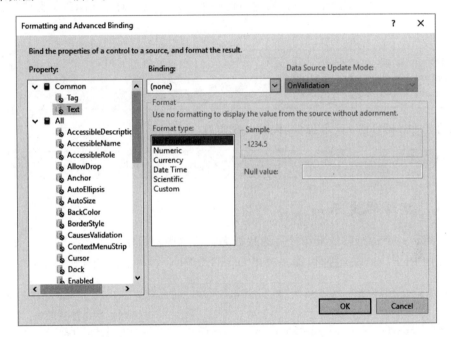

图 15-12　特殊属性的绑定设置

2. 简单控件的的数据绑定——运行时绑定

简单控件的运行时绑定则通过 DataBindings 属性的 Add 方法来实现的。例如:

```
控件名称.DataBindings.Add("属性","数据源","字段");
//示例:
label1.DataBindings.Add("Text",bindingSource1,"StuNo");
label1.DataBindings.Add("Text",ds.Tables[0],"StuNo");
```

15.7.3　复杂控件绑定

所谓复杂控件绑定,是指将多个值赋予控件的某个非简单数据类型的属性,例如集合属

ADO.NET

性,典型的如 ListBox 控件的 Items 属性,更复杂的还有 ListView、DataGridView 等控件。复杂控件绑定的都是多条记录,但是绑定的字段(列)却不一样,所以据此可以大致分为两类:ListBox 等仅支持最多两列(显示列——DisplayMember、值列——ValueMember),而 DataGridView 等则不受此限制。在该种绑定下,往往将多条记录或者单条记录的多个字段或者某个数据集绑定到复杂控件。

1. 复杂控件的的数据绑定——设计时绑定

对于绑定列数较少的 ListBox 等控件,一般应该在属性窗口中设置好 3 个属性,即 DataSource、DisplayMember、ValueMember。

而对于不受上述限制的 DataGridView 等控件,则一般只需要在属性窗口中设置两个属性即可,即 DataSource 和 DataMember。

2. 复杂控件的的数据绑定——运行时绑定

与上面的设计时绑定相同,只是通过写代码来实现而已。对于 ListBox 类控件,代码大致如下:

```
listBox1.DataSource = ds.Tables[0];        //表级别
listBox1.DisplayMember = "StuName";        //字段级别
listBox1.ValueMember = "StuNo";            //字段级别
```

而对于 DataGridView 等控件,代码大致如下:

```
gridView1.DataSource = ds.Tables[0];    //表级别。若高于表级别,则需使用 DataMember
```

15.7.4 数据绑定示例

下面演示一个运行时的复杂控件的数据绑定的示例。程序界面基本与 15.5 节相同,只是不再使用 RichTextBox 控件,而是改用 DataGridView 控件。示例代码如下:

```
string strCon = "Data Source = .;Initial Catalog = StudentDB;Integrated Security = True;";
                                             //数据库连接字符串
SqlConnection conn = new SqlConnection(strCon);    //得到连接对象
string sSQL = "select * from StuInfo";
SqlCommand cmd = new SqlCommand(sSQL, conn);       //实例化 Command 对象
SqlDataAdapter sda = new SqlDataAdapter(cmd);
DataSet ds = new DataSet();
sda.Fill(ds,"myTable");                      //填充数据集,填充至表 myTable
DataTable dt = ds.Tables[0];
dataGridView1.DataSource = dt;
//如上一行也可以用如下两行来代替,作用一样
//dataGridView1.DataSource = ds;
//dataGridView1.DataMember = "myTable";
cmd.Dispose();
sda.Dispose();
conn.Close();
```

程序的执行结果如图 15-13 所示。

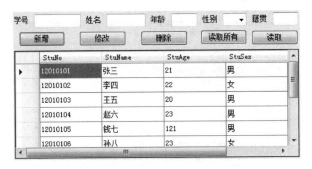

图 15-13　复杂控件的运行时绑定

15.8　问　与　答

15.8.1　记不住连接字符串的写法如何办

✌若的确记不住连接字符串的写法，其实也不用担心。只需要按照如下操作步骤，将自动获取连接字符串，如果不符合要求，可以稍作修改即可。操作步骤如下：

（1）打开 Server Explorer 窗口，如果看不到，则可以在视图菜单下找到它，如图 15-14 所示。

打开 Server Explorer 后，将可以看到如图 15-15 所示的界面。

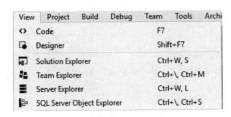

图 15-14　开启或者关闭 Server Explorer

图 15-15　服务器管理器

（2）准备新建连接。

按如图 15-16 所示操作。

图 15-16　新建连接

（3）设置各项参数。

当完成上一步后，将打开如图 15-17 所示的对话框，在该对话框中，将要求完成如下几个设置。

➢ 服务器（Server name）：如果是本机，可以输入.（即英文句点）即可。

ADO.NET

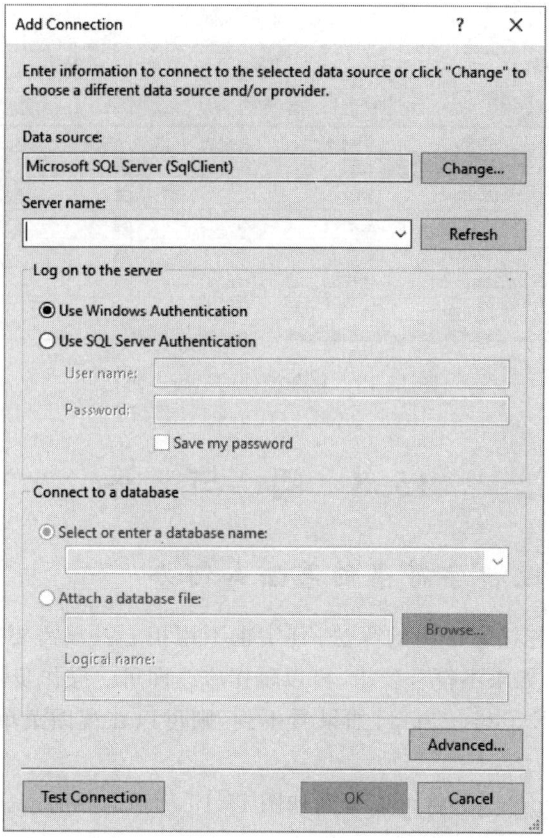

图 15-17　配置连接

➢ 服务器登录设置：这里有两种方式，分别如下。

■ Use Windows Authentication：此时不要求提供用户名和密码，最终将生成 "Integrated Security＝SSPI；"或者"Integrated Security＝true；"。

■ Use SQL ServerAuthentication：此时要求输入安装数据库时所设置的用户名和密码，最终将生成"User ID＝sa；…"的形式。

➢ 数据库选择：选择待连接的数据库。

上述几步设置完毕后，可以单击 Test Connection 按钮来测试是否能够成功连接。若成功可以单击 OK 按钮。

（4）查看连接。

在上步中单击 OK 按钮后，可以再次查看图 15-16。此时效果如图 15-18 所示。

（5）查看连接属性。

在上面的步骤中，可能仍然发现不了连接字符串。此时可以在刚刚新建的连接上面右击，在弹出的快捷菜单中选择 Properties，如图 15-19 所示。

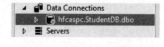

图 15-18　查看连接

（6）查看连接字符串。

经过上面的操作，此时在其属性窗口中即可看到连接字符串了，如图 15-20 所示。

💣※上面演示的是 Windows 集成验证方式，读者可以自行试验 SQL Server 验证方式。

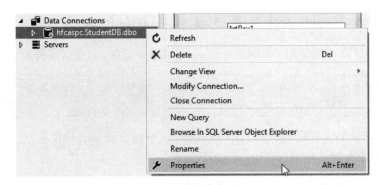

图 15-19　查看连接属性

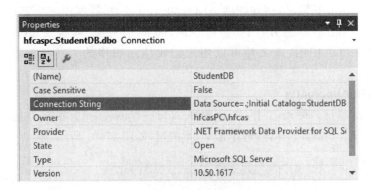

图 15-20　查看连接字符串

15.8.2　Access 数据库的连接字符串是怎样的

✌ 鉴于有的读者可能会使用 Access 数据库来练习,故这里介绍 Access 数据库连接。分为如下 3 种情形。

1. 未设置密码的 Access 数据库

```
Provider = Microsoft.Jet.OLEDB.4.0;Data Source = 数据库路径;
```

2. 设置了密码的 Access 数据库

```
Provider = Microsoft.Jet.OLEDB.4.0;Data Source = 数据库路径;Jet OLEDB:Database Password = 密码;
```

3. 设置了特定账号的 Access 数据库

当为 Access 数据库设定了特定账号时,此时会自动生成一个.mdw 文件。此时的连接字符串写法为:

```
Provider = Microsoft.Jet.OLEDB.4.0;Data Source = 数据库路径;Jet OLEDB:System Database = mdw 文件路径;User ID = 账号;Password = 密码;
```

💣※ 数据库路径可以为绝对路径,也可以为相对路径。

15.8.3 连接 Excel 工作簿的连接字符串如何写

✌ Excel 工作簿可以使用 OleDbConnection 对象来连接,其连接字符串为:

```
Provider = Microsoft.Jet.OLEDB.4.0;Data Source = xls 文件路径;Extended Properties = "" Excel = 版本;HDR = Yes;IMEX = 1""
```

其中:HDR＝Yes 表明第一行包含列名称,但不包含数据;IMEX＝1 表明将混合列(同时包含字符串与数值的列)作为文本读取。

15.8.4 如何使用 App.config 文件

✌ 在做 Winform 开发时,例如在做 ADO.NET 开发时,数据库连接字符串直接写入程序中,存在着诸多不合理的地方,例如难以维护,那如何办呢? 其实 WinForm 项目有一个 App.config 文件可供使用,该文件可以用于记录应用程序的一些配置参数。使用步骤如下。

1. 添加新项 App.config

在 WinForm 项目名称上右击,然后选择 Add→New Item。在打开的对话框中找到 Application Configuration File,然后单击 Add 按钮,如图 15-21 所示。

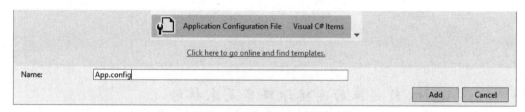

图 15-21　选择应用程序配置文件

此时在项目中可以看到如图 15-22 所示的效果。

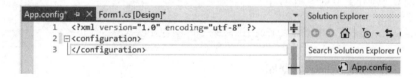

图 15-22　默认的 App.config 文件

2. 编写配置节

在< configuration ></configuration >之间可以编写< appSettings ></appSettings >,而在< appSettings ></appSettings >之间即可编写不少配置参数。其写法如下:

```
< appSettings >
    < add key = "myP1" value = "P1Value"/>
    ...
</appSettings >
```

可以在这里写很多键值对。若要读取,则先为项目添加对 System. Configuration 的引用,在代码文件中引用如下语句:

```
using System. Configuration;
```

然后就可以通过如下语句读取配置:

```
string sValue = ConfigurationSettings. AppSettings["myP1"]. ToString(); //值为 P1Value
```

可以借助该特点,把连接字符串写到这里(当然也可以用于存储其他配置),则以后不用在程序中到处写连接字符串了。

最终的代码如下:

```
<?xml version = "1.0" encoding = "utf - 8" ?>
< configuration >
  < appSettings >
    < add key = "myConnnectionString" value = "Data Source = .; Initial Catalog = StudentDB;
Integrated Security = True;"/>
  </ appSettings >
</ configuration >
```

当程序启动时,读取连接字符串:

```
sConString = ConfigurationSettings. AppSettings["myConnnectionString"]. ToString();
```

以后凡是在需要使用连接字符串的地方都可以使用 sConString。例如:

```
SqlConnection conn = new SqlConnection(sConString);
```

💣※App. config 文件的文件名并不是一成不变的,当程序编译生成 exe 文件后,App. config 文件也会相应地更名。例如若编译出来的 exe 文件名为 ABC. exe,则 App. config 文件会被重命名为 ABC. exe. config。

💣※< configuration ></ configuration >之间还有一个同样知名的元素,即 connectionStrings,用于存储连接字符串(连接字符串的自动生成方法见前文)。配置文件中的写法如下:

```
< connectionStrings >
    < add name = "ConnectionString" connectionString = "Data Source = .; Initial Catalog =
MyDB; Integrated Security = True" providerName = "System. Data. SqlClient" />
</ connectionStrings >
```

按如下方法读取:

```
ConfigurationManager. ConnectionStrings["name值"]. ConnectionString;
ConfigurationManager. AppSettings["key值"]. ToString(); //读取 appSettings
```

ADO. NET

15.9　思考与练习

(1) 请自行设计程序,仔细体会 Command 对象的 ExecuteScalar()方法及其返回值。

(2) 在 15.3 节示例的基础上,将查询语句修改为:select ＊ from…,然后读取所有字段。

(3) 请新建一个数据表,其中的字段可以自行定义(至少应该有 UserName 和 UserPwd 这两个字段),并基于此表完成一个注册与登录的程序。

15.10　实 战 任 务

(1) 在 15.3 节示例的基础上,实现数据查找功能(可以针对几个重要字段来实现,既支持单个字段的查询,也应支持多个字段的组合查询)。例如输入学号,则将该学号的学生的所有信息查询出来;如果输入籍贯和年龄,则将同时符合这两个条件的所有数据都查询并显示出来。

(2) 基于本章的数据库,完成一个程序,实现数据库操作的 4 大功能:增、删、改、查。

附录 A　异常处理与调试

附录中安排了异常处理和调试两项内容,这两项内容基本不会影响前面内容的学习,然而并不意味着它们不重要。事实上,这两项内容是实际开发过程中必不可少的:异常处理关乎程序的稳健和用户体验;调试则关系着开发过程中 BUG 处理效率。调试技术值得深入学习,限于篇幅,本书不做展开,请读者自行通过其他材料深入学习。

当 VS 和 C♯学习到有一定熟练程度时,可在任何认为合适的环节穿插讲解或学习附录中的相关内容。

A.1　异　常　处　理

无论是多么有经验的程序编写人员,都不可能不出错,即使在代码编写阶段没有明显语法错误,但是程序运行时却有可能出现错误。这种在程序执行过程中发生的意外事件,打断了程序的正常执行,称为异常。常见的异常如下。

➢ 文件找不到。

➢ 文件操作权限不足。

➢ 网络无法连通。

➢ 数组越界。

➢ 算术除以 0。

为了增强程序的鲁棒性,设计程序时,必须考虑到可能发生的异常事件,并做相应的处理,异常处理涉及的关键字有 try、catch、finally 和 throw。

可以编写代码对可能出错的代码块进行特殊处理,以便能够捕获异常事件,并做相应的处理,使得程序能够继续正常运行或者给用户适当的错误提示,使得程序不致于崩溃,这就是异常处理的机制及目的。

当发生异常时,与错误相关的多种信息都会被封装到一个异常对象中,异常对象一般使用内置的即可,不过若确有需要也可以自行定义,System. Exception 是 C♯中异常类的基类,该类的常用属性如表 A-1 所示。

表 A-1　System. Exception 类的常用属性

成　　员	说　　明
HelpLink	链接到一个帮助文件上,以提供该异常的更多信息
Message	描述错误情况的文本
Source	导致异常的应用程序或对象名
StackTrace	堆栈上方法调用的信息,它有助于跟踪引发异常的方法
TargetSite	引发异常的方法的 .NET 反射对象
InnerException	如果异常是在 catch 块中引发的,它就会包含把代码发送到 catch 块中的异常对象

常用的内置异常类如图 A-1 所示。

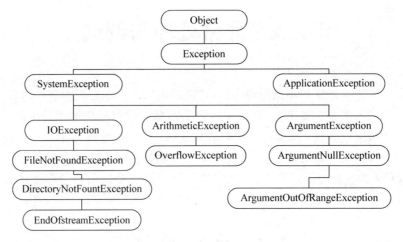

图 A-1　常用异常类

很容易看出，在这些异常类之中，有两个处于关键节点的异常类：System.SystemException 和 System.ApplicationException，其中前者通常由 .NET 运行库引发，而后者则用于第三方定义异常类，不过该类已经不再推荐使用，微软公司推荐自定义异常类直接从 System.Exception 继承。

A.1.1　异常处理的几种形式

典型的异常处理有如下几种形式。

1. 形式一：单 catch 分支

```
try
{
    //待监测代码,此段代码若出现异常,则程序执行流程将跳转到 catch 分支
}
catch (Exception e)
{
    //异常处理代码
}
```

💣 catch 后面也可以不带任何内容，表明处理任何异常。

2. 形式二：多 catch 分支

```
try
{
    //待监测代码,此段代码若出现异常,则程序执行流程将跳转到 catch 分支
}
catch (ExceptionType1 e)
{
    //异常处理代码
}
catch (ExceptionType2 e)
```

```
    {
        //异常处理代码
    }
```

此种多 catch 分支的异常处理方法,需要注意各个异常类型的顺序。遵从的原则应该是:先具体化异常,再一般性异常。所以若某个分支是 catch(Exception e),则该分支应该置于所有 catch 分支的后面,否则其后面的 catch 分支永远不可能有执行机会。

💣 catch(Exception e)表明该分支可以处理任何异常。

3. 形式三:单 catch 配 finally

```
try
{
    //待监测代码,此段代码若出现异常,则程序执行流程将跳转到catch分支
}
catch (Exception e)
{
    //异常处理代码
}
finally
{
    //善后处理代码,无论是否出异常,finally语句块都会执行,即使catch块有return亦是如此
}
```

即使 catch 语句块中有 return 语句,return 执行后,程序的执行流程仍然会跳转到 finally 块。但是若 catch 块有 Application.Exit()或者 Environment.Exit(0)语句时,则 finally 语句块不会执行。

4. 形式四:多 catch 配 finally

```
try
{
    //待监测代码,此段代码若出现异常,则程序执行流程将跳转到catch分支
}
catch (ExceptionType1 e)
{
    //异常处理代码
}
catch (ExceptionType2 e)
{
    //异常处理代码
}
finally
{
    //善后处理代码
}
```

5. 形式五:无 catch

```
//待监测代码,此段代码若出现异常,则程序执行流程将跳转到外层catch分支
try
```

```
    {
        //待监测代码
    }
    finally
    {
        //善后处理
    }
```

6. 形式六：异常的嵌套

可以根据具体需要，在上面几种形式上进行合适的嵌套。例如：

```
try
{
    //待监测代码,此段代码若出现异常,则程序执行流程将跳转到外层 catch 分支
    try
    {
        //待监测代码,此段代码若出现异常,则程序执行流程将跳转到内层 catch 分支
    }
    catch (Exception e)
    {
        //内层 catch 异常处理代码
    }
}
catch (Exception e)
{
    //外层 catch 异常处理代码
}
```

示例：

```
static void Main(string[ ] args)
{
    int b = Convert.ToInt32(Console.ReadLine());
    try
    {
        int a = 100 / b;
        Console.WriteLine("1");
    }
    catch
    {
        //return;                  //A
        //Environment.exit(0);     //B 或者 Application.Exit();
        Console.WriteLine("2");
        //return;                  //C
        //Environment.exit(0);     //D 或者 Application.Exit();
    }
    finally
    {
        Console.WriteLine("3");
    }
    Console.WriteLine("4");
}
```

运行两次程序,第一次运行时输入一个非 0 值,第二次输入 0,两次的输出如图 A-2 所示。

从结果可以看到,当输入 100 时,不会引发异常,此时的执行流程是:try 语句块 → finally 语句块 → try … catch … finally 语句块后的语句。即当 try 语句块没有异常时,catch 块不会执行,而 finally 总会执行,最后完成整个异常处理语句块。

图 A-2　异常处理演示

而输入 0 时,此时将引发异常,此时执行流程是 try 语句块 → catch 语句块 → finally 语句块 → try … catch … finally 语句块后的语句。即当 try 语句块有异常时,执行流程会跳到 catch 块执行,catch 语句块执行完毕后执行 finally 语句块,最后完成整个异常处理语句块。

🕐 上述的演示代码中,若启用 A 标记处的语句,输出会是什么? 若启用 B 标记呢? 若启用 C 呢? 还有 D 呢?

为了更全面地认识异常处理,再看如下示例:

```
class Program
{
    static void Main(string[] args)
    {
        try
        {
            tryThrow();
            Console.WriteLine("tryThrow()执行完毕 -- 调用方的 try 语句块");
        }
        catch (Exception e)
        {
            Console.WriteLine("tryThrow()方法执行过程中出错了, 错误信息为: " + e.Message);
        }
        finally
        {
            Console.WriteLine("外层 finally 块");
            Console.ReadLine();
        }
        Console.WriteLine("程序结束");
    }

    public static void tryThrow()
    {
        int i = 8848;
        string s = "学向日葵,面朝阳光,绽放笑脸";
        object o = s;
        try
        {
            i = (int)o;
        }
        finally
        {
            Console.WriteLine("i = {0}", i);
        }
```

```
        Console.WriteLine("tryThrow()结束");
    }
}
```

程序的执行结果如图 A-3 所示。

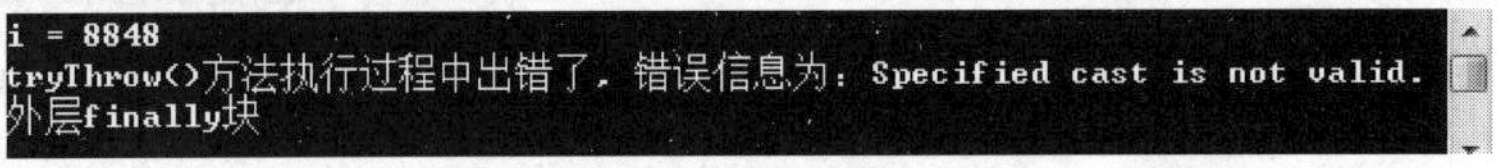

图 A-3　无 catch 异常处理演示

现在将 tryThrow()方法做如下改造,即给 tryThrow()加上 catch 分支。

```
public static void tryThrow()
{
    int i = 8848;
    string s = "学向日葵,面朝阳光,绽放笑脸";
    object o = s;
    try
    {
        i = (int)o;
    }
    catch(Exception e)
    {
        Console.WriteLine("i = (int)o;出错,原因为: " + e.Message);
    }
    finally
    {
        Console.WriteLine("i = {0}", i);
    }
    Console.WriteLine("tryThrow()结束");
}
```

此时运行程序,结果如图 A-4 所示。

图 A-4　有 catch 异常处理演示

对比上述两次输出可知:

➢ 若没有 catch 分支时,虽然 finally 块仍将执行,但是方法执行时产生的异常仍然存在,只要不处理,则该异常抛给其调用者,若调用者仍旧没有处理,则继续上抛,直至遇到匹配的 catch 分支或者遇到 Main()结束。

➢ 当一个方法执行出错时,倘若没有匹配的 catch 分支来处理异常,则方法内的相应 finally 仍将执行,但是 finally 语句块后面的语句无法执行。从图 A-3 的输出即可知道,finally 之后的 tryThrow()结束并没有输出,而有匹配的 catch 分支的情况下,则 finally 代码块后的代码仍将执行,如图 A-4 的输出。

> 当方法内部有匹配的 catch 分支时，则调用方无法再捕获错误，除非在方法内部的
> catch 代码块中使用 throw 将错误继续引发。

A.1.2 异常的引发

引发异常，即用来通知有错误出现。此时若有匹配的 catch 语句块，则执行流程会进入
到相应的 catch 语句块；若无匹配的 catch 语句块，或者甚至根本没有 catch 语句块，则执行
流程会转到相应的 finally 块（如果有），然后跳转到上层，在上层寻找匹配的 catch 语句块，
调用处后面的代码没有执行机会。若内层有匹配的 catch 语句块，则内层的 finally 执行完毕
后，会接着执行内层 finally 后面的代码，然后跳转到上层调用处的下一句，可以参阅图 A-4 的
输出。发生异常时，引发的异常是一个对象，该对象的类是从 System.Exception 继承的。

一般地，throw 语句与 try…catch 或 try…finally 语句一起使用。

当内层某 catch 分支为与异常匹配时，则在该 catch 分支有两种处理方式：其一是处理
异常，即编写相关的代码，当然一行代码也不写也会认为处理了异常。但是有时可能会有这
种情况发生，例如内层有多个 catch，要求有一个 catch 不要处理异常，而是将该异常反馈给
调用方（即向上抛异常），则此时可以在该 catch 语句块中使用 throw 关键字来实现将内层
异常抛向调用方。并且，当向上抛异常时，可以引发内置的异常，也可以引发一个简单的自
定义异常。

示例：

将上述例子中改造后的代码再次改造一下，代码如下：

```
public static void tryThrow()
{
    int i = 8848;
    string s = "学向日葵,面朝阳光,绽放笑脸";
    object o = s;
    try
    {
        i = (int)o;
    }
    catch(Exception e)
    {
        Console.WriteLine("i = (int)o;出错,原因为: " + e.Message);
        throw e;
    }
    finally
    {
        Console.WriteLine("i = {0}", i);
    }
    Console.WriteLine("tryThrow()结束");
}
```

此时程序的执行结果如图 A-5 所示。

由此可见，虽然 catch 块是用来处理异常的，即可以避免异常向上引发，从而保证调用
方代码按照正常的执行流程执行（即内层的异常对调用方而言，就像不知道内部出了异常
一样）。但是若希望内层的异常也让调用方知道，则可以在内层的 catch 块中使用 throw

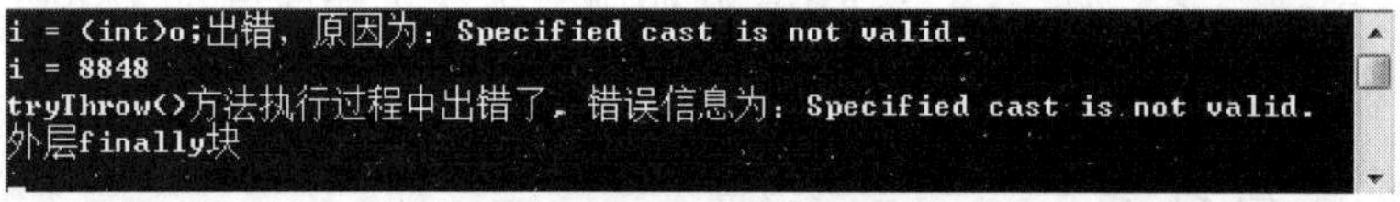

图 A-5　向上引发异常

将异常抛给调用方，让调用方来处理该异常。由于这种情况下，调用方接收到异常信息，因此此时将改变其正常的执行流程，而按照出现异常的流程来执行代码（就像调用方自己出错了一样）。

另外，从上面的示例也可以看到，虽然内层异常成功地反馈给了调用方，但是有时希望从内层反馈给调用方的异常提示信息比较人性化，便于非专业人员也可以看懂提示信息，这该如何实现呢？仍然是借助 throw 来实现，这时给它传一个人性化的字符串参数即可。例如：

```
throw new Exception("强制转换失败!");
```

示例代码如下：

```
public static void tryThrow()
{
    int i = 8848;
    string s = "学向日葵,面朝阳光,绽放笑脸";
    object o = s;
    try
    {
        i = (int)o;
    }
    catch (Exception e)
    {
        Console.WriteLine("i = (int)o;出错,原因为: " + e.Message);
        throw new Exception("强制转换失败!");         //注意这里
    }
    finally
    {
        Console.WriteLine("i = {0}", i);
    }
    Console.WriteLine("tryThrow()结束");
}
```

此时运行程序，结果如图 A-6 所示。

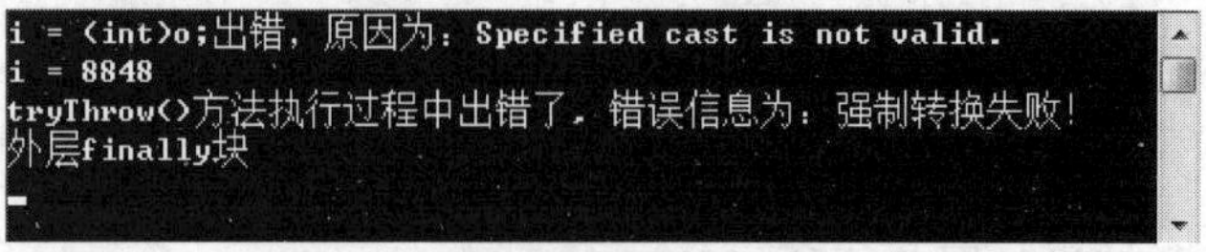

图 A-6　人性化的异常信息

从图 A-6 可见，定义的"人性化"提示信息终于起作用了。至于"专业化"的自定义异常参见 A.1.3 节内容。

A.1.3 自定义异常

在设计一个有返回值的方法时,有时喜欢用一个特殊的数值代表某种特别的意义,例如有可能用 0 代表失败等。但是这种做法并不是总行得通,例如定义一个代表 4 个季节的枚举,则参数可以设定为整型,此时传入 0、1、2、3 自然没有问题,分别可以用来代表 4 个季节,倘若传入的参数为 4 那又怎么办呢?有可能会选择输出一个错误信息,这也是勉强的方案,但是最好的办法是引发异常。那如何定义一个比较(专业化)的异常类呢?答案就是从Exception 类继承,所以有必要对 Exception 类有所了解。

在 VS 编辑器中输入 Exception,然后在该单词上右击,在弹出的快捷菜单中选择 Go To Implementation(一些版本为 Definition),则会出现如图 A-7 所示的结果。

```
public class Exception : ISerializable, _Exception
{
    public Exception();
    public Exception(string message);
    public Exception(string message, Exception innerException);
    protected Exception(SerializationInfo info, StreamingContext context);

    public virtual IDictionary Data { get; }
    public virtual string HelpLink { get; set; }
    public Exception InnerException { get; }
    public virtual string Message { get; }
    public virtual string Source { get; set; }
    public virtual string StackTrace { get; }
    public MethodBase TargetSite { get; }
    protected int HResult { get; set; }

    protected event EventHandler<SafeSerializationEventArgs> SerializeObjectState;

    public virtual Exception GetBaseException();
    public virtual void GetObjectData(SerializationInfo info, StreamingContext context);
    public Type GetType();
    public override string ToString();
}
```

图 A-7 Exception 类的成员

从图 A-7 可见,该类具有几个常用形式的构造函数,此外还有若干个可供 override 的属性及方法。所以据此可以创建自定义的异常类。代码如下:

```
class MyException : Exception
{
    //两个构造函数
    public MyException():base() { }
    public MyException(string sMsg) : base(sMsg) { }
    //重写两个属性
    string sLink = "";
    public override string HelpLink
    {
        get
        {
            if (sLink.Length > 0)
                return sLink;
            else
```

```
                return "http://www.butsoft.cn/";
        }
        set
        {
            sLink = value;
        }
    }
    public override string Message
    {
        get
        {
            return "对不起,出错啦!" + base.Message;
        }
    }
}
```

下面演示如上自定义异常类的使用。代码如下:

```
static void Main(string[] args)
{
    try
    {
        Console.WriteLine("执行 try 语句块 …");
        throw new MyException("吃饭没事干,这是故意引发的一个异常!");
    }
    catch (MyException e)
    {
        Console.WriteLine("捕捉到自定义异常: {0}\n 帮助链接为: {1}", e.Message, e.
HelpLink);
    }
    finally
    {
        Console.WriteLine("finally 语句块执行.");
    }
}
```

程序的执行结果如图 A-8 所示。

图 A-8   自定义异常类的使用

从图 A-8 可见,自定义的异常类的确可以正常工作。

A.2   调   试

前面讲过,无论多么有经验的程序编写人员,都离不开异常处理。同样,无论是谁,也离不开调试。异常处理和调试是程序编写人员应付各种 Bug 或者错误的利器。

要想充分利用好各种调试工具,并非易事,而且也需要个人积累足够的经验。这里仅列举几个简单的调试命令和工具。

VS 2015 下的 Debug 菜单如图 A-9 所示。

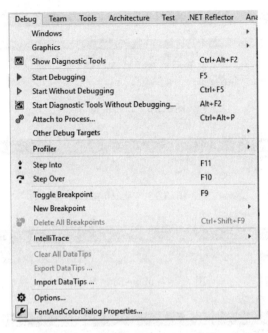

图 A-9　VS 2015 的 Debug 菜单

调试中主要用到的命令有：Start Debugging（带调试的执行）、Start Without Debugging（不带调试的执行）等。其中容易混淆或者不易理解的是下述两个。

➤ 逐语句[Step Into]：即一行一行地运行，遇方法则进入方法内单步执行。

➤ 逐过程[Step Over]：即一行一行地运行，方法被当作一条语句执行，不进入方法内部。

💣 逐语句和逐过程仅在执行函数调用时才有区别。

此外，还有一个常用的功能就是断点功能。倘若希望程序执行到某行停止执行，则可以给该语句添加断点。添加断点的方法是，将光标定位到希望加断点的语句，然后按 F9 键即可，若再按 F9 键则删除断点，效果如图 A-10 所示。

当程序运行后，执行到断点所在语句时，会暂停执行，并且设置了断点的语句为黄色背景。效果如图 A-11 所示。

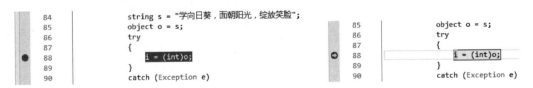

图 A-10　设置断点　　　　　　　　　　　　　图 A-11　运行时的断点状态

最后提一下几个很有用的小窗口，它们是 Locals 窗口（用于查看局部变量的值）、Watch 窗口（监视窗口，例如可以监视某个变量在程序运行过程中的值，只需要在左侧输入期望监视的变量即可）、Immediate Window（即时窗口，用于执行语句，例如输入"？变量名"）、

Command Window(命令窗口,用于执行命令,例如输入 locals 命令按 Enter 键,可以打开 Locals 窗口)。4 个窗口分别如图 A-12~图 A-15 所示。

图 A-12　Locals 窗口

图 A-13　Watch 窗口

图 A-14　Immediate Window

图 A-15　Command Window

此外还有 Output 窗口(输出窗口)、Error List 窗口(错误列表窗口)等也都很有用,不过这些窗口仅供阅读查看,而不需要任何输入,相对较为简单。

参 考 文 献

[1] SCHILDT H. C♯ 4.0：The Complete Reference[M]. McGra-Hill Osborne Media，2010.

[2] TROELSEN A. Pro C♯ 2010 and the .NET 4 Platform[M]. 5th ed. New York：Paul Manning，2010.

[3] NAGEL C，EVJEN B，GLYNN J，et al. Professional C♯ 4 and .NET 4[M]. Indianapolis：Wiley Publishing，Inc，2010.

[4] http://msdn. microsoft. com/library/.

[5] LIPPMAN S B. C♯ Primer[M]. 侯捷，陈硕，译. 武汉：华中科技大学出版社，2009.

[6] MICHAELIS M. C♯本质论[M]. 周靖，译. 北京：人民邮电出版社，2010.

图书资源支持

感谢您一直以来对清华版图书的支持和爱护。为了配合本书的使用,本书提供配套的素材,有需求的用户请到清华大学出版社主页(http://www.tup.com.cn)上查询和下载,也可以拨打电话或发送电子邮件咨询。

如果您在使用本书的过程中遇到了什么问题,或者有相关图书出版计划,也请您发邮件告诉我们,以便我们更好地为您服务。

我们的联系方式:

地　　址:北京海淀区双清路学研大厦 A 座 707

邮　　编:100084

电　　话:010-62770175-4604

资源下载:http://www.tup.com.cn

电子邮件:weijj@tup.tsinghua.edu.cn

QQ:883604(请写明您的单位和姓名)

用微信扫一扫右边的二维码,即可关注清华大学出版社公众号"书圈"。

扫一扫
资源下载、样书申请
新书推荐、技术交流

21世纪高等学校计算机
专业实用规划教材

C# 程序设计

（第二版）

本书特色

- 以通俗易懂的语言、生动有趣的示例来讲解C#各个方面的知识，内容安排兼顾广度、深度，紧跟C#发展动向，知识新颖、内容丰富。

- 开发工具使用Visual Studio 2015，内容既囊括了数据类型、运算符、程序控制、数组、字符串等传统内容，也涵盖了面向对象、Windows Form程序设计、文件、集合、泛型、GDI+、多线程、序列化、SQL、ADO.NET、实用类库等。

- 全书讲解过程中配备了大量示例，示例简短精炼，融知识性、趣味性于一体。为了给读者释疑解惑，在每章都安排了问与答环节。练习方面，也是分层递进，注重梯度，综合性和难度逐步提升，符合一般的学习规律。

清华大学出版社数字出版网站

www.wqbook.com

扫一扫

T2I12AH6TS

课件下载、样书申请
教材推荐、技术交流

ISBN 978-7-302-45407-6

9 787302 454076

定价：49.80元